Seidenbau und Seidenindustrie in Italien

Ihre Entwicklung seit der Gründung
des Königreiches bis zur Gegenwart

Von

Dr. Hans Tambor
Berlin

Berlin
Verlag von Julius Springer
1929

ISBN-13: 978-3-642-98180-7 e-ISBN-13: 978-3-642-98991-9
DOI: 10.1007/978-3-642-98991-9

Dem stellvertretenden Vorsitzenden
des Reichsverbandes der deutschen Industrie

Herrn A. Frowein

M. d. R. W. R.

in aufrichtiger Verehrung und Dankbarkeit
gewidmet

Vorwort

Seit die politische Einigung Italiens um die Mitte des vorigen Jahrhunderts die notwendigen Voraussetzungen für einen neuen Aufschwung seines wirtschaftlichen Lebens geschaffen hatte, ist dieses nach seinen natürlichen Bedingungen zunächst agrarwirtschaftlich orientierte Land in schneller Entwicklung in die Reihe der großen Industrieländer Europas getreten. Alte traditionelle Gewerbe nahmen industrielle Formen an, neue Industriezweige wurden mit Erfolg eingeführt, das italienische Wirtschaftsleben war bald als ein bedeutender Faktor in die Weltwirtschaft verflochten.

Zu jenen Gewerben, die in Italien auf eine Jahrhunderte alte Tradition zurückblicken können und schon in früheren Zeiten eine Bedeutung besaßen, die weit über die Grenzen der apenninischen Halbinsel hinausreichte, gehört in erster Linie die Erzeugung und Verarbeitung der Naturseide. Ihre Entwicklung im Rahmen der Volkswirtschaft Italiens und der Weltwirtschaft der Seide seit dem genannten Zeitpunkte ist Gegenstand der vorliegenden Untersuchung; sie behandelt das italienische Seidengewerbe unter wirtschaftlichen Gesichtspunkten; technische Fragen des Seidenbaues und der Seidenindustrie sind nur insoweit berührt, als sie für die wirtschaftliche Entwicklung dieses Gewerbes in Italien von besonderer Bedeutung waren. Die Untersuchung schließt mit dem Jahre 1925 ab; neuere, hinreichend sichere statistische Zahlen lagen zur Zeit der Abfassung der Arbeit noch nicht vor. Die großen politischen Umwälzungen in Italien während der letzten Jahre zogen auch für das italienische Wirtschaftsleben tiefgreifende Folgen nach sich, über deren Bestand und weitere Auswirkungen heute aber noch kein abschließendes Urteil möglich ist. Auch die Stabilisierung der italienischen Währung, deren zu erwartender Einfluß auf die weitere Entwicklung des Seidenbaues und der Seidenindustrie in Italien in der vorliegenden Arbeit eingehend behandelt ist und die inzwischen am 22. Dezember 1927 erfolgte, kann in Anbetracht der Kürze der seitdem verflossenen

Zeit und unter den gegenwärtigen, noch wenig geklärten Verhältnissen in Italien in ihrer tatsächlichen Einwirkung in dem dargelegten Sinne noch nicht hinreichend beurteilt werden. Es muß einer späteren eingehenden Untersuchung im Anschluß an die vorliegende vorbehalten bleiben, die faschistische Wirtschaftspolitik und ihren besonderen Einfluß auf die Entwicklung des italienischen Seidengewerbes klarzulegen, da gegenwärtig nur unzulängliche Teilfeststellungen ohne den notwendigen Überblick über die Gesamtentwicklung einer innerlich geschlossenen Wirtschaftsepoche möglich sind; mit derartigen Ergebnissen wäre aber der kritisch-wissenschaftlichen Forschung wenig gedient.

Das amtliche statistische Material, auf das sich die folgenden Darlegungen vorwiegend stützen, erwies sich bei näherer Prüfung als recht lückenhaft und teilweise so unzuverlässig, daß sich eine besondere kritische Besprechung der italienischen Statistik der Kokon- und Rohseidenproduktion im ersten Abschnitt des Buches als notwendig ergab. Spezielle Vorarbeiten über die behandelten Fragen sind nicht vorhanden; direkte Auskünfte und Mitteilungen von dem maßgebenden italienischen Seidenverbande, der Associazione Serica Italiana in Mailand, waren leider nicht zu erhalten.

Die vorliegende Untersuchung geht auf eine Anregung meines verehrten Lehrers, des Herrn Universitätsprofessors Dr. Alexander Hoffmann in Leipzig, zurück, dem ich für sein freundliches Interesse an meinen Studien und für seine Förderung und Beratung an dieser Stelle meinen ergebensten Dank zum Ausdruck bringe. Ferner gebührt mein besonderer Dank auch dem Verbande der deutschen Seidenwebereien in Krefeld, seinem Vorsitzenden Herrn A. Frowein, M. d. RWR., und seinem Syndikus Herrn Dr. Raemisch, durch deren gütige Unterstützung die Herausgabe dieser Arbeit ermöglicht wurde.

Leipzig, 24. Dezember 1928.

Hans Tambor.

Inhaltsverzeichnis

Verzeichnis der benutzten Literatur

Annuario statistico italiano. Ministero di agricoltura, industria e commercio. Roma. (Verschiedene Jahrgänge.)

Atti della commissione di indagine sulle industrie. Vol. I. Relazioni sulle condizioni delle industrie tessili in Italia. Ministero dell' economia nazionale. Roma 1924.

Censimento degli opifici e delle imprese industriali al 10 giugno 1911. Vol. I—IV. Ministero di agricoltura, industria e commercio. Roma 1913/14.

Contribuzione per una statistica delle mercedi. Annali di statistica S. III Vol. 14 Parte II. Ministero di agricoltura, industria e commercio. Roma 1885.

Movimento commerciale del Regno d'Italia. Ministero delle finanze. Roma. (Verschiedene Jahrgänge.)

Statistica industriale. Fascicolo 37. L'industria della seta in Italia. Annali di statistica S. IV Nr. 55. Ministero di agricoltura, industria e commercio. Roma 1891.

— Fasc. 44. Notizie sulle condizioni industriali della provincia di Milano. Annali di statistica S. IV Nr. 65. Milano 1893.

— Fasc. 48. Notizie sulle condizioni industriali della provincia di Palermo. Annali di statistica S. IV Nr. 69. Roma 1893.

— Fasc. 62. Notizie sulle condizioni industriali della provincia di Messina. Annali di statistica S. IV Nr. 89. Roma 1897.

Statistica industriale. Lombardia. Ministero di agricoltura, industria e commercio. Roma 1900.

Statistica industriale. Riassunto delle notizie sulle condizioni industriali del regno. Parte I—III. Ministero di agricoltura, industria e commercio. Roma 1905/06.

Bericht über Handel und Industrie der Schweiz. Zürich 1913 und folgende Jahrgänge.

Statistisches Jahrbuch für das Deutsche Reich. (Verschiedene Jahrgänge.)

Bauer, Die Arbeiterschutzgesetzgebung in Italien. Im Handwb. der Staatswiss. 4. Aufl. Bd. I S. 578 ff., Jena 1923.

Bordiga, Die Krise des italienischen Seidenbaues und die Maßnahmen zu deren Bekämpfung. Internationale agrar-technische Rundschau 5. Jahrg. 1914 Heft 10.

Burger, Reise durch Ober-Italien. Teil II. Wien 1832.

Ellena, La statistica di alcune industrie italiane. Annali di statistica S. II Vol. 13, Roma 1880.

Fontana-Russo, Grundzüge der Handelspolitik. Übersetzt von Dr. Pflaum. Leipzig 1911.

Fraschetti, La politica commerciale italiana e i suoi effetti sull' economia nazionale. Im Giornale degli economisti Bd. 51 ff., Roma 1915/16.

Ito, Eine Untersuchung über die Konkurrenz der Rohseidenproduktion zwischen China, Japan und den südeuropäischen Ländern. Im Journal of the Sapporo Agricultural College Vol. II Part. IV, Sapporo (Japan) 1906.

v. Juraschek-Morgenroth, Seide und Seidenindustrie. Im Handwb. der Staatswiss. 3. Aufl. Bd. VII S. 409 ff., Jena 1911.

Mortara, Prospettive economiche 1921—1925. Città di Castello 1921 ff.

Raemisch, Textilrohstoffe und Textilwirtschaft — Seidenwirtschaft. Im Handwb. der Staatswiss. 4. Aufl. Bd. VIII S. 165 ff., Jena 1927.

Schmitz, Die Bewegung der Warenpreise in Deutschland von 1851 bis 1902. Berlin 1903.

Seitz, Die Seidenzucht in Deutschland. Stuttgart 1918.

Silbermann, Die Seide. Ihre Geschichte, Gewinnung und Verarbeitung. 2 Bde. Dresden 1897.

Sombart, Die Handelspolitik Italiens seit der Einigung des Königreichs. Schriften des Vereins für Sozialpolitik Nr. 49 Bd. 1, Leipzig 1892.

Woytinsky, Die Welt in Zahlen. Bd. IV. Berlin 1926.

Züblin, Die Handelsbeziehungen Italiens vornehmlich zu den Mittelmeerländern. Probleme der Weltwirtschaft Bd. 16, Jena 1913.

Seide, Fachblatt für die Seiden-, Samt- und Band-Industrie, Krefeld.

Der Spinner und Weber, Wochenschrift, Leipzig.

Leipziger Wochenschrift für Textilindustrie, Leipzig.

Einleitung.

1. Geschichtlicher Rückblick auf die Zeit vor 1860.

Die Seidenraupenzucht geht in Italien in ihren Anfängen bis ins 8. und 9. Jahrhundert zurück. Kleinasiatische Rassen der echten Seidenraupe (bombyx mori) wurden von den Arabern nach Sizilien verpflanzt; von dort verbreitete sich die Seidenkultur allmählich über Süd- und Mittelitalien. Zur gleichen Zeit findet sich auch die Erwähnung des aus Persien stammenden schwarzen Maulbeerbaumes (il moro, später allgemein als gelso bezeichnet), dessen Blätter die einzige Nahrung der Raupen bilden. Doch blieb die Seidenraupenzucht zunächst noch auf sehr geringe Ausmaße beschränkt. Im 13. Jahrhundert finden wir im Gebiete von Bologna eine ausgedehntere Seidenkultur, wobei die städtischen Behörden den Handelsverkehr mit Kokons regelten. Die Handelsbeziehungen Venedigs mit dem Orient führten zur Zeit Dandolos (13. Jahrhundert) zur Einführung griechischer Rassen in Italien. In den folgenden Jahrhunderten wurde die Seidenzucht in Modena, Florenz und in der Lombardei durch Zwang zur Anpflanzung von Maulbeerbäumen weiter ausgedehnt. Welchen Wert man schon damals der Seidenzucht beimaß, besagt der Titel eines kleinen Buches von Paganino aus dem Jahre 1380: „Tesoro dei rustici", das die Seidenzucht im bologneser Dialekt behandelt. Die Stadtrepubliken suchten durch Ausfuhrbeschränkungen für Maulbeerblätter, Kokons und Seide die einheimische Seidenkultur zu heben; andererseits betrachteten sie die Seidenproduktion als eine recht ergiebige Steuerquelle und belegten sie mit hohen Abgaben. Die Folge dieses Systems war aber nur eine gewisse Abneigung der Bauern gegen die Seidenzucht. Erst gegen Ende des 16. und im 17. Jahrhundert wurde die Verbreitung der Seidenkultur eine allgemeine mit beständig wachsenden Ernteerträgnissen. Le Tellier schreibt im Jahre 1602 in einer Abhandlung über die Ernährung der Seidenraupe: „Die Italiener haben sich in Erkenntnis des hieraus erwachsenden Nutzens dieser Kultur derart hingegeben, daß sie sich wie Schwämme mit Gold und Silber angefullt haben und andere Länder durch die bei ihnen erzeugte Seide beglücken.“[1]) Seit jener Zeit hat der Seidenbau eine stetige Entwicklung in Italien genommen und wurde eine der reichsten Quellen des nationalen Wohlstandes, war aber im Laufe der Jahrhunderte auch manchen Rückschlägen ausgesetzt.

Mit der einheimischen Seidenzucht verbreitete sich auch die Kunst der Verarbeitung des gewonnenen Rohstoffes. Nach örtlichen Überlieferungen wurden in Kalabrien schon im 9. Jahrhundert die Kokons abgehaspelt; doch scheint das regelrechte Haspelverfahren erst in der Mitte des 11. Jahrhunderts durch orientalische Seidenhandwerker nach Catanzaro eingeführt und von den Eingeborenen erlernt worden zu sein. Edrisi berichtet im Jahre 1154, daß Sizilien viel Seide erzeuge[2]). Mitte des 13. Jahrhunderts versorgten sich die bedeutenden Manufakturen von Lucca mit kalabresischer Seide. Zu ihrer späteren maßgebenden Stellung auf dem europäischen Markte entwickelte sich die italienische Haspelei aber erst im 16. Jahrhundert in enger Verbindung mit dem allgemeinen Aufschwung des italienischen Seidenbaues.

Viel früher gelangte dagegen die Seidenweberei in Italien zu hervorragender Bedeutung. Ihr Ausgangspunkt ist wieder in Sizilien und zwar in Palermo zu suchen, dessen Erzeugnisse die größte Fertigkeit in der Webekunst aufwiesen. Anläßlich des byzantinischen Bildersturmes im 8. Jahrhundert kamen griechische Seidenweber nach Rom und widmeten sich der Anfertigung von kirchlichen Paramenten. Hauptsitz der Seidenweberei im Mittelalter war die Stadt Lucca; der Höhepunkt ihrer Entwicklung lag im 12. und 13. Jahrhundert; ihre seidenen Gewebe besaßen Weltruf und wurden auf den Messen in Frankreich, Deutschland und England viel begehrt. Politische Unruhen führten später zur Auswanderung vieler lucchesischer Seidenhandwerker, die sich in Florenz, Venedig, Bologna und Mailand niederließen und dadurch den Schwerpunkt ihres Gewerbes in die oberitalienischen Städte verlegten. Zur selben Zeit war auch auf französischem Boden die Seidenweberei eingeführt worden, und unter staatlichem Schutz und mit königlichen Privilegien ausgestattet entwickelte sie sich besonders in Lyon und Tours im 15. und 16. Jahrhundert zu so außerordentlicher Blüte, daß sie die italienische Kunstweberei auf dem Weltmarkte mehr und mehr zurückdrängte. Das italienische

[1]) Silbermann, Die Seide I S. 224.

[2]) Silbermann a. a. O. S. 427.

Seidengewerbe sah sich auf die Rohstoffproduktion und die Haspel- und Muliniertätigkeit beschränkt; Mailand und Turin wurden in der Folgezeit die Mittelpunkte dieser Gewerbezweige[3]).

Zusammenfassend kann gesagt werden, daß bis zur ersten Hälfte des 19. Jahrhunderts das Seidengewerbe in Italien sich vor allem der Seidenraupenzucht und der ersten Verarbeitung der erzeugten Seide widmete und auf diesen Gebieten durch Qualität und Menge seiner Produktion einen unbestrittenen Vorrang vor allen anderen Ländern nicht nur Europas, sondern auch der außereuropäischen Erdteile besaß, während die Seidenweberei nach einer verhältnismäßig kurzen Blüte im Mittelalter für den Weltmarkt fast bedeutungslos geworden war. Die Aufgabe der folgenden Untersuchungen soll nun darin bestehen, die weitere Entwicklung der einzelnen Zweige des Seidengewerbes in Italien seit der Gründung des italienischen Königreiches zu verfolgen und ihre tieferen Ursachen festzustellen, um an Hand der Ergebnisse ein Urteil über die weiteren Entwicklungsmöglichkeiten dieses italienischen Industriezweiges im Rahmen des heutigen Weltseidenmarktes zu gewinnen. Diese Frage ist nicht nur für Italien selbst von größter Bedeutung, da die Seidenindustrie noch heute einen der wichtigsten Erwerbszweige im italienischen Wirtschaftsleben darstellt, sondern sie berührt auch das Interesse vieler europäischer Länder, deren Seidenindustrie mit der italienischen aufs engste verbunden ist.

2. Bemerkungen zur wirtschaftlichen Lage in Italien um 1860.

Wenn als Ausgangspunkt unserer Untersuchungen die Zeit der Gründung des italienischen Königreiches gewählt wird, so liegt der Grund hierfür in der vollkommenen Umwälzung der wirtschaftspolitischen Verhältnisse auf der appenninischen Halbinsel, die mit jenem Ereignis eintrat. Vor dem Jahre 1860 war Italien nur ein geographischer Begriff. Politisch zerfiel es in 7 Staaten, die in Verfolgung einer extremen merkantilistischen Handelspolitik sich möglichst hermetisch gegen einander abschlossen. Hochschutzzollmauern sicherten zwar dem Staatsschatze reiche Einkünfte und den territorialen Gewerben ein ziemlich gesichertes Dasein, unterbanden aber von vornherein jede größere industrielle Entwicklung und alle Handelsunternehmungen, die über die engen

[3]) Weitere geschichtliche Einzelheiten über die Entwicklung der Seidenzucht und -industrie in allen Ländern bei Silbermann a. a. O.

Landesgrenzen hinausgriffen. Hierzu kamen noch die Zölle der einzelnen Städte. Graf Serristori schreibt im Jahre 1843: „Wer vermag in Toscana, Lucca u. a. in kostspielige Handelsunternehmungen sich einzulassen, wenn er weiß, daß überall gesetzliche Schranken seinem Absatze sich entgegenstellen? Wenn ein Fabrikant von Mailand seine Seidenwaren nach Florenz sendet, so hat er auf einem Wege von 150 italienischen Meilen 8 Zollstätten zu passieren. ... Man ist empört, wenn man weiß, daß nicht bloß an den Grenzen der einzelnen Länder, sondern auch an den Toren der Städte die Zollstätten den Fuhrmann belästigen und zu bedeutenden Abgaben nötigen."[4]) Mit stillem Neid blickte man in Italien auf die zollpolitische Einigung, die sich jenseits der Alpen vollzogen hatte, und führende Männer des Wirtschaftslebens forderten die Schaffung einer entsprechenden „Lega doganale italiana". Doch standen der Ausführung dieses Projektes schwerwiegende politische Bedenken entgegen; der überwiegende politische Einfluß Österreichs wäre durch diese Zollunion noch weiter ausgedehnt und fester verankert worden und hätte den Plan einer nationalen Einigung des italienischen Volkes unter Ausschaltung jeder fremdländischen Herrschaft völlig illusorisch gemacht. Daher waren es gerade die überzeugtesten Nationalisten, die den Gedanken einer Zollunion ablehnten; die politische Einigung mußte vorhergehen. So gewöhnte man sich vielerseits an den Gedanken, während die umliegenden Staaten ihre Industrien mit den neuesten Erfindungen immer stärker entwickelten, in Italien das „Agrarland" zu sehen, das durch seinen fruchtbaren Boden und sein mildes Klima dazu bestimmt sei, sich vor allem der Agrarproduktion zu widmen.

Dieser Zustand fand eine grundlegende Änderung in dem Augenblick, als unter der Führung Piemonts die politische Einigung Italiens eine vollendete Tatsache geworden war. Schon seit 1851 war im Königreich Sardinien durch Cavour im Anschluß an Frankreich ein allmählicher Übergang zum Freihandel vollzogen worden, der seinen Abschluß in den Tarifgesetzen vom 27. Juni 1861 fand. Dieser Geist des freien wirtschaftlichen Wettbewerbs ließ nach den siegreichen nationalen Befreiungskämpfen alle Zollschranken des Binnenlandes alsbald verschwinden und setzte sogar in überstürzter Hast in der Folgezeit die einheimischen Gewerbe, die bis dahin ein Treibhausdasein geführt

[4]) Annali universali di Statistica economica. Milano 1843 (zitiert bei Sombart, Die Handelspolitik Italiens S. 79).

hatten, der scharfen Luft des freien Wettbewerbes auf dem Weltmarkte aus. Hatte Cavour mit weiser Vorsicht den Übergang zum freihändlerischen System nur schrittweise und unter genügendem Schutz für die einheimischen Industrien vollzogen[5]), so glaubten seine Nachfolger in dem jungen italienischen Königreich, ermutigt durch den bedeutenden wirtschaftlichen Aufschwung Piemonts in dem vorangegangenen Jahrzehnt und in starker Verkennung der wirtschaftlichen Lage der anderen ehemaligen italienischen Staaten, durch Beseitigung nicht nur der binnenländischen Zollschranken, sondern auch durch scharfe Senkung der Zölle an der neuen Landesgrenze die solange gehemmte Entwicklung der italienischen Industrie von allen Hindernissen zu befreien und Italien in kurzer Zeit ebenbürtig an die Seite der anderen großen Industriestaaten setzen zu können. Es war der Ehrgeiz des jungen Königreiches, in schnellem wirtschaftlichen Aufstieg das lang Versäumte nachzuholen.

Die Folgen dieser Handelspolitik des neuen Italien für das einheimische Wirtschaftsleben des näheren darzulegen, kann hier nicht unsere Aufgabe sein. Sie waren teilweise geradezu vernichtend, doch wurde das Seidengewerbe, das vorwiegend auf den freien Handel mit dem Auslande angewiesen war, durch diese Maßnahme eher unterstützt als gefährdet. Bei ihm handelte es sich um einen Erwerbszweig, der seit Jahrhunderten im Volke tief eingewurzelt war, unter den günstigsten Vorbedingungen arbeitete und zur Zeit wohl das einzige Gewerbe in Italien darstellte, das schon über den Rahmen rein lokaler Bedeutung sich zu maßgebender Geltung auf dem Weltmarkte entwickelt hatte und als eigentliche Industrie bezeichnet werden konnte. Die Betrachtung des Seidengewerbes in der folgenden Zeit bietet daher auch einen wertvollen Beitrag zur Beantwortung der Frage, inwieweit der Übergang vom reinen Agrarstaat zum Industriestaat sich in Italien im Verlaufe der letzten 65 Jahre bereits vollzogen hat.

Die wirtschaftlichen Verhältnisse Italiens unmittelbar nach der politischen Einigung zeigen naturgemäß ein unklares Bild, da in kürzester Zeit Landesteile mit ganz verschiedener wirtschaftlicher Entwicklung zu einer Einheit zusammengeschweißt worden waren. Eine Besprechung der damaligen Lage müßte sich daher in Einzelbehandlungen der 7 Staaten vor der Vereinigung auflösen. Sehr wertvoll sind aber die Mitteilungen, die Ellena

[5]) Vgl. die Äußerung Cavours in einer Parlamentssitzung am 27. April 1852, bei Sombart a. a. O. S. 83.

in seinem Buche: „Statistik einiger italienischer Industrien“ Grund einer umfangreichen Industrieenquête macht[6]), die von Regierung durch Zirkular vom 10. Juni 1876 eingeleitet und Jahre 1878 zu Ende geführt worden war[7]). In den vo gegangenen zwei Jahrzehnten hatte sich das Wirtschaftsl(Italiens in den neuen Grenzen schon gefestigt und bestimm Formen angenommen. Was Ellena über die allgemeinen dingungen, unter denen die italienische Industrie arbeiten mu sagt, möge daher hier kurz skizziert werden, da es auch für die urteilung der Entwicklung der Seidenindustrie von Bedeutung

Drei Momente waren es vor allem, die einen schnellen ii striellen Aufschwung verhinderten. Unerläßliche Vorbeding für diesen ist in erster Linie ein gewisser Reichtum des Lai an flüssigem Kapital; Italien war aber ein armes Land. Wähı der Diskontsatz der Bank von Frankreich im Jahre 1878 bis 2,19% gefallen war, derjenige der Bank von England schon 1 auf 2⅝% stand, sich in den folgenden Jahren zwar steig(1879 aber erneut auf 2½% sank, war der Diskontsatz in Ita bis 1878 unverändert auf 5% stehen geblieben. Nur lang wuchs das Sparkapital an und wurde, so weit es vorhanden ' nicht den industriellen Unternehmungen des Landes zugefü sondern fand vorwiegend seine Anlage in Grundstücken, Sta anleihen und anderen Börsenwerten. Von einer Gesamtsumm(Depositengeldern von 505 982 511 L. am 31. Dezember 1870, sich in den verschiedenen Sparkassen und Banken angesamı hatten, waren nur 42 357 540 L. = 8,37% den Emmissionsbaı zugeflossen. Am 31. Dezember 1879 hatte sich die genannte samtsumme auf 1 334 168 605 L. erhöht, der Anteil der Em sionsbanken war ebenfalls absolut bedeutend gestiegen, sein ı tiver Prozentsatz an der Gesamtsumme aber auf 7,29% sunken[8]). Diese starke Zurückhaltung des Kapitals gegenı den industriellen Unternehmungen findet teilweise ihre Erkläı in der allgemeinen Krise der 70er Jahre; sie bestand aber ɛ schon vor 1870 und hatte ihre Gründe in der besonderen Lage italienischen Industrie gegenüber der ausländischen Konkurr Ein Vergleich mit den Verhältnissen der englischen Industrie nahe, und hierbei mußten sich dem aufmerksamen Beobacl schwerwiegende Bedenken aufdrängen.

---

6) Vittorio Ellena, La statistica di alcune industrie italiane S. 3—37

7) Annuario Statistico 1881 S. 77.

8) Ellena a. a. O. S. 9 Anm. 2.

Die italienische Industrie arbeitete unter besonders ungünstigen Verhältnissen gegenüber der Auslandskonkurrenz. Die Brennstoffe mußten vom Auslande bezogen werden und belasteten durch die Unkosten des weiten Transportes das Fabrikat. Soweit sich die italienische Industrie aber die vorhandenen zahlreichen Wasserkräfte nutzbar machte, war sie gezwungen, ihren Standort in entfernte Bergtäler zu verlegen und die Transportkosten für Rohstoffe zu ihren Betrieben und für die Fabrikate zum Absatzmarkte in höherem Grade auf sich zu nehmen. Zudem brachte die Ausnutzung der Wasserkraft den Nachteil mit sich, daß, soweit die Bergflüsse nicht ständig von Gletschern gespeist wurden, sowohl im Sommer wie im Winter bei niedrigem Wasserstande die gelieferte Kraft zum Betriebe der Maschinen nicht ausreichte und man zur Dampfmaschine seine Zuflucht nehmen mußte; so z. B. im Winter 1879/80 in Biella. Das bedeutete aber fast einen doppelten Kapitalaufwand für Maschinen zur Erzeugung der motorischen Kraft.

Italien besaß keine eigene Maschinenindustrie; der Import aus England brachte eine Verteuerung von 30 bis 40% durch Verpackung, Grenzzölle und Transportkosten mit sich. Die Maschinen konnten nach Lage des Marktes nicht bis zur vollen Leistungsfähigkeit ausgenutzt werden, wodurch relativ zu hohe Unkostenquoten für Maschinen, Gebäude, motorische Kraft und die Zahl der beschäftigten Arbeiter den Gewinnertrag verminderten. Hierzu kam noch, daß wenig geschulte Arbeitskräfte mit denselben Maschinen nur geringwertigere Produkte erzielten.

Damit gelangen wir zu einem weiteren wesentlichen Moment. Die Entlohnung der Arbeitskräfte in Italien war unstreitig viel geringer als in England, aber der Mangel an Schulung und Erfahrung glich diesen Vorteil bei weitem aus. Der englische Weber bediente 3—4 mechanische Webstühle und erzielte auf jedem derselben in Qualität und Menge ein besseres Produkt als der italienische Weber, der nur 1—2 Webstühle bediente. In der Seidenindustrie war man zeitweise geneigt, sogar den mechanischen Webstuhl wegen der Unerfahrenheit der Weber zu verlassen und zum Handwebstuhl zurückzukehren. Gut geschulte Arbeitskräfte wurden aber in Italien kaum geringer bezahlt als im Auslande. Die Arbeiter anzuspornen, durch gute Leistungen zu höheren Stellen aufzusteigen, gelang selten; die Leiter der Betriebe waren gewöhnlich Ingenieure ohne Fachausbildung, oder sie kamen aus dem Auslande und bezogen außerordentlich hohe Gehälter.

Ein weiterer Nachteil lag in dem völligen Mangel einer gut organisierten Arbeitsteilung im einzelnen Betriebe und unter den Fabriken desselben Gewerbezweiges. Fabrikationsbetrieb und Absatzorganisation lag in denselben Händen. In derselben Spinnerei wurden nicht nur die verschiedensten Garnnummern gesponnen, sondern das Garn wurde in demselben Betriebe auch gezwirnt, gebleicht, gefärbt und zur Kette geordnet; in den Stoffdruckereien konnten die wertvollen Druckwalzen nur zu wenigen 100 Stück Geweben benutzt werden. Verlust an Zeit und Geld, mangelhafte Schulung und Ausnutzung der Arbeitskräfte, Wertminderung und Verteuerung der Fabrikate und damit Konkurrenzunfähigkeit auf dem Absatzmarkte waren die notwendige Folge.

Schließlich sei noch auf den mangelhaften Zustand des Verkehrswesens in Italien hingewiesen. Die Kilometerzahl der Eisenbahnen betrug 1876 in Italien erst 7935 km, während zur gleichen Zeit in Deutschland 28 636 km, in Großbritannien und Irland 27 147 km, in Frankreich 20 345 km und in den Vereinigten Staaten von Amerika sogar 124 649 km bereits befahren wurden[9]). Die Tarife waren infolge falscher technischer Maßnahmen, die das Eisenbahnbudget schwer belasteten, zu hoch und unterbanden eher den Verkehr, als daß er gefördert wurde. Bei der eigentümlichen Gestalt der Halbinsel konnten sogar infolge der verschiedenen Transportkosten ausländische importierte Produkte sich in Italien billiger stellen als die einheimischen. Andererseits war aber auch das Schiffahrtswesen noch unentwickelt. Die Anlagen in den Häfen entsprachen nicht den notwendigen Anforderungen für die Sicherheit und den Schutz der Güter. Der Mangel eines regelmäßigen Schiffsverkehrs mit vollen Ladungen auf dem Hin- und Rückwege machte die Schiffsfrachten von Indien nach Italien manchmal teurer als nach London. Trotz seiner günstigen Lage hatte Italien nach Angaben des statistischen Amtes in Kairo hinsichtlich des Schiffsverkehrs durch den Suezkanal in der Zeit vom 1. Januar bis 31. Dezember 1879 mit 52 Schiffen und einer Gesamttonnage von 66 931 t nur einen Anteil von 3,11% am Gesamtverkehr[10]).

Die angeführten Gesichtspunkte betrafen auch die Seidenindustrie im starken Maße, besonders soweit eine industrielle Verarbeitung der im Inlande gewonnenen Seide in den Webereien und

---

9) Appunti di statistica ferroviaria del professore Luigi Bodio, Archivio di statistica anno I fasc. II pag. 94, 2. editione (bei Ellena a. a. O. S. 19 Anm. 2).

10) Ellena a. a. O. S. 17 Anm.

der Absatz des fertigen Fabrikates auf den Auslandsmärkten in Frage kam. Die jahrzehntelange völlige Bedeutungslosigkeit der italienischen Seidenweberei auf dem Weltmarkte, obgleich ihr wie keiner ihrer Konkurrentinnen Rohstoffe und Halbfabrikate in größter Menge und bester Qualität im Inlande zur Verfügung standen, findet in den dargelegten Verhältnissen ihre Erklärung.

Wenn in den folgenden Ausführungen die Entwicklung der italienischen Seidenindustrie untersucht werden soll, so muß auch zugleich der italienische Seidenbau in Betracht gezogen werden, obwohl derselbe in Italien kein selbständiger oder gar industrieller Erwerbszweig, sondern nur ein Nebengewerbe der Landwirtschaft ist. Seidenraupenzucht, Haspelei und Zwirnerei sind aber bis in die neueste Zeit aufs engste miteinander verbunden gewesen, und selbst die Seidenweberei wurde in der früheren Zeit kaum als völlig unabhängiger Gewerbezweig betrieben. Zudem stützt sich die italienische Seidenindustrie naturgemäß in erster Linie auf die einheimische Rohstoffbasis; die Vorgänge auf den Kokonmärkten zeigen oft ihren deutlichen Niederschlag in der Blüte oder in dem Niedergange der seidenindustriellen Betriebe Italiens.

Andererseits soll aber in unseren Untersuchungen nicht den unzähligen feinen Verästelungen nachgegangen werden, in die bekanntlich alle Textilgewerbe mit ihren unzähligen Spezialartikeln und vielfältigen Nebenbetrieben auslaufen. Es kann hier nur unsere Aufgabe sein, die große Entwicklungslinie des italienischen Seidengewerbes in der Zeit seit 1860 bis zur Gegenwart in seinen drei großen Hauptzweigen des Seidenbaues, der Spinnerei und Zwirnerei und der Weberei zu verfolgen, die tieferen Ursachen für krisenhafte Schwankungen oder für Anzeichen einer gewissen Stagnation in der Entwicklung aufzuzeigen und daraus Grundlagen für eine vorsichtige Wertung weiterer Entwicklungsmöglichkeiten dieses Gewerbes in Italien zu gewinnen. Bei der Erörterung jener Momente, die jeweils bestimmend in die bisherige Entwicklung eingriffen, wird sich auch die passende Gelegenheit bieten, auf die einzelnen Fragen einer systematischen Untersuchung dieser Industrie näher einzugehen und damit zugleich auch ein möglichst abgerundetes Bild der inneren Verhältnisse im italienischen Seidengewerbe sowie seiner Stellung im nationalen Wirtschaftsleben wie in der Weltwirtschaft der Seide zu bieten.

I. Die Statistik der italienischen Kokon- und Rohseidenproduktion.

Für eine eingehende Untersuchung eines bestimmten Wirtschaftszweiges ist seine genaue, den tatsächlichen Verhältnissen entsprechende statistische Erfassung eine notwendige Voraussetzung. Handelt es sich bei dieser Untersuchung um die Klarlegung der Entwicklung jenes Wirtschaftszweiges während einer längeren Reihe von Jahren, so ist es von besonderer Wichtigkeit, daß die bei den statistischen Erhebungen zur Anwendung gekommene Methode während der zu behandelnden Zeit keinen wesentlicheren Änderungen unterworfen wurde, da jede derartige Änderung, mag sie auch frühere Fehler und Ungenauigkeiten in Zukunft vermeiden und somit an sich berechtigt sein, dennoch das Gesamtbild der Entwicklung verschiebt und zu falschen Schlüssen verleitet, vielleicht sogar jeden Vergleich mit früheren Zeiten völlig unmöglich macht.

Unter diesem letzteren Gesichtspunkt bietet die italienische Statistik der Kokon- und Rohseidenproduktion nicht unerhebliche Schwierigkeiten, die eine kurze Besprechung erforderlich machen.

Eine regelmäßige amtliche statistische Feststellung der jährlichen Kokonproduktion in Italien beginnt erst mit dem Jahre 1880. Das statistische Jahrbuch von 1864, eine private Arbeit von Correnti und Maestri, gibt für die Zeit vor 1863 eine Kokonproduktion von 51,3 Mill. kg für das geographische Italien an, während der offizielle Katalog der italienischen Abteilung auf der Londoner Ausstellung im Jahre 1862 sie auf 65 Mill. kg schätzte[1]). Weitere private Arbeiten der 60er und 70er Jahre berechneten die italienische Kokonerzeugung in der fraglichen Zeit auf 50—55 Mill. kg.

Von seiten der Regierung wurden amtliche Erhebungen über die landwirtschaftliche Produktion des Landes und ihre technischen Bedingungen durch Berichte der Präfekten über die

---

[1]) Annali di Statistica, Statistica industriale Fasc. 37 S. 10f.

einzelnen Provinzen, später auch über die einzelnen Gemeinden angestellt[2]). Diese Erhebungen dauerten in ständig sich erweiternder und spezialisierender Form von 1868 bis 1874 und fanden ihren Niederschlag in der Veröffentlichung „Relazione intorno alle condizioni dell' agricoltura nel quinquennio 1870—1874". Im zweiten Bande dieses Werkes wird auch die Seidenzucht als Nebenzweig der Landwirtschaft behandelt. Diese Statistik war jedoch als erster Versuch nach Methode und Ergebnis äußerst fehlerhaft[3]). Trotz weiterer Erhebungen und Ergänzungen in den folgenden Jahren unterschied sich das amtliche Ergebnis ganz wesentlich von den Berechnungen der italienischen Kokonproduktion von privater Seite. In ihrer späteren Veröffentlichung „Notizie e studi sull' agricoltura" vom Jahre 1879 gab die Direzione generale dell' agricoltura eine Produktionshöhe von nur 44,52 Mill. kg für die Zeit vor 1863 an[4]). Diese wie auch alle übrigen statistischen Zahlen für die Seidenzucht bis zum Jahre 1879 einschließlich beruhten auf den jährlichen Mitteilungen der Handelskammern[5]); seit 1880 wurde auch dieses Gebiet in die regelmäßigen direkten Erhebungen der Agrarstatistik einbezogen und in gleicher Weise auf Grund von Mitteilungen der Gemeindevorsteher durch die Präfekturen bearbeitet[6]).

Das erste amtliche statistische Jahrbuch, das im Jahre 1878 von der Direzione Generale di Statistica des Ministeriums des Innern herausgegeben wurde, enthält selbst keinerlei Angaben, sondern verweist nur auf die oben genannte Veröffentlichung von 1870 bis 1874; doch gibt es in seiner Industriestatistik mangels eigener Zahlen die Berechnungen der Rohseidenproduktion in Italien durch den bedeutenden Spinnereibesitzer Pasquale de Vecchi in Mailand wieder. Dieser schätzt die italienische Rohseidenerzeugung vor 1863 auf 3,46 Mill. kg[7]). Berücksichtigt man nun, daß zu damaliger Zeit die Ergiebigkeit der Kokons an Seide noch relativ gering war und auf 15 kg Kokons für 1 kg Rohseide angenommen wurde, so ergibt sich auch nach Pasquale de Vecchi eine Kokonerzeugung von 51,9 Mill. kg.

[2]) Ann. Stat. 1878 Teil I S. 133.

[3]) Vgl. die diesbezügliche Bemerkung im Annuario Statistico Italiano 1878 Teil I S. 134, die der genannten Relazione entnommen ist.

[4]) Stat. industr. Fasc. 37 S. 11.

[5]) Ann. Stat. 1887/88 S. 728 Anm. 1.

[6]) Ann. Stat. 1900 S. 424 Anm. 1.

[7]) Ann. Stat. 1878 Teil I S. 125.

In den folgenden statistischen Jahrbüchern, die nunmehr vom Ministerium für Landwirtschaft, Industrie und Handel herausgegeben wurden, hielt man aber an den amtlichen Erhebungen über die einheimische Kokonproduktion fest. Lagen die erzielten Zahlenergebnisse auch zweifellos weit unter der wirklichen Produktionshöhe, so verblieb doch wenigstens die Möglichkeit, die gesamte Entwicklung der Seidenzucht genau zu verfolgen, da die bisherige Erhebungsmethode nicht geändert wurde. Für längere Dauer ließ sich eine so fehlerhafte Statistik jedoch nicht aufrecht erhalten. Die amtlichen italienischen Veröffentlichungen über die einheimische Rohseidenerzeugung aus in Italien erzeugten Kokons fußten nicht mehr auf eignen Erhebungen oder Berechnungen, sondern die amtlichen statistischen Jahrbücher entnahmen merkwürdigerweise die betreffenden Zahlen für die Jahre 1878 und 1879 einem Werke von Rondot (l'art de la soie I p. 57-Paris, Imprimerie nationale 1885), die entsprechenden Zahlen für die Jahre 1880/1888 der jährlich erscheinenden „Statistique de la production de la soie en France et à l'étranger" des Syndicat de l'Union des marchands de soie de Lyon[8]). Zunächst wurden auch noch für die folgenden Jahre bis 1894 die Zahlen des französischen Syndikats in die amtlichen italienischen Jahrbücher aufgenommen, bis die Associazione dell' industria e del commercio delle sete in Italia, Sitz Mailand, es unternahm, auf Grund der offiziellen Marktberichte und unter Verwendung von Untersuchungen und Schätzungen der bedeutendsten Seidenzüchter die amtliche Statistik der Kokonproduktion in Italien zu berichtigen und hieraus die einheimische Rohseidenproduktion zu berechnen. Die letztere Statistik wurde rücklaufend bis zum Jahre 1889 einschließlich ergänzt und nunmehr in die amtliche Rohseidenstatistik als maßgebend aufgenommen, während in demselben Jahrbuche des Jahres 1898 sich in der Statistik der Kokonproduktion noch die ungenauen amtlichen Zahlen finden[9]).

Im Jahre 1896 gab die Regierung ihre eignen amtlichen Erhebungen über die Kokonproduktion auf. Berechnungen auf Grund der bisherigen Ergebnisse hatten gezeigt, daß die angebliche Rohseidenproduktion aus einheimischen und importierten Kokons einschließlich der importierten Rohseide — dieser letzte Faktor ist

---

[8]) Ann. Stat. 1889/90 S. 685, 1892 S. 428, 1895 S. 423, 1897 S. 117, 1898 S. 151 usw.; desgleichen Stat. industr. Fasc. 37 S. 19.

[9]) Ann. Stat. 1898 S. 151.

in der amtlichen italienischen Darlegung[10]) übersehen worden — in ihrer Gesamtsumme nicht einmal genügte, um die tatsächliche Ausfuhr an Rohseide aus Italien, vom Inlandkonsum ganz abgesehen, ziffernmäßig zu decken. Die amtlichen Jahrbücher übernahmen nunmehr die Zahlen des Mailänder Seidenverbandes auch für die Kokonproduktion[11]).

Ein bedeutender Mangel haftete aber auch dieser neuen Form der statistischen Erhebungen an. Indem der Seidenverband die frühere amtliche Statistik seit 1895 seinerseits fortsetzte, nahm er als Grundlage die letzte amtliche Feststellung von 1895 mit einigen Berichtigungen und begnügte sich damit, die dort angegebenen Produktionsmengen in ihrem relativen Fallen und Steigen für die einzelnen Provinzen auf Grund der jeweiligen Marktverhältnisse zu ändern. Nur die prozentualen Schwankungen von Jahr zu Jahr wurden also berücksichtigt, die grundlegende Einheit blieb aber die frühere fehlerhafte amtliche Erhebung. Somit änderten sich die Zahlenergebnisse der neuen Statistik gegenüber der früheren nur wenig, zumal in den 90er Jahren eine gewisse Steigerung der italienischen Kokonproduktion angenommen werden muß. Der Seidenverband selbst schätzte die Unterbewertung der einheimischen Kokonerzeugung auf mindestens 8—10 Mill. kg[12]). Neue Untersuchungen und Berechnungen führten nunmehr zu Ergebnissen, die die bisherige Statistik vollständig änderten. Im Statistischen Jahrbuch des Jahres 1904 finden sich die neuen Resultate für die Kokonproduktion erst in der Anmerkung, während in den Haupttabellen noch die Zahlen nach der vorhergehenden Methode wiedergegeben sind; in der Industriestatistik sind dagegen schon die neuen statistischen Zahlen für die Berechnung der Rohseidenproduktion verwertet[13]). Im Jahrbuch 1905—1907 erscheinen auch in der Agrarstatistik nur noch die Zahlen der neuen Berechnung für die italienische Kokonproduktion[14]); zugleich wurden aber auch die früheren Angaben in beiden Zahlenreihen bis zum Jahre 1889 nach der neuen Berechnungsmethode berichtigt. Auf welchen veränderten Grundlagen die letztere im einzelnen beruht, ist aus den Jahrbüchern selbst nicht ersichtlich; sie verweisen nur auf die jährliche Ver-

---

10) Ann. Stat. 1900 S. 368, 1904 S. 253 Anm.
11) Ann. Stat. 1900 S. 402, 1904 S. 253.
12) Ann. Stat. 1900 S. 368 f.
13) Ann. Stat. 1904 S. 253 bzw. S. 300.
14) Ann. Stat. 1905—1907 S. 404.

öffentlichung des Mailänder Seidenverbandes über die Kokonernte[15]).

Für unsere Untersuchung ist diese Änderung in der Methode der statistischen Erhebungen von großer Bedeutung. Die tatsächlichen Produktionsverhältnisse wurden dadurch mehr der Wirklichkeit entsprechend dargestellt, und auch ein Vergleich mit den Produktionen anderer Länder, die in dieser Zeit immer fühlbarer als Konkurrenten auf dem Weltmarkte der Seide auftraten, war sachgemäßer ermöglicht worden; vielleicht war sogar dieser letzte Gesichtspunkt der tiefere Anlaß, um eine Methode, die man trotz ihrer offenkundigen Mängel fast 25 Jahre lang beibehalten hatte, nunmehr völlig zu ändern. Aber ein Vergleich der Zeit vor 1889 mit der darauf folgenden Entwicklung scheint fast unmöglich zu sein; die ziffernmäßige Produktion erfährt plötzlich eine Steigerung von durchschnittlich fast einem Drittel der bisherigen Produktionszahl. Ohne Zweifel ist die Kokonernte in Italien um 1900 gestiegen, aber nicht in dem Ausmaße, wie es diese neue Berechnung im Verhältnis zur früheren erscheinen läßt, wenn man ohne Korrektur beide Zahlenreihen fortlaufend miteinander verbinden wollte. Einzelne Jahre guter Ernten zeigen Ziffern, wie sie in der Blütezeit der italienischen Seidenzucht vor 1863 kaum zu verzeichnen waren. Für die gesamte Entwicklung der italienischen Seidenproduktion während der unserer Betrachtung zugrunde liegenden 65 Jahre ergäbe sich ein völlig irreführendes Bild, dem, wie wir später sehen werden, auch die wirtschaftlichen Verhältnisse Italiens, mit denen die Seidenproduktion aufs engste verknüpft und durch die sie teilweise geradezu in ihrer Entwicklung bedingt war, durchaus widersprechen.

Seit dem Jahre 1909 stellt das neue Ufficio di statistica agraria wiederum amtliche Erhebungen über die jährliche italienische Ernte an Maulbeerblättern und Kokons an, deren Ergebnisse in den Notizie periodiche di statistica agraria veröffentlicht werden[16]). Auch diese Zahlen, die in dem Text der statistischen Jahrbücher wiedergegeben werden[17]), liegen, wenn auch nicht in dem früheren bedeutenden Abstande, so doch immerhin

---

[15]) Notizie statistiche sul raccolto bozzoli d'Italia. Pubblicazione annuale dell'Associazione dell'industria e del commercio delle sete in Italia (in supplemento al „Bolletino di sericoltura“ in Milano). Diese Veröffentlichungen waren mir leider nicht zugänglich.

[16]) Mov. Comm. 1910 Einl. S. 143.

[17]) Ann. Stat. 1912 S. 102, 1919—1921 S. 214, 1922—1925 S. 154.

nicht unwesentlich niedriger als jene des Mailänder Seidenverbandes, die sich in den Jahrbüchern jetzt nur noch in der Anmerkung finden. Die Zahlen der Rohseidenproduktion in der Industriestatistik des amtlichen Jahrbuches, deren Berechnung sich doch auf die Kokonproduktion stützt, sind dagegen der erwähnten regelmäßigen Veröffentlichung des Mailänder Seidenverbandes entnommen[18]). Auch in der Nachkriegszeit sind diese unvollständigen amtlichen Erhebungen der Kokonproduktion trotz vielfacher Angriffe von fachmännischer Seite fortgesetzt und veröffentlicht worden[19]). Das statistische Amt gibt die Unvollständigkeit seiner Erhebungen zu, glaubt aber nicht, das Resultat durch weitere Untersuchungen wesentlich steigern zu können[20]). Andererseits bietet dagegen die Erhebungsmethode des Mailänder Verbandes den Vorteil, daß sie die Kokonernte in dem Augenblick aufnimmt, in dem sie vom Handel bereits erworben ist und unmittelbar vor dem Übergang in die Industrie steht. Somit dürfte diesen Zahlen doch die größere Zuverlässigkeit zuzusprechen sein[21]).

Wir werden uns demnach in unserer Untersuchung an die regelmäßigen Veröffentlichungen des Mailänder Seidenverbandes halten, da sie hinreichend sichere und nach einheitlicher Methode ermittelte Ergebnisse bieten. Auch die maßgebenden Publikationen des Syndikats der Union des marchands de soie in Lyon über die gesamte Welternte an Rohseide stützen sich in ihren Angaben für Italien stets auf die Mailänder Zahlen, die ihrerseits wieder auf den eignen Ermittelungen des Verbandes über die inländische Kokonernte fußen.

Für die Zeit vor dem Jahre 1889 müssen aber die Zahlen berichtigt werden. Eine genügende Handhabe hierzu bietet uns die Tatsache, daß für die Jahre 1889—1903 die Berechnungen nach der früheren wie nach der neuen Methode des Seidenverbandes vorliegen[22]). Eine Prüfung beider Zahlenreihen zeigt einen fast gleichmäßigen Unterschied von 13 Mill. kg, die Schwankungen um diese Ziffern in den einzelnen Jahren sind verhältnismäßig gering und liegen sogar meist über dem 15jährigen Durchschnitt der Differenzen, der 13,034 Mill. kg beträgt. Zieht man

[18]) Ann. Stat. 1912 S. 127, 1919—1921 S. 250, 1922—1925 S. 185.
[19]) G. Mortara, Prospettive economiche 1921 und folgende Jahrgänge.
[20]) Mov. Comm. 1910 a. a. O.
[21]) Mov. Comm. 1911 Einl. S. 106 Anm. a.
[22]) Ann. Stat. 1904 S. 253.

ferner in Betracht, daß die amtlichen Erhebungen bei all ihrer Unvollkommenheit dennoch im Laufe der Jahre gewisse Verbesserungen erfahren haben dürften, je mehr man sich in den Landgemeinden an die jährlichen Zählungen gewöhnt hatte, so darf man ruhig auch für die weiter zurückliegenden Jahre, in denen der Gesamtertrag der Kokonernte relativ geringer war, einen Mehrertrag von 13 Mill. kg in Anschlag bringen, da die amtlichen Ergebnisse jener Jahre noch wesentlich unvollständiger gewesen sein werden.

Für die Zeit vor 1863 belief sich die italienische Kokonernte nach der Feststellung des Landwirtschaftsministeriums aus dem Jahre 1879 auf 44,52 Mill. kg, nach Angaben des (privaten) statistischen Jahrbuches von 1864 auf 51,3 Mill. kg[23]). Durch unsere Ergänzung würde die damalige Produktion auf 64 Mill. kg zu schätzen sein, eine Zahl, die nicht nur der oben erwähnten Berechnung der italienischen Abteilung auf der Londoner Ausstellung im Jahre 1862 (65 Mill. kg) nahe kommt, sondern auch der Tatsache gerecht wird, daß die Seidenzucht um die Mitte des vorigen Jahrhunderts in Europa in ganz besonderer Blüte stand. Zum Vergleich sei auf die französische Seidenzucht hingewiesen, deren Erträgnisse sich zahlenmäßig bis zur Mitte des 18. Jahrhunderts zurückverfolgen lassen. Die Kokonproduktion in Frankreich war von einer durchschnittlichen Höhe von 4,2 Mill. kg in den Jahren 1801/1807 auf 10,8 Mill. kg in den Jahren 1821/1830 und auf 24,2 Mill. kg in den Jahren 1846/1852 unmittelbar vor dem Ausbruch der Raupenkrankheit gestiegen[24]). Diese Ziffer bedeutet einen Höhepunkt in der französischen Seidenproduktion, wie er in späterer Zeit nie mehr wieder erreicht wurde. Die Annahme erscheint durchaus berechtigt, daß auch Italien, das Hauptseidenland Europas, zu dieser Zeit eine ähnliche Blüteperiode durchmachte und besonders hohe Produktionsziffern erreichte[25]). Nach den amtlichen Zahlen hätte aber die italienische Produktionsziffer des Jahres 1870 (47,7 Mill. kg) trotz der unmittelbar vorhergegangenen verheerenden Seuche die Produktion

---

[23]) Siehe oben S. 10 f.

[24]) M. Morand, Rapport sur les soies et les tissus de soies, Exposition universelle de 1889 à Paris S. 3 (bei Ito, Eine Untersuchung über die Konkurrenz der Rohseidenproduktion zwischen China, Japan und den südeuropäischen Ländern S. 266).

[25]) Vgl. auch Rondot, Les soies Bd. I S. 55 (bei Ito a. a. O. S. 267); Silbermann a. a. O. S. 225.

vor 1863 bereits übertroffen, was nach Lage der damaligen Verhältnisse ganz unwahrscheinlich ist.

Eine ganz genaue Berechnung der Berichtigungen für die einzelnen folgenden Jahre ist natürlich heute nicht mehr möglich. In der beigefügten Tabelle stehen die in dieser Weise ergänzten Ernteergebnisse an Kokons nicht verzeichnet, da sie nur bei der Besprechung der Gesamtentwicklung des italienischen Seidenbaues in den letzten 65 Jahren Verwendung finden, während die Untersuchungen der einzelnen kürzeren Perioden sich auf die amtlichen Zahlen stützen müssen, auf die alle Angaben amtlicher und privater Art jener Zeit erklärlicherweise zurückgehen.

Zur Statistik der Rohseidenproduktion ist noch zu bemerken, daß die einzelnen Jahresergebnisse in der Weise ermittelt werden, daß die inländische Gesamtproduktion an Kokons, die in der Agrarstatistik nach dem Gewicht der Kokons in frischem Zustande angegeben ist, durch die Zahl der Ergiebigkeit der Kokons an Rohseide, deren durchschnittliche Höhe in jedem Jahre festgestellt wird, dividiert wird; die meisten amtlichen und privaten Berechnungen der italienischen Rohseidenproduktion wenden diese einfache Methode an, gehen somit nur auf die italienische Kokonernte zurück und bieten demnach ein Bild des Gesamtertrages der aus ihr erzeugbaren Rohseide, nicht aber, wie man zunächst annehmen würde, die Menge der in den italienischen Haspeleien tatsächlich erzeugten Rohseide[26])! Um diese letztere festzustellen, muß von der inländischen Kokonproduktion die Menge der zur nächstjährigen Raupenzucht benötigten Kokons, d. i. 1%, abgezogen werden; ferner ist auch der reine Import an ausländischen Kokons, also abzüglich der Mengen exportierter inländischer Kokons, zu berücksichtigen; letzterer ist nicht gering und hat im Laufe der Zeit für die Entwicklung der italienischen Seidenindustrie eine große Bedeutung erlangt. Die Kokons des Auslandes kommen zum weitaus größten Teile in getrocknetem Zustande über die Grenze und nur in geringen Mengen noch ungedörrt, soweit sie nämlich schon zur Zeit der Ernte im Juni und Juli eingeführt werden. Da jedoch die Handelsstatistik diesen Unterschied nicht berücksichtigt, so werden die importierten Kokons in ihrer Gesamtheit als getrocknete betrachtet, ihr Gewicht mit 3 multipliziert — die frischen Kokons verlieren durch das Dörren $^2/_3$ ihres Gewichtes —, die so gewonnene Summe der in-

[26]) Stat. industr. Fasc. 37 S. 19.

ländischen Kokonproduktion zugezählt und die Gesamtsumme wiederum mit 12 dividiert, da durchschnittlich 12 kg frische Kokons auf 1 kg Rohseide gerechnet werden[27]).

Soweit diese Berechnung der Gesamterzeugung der italienischen Haspeleien an Rohseide sich aber auf die Jahre 1863 bis 1888 einschließlich erstreckt, zeigt sich in den amtlichen Veröffentlichungen ein nicht zu übersehender Fehler. Vergleicht man die Tabellen der italienischen Kokonproduktion und der aus dieser Produktion erzeugbaren Rohseide[28]), so findet man als Ergiebigkeitsverhältnis der Kokons durchschnittlich 15:1; dieses Berechnungsverhältnis ist in den Jahren 1864—1876 sogar etwas schematisch in runder Zahl durchgeführt, nur die Jahre 1863 (15,43:1) und 1865 (19,4:1) machen eine Ausnahme. Mit dem Jahre 1877 beginnt eine genauere Feststellung der Ergiebigkeit der Kokons an Rohseide; das Verhältnis in diesem Jahre beträgt 15,16:1, 1878 steigt es auf 14:1, sinkt dann wieder vorübergehend, steigt 1883 auf 13:1 und erreicht erst im Jahre 1889 die Höhe von 11,92:1. Demgegenüber sind aber die Zahlen der Tabelle der tatsächlichen Gesamterzeugung der italienischen Haspeleien an Rohseide mit Berücksichtigung des Kokonhandels[29]) für die Jahre 1863—1891 gleichmäßig unter Zugrundelegung eines Ergiebigkeitsverhältnisses von 12:1 aus der entsprechenden Tabelle der den italienischen Haspeleien zur Verfügung stehenden Kokonmengen[30]) berechnet. Aus dieser Berechnung ergeben sich dadurch Zahlen, die die wirkliche Gesamterzeugung der italienischen Haspeleien, berechnet nach den vorher festgestellten Verhältniszahlen der *erzeugbaren* Rohseidenproduktion, durchschnittlich um $^1/_5$ übersteigen und sich erst in den letzten Jahren der in Frage stehenden Periode der Wirklichkeit nähern. Ohne Zweifel entspricht auch das Verhältnis von 15:1 durchschnittlich der Güte der in jener Zeit erzeugten Kokons, wie sich aus späteren Darlegungen über diese Epoche ergeben wird. Einige Stichproben aus den behandelten Tabellen erweisen auch sofort die Unmöglichkeit jener Berechnung der tatsächlichen Gesamterzeugung nach dem Verhältnis von 12:1. Im Jahre 1875 beträgt die italienische Kokonproduktion 46,1 Mill. kg, der Kokon-

---

27) Ann. Stat. 1897 S. 117 Anm. 1, 1898 S. 151 Anm. 2, 1900 S. 442 Anm. 2.

28) Stat. industr. Fasc. 37 S. 13 bzw. S. 19.

29) Ebenda S. 20.

30) Ebenda S. 13.

verbrauch der italienischen Haspeleien unter Berücksichtigung des Kokonhandels nur 45,2 Mill. kg, d. i. 900 000 kg weniger. Die gesamte italienische Kokonproduktion würde andererseits 3 Mill. kg Rohseide in diesem Jahre geliefert haben, die tatsächliche italienische Gesamterzeugung an Rohseide beliefe sich aber angeblich auf 3,7 Mill. kg, d. i. 700 000 kg mehr. Benutzt man zu einer ähnlichen Probe für das Jahr 1881, in dem sich die Ergiebigkeit der Kokonernte schon auf 13,34:1 gehoben hatte, die entsprechenden Zahlen der Tabellen, so steht einem geringeren Kokonverbrauch der Haspeleien von 38,4 Mill. kg bei einer einheimischen Produktion von 39,6 Mill. kg eine angeblich höhere Gesamterzeugung von 3,2 Mill. kg Rohseide bei einem Gesamtrohseidenertrag der italienischen Kokonernte von 3 Mill. kg gegenüber. Werden jedoch die oben genannten richtigen Verhältniszahlen verwendet, so schwinden diese Widersprüche sofort.

In der Tabelle III (im Anhang) sind daher die Zahlen für die Gesamterzeugung an Rohseide und für die Erzeugung aus importierten Kokons in den italienischen Haspeleien auf Grund der entsprechenden Kokontabellen[31]) für die Jahre 1863—1888 einschließlich neu berechnet worden.

Die oben dargelegte Ergänzung der amtlichen Statistik über die italienische Kokonerzeugung ist auch in entsprechender Weise auf die Statistik der italienischen Rohseidenproduktion vor 1889 auszudehnen, da beide Statistiken, wie schon bemerkt, aufeinander beruhen. Die notwendige Ergänzung der Zahlen der Kokonernte belief sich auf 13 Mill. kg Kokons. Unter Verwendung des jeweiligen Verhältnisses der Ergiebigkeit der Kokons an Rohseide, wie es für die einzelnen Jahre aus den früher angegebenen Tabellen berechnet werden kann, wären den amtlichen Feststellungen der Rohseidenproduktion in den Jahren 1863—1877 durchschnittlich 860 000 kg zuzuzählen; eine Ausnahme macht nur das Jahr 1865 mit 670 000 kg infolge der anormal geringen Ergiebigkeit der Kokons dieses Jahres. Schon 1878 steigt aber diese Zusatzmenge auf 930 000 kg, wächst 1883 bis zu 1 Mill. kg, um im weiteren langsamen Ansteigen 1890 die Höhe von fast 1 100 000 kg zu erreichen und damit auch dem Unterschied gleichzukommen, der sich durchschnittlich in den Jahren 1889—1897, in denen uns die Statistiken der alten und neuen Berechnungsart zur Verfügung stehen[32]), zwischen den Ergebnissen dieser Statistiken zeigt.

---

[31]) Ebenda S. 13.

[32]) Während in den amtlichen Jahrbüchern die Höhe der Kokonproduktion

In unserer Tabelle werden die ergänzten Produktionszahlen für Rohseide ebenfalls nicht aufgeführt, da sie nur der Betrachtung der Gesamtentwicklung der italienischen Rohseidenproduktion dienen sollen.

Zu den in unserer Tabelle III wiedergegebenen amtlichen Zahlen der italienischen Rohseidenproduktion aus inländischen Kokons ist ferner zu bemerken, daß sich die Ziffern der Jahre 1863—1897 nach der alten Berechnungsmethode auf die aus der gesamten italienischen Kokonernte überhaupt erzeugbare Rohseide beziehen — daher ist auch die Summe aus dieser Produktion und derjenigen aus importierten Kokons größer als die Menge der Gesamterzeugung —, während die Zahlen der neuen Berechnungsmethode seit 1889 nur die in Italien selbst aus inländischen Kokons erzeugte Rohseide berücksichtigen, also mit Abzug der exportierten inländischen Kokons[33]). Dieser Export von Kokons war jedoch schon in den 70er und 80er Jahren nicht sehr bedeutend und sank in der Folgezeit meist unter 2% der gesamten Kokonernte, so daß auch die Zahlen der neuen Berechnungsart für die Vergleiche der Rohseidenproduktion der verschiedenen Länder des Weltmarktes dienen können.

Nicht zu verwenden sind dagegen die Zahlen der amtlichen Statistik für die Rohseidenproduktion aus importierten Kokons in den Jahren 1889—1898 einschließlich[34]); wir geben sie in unserer Tabelle auch nur der Vollständigkeit halber wieder. Im Beginn dieses Zeitabschnittes weisen diese Zahlen so erhebliche Schwankungen und einen so starken Unterschied zu dem ganz regelmäßigen Verlauf dieser Produktion in den vorangegangenen drei Jahrzehnten auf, daß sich sofort Zweifel an ihrer Richtigkeit ergeben müssen, zumal sich auch in der allgemeinen Lage der Seidenindustrie in der damaligen Zeit keine genügenden Gründe dafür finden lassen. Zieht man nun aus der Handelsstatistik der betreffenden Jahre die Zahlen für den Import an Kokons heran[35]) und berechnet mit ihrer Hilfe den Ergiebigkeitswert, den diese Kokons gehabt haben müssen, um jene Ergebnisse in der Roh-

noch bis 1903 auch nach der früheren Erhebungsmethode angegeben wurde, werden die Rohseidenziffern schon für das Jahr 1898 nur noch nach der verbesserten Methode angegeben; zum Vergleich der Ergebnisse der alten und neuen Berechnungsform stehen uns daher nur die Jahre 1889—1897 zur Verfügung.

[33]) Ann. Stat. 1904 S. 300.

[34]) a. a. O.

[35]) Ann. Stat. 1904 S. 430.

seidenproduktion zu erzielen, so zeigen sich Werte, die außerhalb jeder Grenze der Wahrscheinlichkeit oder sogar der Möglichkeit liegen. Für die Jahre 1890 und 1892 ergeben sich Ergiebigkeitswerte von 23,88 bzw. 23,55:1, mit anderen Worten: in Jahren, in denen Italien selbst über eine gute Kokonernte mit guter Ausbeute (12:1) verfügte, hätten die italienischen Spinner ausländische Kokons eingeführt, die wegen ihrer Minderwertigkeit kaum die Transportkosten lohnten. Umgekehrt zeigt das unmittelbar vorhergehende Jahr 1889 einen Ergiebigkeitswert der ausländischen Kokons von 6,06:1, d. h. eine so hohe Ausbeute, wie sie von den besten italienischen und französischen Kokonarten auch heute noch bei rationellster Zucht nicht annähernd erreicht wird. Zwischen diesen beiden Extremen schwanken die Ergebnisse der übrigen genannten Jahre wahllos hin und her; erst mit dem Jahre 1899 erhält der Ergiebigkeitswert eine gewisse Gleichmäßigkeit in der normalen Höhe von 13,5:1, womit sich zugleich auch die aus den tatsächlichen Verhältnissen in der Seidenindustrie gegebene und für die vorangegangenen Jahrzehnte von uns zahlenmäßig nachgewiesene gleichmäßig ansteigende Entwicklung dieser Produktion in entsprechender Weise fortsetzt. Auf welcher Grundlage jene amtlichen Zahlen errechnet worden sind, ist aus den statistischen Jahrbüchern leider nicht zu ersehen; für unsere Untersuchungen sind sie wertlos und durch die entsprechenden Ziffern der ersten Zahlenreihe in den Jahren 1889—1897 zu ersetzen. In gleicher Weise ändern sich dann auch die Zahlen der zweiten Reihe für die italienische Gesamterzeugung an Rohseide, die in der neuen Berechnungsmethode seit 1889 einfach durch Addition der Erzeugung aus inländischen und aus importierten Kokons gewonnen wird.

Eine kurze Erörterung machen noch die neuesten Berechnungen der Kokon- und Rohseidenproduktion Italiens durch Prof. Giorgio Mortara notwendig. Waren die statistischen Zahlen der amtlichen Agrarstatistik auch schon lange als fehlerhaft erkannt und durch die Bemühungen des Mailänder Seidenverbandes verbessert worden, so glaubt Mortara dennoch, daß auch die Berechnungen der Associazione Serica Italiana noch zu niedrig seien und durch wesentlich höhere Zahlen ersetzt werden müßten, um ein wahres Bild der tatsächlichen Produktionshöhe Italiens zu bieten. Um dieses Ziel zu erreichen, geht Mortara auf umgekehrtem Wege von der Handelsstatistik aus[36]). Er stellt den

[36]) Mortara, Prospettive economiche 1924 S. 128 ff., 1925 S. 119 ff.

italienischen Export an Rohseide für die Zeit seit 1914 fest, subtrahiert von dieser Menge den gleichzeitigen Import an Rohseide sowie diejenige Quantität an Rohseide, die aus importierten Kokons in Italien gewonnen wurde, indem er die in der Handelsstatistik nachgewiesene Menge der importierten Kokons mit dem Ergiebigkeitsverhältnis 11,4:1 kg (in seinem Buche von 1925 mit dem Verhältnis 11,73:1 kg) in Rohseide umrechnet. Zu der auf diesem Wege gewonnenen Menge zählt er den Verbrauch der inländischen Manufakturen hinzu, der freilich nur geschätzt werden kann. Nunmehr wird die Gesamtsumme im Verhältnis von 10:1 in frische Kokons umgerechnet, der Export an inländischen Kokons und der Verbrauch derselben zur nächstjährigen Zucht hinzugezählt und diese Summe mit jener anderen in Vergleich gesetzt, die auf dem Wege amtlicher oder privater Erhebungen und Berechnungen für die inländische Kokonproduktion der gleichen Zeit ermittelt worden ist. Aus dem Ergebnis schließt Mortara, daß die amtlichen Erhebungsziffern seit 1914 durchschnittlich um ein volles Drittel erhöht werden müßten, um dem wirklichen Produktionsertrage zu entsprechen. In einer früheren Berechnung glaubt er, auch für die Zeit von 1909 bis 1913 eine notwendige Erhöhung der amtlichen statistischen Zahlen um $^1/_5$ feststellen zu können[37]). Gegenüber den Erhebungsergebnissen des Mailänder Seidenverbandes ist zwar der Unterschied der Zahlen Mortaras nicht ebenso bedeutend, beträgt aber z. B. für das Jahr 1921 nicht weniger als 4,8 Mill. kg[38]).

Der Weg, den Mortara in seiner Ermittlung der inländischen Konkonerzeugung Italiens einschlägt, ist vom rein methodischen Standpunkte aus sicher einwandfrei. Auch die Tatsache, daß seine Ergebnisse selbst diejenigen Mailands übertreffen, ist an sich nicht überraschend, da direkte Erhebungen auch bei größter Sorgfalt oft Lücken aufweisen und die Marktberichte, auf die sich der Mailänder Verband in seinen Berechnungen vor allem zu stützen scheint, von spekulativen Einflüssen, die auf den Kokonmärkten eine große Rolle spielen, vielleicht nicht immer ganz unberührt bleiben. Immerhin arbeitet der Seidenverband heute mit Methoden und Hilfsmitteln, die mit denen früherer Jahrzehnte nicht verglichen werden können; das gleiche dürfte sogar auch für die amtlichen Erhebungen gelten, die heute in ihren Er-

---

[37]) Mortara a. a. O. 1921 S. 104.
[38]) Mortara a. a. O. 1925 S. 119.

gebnissen den Mailänder Zahlen unvergleichlich näher stehen als einst. Somit dürfte der bedeutende Abstand der Zahlen Mortaras gegenüber den amtlichen und Mailänder Ziffern einige Bedenken wecken. Diese Bedenken verstärken sich noch, wenn man liest, daß Mortara „mit einem Übermaß von Vorsicht" die von ihm festgestellte Summe an Rohseide, die aus inländischen Kokons hergestellt sein müsse, mit dem Verhältnis 10:1 kg in frische Kokons umrechnet[39]). Er selbst stellt fest, daß nach den jährlichen Berechnungen der Associazione Serica auf Grund der praktischen Erfahrungen der Spinner die Ergiebigkeit der Kokons an Seide in den Jahren 1914—1922 zwischen 10,8 und 11,5 kg schwankte und der Durchschnitt 11,11 kg betrug. Vergleicht man die in unseren Tabellen I und III[40]) wiedergegebenen Produktionszahlen für Kokons und Rohseide in den Jahren 1914—1922, so ergibt sich im Durchschnitt ein Ergiebigkeitsverhältnis von 11,3:1. Warum hält Mortara nicht an diesen doch wohl recht zuverlässigen Zahlen fest? Will er die Fehlerhaftigkeit der amtlichen Erhebungen nicht zu kraß hervortreten lassen, oder fürchtet er vielleicht doch, in seiner eigenen Berechnung zu Zahlen zu gelangen, die offensichtlich den Stempel starker Unwahrscheinlichkeit an sich tragen? Schon vorher rundet er eine von ihm berechnete Summe von 29 331 t Rohseide auf 29 000 t ab. Die Schätzung des Inlandskonsums an Rohseide, der nach Angabe der Associazione Serica Italiana jährlich 1250 t, nach Aussage des bedeutenden Seidenindustriellen Rosasco sogar 1500 t beträgt, drückt er auf 1000 t herab. Auf diese Weise erhält er eine Gesamtproduktion an Kokons für die Zeit von 1914 bis 1922 von 386 000 t und eine jährliche Durchschnittsproduktion von 42 900 t. Ein Blick auf unsere Tabelle zeigt, daß diese Produktionshöhe nur in dem Jahre 1914 (46 668 t) überstiegen und im Jahre 1922 (41 735 t) annähernd erreicht wurde. Die Jahre 1917—1919 sind dagegen eine Zeit schwerster Krise, wie sie die Seidenzucht Italiens selten erlebt hat. Die Durchschnittsernte dieser neun Jahre berechnet sich daher nach unserer Tabelle auch nur auf 35 368 t. Hebt man aber nun die oben festgestellten, von Mortara recht willkürlich vorgenommenen Reduzierungen der Zahlen

[39]) Mortara a. a. O. 1924 S. 129. Die ausführlicheren Darlegungen, die an dieser Stelle im Text und in der zweiten Anmerkung gegeben sind, liegen auch unserer weiteren Besprechung zugrunde.

[40]) Siehe im Anhang.

auf und benutzt in wirklich vorsichtiger Weise zur Berechnung das Ergiebigkeitsverhältnis von 11,11:1 und als durchschnittlichen Inlandskonsum die Menge von jährlich 1200 t, so ergibt sich auf den handelsstatistischen Grundlagen Mortaras eine Gesamtproduktion für 1914—1922 von 452000 t und eine jährliche Durchschnittsproduktion von 50200 t. Gewiß lehnt es auch Mortara ab, die bisherigen Produktionszahlen schematisch um die Durchschnittsdifferenz von 14832 t zu erhöhen; was aber an dieser Erhöhung für einzelne Jahre zu vermindern wäre, müßte den übrigen Jahresernten noch zugerechnet werden.

Es dürfte doch recht unwahrscheinlich sein, daß die Mailänder Associazione Serica derart große Produktionsmengen an Kokons, die im Verhältnis zu den durch ihre Statistik erfaßten Quantitäten mit 41,9% im Durchschnitt gewiß nicht unbedeutend genannt werden können, bei ihren Erhebungen übersehen haben sollte. Auch die Klagen der Sachverständigen über diese Zeit eines katastrophalen Rückganges des italienischen Seidenbaues dürften bei einer so bedeutenden Durchschnittsernte kaum verständlich sein.

Wenn Mortara aus seinen Berechnungen die Folgerung zieht, daß die Erhebungen der amtlichen Agrarstatistik fehlerhaft sind, so ist ihm in der Feststellung dieser Tatsache zuzustimmen. Wenn er aber andererseits die Zahlen der amtlichen Handelsstatistik, auf die er sich stützt, für „hinreichend zuverlässig" erklärt, so lassen sich nach den Ergebnissen seiner Berechnungen gewisse Bedenken gegen diese Auffassung nicht unterdrücken. Eine Nachprüfung der Zuverlässigkeit der Handelsstatistik ist hier nicht unsere Sache. Da von sachverständiger, wenn auch privater Seite, nämlich von seiten der Associazione Serica, uns Produktionszahlen zur Verfügung stehen, die nach einheitlicher Methode festgestellt sind, eine genügende Zuverlässigkeit zu verbürgen scheinen und auch in den ausländischen Statistiken als maßgebend betrachtet werden, so dürfte es für den Zweck unserer Untersuchung vorteilhafter sein, von den neuen Feststellungen Mortaras keinen Gebrauch zu machen.

II. Die Raupenkrankheit in Italien (1860—1870) und ihre Folgen für die Lage des Seidenbaues und der Seidenindustrie. — Die Industriestatistik vom Jahre 1876.

1. Die Lage der Seidenzucht und der Seidenindustrie vor dem Ausbruch der Raupenkrankheit.

In der ersten Hälfte des 19. Jahrhunderts stand die Seidenraupenzucht in Italien, vor allem in den oberitalienischen Gebieten, in voller Blüte. Die Spekulation hatte die Preise auf dem Kokonmarkte in den Jahren 1813—1819 in die Höhe getrieben und damit den Anreiz gegeben, die günstigen natürlichen Verhältnisse Italiens für die Raupenzucht möglichst auszunutzen. Burger[1]) schätzt in seinem Reisebericht durch Oberitalien aus dem Jahre 1832, daß ein Drittel aller Maulbeerbäume nicht älter als 15 Jahre und drei Viertel nicht älter als 30 Jahre seien. Alle Klassen der Bevölkerung widmeten sich der Seidenerzeugung. Die Methode der Aufzucht und der Pflege der Raupen war zwar recht primitiv, das Ergebnis aber trotzdem sehr gut. Rechnet man die Gewichtsgrößen der Angaben Burgers[2]) in die später üblichen einheitlichen Gewichte, so hätte die Aufzucht einer Unze Raupeneier (= 27 g) einen Kokonertrag von 60,48 kg ergeben, was aber wohl etwas zu hoch geschätzt sein dürfte; die Kokons ließen sich in Rohseide durchschnittlich im Verhältnis von 12 : 1 kg umrechnen; die Menge der nicht abhaspelbaren Kokons betrug durchschnittlich 5% der Gesamternte, davon 1% Doppelkokons[3]). Die gewonnene Seide entsprach allen Anforderungen einer guten Qualität in Glanz, Feinheit, Festigkeit und Elastizität und stand in einigen bestimmten Provenienzen, z. B. aus Piemont und aus der Gegend von Brianza, selbst den besten französischen Cévennesseiden kaum nach. Die Pachtverträge, nach deren Bestimmungen

---

[1]) Johann Burger, Reise durch Oberitalien Bd. 2 S. 28.

[2]) a. a. O. S. 47.

[3]) a. a. O. S. 41 f.

die Kolonen auf dem flachen Lande im Rahmen des allgemein üblichen Teilbaues auch die Seidenzucht auszuüben hatten, waren für sie zwar größtenteils sehr ungünstig und bürdeten ihnen neben der Arbeit und einem Teil der Unkosten auch noch den größten Teil des Risikos der Aufzucht auf — wir werden später noch Gelegenheit haben, auf diese Fragen näher einzugehen —; immerhin war aber der zu erhoffende Gewinn so bedeutend, daß der Raupenzucht die größte Sorgfalt zugewendet wurde. Über die Höhe der gesamten italienischen Kokonernte stehen uns amtliche Zahlen aus dieser Zeit nicht zur Verfügung, da das geographische Italien politisch und wirtschaftlich ganz zersplittert war. Wir dürfen aber für den italienischen Seidenbau eine ähnliche starke Entwicklung annehmen, wie er sich uns in Frankreich zeigt[4]), und die mehrfachen privaten Schätzungen der Kokonernte auf 50—55 Mill. kg, die sich bei genauer Berechnung sogar auf über 60 Mill. kg steigern würden[5]), dürften eher zu niedrig als zu hoch gegriffen sein.

Soweit die gewonnenen Kokons nicht in kleinen Filanden (Haspeleien) der Hausindustrie sofort verarbeitet wurden, brachte man sie auf die zahlreichen Kokonmärkte, wie sie in den seidenbautreibenden Distrikten fast in jedem kleinen Städtchen abgehalten wurden. Hier spielte von jeher die Spekulation eine große Rolle. Dem Seidenbauer fehlten meist die nötigen Einrichtungen, um seine Kokons zu dörren und sie dadurch vor dem vorzeitigen Auskriechen der Schmetterlinge und der damit verbundenen Zerstörung zu bewahren; er war also in der Regel gezwungen, seine Ware in der Zeit des größten Angebots der neuen Ernte an die Händler loszuschlagen. Eine einheitliche Organisation des Absatzes mit ausgedehntem Nachrichtenwesen existierte nicht. So stand er den Preisangeboten der Käufer fast machtlos gegenüber. Ein starker Schutz lag für ihn freilich in dem fast völligen Fehlen der auswärtigen Konkurrenz. Die Zufuhren aus dem nächstgelegenen Auslande waren gering und konnten in ihrer Qualität den einheimischen Kokons im allgemeinen nicht gleichgestellt werden; die ostasiatische Produktion war auf dem europäischen Markte noch unbekannt. Hohe Zollmauern von Staat zu Staat zwangen auch den Spinner, sich mit dem Rohmaterial seiner nächsten Umgebung zu versorgen. Aus diesem Konkurrenzkampf

---

4) Siehe oben S. 16.

5) Vgl. die Ausführungen des Abschnittes I dieser Arbeit.

seiner Käufer konnte der Seidenbauer nur Nutzen ziehen. Mochte ein Jahr auch nur einen geringen Gewinn durch mangelhafte Ernte oder niedrige Preise gebracht haben, so glich vielleicht schon das folgende Jahr den Schaden wieder aus. Die Preise schwankten je nach Umfang und Güte der Ernte in bedeutendem Maße. Für die Zeit von 1832 bis 1861 stellte sich der Durchschnittspreis für 1 kg Kokons auf dem Mailänder Hauptseidenmarkt auf 4,77 Goldlire; die Durchschnittspreise des Jahrzehntes 1852—1861 zeigen mit 5,82 L. eine stark steigende Tendenz; die Durchschnittspreise der einzelnen Jahre dieser Periode von 1832 bis 1861 weisen aber von Jahr zu Jahr Schwankungen auf, die im Durchschnitt 31% der erstgenannten Kaufsumme betragen, in ihrer einzelnen Höhe jedoch noch weit beträchtlicher sind[6]), von den Preisschwankungen von Monat zu Monat innerhalb desselben Jahres ganz zu schweigen.

Weit gefährlicher als für den Seidenzüchter, der die Raupenzucht nur als Nebenerwerb betrieb und in ungünstigen Jahren seine Existenz aus dem Getreidebau gesichert wußte, war die Unausgeglichenheit der Marktverhältnisse im Kokonhandel für die Spinner. Der wertvolle Rohstoff war der Hauptausgabeposten für ihren Betrieb, dem gegenüber die Unkosten für die geringe maschinelle Einrichtung der Haspeleien und für die billige Handarbeit auf dem Lande ganz zurücktraten. Günstiger Einkauf des Rohmaterials war meist entscheidend für Gewinn oder Verlust seiner gesamten Tätigkeit. An eine Eindämmung des rein spekulativen Kokonhandels durch eine Organisation der Spinnereibesitzer war damals überhaupt noch nicht zu denken; dazu waren die Filanden selbst durchschnittlich kleinere Betriebe[7]), die Unternehmer im Sinne der damaligen Zeit individualistisch gerichtet. Doch auch sie zogen ihre Vorteile aus den damaligen beschränkten Marktverhältnissen. Die Nachfrage nach guten Seidenqualitäten für Luxusbekleidung stieg; die Mode kannte noch keine gemischten Seidenstoffe, die unter Verwendung minderwertiger Seidenarten und anderer Textilstoffe mit billigen Effekten der soliden dauerhaften Ware Konkurrenz zu machen suchen. Die italienischen Seiden standen aber nicht nur in ihrer natürlichen Qualität, sondern auch in ihrer ersten Verarbeitung in den Spinnereien allen

---

[6]) Atti della commissione di indagine sulle industrie Vol. I S. 31 f.

[7]) Burger berichtet, daß er auf seiner Reise wohl von einer Filande in Roveredo mit 200 Becken gehört, selbst aber keine größeren als mit 60 Becken gesehen habe. Im Gebiete von Verona gäbe es überhaupt keine großen Filanden, sondern jeder verspinne seine Kokons im eigenen Hause (a. a. O. S. 25 f.).

anderen voran, so daß selbst französische Seiden zum Spinnen und Zwirnen nach Italien gingen. Die Konkurrenz auf den ausländischen Rohseidenmärkten war gering und meist nicht ebenbürtig, ein lohnender Absatz bei allgemein steigenden Preisen demnach gesichert. Auf dem Inlandsmarkte selbst trugen die hohen Zölle der einzelnen Staaten schon dazu bei, auch den schwächsten Filanden eine leidliche Existenz zu ermöglichen[8]).

Diese verhältnismäßige Sicherheit des Absatzes führte aber andererseits auch dazu, die technische Entwicklung der Haspeleien auf niedriger Stufe zu halten. Nur langsam bürgerte sich die Verwendung des Dampfes an Stelle der offenen Feuerung zur Erhitzung der Haspelbecken ein trotz der großen Vorteile dieser neuen Methode, die schon 1805 von Gensoul in Vorschlag gebracht worden war; im allgemeinen hielt man an den alten jahrhundertelang benutzten primitiven Einrichtungen fest. Wenn trotzdem die italienischen Seiden so hohe Vorzüge der Verarbeitung zeigten, so verdankten sie dieselben der großen Geschicklichkeit der Spinnerinnen, unter denen sich die Kunst der Seidenspinnerei von Generation zu Generation vererbt hatte und zu höchster Ausbildung gelangt war. Nicht mit Unrecht hat man gesagt, daß der Seidenfaden in seiner Qualität von den geschickten Fingern der Spinnerin geradezu erst geschaffen werde. Es handelte sich in den Filanden um ausschließliche Frauen- und Kinderarbeit. Die Arbeiterinnen, fast ausnahmslos aus der Landbevölkerung, arbeiteten im Sommer von morgens 4 Uhr bis abends 8 Uhr mit einer einstündigen Mittagspause und erhielten außer einem Mittagessen aus Reis für den Tag 26½ Soldi[9]). Diese Entlohnung war, selbst an dem höheren Geldwert der damaligen Zeit gemessen, gering, wenn es sich auch für die Landbevölkerung meist nur um einen Nebenverdienst in denjenigen Monaten handelte, in denen ihre Arbeitskraft auf den Feldern nicht benötigt wurde. Die Arbeit war sehr delikat und verlangte große Gewandtheit und Aufmerksamkeit, um dem zu spinnenden Seidenfaden die gleichmäßige Stärke und möglichste Reinheit von Schleifen, Knoten, Flocken und sonstigen Unsauberkeiten zu geben[10]). Die Arbeits-

---

[8]) So war die Einfuhr verarbeiteter Seide in der Lombardei mit 78,60 L., in Parma mit 100—300 L., im Kirchenstaat mit 155—310 L., im Königreich beider Sizilien sogar mit 668,91—796,85 L. pro Doppelzentner belastet (Sombart a. a. O. S. 165).

[9]) Burger a. a. O. S. 25 (20 Soldi = 1 Lira). Dieser Lohnsatz galt nur für erfahrene Spinnerinnen; die Löhne der Gehilfinnen waren bedeutend niedriger.

[10]) Über die zahlreichen Einzelheiten der technischen Einrichtungen der

zeit war in Anbetracht dessen außerordentlich lang; doch befinden wir uns noch in jener Zeit, in der selbst die Frauen- und Kinderarbeit ohne jeden gesetzlichen Schutz dem Spiel von Angebot und Nachfrage vollkommen ausgeliefert war. Besonders die oberitalienischen Gebiete waren dicht bevölkert und wiesen auch einen starken jährlichen Bevölkerungszuwachs auf, dessen Druck noch nicht wie in späteren Zeiten durch eine ausgedehnte Auswanderungsbewegung gemildert wurde. Das starke Angebot an guten Arbeitskräften, die große Bedürfnislosigkeit des italienischen Volkes und der Umstand, daß es sich ausschließlich um die geringer bewertete Frauen- und Kinderarbeit handelte, erklären jene an Ausbeutung grenzende lange Dauer und schlechte Entlohnung der Handarbeit bei allgemein guter Rentabilität der seidengewerblichen Betriebe.

Gegenüber der Spinnerei und Zwirnerei trat die Fertigfabrikation in der Seidenweberei vollkommen in den Hintergrund. Auf den Auslandsmärkten konnten die italienischen Seidengewebe schon wegen ihrer geringen qualitativen Beschaffenheit nicht mit den Erzeugnissen anderer Länder konkurrieren. Aber selbst im Inlande fanden sie nur einen schwachen Absatz, obwohl die Schutzzölle der einzelnen italienischen Staaten teilweise jede ausländische Einfuhr durch ihre Höhe geradezu unterbanden[11]). Für alle besseren Gewebearten blieb man auf die ausländische Produktion angewiesen.

Volkswirtschaftlich betrachtet waren Seidenbau und Seidenindustrie für Italien von größter Bedeutung. Für die Privatwirtschaft eine Quelle des Reichtums, für die Staatskasse ein guter Steuerzahler, auf dem inländischen Arbeitsmarkte eine Möglichkeit, Hunderttausenden arbeitsfreudiger Hände lohnende Beschäftigung zu geben, auf dem Weltmarkt in gesicherter, überragender, fast unbestritten herrschender Stellung[12]), in seinem

---

Spinnerei und des gesamten Haspel-, Spinn- und Zwirnverfahrens vgl. die ausgedehnten Erörterungen bei Silbermann, Die Seide Bd. I, 4. Abschnitt. Wir berühren hier nur diejenigen Punkte, die für unsere weitere Untersuchung von Bedeutung sind.

[11]) Vgl. die bei Sombart (a. a. O. S. 165) angegebenen Zollsätze, die selbst die von uns oben angeführten Zollsätze auf verarbeitete Seide noch bei weitem übersteigen.

[12]) Nach einer Berechnung von Dumas betrug der Wert der Kokonproduktion in Europa im Jahre 1857 im ganzen 411 Mill. L., wovon 108 Mill. auf die französische, 281 Mill. auf die italienische Produktion entfielen. (Rela-

Produkt selbst Sinnbild hoher Kultur und künstlerischer Fertigkeit, war das Seidengewerbe stets der Stolz des wirtschaftlichen Italien und als bedeutendster italienischer Erwerbszweig auch so tief mit dem gesamten einheimischen ökonomischen und sozialen Leben der Bevölkerung verknüpft, daß Schwankungen und Krisen im Seidengewerbe nicht ohne nachteilige Wirkungen für die gesamte italienische Volkswirtschaft bleiben konnten, daß andrerseits allerdings auch das Seidengewerbe, wie wir sehen werden, von Änderungen im ökonomischen Leben, die jenem Gewerbe an sich ganz fern lagen, in beträchtlicher, ja manchmal entscheidender Weise in Mitleidenschaft gezogen und in seiner inneren Entwicklung beeinflußt wurde.

2. Die Fleckkrankheit (pebrina) und ihre Bekämpfung. Die Einführung ostasiatischer Raupenrassen und ihr nachteiliger Einfluß auf die italienische Seidenzucht.

Die erste schwere Krise, deren weitverzweigte Auswirkungen sich bis in die Gegenwart fortsetzen sollten, traf das Seidengewerbe gleich im Beginn des unserer Untersuchung zugrunde gelegten Zeitabschnittes. Ihr Ausgangspunkt lag im Seidenbau, also in dem Fundament der gesamten Seidenindustrie, mit dem diese in Italien mehr als in allen anderen Ländern Europas in ihrem ganzen Bestande aufs engste verbunden war. Es handelt sich um den Ausbruch der Fleckkrankheit unter den Seidenraupen, die um das Jahr 1852 zuerst in Südfrankreich auftrat, sich in den 60er Jahren auch in ganz Italien verbreitete und die italienische Seidenzucht bis an den Rand ihrer Vernichtung führen sollte.

Die Seidenraupen verlangen eine aufmerksame Wartung und Pflege. Große Sauberkeit der Aufenthaltsräume, gute Lüftung, gleichmäßige und an das jeweilige Entwicklungsstadium der Raupen angepaßte Temperatur, häufiger Wechsel und mit zunehmendem Wachstum der Raupen auch ständige Vergrößerung der Lagerungsstätten, sorgsam ausgewähltes Futter, rechtzeitige Auslese, falls sich bei einzelnen Tieren ungewöhnliche Merkmale zeigen sollten, sind unbedingte Erfordernisse, wenn nicht plötzlich ausbrechende Krankheiten innerhalb weniger Tage ganze Bruten für immer vernichten und dem Seidenzüchter schweren Schaden zufügen sollen.

zione intorno alle condizioni dell' agricoltura nel quinquennio 1870—1874 Vol. II p. 395; bei Ellena, La statistica di alcune industrie italiane S. 40.)

Neben der Kalksucht und Schlafsucht gehört vor allem die Fleckkrankheit (pebrina) zu den gefährlichsten Raupenseuchen[13]). Es handelt sich bei der letzteren um einen mikroskopischen Pilz (nosema bombyci), der mit der Nahrung in den Körper der Raupe gelangt, ihre inneren Organe infiziert, ihr die Freßlust und Lebhaftigkeit nimmt, auf der Haut, vorwiegend nahe am Kopf schwarze Flecken auftreten und das Tier in wenigen Tagen absterben läßt. Diese Krankheit ist nicht heilbar, ansteckend und erblich; sollen die noch gesunden Raupen gerettet werden, so ist sofortige Desinfektion der Zuchträume mit Chlor und Kalkmilch unbedingt erforderlich. Die Pebrina stammt aus Indien und China, wo sie aber unter den viel gesünderen und widerstandsfähigeren asiatischen Rassen nur geringen Schaden anrichtet; durch importierte Raupeneier nach Europa eingeschleppt, hat sie dagegen unter den in langer Zucht verfeinerten und kultivierten, in ihrer Vitalität aber stark geschwächten Raupenarten der europäischen Länder wie eine verheerende Seuche gewirkt und in einzelnen Gegenden die Seidenzucht für immer vernichtet. Von Südfrankreich breitete sie sich über Spanien und Italien aus; nur die Insel Sardinien und die Schweizer Kantone Tessin und Graubünden blieben verschont; ebenso hielten sich in einigen hochgelegenen Orten Mittelitaliens und im Tiroler Gebiet die einheimischen Rassen ohne allzu schweren Schaden. Dagegen wurden im weiteren Laufe der Jahre Süddeutschland, der Balkan, Kleinasien, Persien, Südrußland und der Kaukasus von der Epidemie aufs schwerste heimgesucht; soweit die europäischen Raupenrassen vorwiegend gezüchtet wurden, fielen sie der Krankheit massenweise zum Opfer. Erst in Zentralasien, wo vorwiegend einheimische und ostasiatische Rassen zur Aufzucht benutzt wurden und seit altersher die Gewohnheit bestand, alle drei oder vier Jahre die Raupeneier aus entfernten Orten neu zu beziehen, scheint die Epidemie zum Stillstand gekommen zu sein.

Die Wirkungen der Fleckkrankheit zeigten sich zunächst in einem katastrophalen Sturz der Produktionsziffern für Kokons und Rohseide. Die Kokonerzeugung Frankreichs hatte in allmählichem Aufstieg um das Jahr 1850 die Höhe von über 30 Mill. kg erreicht; nach dem Ausbruch der Krankheit sank die Produktion im Jahre 1856 auf 10 Mill. kg, im Jahre 1865 auf

---

[13]) Über die Krankheiten der Seidenraupe und ihre Schmarotzer vgl. Silbermann a. a. O. S. 213 ff.; Seitz, Die Seidenzucht in Deutschland S. 212 ff.

6 Mill. kg Kokons[14]). Trotz größter Anstrengungen der französischen Seidenzüchter mit Unterstützung der Regierung ist dieser schwere Verlust nie mehr ausgeglichen worden, einem vorübergehenden geringen Aufstieg folgten neue schwere Rückschläge in den Jahren 1876 und 1879; auch in den 90er Jahren erreichte die französische Kokonproduktion nicht einmal mehr die Höhe von 10 Mill. kg[15]), doch mögen hier auch andere wirtschaftliche Gründe mitgesprochen haben.

Die Entwicklung in Italien bietet ein wesentlich anderes Bild. Erst in den 60er Jahren trat hier die Fleckkrankheit als vernichtende Seuche auf. In zwei Jahren sank die italienische Kokonproduktion auf 26 Mill. kg (1864), d. h. auf die Hälfte der früheren Erzeugung. Auch die folgenden Jahre[16]) brachten nur eine allmähliche Steigerung; erst am Ende dieses Jahrzehnts finden wir wieder eine Kokonernte von 47,7 Mill. kg; im Jahre 1871 ist mit 52 Mill. kg die ehemalige Produktionshöhe wieder erreicht. Damit war äußerlich diese schwere Krisis, wenn wir Frankreich als Gegenbeispiel betrachten, in verhältnismäßig kurzer Zeit überwunden. Der erfolgreiche Kampf der italienischen Seidenzüchter zeugt davon, wie eng das italienische Volk mit dem Seidenbau verknüpft war und wie hartnäckig und entschieden es ihn sich zu erhalten suchte. Schon aus diesem Grunde wäre es von Interesse, das Vorgehen der italienischen Seidenbauer näher zu betrachten. Eine eingehendere Untersuchung bietet uns aber auch die Möglichkeit zu beurteilen, ob mit der äußeren Steigerung der Kokonerzeugung auch ihr innerer Wert, der durch die Epidemie stark gelitten hatte, wieder der alte geworden war, und in weiterer Hinsicht, ob die maßgebende Stellung der italienischen Seidenerzeugung auf dem Weltmarkte infolge der überstandenen Krise keine wesentlichen Veränderungen erfahren hatte.

In den ersten Jahren der Seuche suchte man den Verlust an Bruten durch Einfuhr von Raupeneiern aus den noch verschont gebliebenen Gebieten Süddeutschlands und der Levante (Balkanstaaten, Griechenland, Kleinasien und Syrien) auszugleichen. Bald waren aber auch diese Gegenden von der Epidemie befallen, die Einfuhren aus der Südschweiz und Sardinien vermochten den Bedarf nicht zu decken; zudem hatten sich ja gerade diese einheimischen Rassen als besonders widerstandslos gegen die Krank-

[14]) Silbermann a. a. O. S. 229.
[15]) Ito a. a. O. S. 266.
[16]) Vgl. Tabelle I im Anhang.

heit erwiesen. Die Einfuhr der gesünderen und kräftigeren ostasiatischen Rassen hatte aber gerade die verheerende Krankheit eingeschleppt. Es mußte daher ein Mittel gefunden werden, die Krankheitskeime vor Beginn der Aufzucht rechtzeitig zu entdecken. Hier erwies sich die neue Methode Pasteurs, die Zellengrainierung, als einziges, aber auch sicheres Schutzmittel. Nach dieser Methode wurde jeder weibliche Schmetterling nach der Paarung in einer Zelle aus Karton einzeln abgesondert; war die Ablage der Eier erfolgt, so wurden diese sowie der Schmetterling einer genauen mikroskopischen Untersuchung unterzogen, und erst nach Feststellung des Fehlens jeglicher Krankheitskeime durften die Eier zur Aufzucht verwendet werden; die infizierten Zellen wurden samt ihrem Inhalt vernichtet. Dieses Verfahren erscheint zunächst etwas kompliziert, wird aber in den besonderen bakologischen Beobachtungsstationen, an die diejenigen Raupenzüchter, die sich mit der Herstellung der „Grains" besonders befassen, dieselben einsenden, mit besonderen Vorrichtungen verhältnismäßig leicht durchgeführt. Die Benutzung von Eiern der eigenen, selbst gesunden vorjährigen Aufzucht für die folgende Zuchtperiode bietet dagegen dem Seidenzüchter keine sichere Gewähr für die Vermeidung der Fleckkrankheit.

Nach diesem neuen System konnte man auch die Einfuhr der ostasiatischen Rassen wagen, um den Verlust der eigenen Bruten zu ersetzen oder den noch vorhandenen durch Kreuzungen mit den ostasiatischen Rassen neues Blut zuzuführen. Wegen seines den italienischen Verhältnissen am besten entsprechenden Klimas kam hierfür vor allem Japan in Frage.

Auf den japanischen Inseln hatte die Seidenkultur seit vielen Jahrhunderten unter dem Einfluß der Regierung in hoher Blüte gestanden. Im 17. und 18. Jahrhundert trat jedoch ein Umschwung ein; hatten die Bürgerkriege der vorangegangenen Zeit das Gewerbe schon sehr gehemmt, so zeigte nunmehr die Regierung das Bestreben, das Volk zur Einfachheit zu erziehen; seidene Kleidung durfte nur noch an besonderen Festtagen getragen werden; die Seidenzucht trat hinter der Baumwollkultur so stark zurück, daß Rohseide zum Importartikel wurde. Die Lage änderte sich erst mit der Erschließung Japans für den weltwirtschaftlichen Handel. Als im Jahre 1853 der Hafen von Nagasaki, im Jahre 1860 derjenige von Yokohama sich den ausländischen Handelsschiffen öffnete, bedurfte man in Japan eines hochwertigen Austauschartikels, um den Import des Auslandes bezahlen zu können.

Dadurch erhielt die Rohseide als begehrtester japanischer Handelsartikel seine frühere Bedeutung wieder; die japanische Seidenzucht nahm einen ungeahnten Aufschwung. Schon in den 70er Jahren belief sich die japanische Kokonernte auf 20—25 Mill. kg und stieg im folgenden Jahrzehnt fast auf das Doppelte[17]). Zugleich bemühte man sich, das alte japanische Haspelverfahren den europäischen Anforderungen anzupassen. Die Ausfuhr von Raupeneiern war jedoch unter Todesstrafe verboten; der dringende Bedarf des durch die Raupenkrankheit zerstörten europäischen Seidenbaues führte aber auch hierin zu einer raschen Änderung. Die Ausfuhr nahm seit 1864 einen derartigen Umfang an, daß sich die Regierung genötigt sah, das Verbot aufzuheben. Die Raupeneier wurden in Mengen von etwa 25 g auf 35 cm langen und 25 cm breiten, aus den Fasern der broussonetia papyrifera hergestellten Papierbogen angeklebt exportiert. Diese Ausfuhr umfaßte schon im Jahre 1865 2 450 000 Kartons, sank dann bei zunehmender Wiederherstellung der europäischen Seidenzuchten auf 1 018 000 Kartons im Jahre 1876 und 75 060 Kartons im Jahre 1883. Die Gesamtausfuhr Japans nach Europa in der Zeit von 1864 bis 1880 belief sich auf 21 750 000 Kartons im Werte 365 Mill. Frcs[18]). Ein beträchtlicher Teil dieser Ausfuhr ging nach Italien, das dadurch nicht nur seine Seidenzucht vor dem Untergange rettete, sondern ihre Erzeugung wieder zur früheren Höhe zu steigern vermochte. Der Import an Raupeneiern war in Italien schon vor der Krankheitsperiode bedeutend gewesen und diente wohl der zunehmenden Ausbreitung der Seidenzucht. 1862 betrug er 50 045 kg. Im folgenden Jahre stieg er auf 56 129 kg, um im Jahre 1864 auf 15 926 kg plötzlich zu sinken; die bisherigen Hauptlieferungsgebiete (Balkan, Kleinasien, Syrien) waren ebenfalls von der Pebrina heimgesucht worden. Schon im folgenden Jahre wuchs aber die Einfuhr infolge der japanischen Sendungen auf 61 002 kg, im Durchschnitt des Jahrfünfts 1866 bis 1870 sogar auf 96 543 kg. Das Jahrzehnt 1871—1880 zeigte einen durchschnittlichen Import von 68 000 kg; dann sank diese Zahl für 1881—1885 auf 18 000 kg, für 1886—1890 auf 12 000 kg[19]).

---

17) Silbermann a. a. O. S. 263.

18) Silbermann a. a. O. S. 264 f.

19) Ann. Stat. 1878 Teil 2 S. 50 f., 1889/90 S. 683. An letzterer Stelle wird in Anm. 2 darauf hingewiesen, daß die in der Zollstatistik angegebenen Mengen bis zum Jahre 1879 höher sind als in Wirklichkeit, da sie auch das

Wichtiger war aber die Frage, ob es gelungen war, durch diese Auffrischung und Kräftigung der italienischen Raupenrassen auch die frühere hohe Qualität ihres Erzeugnisses wiederherzustellen; dies war aber zunächst nicht der Fall. Sehen wir selbst von der großen Zahl verschiedenartiger seideerzeugender Raupenarten ab und beschäftigen wir uns nur mit der gewöhnlichen Maulbeerraupe, so finden wir dennoch in dieser einen Art verschiedene Rassen mit stark voneinander abweichenden Eigenschaften ihrer Seidenerzeugnisse; diese Eigenschaften haben ihre Ursache in der jeweiligen Nährpflanze der Raupe und dem Boden, auf dem jene wächst, sowie in der Verschiedenheit des Klimas; sorgfältige und geeignete Zucht vermag diese Eigenschaften noch zu verstärken und zu veredeln. Bei der Beurteilung der Qualität einer Raupenrasse sind vor allem Glanz, Festigkeit, Elastizität und Feinheit der von ihr gewonnenen Seide zu berücksichtigen; nicht minder aber auch die Regelmäßigkeit in der Bildung der einzelnen Kokons, die Länge des abhaspelbaren Seidenfadens, die verhältnismaßige Anzahl der Doppelkokons (doupions) und sonstiger fehlerhafter Kokons, die sich in einer Ernte finden. In all diesen Punkten erreichten aber die japanischen Rassen im allgemeinen bei weitem nicht die Güte der alten italienischen Rassen, obwohl sich naturgemäß auch bei diesen starke Unterschiede zwischen den Erzeugnissen der einzelnen Provinzen, der gebirgigen Gegenden und der Tiefebene zeigten. Die Ergiebigkeit der Kokons an Rohseide war nach der Überwindung der Fleckkrankheit in Italien auf das Verhältnis 15:1 gesunken. Zahlenmäßig leicht zu erfassen ist auch das prozentuale Verhältnis der Doppelkokons in der Produktion einer Rasse[20]). Die syrische Rasse Belladis liefert 20—40% Doppelkokons, die japanischen Rassen einmaliger Jahresernte 12—15%, zweimaliger Ernte 20—30%; bei den europäischen Raupenrassen betrugen die Doppelkokons dagegen selten mehr als 6—8% der Gesamt-

Gewicht des Verpackungsmaterials enthalten. Der schon an sich unwahrscheinliche Sturz der Importziffer von 102000 kg im Jahre 1879 auf 24000 kg im Jahre 1880 findet damit seine Erklärung; das Bild der Gesamtentwicklung dieser Einfuhr wird aber dadurch nicht berührt.

[20]) Doppelkokons entstehen dadurch, daß sich zwei Raupen zum Spinnen eines gemeinsamen Kokons vereinigen, in dem sich dann beide Raupen verpuppen. Durch die hieraus sich ergebende Verbindung von zwei Seidenfäden in einem Kokon und das entstehende Fadengewirr sind diese Kokons nur schwer oder meist gar nicht abhaspelbar und können nur durch Krempeln und Kämmen zur Herstellung von Schappeseide Verwendung finden.

ernte[21]). Von großer Bedeutung ist auch fernerhin die Ausbeute an Kokons, die eine Unze Raupeneier bietet und die zwar durch sachgemäße Behandlung in allen Rassen gesteigert werden kann, in ihrer relativen Höhe aber von der verwendeten Rasse wesentlich abhängig ist. Im Jahre 1880, in dem nur erst 26,7% der gesamten italienischen Kokonernte aus Kokons einheimischer Rassen bestanden[22]), betrug die Ausbeute an Kokons auf eine Unze Raupeneier (27 g) durchschnittlich 24,22 kg; dabei entfiel aber auf die gelben und weißen reinen oder auch gekreuzten inländischen Rassen ein Ertrag von 30,17 kg, dagegen auf die japanischen grünen in Italien reproduzierten Rassen nur ein solcher von 23,05 kg, auf die japanischen grünen direkt eingeführten Rassen sogar nur ein Ertrag von 22,08 kg Kokons[23]). Gewiß gab es auch in Japan Seidenarten, die den guten italienischen Rassen in manchen Eigenschaften vielleicht nachstanden, sie aber in anderen auch wieder übertrafen. Es war aber wohl kaum zu erwarten, daß die Japaner ausschließlich ihre besten Rassen nach Europa zum Wiederaufbau der dortigen Seidenkultur senden würden, zumal die japanische Raupenzucht selbst durch die im Hinblick auf die günstige Konjunktur übermäßig gesteigerte Grainerzeugung im Laufe der Jahre in ihrer Qualität zu sinken begann und die japanische Regierung sich veranlaßt sah, durch strenge Verordnungen einzuschreiten.

Somit hatte der italienische Seidenbau zwar schon im Jahre 1871 mit einer Kokonernte von 52 Mill. kg die Produktionskrisis des vorangegangenen Jahrzehnts äußerlich überwunden; aber diese neue Produktion stand ihrem inneren Werte nach der früheren auch nicht annähernd gleich. Die schweren Rückschläge in den 70er Jahren, die die italienische Kokonernte zeitweilig sogar noch unter das Niveau des schwersten Krisenjahres 1864 herabdrückten — die Jahre 1876 und 1879 brachten nur Ernten von 15 bzw. 19 Mill. kg Kokons — mochten teilweise durch ungünstige Witterungsverhältnisse oder, wie Silbermann meint[24]), durch eine ungesunde Forcierung der Produktion verursacht sein, zeigen aber auch, wie unzuverlässig das zur Aufzucht verwendete Material war. Es bedurfte noch einer langen, zielbewußten und angestrengten Arbeit der italienischen Züchter, um die wertvollen

[21]) Silbermann a. a. O. S. 343.
[22]) Ann. Stat. 1889/90 S. 684.
[23]) Ann. Stat. 1889/90 S. 650 bzw. S. 614.
[24]) a. a. O. S. 225.

einheimischen Rassen wiederherzustellen und sich von der Einfuhr und Aufzucht minderwertiger ostasiatischer Rassen unabhängig zu machen. Nur auf diesem Wege konnte aber die schädlichste Auswirkung der überstandenen Krankheitsperiode auf den italienischen Seidenbau wieder beseitigt werden, die außerordentliche Verschlechterung der früheren hohen Qualität des italienischen Seidenerzeugnisses, auf der die Vormachtstellung Italiens auf dem Seidenmarkte zum großen Teil beruht hatte.

Im Jahre 1877, also zur Zeit der oben genannten Unglücksjahre, stammten nur 13,8% der gesamten Kokonernte von einheimischen Rassen her. Infolge der energischen Arbeit der Seidenzüchter mit Unterstützung der Regierung änderte sich dieses Bild aber bald. 1880 stieg die Kokonmenge einheimischer reiner und gekreuzter Rassen auf 26,7% der Gesamternte, 1883 auf 41,2%, 1886 auf 52,9%, 1888 auf 59,5% und 1893 auf 89,6%. Entsprechend sank von 1880 bis 1893 die Menge der Kokons aus reproduzierten ausländischen Rassen von 39,4% auf 8,9%, diejenige aus originär eingeführten grünen japanischen Rassen von 33,8% sogar auf 1,5%[25]). Mit der zunehmenden Wiederherstellung und Aufzucht der einheimischen Rassen hob sich auch wieder die Ergiebigkeit der geernteten Kokons an Seide. Seit dem Auftreten der Fleckkrankheit war die Ausbeute von 12:1 auf 15:1 gesunken. Dieses durchschnittliche Ertragsverhältnis blieb unverändert bis zum Jahre 1876, besserte sich dann allmählich auf 14:1, erreichte 1883 die Höhe von 13:1 und im Jahre 1889 zum ersten Male wieder die frühere Ausbeute von 12:1[26]). In gleicher Weise stieg auch die durchschnittliche Ernte an Kokons aus einer Unze Raupeneier, wie aus nachstehender Tabelle ersichtlich ist.

Ausbeute an Kokons pro Unze Raupeneier:

	1878	ca. 20	kg Kokons[27])
	1880	24,22 „	„ [28])
Durchschnitt	1881—1885	25,91 „	„

[25]) Silbermann a. a. O. S. 226. Ann. Stat. 1889/90 S. 684, 1895 S. 410. Entsprechend änderten sich auch die verwendeten Mengen der verschiedenen Arten der Raupeneier (vgl. die Tabellen a. a. O.) bei sinkender Einfuhr ausländischer Rassen.

[26]) Die angegebenen Verhältniszahlen beruhen auf Berechnungen auf Grund der betreffenden Tabellen für die Kokon- und Rohseidenproduktion (Stat. industr. Fasc. 37 S. 13 u. 19).

[27]) Silbermann a. a. O. S. 226.

[28]) nach der Tabelle in Ann. Stat. 1904 S. 253.

Durchschnitt	1886—1890	31,61 kg Kokons	
„	1891—1895	39,58 „ „	(52,19 kg Kokons)[29]
„	1896—1900	43,78 „ „	(58,51 „ „)

Eine völlige Unabhängigkeit der italienischen Seidenzucht von der Einfuhr und Verwertung ostasiatischer Rassen war aus praktischen Gründen nicht durchzuführen. Die schnelle Ausbreitung der Fleckkrankheit und ihre vernichtenden Wirkungen unter den einheimischen Raupenrassen hatten gezeigt, wie außerordentlich schwach die Widerstandskraft der letzteren gegenüber Infektionen war. In dem Maße, wie man in planmäßiger Aufzucht aus den Bruten stets jene Kokons für die neue Zuchtperiode ausgewählt hatte, die sich am ertragsreichsten und in der Seidenqualität als besonders hochwertig erwiesen hatten, war zwar das Seidenerzeugnis dieser Rassen von Jahr zu Jahr wertvoller geworden, durch die enge Blutsverwandtschaft zeigten sich aber starke Degenerationserscheinungen, die nicht nur jene Neigung zu Infektionskrankheiten, sondern nach einigen Forschern sogar verminderte Fruchtbarkeit bis zur gänzlichen Produktionsunfähigkeit zur Folge hatten. Kreuzungen mit anderen Rassen konnten dieses Unheil allein verhüten. Auf diese Weise hoffte man auch der Schlafsucht[30]) unter den Raupen, die neben der Pebrina den größten Schaden anrichtete, Herr zu werden. Wir sehen daher auch, daß jener oben genannte Prozentsatz von 89,6% im Jahre 1893 für Kokons einheimischer Rasse sich nur zu 49% aus Kokons reiner weißer oder gelber Rasse und zu 40,6% aus Kokons gekreuzter gelber Rasse zusammensetzt. In der Folgezeit änderte sich dieses Verhältnis der reinen Rassen zu den gekreuzten in der italienischen Kokonproduktion noch stärker zugunsten der letzteren. In der Kokonernte 1894 entfielen von 91% Kokons einheimischer Rassen schon 43,5% auf die gekreuzten und 47,5% auf die reinen Arten. Zehn Jahre später in der Kokonernte des Jahres 1903 ist die Kokonproduktion aus einheimischen Rassen

---

[29]) nach der Tabelle in Ann. Stat. 1905—1907 S. 404, die auf Grund der neuen Berechnung der italienischen Kokonproduktion durch die Associazione serica in Mailand (vgl. die obigen Ausführungen in Abschnitt I über die Statistik) von der Direzione generale della statistica aufgestellt worden ist (vgl. a. a. O. Anm. a).

[30]) Diese ebenfalls ansteckende und erbliche Krankheit befällt die Raupen unmittelbar vor der Spinnreife und dürfte ihren Ursprung wiederum in einem Pilz haben, der sich als Schmarotzer auf den Maulbeerblättern befindet und mit dem Futter in den Organismus der Raupen eindringt.

auf 97,5% der Gesamternte gestiegen, wovon 71,5% auf die gekreuzten und nur noch 26% auf die reinen Rassen entfielen[31]).

Dennoch blieb der Kreis der italienischen gelben Rasse zu beschränkt, um unbedingte Sicherheit zu bieten. Auch zeigte die Steigerung der Kokonausbeute aus den verwendeten Raupeneiern bei den ostasiatischen Rassen verhältnismaßig größere Erfolge als bei den einheimischen reinen oder auch gekreuzten. Bei den letzteren wurden im Jahre 1880 30,17 kg Kokons auf eine Unze Raupeneier erzielt; bis zum Jahre 1890 stieg das Erträgnis nur auf 33,31 kg für die reinen, auf 31,92 kg für die gekreuzten Rassen. Dagegen ergab die rationelle Aufzucht bei den direkt eingeführten grünen japanischen Raupenarten in demselben Zeitabschnitt eine Steigerung von 22,08 kg auf 29,62 kg, bei den reproduzierten grünen japanischen Rassen eine solche von 23,05 kg auf 29,03 kg Kokons[32]). Auch diese Tatsache weist auf die Notwendigkeit der zeitweiligen Kreuzung mit ausländischen Rassen hin. So mußten die in freierem Naturzustande aufgezogenen kräftigen ostasiatischen Rassen wenigstens zu einem geringen Prozentsatz auch weiterhin stets neu eingeführt werden, um sie zu akklimatisieren und zu reproduzieren und dann durch Kreuzungen eine vorsichtige ständige Erneuerung der einheimischen Raupenrassen vorzunehmen. Dabei suchte man aber zugleich durch geeignete Zuchtmethoden einen schweren Nachteil möglichst zu vermeiden, der sich bei den früheren zahlreichen Kreuzungen der einheimischen Rasse mit ausländischen Arten herausgestellt hatte und die Verwendbarkeit der gewonnen Rohseide stark beeinträchtigte. Für die Seidenindustrie ist es von großer Bedeutung, zur Erzielung eines einheitlichen Seidengewebes das benötigte Seidengarn in möglichst großen Mengen von vollkommen gleichmäßiger Art zu erhalten; Seidenfäden verschiedener Raupenrassen in demselben Gewebe zeigen oft nicht nur ein verschiedenes Aussehen, sondern reagieren auch bei der Färbung des Gewebes sehr verschieden auf die angewendeten Färbemittel. Durch Kreuzungen der Raupenrassen entwickelte sich aber ein Polymorphismus, der die frühere Möglichkeit einer umfangreichen Produktion gleichmäßiger Rohseide sehr stark einschränkte. Zudem mußte man feststellen, daß die mit ostasiatischen Rassen gekreuzten Raupen von diesen nicht nur die unangenehme Eigenschaft erbten, in

---

31) Ann. Stat. 1895 S. 410, 1904 S. 253.

32) Ann. Stat. 1892 S. 427.

höherem Prozentsatz Doppelkokons zu spinnen, sondern daß die gekreuzten Rassen auch in der zweiten oder dritten Generation im atavistischen Sinne wieder auseinanderfielen, die Eigenschaften der ursprünglichen Rassen wieder scharf hervortraten und dadurch der Polymorphismus noch gesteigert wurde. Die einzelnen Maßnahmen und Methoden, die zur Verhütung dieser Mißstände anzuwenden waren, zu beschreiben, gehört nicht in den Rahmen unserer Betrachtung, da es sich um technische Fragen allgemeiner Natur hierbei handelt, die für die italienischen Verhältnisse keine Besonderheit bieten[33]. Aus der Statistik geht hervor, daß sich jene Aufzuchten mit neu eingeführten Rassen zu 63% in Piemont konzentrierten[34], was mit den daselbst befindlichen bakologischen Versuchsstationen zu erklären sein dürfte.

Alle diese Tatsachen zeigen, wie schwer die inneren Schäden waren, die infolge der Fleckkrankheit die italienische Seidenzucht getroffen hatten, und wieviel Zeit, Umsicht, Mühe und Geduld es erforderte, sie zu beseitigen. Wir werden sehen, daß zu den genannten Schwierigkeiten in den 80er Jahren noch neue Hemmnisse ganz anderer Art hinzutraten, um den Wiederaufbau der Seidenzucht zu erschweren. Wenn trotz alledem der italienische Seidenbau sich durchzuringen, sein Erzeugnis in mühselig zäher zwanzigjähriger Arbeit wieder auf die frühere Höhe in Produktionsmenge und Qualität zu bringen und durch Anwendung neuer wissenschaftlicher Methoden (Zellengrainierung, Kreuzungen) seine Zuchtrassen sogar zu verbessern und widerstandsfähiger, als sie ehedem waren, zu machen vermochte, so ist dies ein Beweis dafür, wie bodenständig und mit dem Volksleben tief verbunden die Seidenkultur in Italien ist, so daß sie diesem Lande wohl stets erhalten bleiben wird. Hier liegt auch ein gewisser Unterschied zu dem zweitwichtigsten seidenbautreibenden Lande Europas, Frankreich, dessen Seidenkultur ungeachtet aller Prämien und Unterstützungen der Regierung und aller Anstrengungen aus industriellen Kreisen die Höhe ihres Standes vor der Krankheitsperiode nicht mehr erreicht hat.

---

33) Vgl. die Vorschläge von Baron, Coutagne und Vilmorin bei Silbermann a. a. O. S. 212 f.

34) nach der Tabelle der italienischen Kokonernte im Jahre 1894 in den einzelnen Provinzen, bei Silbermann a. a. O. S. 227.

3. Der Rückgang der italienischen Rohseidenproduktion. Die ostasiatische Konkurrenz auf dem Seidenmarkte. Die Umstellung der Mode und die Preisbildung auf dem Seidenmarkte.

Die italienische Seidenindustrie wurde von dem Auftreten der Pebrina und ihren schweren Nachwirkungen nicht weniger hart getroffen als der Seidenbau selbst. Ihre ganze Bedeutung beruhte ja auf dem inländischen Rohstoff, seiner Menge und natürlichen guten Qualität. Die Fertigkeit der italienischen Spinnkunst stand gewiß hoch, aber mit minderwertigem Material konnte auch sie nur ein minderwertiges Erzeugnis bieten; die tiefgreifenden Mängel der neuen Kokons ließen sich durch keine noch so gute Verarbeitung verdecken. Hierzu kam noch die größere Arbeit und der Zeitverlust, den die Verarbeitung des schlechten Rohstoffes mit sich brachte.

Die Seidenhaspelei war noch um die Mitte des vorigen Jahrhunderts in unzählige kleine und kleinste Betriebe zersplittert, die sich eng an den lokalen Seidenbau anlehnten, häufig überhaupt nur die Verarbeitung des eigenen Kokonertrages im eigenen Hause des Seidenzüchters darstellten und damit im Augenblick des Verlustes der eigenen Kokonernte auch stillgelegt waren. Der Handel mit Kokons ging von Stadt zu Stadt, von Provinz zu Provinz; was vom Auslande eingeführt wurde, war unbedeutend. Im Jahre 1862 belief sich die gesamte italienische Kokoneinfuhr auf 753000 kg[35]), während die einheimische Kokonernte wenigstens auf 51 Mill. kg zu schätzen war. Entsprechend betrug die Produktion von Rohseide aus importierten Kokons nur 4,3% der Gesamterzeugung. Im folgenden Jahre fiel die inländische Kokonernte auf 35,6 Mill. kg, die Kokoneinfuhr hielt sich fast auf gleicher Höhe, der Prozentsatz dieses Teiles der Rohseidenerzeugung stieg auf 5,7%. Dann griff die Fleckkrankheit auch nach dem Balkan, nach Griechenland und Kleinasien über, die bisher die ausländischen Kokons geliefert hatten. Der Kokonimport sank bis 1867 auf seinen tiefsten Stand von 236000 kg, der entsprechende Prozentsatz der Rohseidenerzeugung auf 2,4%. Während es aber im Inlande gelang, in wenigen Jahren die Produktionsmenge an Kokons wieder zu erhöhen, blieben die Einfuhren aus dem Auslande gering. Erst im Jahre 1872 erreichten

---

[35]) Ann. Stat. 1887/88 S. 329. Da die Handelsstatistik die Kokons nach ihrem Trockengewicht registriert (vgl. Abschnitt I), die Kokonernte aber das Gewicht der Kokons in frischem Zustande angibt, so ist, um einen Vergleich zu ermöglichen, die erstere Zahl mit 3 zu multiplizieren.

sie wieder den früheren Umfang, um dann allerdings in fast ununterbrochenem langsamen Aufstieg für die italienische Rohseidenindustrie eine immer größere Bedeutung zu erlangen[36]). Zunächst hatte jedoch die italienische Seidenindustrie von dieser Seite keine Hilfe in ihrem Rohstoffmangel zu erwarten.

So blieb ihr nur die inländische Kokonproduktion, mit deren Fallen und Steigen sich in dieser Zeit auch die Kurve der Rohseidenproduktion Italiens in ihrer Gesamterzeugung fast vollkommen deckte. Vor dem Jahre 1863 betrug diese 3,5 Mill. kg, im Jahre 1865 stand sie auf ihrem tiefsten Punkt mit nur 1,4 Mill. kg, um dann wieder langsam zu steigen und im Jahre 1871 mit 3,3 Mill. kg ihre frühere Höhe fast zu erreichen.

Da die Spinnereien und Zwirnereien Italiens bei der geringen Entwicklung der einheimischen Seidenweberei vorwiegend für den Export arbeiteten, so mußten sich die Veränderungen in ihrer Produktion auch in entsprechender Weise in der italienischen Ausfuhrstatistik für Rohseide wiederspiegeln. Im Jahre 1862 betrug die Rohseidenausfuhr Italiens 2,4 Mill. kg, stieg im nächsten Jahre infolge der vorangegangenen noch guten Kokonernte auf 2,6 Mill. kg, fiel aber in den Jahren 1864 und 1865 auf 2,1 bzw. 1,5 Mill. kg. Die folgenden fünf Jahre brachten wieder eine Zunahme der Ausfuhr auf durchschnittlich 2,1 Mill. kg[37]). Im Jahre 1871 zeigt die Ausfuhrstatistik eine plötzliche Steigerung auf 3,2 Mill. kg Rohseide, die auch im Durchschnitt des ganzen folgenden Jahrzehntes

---

[36]) Vgl. Tabelle III im Anhang.

[37]) Wenn Sombart (a. a. O. S. 89) für das Jahr 1869 eine noch stärkere Abnahme der italienischen Ausfuhr an Rohseide nach Frankreich als dem Hauptabnehmer glaubt feststellen zu müssen, so ist leider nicht ersichtlich, auf welche Quelle er sich hierbei stützt. Die Gesamtausfuhr Italiens an Rohseide war in diesem Jahre tatsächlich schon wieder auf 2,3 Mill. kg gestiegen (Ann. Stat. 1887/88 S. 329). Daß die Ausfuhr an Rohseide nach Frankreich in den 60er Jahren überhaupt „infolge der Umgestaltung der zollpolitischen Verhältnisse“ — d. h. infolge des Übergangs Italiens zum Freihandelssystem unter Aufhebung der hohen Schutzzölle der früheren Einzelstaaten — gelitten haben soll, ist wenig wahrscheinlich, da die italienische Rohseidenproduktion durch die geringeren Unkosten für die Handarbeit billiger arbeitete als die französische. Außerdem war der Import an Rohseide nach Italien von 1,2 Mill. kg im Jahre 1862 auf 0,1 Mill. kg im Jahre 1869 gefallen, so daß von einem die einheimische Seidenindustrie schädigenden übermäßigen Rohseidenimport infolge der Aufhebung der Schutzzölle im allgemeinen keine Rede sein kann. Die Rohseidenausfuhr Italiens nach Frankreich hat allerdings in den 60er Jahren stark gelitten infolge des Ausbruchs der Pebrina und ihrer Folgeerscheinungen, die wir noch zu behandeln haben; diese Vorgänge erwähnt Sombart nicht.

bestehen bleibt[38]. Auf die Erklärung dieser Tatsache haben wir noch später einzugehen[39].

Diese Notlage der italienischen Seidenindustrie konnte nicht ohne Rückwirkung auf ihre weitere Entwicklung und innere Gestaltung bleiben. Es kamen aber noch andere Momente hinzu.

Auf der Ausstellung in London im Jahre 1851 waren die ersten Proben ostasiatischer Seide zu sehen; man machte Versuche mit ihr, und als in den folgenden Jahren die Pebrina in Frankreich ausbrach, gründeten die Seidenfabrikanten von Lyon Magazine und Spinnereien in Bengalen, China und Japan. Als die Raupenseuche dann auch nach Italien übergriff, die italienische Rohseidenproduktion sich verminderte, die Ausfuhren geringer wurden, war die ostasiatische Produktion bereit, die fehlenden Mengen durch ihre Erzeugnisse zu ersetzen und die frei gewordenen Plätze auf den Auslandsmärkten ihrerseits einzunehmen. Das Auftauchen der ostasiatischen Konkurrenz auf dem europäisch-amerikanischen Seidenmarkt ist eine der entscheidendsten Folgen der europäischen Seidenkrisis in den 60er Jahren. Die ostasiatische Seide ging zunächst noch zum größten Teile über den Londoner Markt; aber die Stellung Lyons als des bedeutendsten Platzes für die Konditionierung der Seide war doch so stark, daß es seit Mitte der 70er Jahre auch den Handel mit asiatischen Seiden an sich zu ziehen wußte[40]. Dadurch fanden diese zugleich weiteren Eingang in Italien, Deutschland und der Schweiz.

---

[38]) Ann. Stat. 1887/88 S. 329.

[39]) Schon im Laufe der 60er Jahre werden die Exportmengen an Rohseide von den entsprechenden Mengen der italienischen Gesamterzeugung an Rohseide nicht mehr gedeckt. Aus der Entwicklung, die der Rohseidenimport und -export in Italien im folgenden Jahrzehnt nehmen, ist jedoch anzunehmen, daß schon in dieser Zeit ein Teil der Rohseideneinfuhr nach seiner Verarbeitung in den italienischen Zwirnereien seinen Weg wieder ins Ausland nahm, ohne daß in der Exportstatistik dieser Vorgang eine besondere Erwähnung findet. Auch der Unterschied zwischen einfacher und gezwirnter Rohseide wird in dieser Statistik noch nicht berücksichtigt. Auffallend gering werden bei dieser Annahme dann allerdings die Rohseidenmengen, die für die einheimischen Seidenwebereien im Lande zurückblieben und dem tatsächlichen Verbrauch sicher nicht entsprachen; im Jahre 1869 ergäbe sich sogar ein Fehlbetrag von 142 000 kg. Hier zeigt sich aber offenbar schon die Unvollständigkeit der damaligen Erhebungen über die italienische Kokonernte und der auf diesen Erhebungen beruhenden Berechnung der Rohseidenproduktion aus inländischen Kokons sowie die früher dargelegte Notwendigkeit einer wesentlichen Berichtigung (vgl. darüber Abschnitt I).

[40]) 70% der in Lyon konditionierten Seide waren asiatische. Ellena a. a. O. S. 40; Silbermann a. a. O. S. 409 ff.

Die Rohseidenausfuhren Chinas begannen schon vor dem Jahre 1830, hielten sich aber zuerst in beschränkten Grenzen und stiegen nur langsam. Um 1850 setzte jedoch ein starker Aufschwung des Exports ein. Shanghai und Kanton, die einzigen für Europäer damals zugänglichen chinesischen Häfen, waren die Ausgangspunkte für die chinesische Seidenausfuhr und sind es auch bis zur Gegenwart geblieben. In den Jahren 1860—1863 wurden durchschnittlich 2 461 900 kg Rohseide von Shanghai aus, 273 700 kg über Kanton nach Europa exportiert. Um 1870 fiel aber dieser Export aus Shanghai zunächst wieder auf 1 423 800 kg, während sich derjenige über Kanton nur auf 908 200 kg hob[41]). Der Grund dieses Rückganges lag vor allem in der mangelhaften Beschaffenheit der chinesischen Grègen, die sich nur zu groben Titern verwenden ließen. Die eifrigen Bemühungen der Europäer und Amerikaner, das europäische Haspelverfahren auch in China einzuführen und dadurch die chinesische Rohseide für den europäisch-amerikanischen Markt verwendungsfähiger zu machen, scheiterten vorläufig noch an dem Widerstande der Bevölkerung, die in ihrer konservativen Art an ihren Jahrhunderte alten Gewohnheiten hartnäckig festhielt.

Viel günstiger lagen die Verhältnisse in Japan. Von dem Augenblick an, in dem sich die japanischen Häfen Nagasaki (1853) und Yokohama (1860) dem Welthandel öffneten, nahm die Seidenausfuhr Japans einen gewaltigen Aufschwung; Yokohama wurde und blieb der besondere Stapelplatz und Ausfuhrhafen für Seide. Erleichtert wurde diese Entwicklung noch dadurch, daß durch den Eintritt Japans in die Weltwirtschaft die künstliche Steigerung des Silberkurses und damit die Verteuerung der Produktionskosten im Lande beseitigt wurde und der Preis der Seide für das Ausland auf die Hälfte sank. Aus eigener Initiative und mit Unterstützung der Regierung wurde auch das japanische Haspelverfahren dem europäischen angepaßt. Während man dem durch die Pebrina heimgesuchten europäischen Seidenbau durch Lieferung von Raupeneiern half, verarbeitete man die schnell anwachsende eigene Kokonernte im Lande selbst und brachte immer größere Mengen von Rohseide auf den europäisch-amerikanischen Markt. Im Jahre 1859 waren es erst 33 300 kg Rohseide, die Japan auf dem Londoner Markte zur Verfügung stellte;

---

[41]) Silbermann a. a. O. S. 402 f., 408 f. Der Export geschieht vorwiegend in Ballen à 47 kg (weiße Grège) und in Ballen à 60 kg (gelbe Grège).

im folgenden Jahre stieg diese Menge auf 466 260 kg, im Jahre 1863 betrug sie bereits 1,8 Mill. kg. Aber auch hier trat zunächst ein schwerer Rückschlag ein. Der Durchschnitt der Jahre 1863 bis 1866 zeigte einen verminderten Export von 881 460 kg Rohseide; um das Jahr 1870 war die Ausfuhr weiter auf 740 000 kg gesunken[42]). Die Absicht, die günstige Konjunktur auszunützen, hatte Produzenten und Kaufleute dazu verleitet, die Produktion auf Kosten der Qualität übermäßig zu steigern und gute Qualitäten mit minderwertigen Erzeugnissen zu vermischen, so daß das frühere Vertrauen der Käufer schwand und der Export einzelner Sorten gänzlich aufhörte. Die japanische Regierung griff ein, führte eine strenge Kontrolle durch, suchte das Haspelverfahren zu vervollkommnen und den früheren Ruf der japanischen Seiden wiederherzustellen. Inzwischen hatte sich aber auch die europäische Seidenzucht von den schwersten Folgen der Fleckkrankheit wieder erholt; vor allem war es Italien gelungen, seine Kokonernte wieder auf den früheren Stand zu bringen, und wenn auch die Qualität seiner Seiden nicht mehr auf der ehemaligen Höhe stand, so war sie doch der japanischen in ihrem natürlichen Werte mindestens gleich, in ihrer Verarbeitung aber sicher weit überlegen.

Die Ausfuhr von Rohseide aus Indien hat eine wesentlich längere Vergangenheit. Schon im Jahre 1812 betrug der Export an indischer Grège 445 000 kg, stieg 1860 auf 800 000 kg, 1867 bis 1875 auf 900 000 kg. Infolge der wachsenden chinesischen und japanischen Konkurrenz und anderer wirtschaftlicher Ursachen ging jedoch später die indische Seidenproduktion und -ausfuhr zurück und verlor für den europäisch-amerikanischen Seidenmarkt mehr und mehr an Bedeutung[43]); wir können daher von einer eingehenderen Erörterung dieses Produktionsgebietes in unserer Untersuchung absehen.

Wenn auch die ostasiatische Seide ohnehin früher oder später als Konkurrentin der italienischen und französischen Seide auf dem europäisch-amerikanischen Markte aufgetreten wäre, so ist doch nicht zu bezweifeln, daß der Ausbruch der Fleckkrankheit in Europa und seine Folgen die Entwicklung der Seidenzucht und Seidenindustrie besonders in Japan vielleicht um Jahrzehnte beschleunigt hat. Gewiß litt diese junge Industrie noch an Mängeln,

---

[42]) Silbermann a. a. O. S. 415 u. 419. Japan exportiert seine Rohseide in Ballen à 60 kg.

[43]) Silbermann a. a. O. S. 419 f.

die zwar in Zeiten einer äußerst günstigen Konjunktur ihr nicht wesentlich schaden konnten, sie aber unter normalen Verhältnissen dem hochentwickelten, italienischen Gewerbe nicht gleichwertig erscheinen ließen. Doch es war nur eine Frage der Zeit und intensiver Fortentwicklung, diesen Nachteil auszugleichen. Unvergleichlich schwieriger lagen die Dinge für die japanische und chinesische Rohseidenproduktion hinsichtlich der Qualität ihres Rohmaterials. Die ostasiatischen Seiden kamen im allgemeinen der Qualität der italienischen und französischen nicht gleich; mochte auch durch rationelle Zucht und Auswahl die Art der Raupen und ihrer Kokons wesentlich verbessert werden können, so sprachen hierbei doch außer der langen, zu solcher Rassenveredelung benötigten Zeit Faktoren mit, die sich nicht einfach nach Belieben ändern ließen, wie das Klima und der Boden der Nährpflanze, des Maulbeerbaumes. So schien der europäischen Seidenindustrie immer noch ein gewaltiger Vorsprung gesichert zu sein. Da trat als weitere Folgeerscheinung der Pebrina und der von ihr verursachten Verminderung der Rohseidenproduktion ein Wandel in der Mode ein, der auch den ostasiatischen Seiden den Weg auf dem europäischen Seidenmarkte ebnete.

Paris bestimmte die Mode, die Manufakturen von Lyon führten sie aus; auf dem Höhepunkt ihrer Produktionsfähigkeit um 1860 verarbeiteten sie über 3,5 Mill. kg Rohseide. Diese wurde von Südfrankreich und Italien geliefert; die französischen Seidenwebereien waren die Hauptabnehmer italienischer Rohseiden; die schweren dauerhaften Prachtgewebe der damaligen Zeit verlangten auch Seiden von hervorragender Qualität, wie sie nur von diesen beiden Ländern geliefert wurden. In den 70er Jahren änderte sich die Mode, neue Richtungen kamen auf. Die großblumigen façonnierten Gewebe und reinseidenen Atlasse gingen in ihrem Verbrauche ständig zurück, sogenannte Phantasiegewebe leichterer Art traten an ihre Stelle; chemische Substanzen wurden dem Seidenfaden beigemischt[44]); Seidengewebe mit Baumwollkette kamen in Gebrauch. Vielleicht war diese Modewandlung nur eine Modelaune der Zeit; die Richtung, in der sich diese Wandlung vollzog, legt aber den Gedanken an wirtschaftliche Zusammenhänge nahe.

---

[44]) Die Zeitschrift „Moniteur des soies“ in Lyon schrieb in jener Zeit: „Aujourd'hui la soierie est un composé chimique, dans lequel il entre un peu de soie“ (bei Ellena a. a. O. S. 41).

Die durchschnittlichen Kokonpreise auf dem Mailänder Seidenmarkt betrugen 1841—1850 4,03 L.; im folgenden Jahrzehnt setzte die Pebrina in Frankreich ein, die Preise stiegen auf 4,60 L. im ersten Jahrfünft, auf 6,86 L. im zweiten. Die Pebrina griff nach Italien über, die Kokonpreise zeigten aber trotz verminderter Produktion eine Senkung auf 5,68 L. im Durchschnitt der Jahre 1861—1870[45]; Ostasien hatte den Verlust in der Menge der Seide zu ersetzen gewußt; die chinesischen, japanischen und indischen Rohseideneinfuhren nach Europa, schon vor 1860 in die Wege geleitet, waren zur Zeit der italienischen Raupenkrankheit schon in vollem Gange. Trotzdem standen die Preise noch relativ hoch, ohne daß die Qualität der neuen Angebote der früheren, zudem wesentlich billigeren Qualität auch nur annähernd entsprach. Wertvolle Seide war selten geworden und wies sehr hohe Preise auf. Organsin der Lombardei kostete auf dem englischen Markte im Jahre 1868 58—62 sh., Organsin aus Piemont 53—58 sh.[46]; gefärbte französische Seide kostete 140 Frcs. pro kg, gefärbte Näh- und Stickseide 71,25 Frcs.[47]. Die allgemeinen wirtschaftlichen und politischen Verhältnisse der Zeit waren aber hohen Luxusausgaben nicht gerade günstig. So griff man zu jenem Rohmaterial, das zwar in Qualität geringwertiger war, in Europa und aus Ostasien aber in stets wachsenden Mengen zur Verfügung gestellt wurde. Die Mode paßte sich den veränderten Umstanden an, Gewebe einfacher und leichterer Art wurden bevorzugt; Mängel verdeckte man durch chemische Behandlung; frühere billigere Gewebe wurden durch Mischung mit Baumwolle weiter im Preise gesenkt. Es ist bezeichnend, daß eine vom französischen Handelsministerium 1879 eingesetzte „Commission des surcharges de la soie" zu dem Schluß gelangte, es sei weder möglich noch nützlich, diese neuen Tendenzen in der Seidenindustrie zu bekämpfen, die zudem den Wünschen der Mode und der Verbraucher entsprächen[48].

Für Italiens Seidenbau und Rohseidenindustrie war diese Wandlung der Mode von einschneidender Bedeutung. Die Bemühungen der Seidenzucht zur Hebung der Qualität ihrer Erzeugnisse machten langsame, aber gute Fortschritte; man suchte durch

---

[45]) Atti della commissione di indagine sulle industrie Vol. I S. 31.

[46]) The Economist, Dezember 1878 (bei Ellena a. a. O. S. 26).

[47]) Bulletin de Statistique et de législation comparée, August 1878 (bei Ellena a. a. O. S. 25).

[48]) bei Ellena a. a. O. S. 41 Anm. 1.

bessere Qualität den Konkurrenten auf dem französischen Hauptabsatzmarkt wieder zu schlagen, das verlorene Feld wiederzugewinnen. Schwere Rückschläge in der Kokonproduktion der 70er Jahre führten sogar eine erneute Verknappung guten Materials auf dem Seidenmarkte herbei. Aber die Preise für Kokons und Rohseide sanken immer weiter bis weit unter die Preishöhe der Zeit vor der Krankheitsperiode. Die Manufakturen von Lyon hatten sich der neuen Moderichtung schnell angepaßt; die Nachfrage nach wertvollen italienischen Seiden war zurückgegangen, die Mode bedurfte ihrer nicht mehr in dem früheren Maße[49]). Die Kokonpreise auf dem Mailänder Markte fielen von 5,81 L. der Zeit 1866—1870 auf 4,77 L. im Durchschnitt der Jahre 1871—1875, auf 4,23 L. für die Jahre 1876—1880[50]). Die Entwicklung der Seidenpreise zeigt die folgende Tabelle[51]).

Organsin.

Jahre	Aus Piemont (sh pro lbb.)	Aus der Lombardei (sh pro lbb.)
1868	53—58	58—62
1871	38—43	36—43
1874	29—35	27—35
1877	26—32	26—32
1878	25—28	25—28

Französische Seide.

Jahre	Gefärbte Näh- und Stickseide (Frcs pro kg)	Gefärbte andere Seide (Frcs pro kg)
1868	71,25	140,00
1871	67,00	125,00
1874	49,00	97,00
1877	41,00	80,00

Wenn diese Preisstürze auf dem Kokon- und Seidenmarkt sich nicht sofort in schwerer Weise in der Entwicklung des italie-

[49]) Vgl. auch die diesbezügliche Bemerkung bei Ellena a. a. O. S. 44 im Text und in Anm. 2.

[50]) Durchschnittspreis für 1 kg Kokons 1851—1860 5,73 L. Vgl. Atti della commissione di indagine sulle industrie S. 31.

[51]) nach den schon angegebenen Quellen bei Ellena a. a. O. S. 25 f.

nischen Seidenbaues auswirkten — die niedrige Durchschnittsproduktion von nur 28 Mill. kg Kokons in dem Jahrfünft 1875 bis 1880 ist vor allem auf die katastrophalen Mißernten der Jahre 1876 und 1879 zurückzuführen —, so lag der Grund darin, daß die Seidenkultur zu tief im Volksleben verwurzelt war[52]) und dem Seidenbauer aus dem Getreideertrag seiner Felder in erster Linie sein Lebensunterhalt zufloß. Erst die schwere Notlage, in die der italienische Getreidebau in den 80er Jahren geriet, brachte auch diese Spannung, die über dem italienischen Seidenbau schon in den 70er Jahren lagerte, zur Auslösung und führte dann zu seinem langsamen Rückgang. Die italienische Rohseidenindustrie andererseits erhielt eine kurze Atempause durch den für sie recht günstigen Umstand, daß die großen Rohseidenzufuhren aus Ostasien nach Europa aus den früher genannten Gründen um 1870 eine starke Stockung erlitten. Man mußte sich aber darüber klar sein, daß dieser Stillstand wohl nur ein vorübergehender sein würde und die ostasiatische Konkurrenz dadurch nicht für immer beseitigt war; man mußte sich also auch für die Zukunft auf sie einstellen.

4. Der Stand der italienischen Seidenindustrie nach der Industriestatistik des Jahres 1876.

a) Die Haspelei.

In der Güte des verwendeten Rohmaterials und seiner Verarbeitung war die italienische Seidenindustrie jeder ausländischen Konkurrenz überlegen. Die Unentbehrlichkeit der italienischen Seide war aber auf dem Weltmarkte geschwunden, ihre frühere maßgebende Stellung ernstlich bedroht. Der Preis des Rohseidenproduktes spielte eine größere Rolle als ehemals. Diese Tatsache mußte dazu führen, daß man auch in Italien der veränderten Nachfrage Rechnung trug und mit der Verbesserung der industriellen Einrichtungen zugleich eine Kostenersparnis zu erreichen suchte.

Die Seidenhaspelei war früher nur ein Anhängsel der bäuerlichen Seidenzucht gewesen mit aller Primitivität eines ländlichen Hausgewerbes. Jetzt begann sie sich vom Seidenbau loszulösen, sich zur selbständigen Industrie zu entwickeln und zu konzentrieren. Einer Zahl von 5300 Gemeinden, in denen der

---

[52]) Nach einem amtlichen Bericht aus dem Jahre 1877 wurde der Seidenbau in 5300 Gemeinden betrieben. Vgl. Ellena a. a. O. S. 44.

Seidenbau betrieben wurde, standen nach der Industriestatistik im Jahre 1876 nur 3600 Seidenhaspeleien gegenüber, die im Durchschnitt je 23 Haspelbecken betrieben[53]). Zieht man jedoch in Betracht, daß von der Gesamtzahl von 83 036 Haspelbecken noch 29 666 = 35,7 % mit offener Feuerung betrieben wurden, somit also zum kleinsten, zersplitterten Hausgewerbe gehörten, das die genannte Durchschnittszahl an Haspelbecken im allgemeinen nicht erreicht haben dürfte, so ist die Zahl der industriellen Haspeleien im engeren Sinne als wesentlich geringer, dafür aber der Durchschnitt ihrer Beckenzahl als bedeutend höher anzunehmen. Diese Statistik gibt auch noch keine Angaben darüber, wieviele Tage im Jahre durchschnittlich in den Haspeleien der verschiedenen Art gearbeitet wurde, ein Punkt, der gerade in diesem Industriezweige von großer Bedeutung ist. Von den genannten 29 666 Haspelbecken mit offener Feuerung lagen aber nicht weniger als 11 562 = 39 % zur Zeit sogar vollkommen still, so daß sich die Produktion der Rohseide tatsächlich vor allem auf die vervollkommneten Betriebe konzentrierte. Daher bemerkt auch Ellena, daß die mit Dampf geheizten Haspelbecken „die wirklich wesentliche Arbeit darstellen", während „die anderen nur noch Spuren einer Vergangenheit sind, dazu bestimmt zu verschwinden, wie die Vereinigung der Seidenraupenzucht mit der Seidenhaspelei verschwinden muß, die einst die Regel war und jetzt die Ausnahme ist"[54]).

Um die Kokons abhaspeln zu können, muß der erstarrte Seidenleim der Kokonfäden in heißem Wasser wieder erweicht werden; die Temperatur des Wassers liegt zwischen 40° und 55° C und muß sich nach der Feinheit der zu behandelnden Kokons richten. Schon zu Beginn des 19. Jahrhunderts hatte Gensoul die Heizung der zahlreichen kleinen Haspelbecken durch heißen

[53]) Ellena gibt in seiner schon öfters genannten Schrift „La statistica di alcune industrie italiane, Roma 1880", eine Besprechung der „Notizie statistiche sopra alcune industrie", die er selbst im Jahre 1878 auf Grund der Erhebungen des Handelsministeriums vom Jahre 1876 veröffentlicht hatte. Die oben genannten und auch die noch später herangezogenen Zahlen für die italienische Seidenindustrie dieser Epoche sind, soweit nichts anderes vermerkt ist, teils den Tabellen und Angaben dieser Schrift (S. 38—54) entnommen, teils beruhen sie auf eigenen Berechnungen unter Benutzung jener Tabellen.

[54]) Ellena a. a. O. S. 46; der letzte Satz seiner Feststellung ist aber angesichts der statistischen Zahlen für Gebiete mit so bedeutender Seidenindustrie wie Venetien doch noch stark einzuschränken.

Dampf aus einem gemeinsamen großen Dampfkessel vermittels Röhrenleitungen eingeführt. Diese Methode gestattete ein leichteres, ununterbrochenes Arbeiten für die Spinnerin, ermöglichte eine genauere Regelung der Temperatur des Haspelwassers und damit auch eine gleichmäßigere und bessere Herstellung des Seidenfadens und war auch namentlich in größeren Betrieben ökonomischer, allerdings auch nur in solchen praktisch zu verwerten. Zunehmende Einführung der Dampfheizung bedeutete demnach eine technische Verbesserung der Produktion, eine Verminderung ihrer Unkosten und eine Konzentration in größeren Betrieben. In dieser Hinsicht wies die italienische Haspelei nach der neuen Statistik bedeutende Fortschritte auf. Während Burger nach seinem früher zitierten Reisebericht über Oberitalien nur mittlere und kleine Haspeleien kennen gelernt hatte und noch von Gegenden erzählte, in denen überhaupt noch kein selbständiger Haspelbetrieb existierte, wurden jetzt bereits 64,3% aller Haspelbecken mit Dampf betrieben[55]. Infolge der Notlage jener Zeit[56]) befand

---

[55]) Silbermann (a. a. O. I S. 427) gibt an, daß in Italien im Jahre 1868 nur 61 877 Haspelbecken gezählt worden seien. Die Quelle dieser Mitteilung nennt er nicht; eine amtliche Feststellung hat in diesem Jahre nicht stattgefunden. Besteht diese Angabe zu Recht, so wäre die Zahl der Haspelbecken inmitten der Seidenkrisis um mehr als ein Drittel gewachsen, während die Zwirnspindeln in Italien, wie wir später sehen werden, in der gleichen Zeit um 25% abgenommen haben. Eine derartige Entwicklung erscheint doch sehr unwahrscheinlich. Die niedrige Zahl der Haspelbecken für das Jahr 1868 dürfte sich aus dem Umstande erklären, daß damals noch ein sehr großer Teil der Kokons in den eigenen kleinen Haspeleien der einzelnen Seidenbauern verarbeitet wurde und diese bei der Zählung der Haspelbecken, die sich wohl nur auf selbständigere Haspelbetriebe erstreckte, nicht berücksichtigt wurden, auch nicht recht erfaßt werden konnten. Wir hätten es also dann nur mit einer Teilzählung zu tun, während die wirkliche Zahl der vorhandenen Haspelbecken im Jahre 1868 viel höher lag als im Jahre 1876. Im Jahre 1891 war die Zahl der Haspelbetriebe sogar auf 1401 mit nur 54 588 Becken gefallen. Für den von Silbermann berichteten vorübergehenden Aufschwung der Seidenhaspelei um 1876 fehlt jegliche Begründung in den tatsächlichen damaligen Verhältnissen. Wichtig ist dagegen die Mitteilung Silbermanns, daß von den im Jahre 1868 gezählten Becken nur 41,4% mit Dampfheizung versehen waren — in der tatsächlichen Gesamtzahl der damals vorhandenen Becken dürfte demnach der Prozentsatz noch ganz wesentlich geringer gewesen sein —, während im Jahre 1876 die mit Dampf geheizten Becken schon 64,3%, im Jahre 1891 bereits 89,7% der Gesamtzahl ausmachten.

[56]) Die Krisis der Seidenindustrie spiegelt sich in den statistischen Zahlen deutlich wieder. Im Jahre 1876 waren von 100 Haspelbecken nur 78 im Gebrauch (56 mit Dampfheizung, 22 mit offener Feuerung), mehr als ein Fünftel war stillgelegt.

sich zwar auch hierunter eine bedeutende Anzahl von Becken, die nicht im Gebrauch waren, aber ihre Zahl betrug nur 12% im Vergleich zu 39% inaktiver Becken mit offener Feuerung.

Stand und Fortschritt der Haspelei waren aber keineswegs in allen Landesteilen Italiens gleich. Wie sich der Seidenbau schon in überwiegendem Maße in Oberitalien fand, so wies auch die oberitalienische Haspelei 88% aller Haspelbecken auf, während Mittelitalien nur 7%, Süditalien sogar nur 5% besaß[57]). Doch auch in Oberitalien konzentrierte sich die Seidenhaspelei noch schärfer auf die Lombardei mit 46,8%, Piemont mit 20,9% und Venetien mit 17,7% aller Haspelbecken. Der technische Fortschritt zeigte aber in diesen drei Hauptgebieten der Seidenhaspelei einen merkwürdigen Unterschied; in der Lombardei wurden bereits 76% der dortigen Becken mit Dampfheizung betrieben, in Piemont 74%; dagegen lagen die Verhältnisse in Venetien fast umgekehrt: 32% mit Dampfheizung, 68% mit offener Feuerung. Der westliche Teil Oberitaliens war demnach stark industrialisiert, während der östliche in seiner industriellen Entwicklung zurückgeblieben war[58]). Genauere Angaben über die Zahl der Haspeleien und ihre durchschnittliche Betriebsgröße in den beiden Gebieten fehlen leider. Wie nachteilig die veraltete Form der Haspelei aber auch in Zeiten einer Krisis für die Beschäftigung der Betriebe war, geht aus den folgenden Zahlen hervor. Im Jahre 1876 waren in der Lombardei 86% der Haspelbecken im Betrieb, in Piemont 80%, in Venetien nur 58%. Berücksichtigt man nur die vorhandenen mit Dampf geheizten Becken, so stellte sich der Beschäftigungsgrad für die drei genannten Gebiete auf 93%, 81% und 86%, stand also ganz wesentlich über den allgemeinen Prozentsätzen dieser Bezirke wie auch über dem früher

---

[57]) Unter dem Begriff „Oberitalien“ sind in unserer Untersuchung stets die Bezirke (compartimenti) Piemonte, Liguria, Lombardia, Veneto und Emilia zusammengefaßt (letzterer wird häufig auch schon zu Mittelitalien gerechnet); „Mittelitalien“ umfaßt die Bezirke Toscana, Marche, Umbria, Lazio, Abruzzi e Molise, „Süditalien“ die Bezirke Campania, Puglie, Basilicata, Calabrie, Sicilia, Sardegna (also einschließlich der Inseln).

[58]) Venetien stand auffälligerweise mit seinem mangelhaften industriellen Fortschritt fast an letzter Stelle unter allen Bezirken Italiens. Auch Gebiete, die hinsichtlich der Ausbreitung der Seidenhaspelei unter ihrer Bevölkerung nicht entfernt mit Venetien verglichen werden konnten, zeigten dennoch in ihren wenigen Betrieben eine weit fortgeschrittenere Umstellung auf die Verwendung der Dampfheizung; so Ligurien zu 87%, Umbrien zu 82%, Sizilien zu 79%, Emilien zu 64%, die Marken zu 60%.

genannten Durchschnitt von 78%, der für alle Betriebe des Reiches unterschiedslos galt. Andererseits lagen von den mit Feuer geheizten Becken, die in Venetien über $^2/_3$ aller Haspelbecken ausmachten, nicht weniger als 55% still. Wir haben in diesen Zahlen die Bestätigung dafür, daß durch die Schwankungen im Seidenbau die kleinen hausgewerblichen Betriebe am schwersten getroffen und wegen ihrer Gebundenheit an den lokalen Kokonmarkt leicht völlig lahmgelegt wurden, während die größeren modernisierten Haspeleien sich überall auch in Krisenzeiten hielten, den Rohstoffmangel am Ort durch Zufuhren aus anderen Provinzen zu ergänzen und sich eine wenigstens bescheidene Rentabilität zu sichern vermochten.

Mit der Lage der Haspelei in Mittel- und Süditalien werden wir uns im folgenden Abschnitt unserer Untersuchung eingehender zu beschäftigen haben. Hier sei nur bemerkt, daß die Bezirke Apulien, Basilicata und Sardinien überhaupt keine Seidenhaspeleien mehr besaßen und in Mittelitalien nur noch die Marken und Toscana, in Süditalien nur Calabrien einige Bedeutung für diesen Industriezweig hatten.

Die an sich geringe maschinelle Einrichtung der Haspeleien erfuhr in Einzelheiten noch Verbesserungen, hielt sich aber im allgemeinen auf dem bewährten früheren Stande. Der Wert der Verarbeitung der Seide hing ja auch vor allem von der Geschicklichkeit und Erfahrung der Spinnerin ab. Bevor wir aber auf die Arbeitsverhältnisse näher eingehen, sei noch auf eine neue Art der Kostenersparnis in jener Zeit hingewiesen, aus der sich in Italien bald ein eigener Industriezweig entwickeln sollte. Es handelt sich um die Verwendung der Abfallseide.

Die Länge des Kokonfadens, den die Seidenraupe zur Herstellung ihres Kokons spinnt, beträgt etwa 3700 m, bei der Abhaspelung werden davon aber nur 400—600, selten 900 m gewonnen. Den Rest bildet teils die Flockseide (strusa), d. h. das äußere Fadengewirr, das von der Raupe als Lager für den Kokon bereitet und bei der Abhaspelung durch Schlagen der im warmen Wasser erweichten Kokons mit Besen beseitigt wird, um den Anfang des fortlaufenden haspelbaren Kokonfadens zu finden, teils die innerste pergamentartige Kokonhaut, in der die Puppe liegt. Diese nicht unbedeutenden Teile des Kokons sind auf dem Wege des gewöhnlichen Haspelverfahrens nicht zu verwerten. Zu ihnen kommen noch als weitere Abfälle die Wattseide, das erste wirre Gespinst, das bei der Raupenzucht schon zurückbleibt, ferner durchbrochene, beschädigte, wurmstichige, fleckige oder sonst fehlerhafte Kokons, die Doppelkokons, weiterhin alle Abgänge, die sich beim Haspeln, Putzen, Spulen und Zwirnen der Seide ergeben und meist recht wertvolles Material darstellen. Alle diese Abfälle (filusella) bilden heute das Rohmaterial für die Florettindustrie[59]), die durch Reinigen, Krempeln und Kämmen nach Art der Verarbeitung von Baumwolle ein Erzeugnis herstellt, das sich gut verspinnen läßt und im weitesten Sinne einen Ersatz für die gehaspelte Seide bietet (Florettgarne). Es findet nicht nur als Nähseide und im Posamentengewerbe Verwendung, sondern auch für Kleiderstoffe (Schappeseide), Tücher, Bänder, Sammete, Plüsche usw. Selbst die Abfälle dieser Verarbeitung gehen nicht verloren, sondern werden von der Bouretteindustrie nochmals bearbeitet und dienen dann als Einschlag für billigere Artikel wie für Möbelstoffe, Decken, Kleiderstoffe usw.; die letzten Abfälle werden als Pakkungs- und Isoliermaterial benutzt. Die Entwicklung dieser mechanischen Seidenspinnerei begann erst in den 60er Jahren, stieg dann aber sehr schnell, zumal da aus China und Indien große Mengen von Kokons wilder Seidenspinner geliefert wurden, die mit dem gewöhnlichen Haspelverfahren nur schwer verarbeitet werden konnten, der Florettindustrie aber einen teilweise ausgezeichneten Rohstoff boten. Ihren Ursprung hatte aber die Florettindustrie in dem Bestreben der eigentlichen Seidenhaspeleien und -zwirnereien, die zahlreichen Abfälle ihrer Produktion, die früher nur als Dünger für die Maulbeerbäume dienten, noch weiterhin nutzbringend zu verwerten, um dadurch die Unkosten des Betriebes herabzudrücken. Man ließ jetzt die Abfälle von Kindern gegen eine tägliche Entlohnung von 50 cent. sammeln und verkaufte sie für 2 L. pro kg[60]). Die Vorliebe der neuen Mode für leichte Phantasiegespinste, die aus den billigeren Florettgarnen hergestellt werden konnten, förderte noch diese Entwicklung. Freilich erwuchs der alten Seidenhaspelei und -zwirnerei in der mechanischen Seidenspinnerei mit der Zeit eine bedeutende, preisdrückende Konkurrentin auf dem Seidenmarkte.

Die Florettindustrie hat sich aber in Italien zunächst nur schwach entwickeln können; der weitaus größere Teil der ge-

---

[59]) Über diesen Industriezweig und seine Arbeitsweise vgl. Silbermann, Die Seide Bd. II S. 1 ff.

[60]) Contribuzione per una statistica delle mercedi S. 11 Anm. 2.

wonnenen Seidenabfälle ging ins Ausland (in den 70er Jahren durchschnittlich 2,5 Mill. kg im Jahre[61])); die Einfuhr war nur gering (im gleichen jährlichen Durchschnitt 270000 kg). Gegenüber einer Spindelzahl von 150000 in der Schweiz, 120000 in England, 60000 in Frankreich verfügte Italien nur über 27000 Spindeln in diesem Industriezweige[62]). Ellena zählt auch nur 4 Orte als Sitz der mechanischen Seidenspinnerei in Italien auf, die einschließlich der Arbeiter in den zugehörigen Krempeleien nur 9000 Arbeitskräfte im ganzen beschäftigte. Unter der Seidenkrise der vorangegangenen Zeit hatte diese junge Industrie im Hauptgebiet des alten Seidengewerbes begreiflicherweise besonders stark gelitten, da bei dem allgemeinen Preissturz auf dem Seidenmarkte ihre noch ungesicherte Existenz schwer gefährdet wurde.

Kehren wir nach dieser kurzen Abschweifung wieder zur eigentlichen Seidenhaspelei zurück, um noch den dritten Faktor dieses Betriebes, die verwendeten Arbeitskräfte, einer näheren Betrachtung zu unterziehen. In der Seidenhaspelei des gesamten Königreiches wurden 111377 Arbeiter beschäftigt; von diesen entfielen fast 50% allein auf die Lombardei, 19,6% auf Piemont und 13,9% auf Venetien, auf Oberitalien insgesamt fast 86%, ein neuer Beweis für die schon zu damaliger Zeit sehr starke Konzentration dieses Industriezweiges auf Oberitalien, die ihre Ursache vor allem in der Lage der Betriebe inmitten der reichsten einheimischen Rohstoffgebiete hatte[63]), dann aber auch durch die besseren Verkehrsverhältnisse in diesem Teile Italiens und durch die günstigen Verbindungen mit den Hauptabsatzmärkten der Welt, Frankreich, Schweiz und darüber hinaus Deutschland und England sowie auch Amerika (über den größten italienischen Ausfuhrhafen Genua) wesentlich gefördert wurde[64]). Wieweit außerdem noch dem Charakter der oberitalienischen Bevölkerung, die sich von Anfang an der industriellen Arbeit in größeren Organisationsformen und mit weitreichenden Handelsbeziehungen mit

---

[61]) Ann. Stat. 1897 S. 180.

[62]) Ellena a. a. O. S. 49.

[63]) Die Verteilung der Rohstoffproduktion auf die verschiedenen Bezirke Italiens wird im folgenden Abschnitt näher zu erörtern sein.

[64]) Vielleicht bietet auch gerade das letzterwähnte Moment, das für Venetien gegenüber der Lombardei und Piemont wesentlich ungünstiger lag, eine Erklärung dafür, daß Venetien trotz seines Rohstoffreichtums in seiner industriellen Entwicklung verhältnismäßig stark zurückgeblieben war.

Verständnis und Tatkraft zuwandte und dadurch einen gewissen Gegensatz zu den Bewohnern Mittel- und Süditaliens zeigte, in dieser Entwicklung eine größere Bedeutung zuzuschreiben wäre, läßt sich schwer sagen; doch dürfte auch dieser Umstand nicht zu übersehen sein.

Will man die genannten Prozentzahlen der Arbeiterschaft in den drei Hauptgebieten Oberitaliens mit den entsprechenden Zahlen für die in diesen Gebieten vorhandenen Haspelbecken in Beziehung setzen, so sind bei den letzteren nur jene zu berücksichtigen, die sich zur Zeit der statistischen Erhebungen in Betrieb befanden; es handelt sich bei dieser Statistik um Erhebungen auf Grund von Fragebogen, die den einzelnen gewerblichen Betrieben zugingen und ihren augenblicklichen Stand hinsichtlich der verwendeten motorischen Kraft, der Maschinen und Arbeitskräfte aufnehmen sollten [65]; es handelt sich aber nicht um eine allgemeine Berufszählung der Bevölkerung, in die auch jene beruflichen Arbeitskräfte Aufnahme fänden, die zwar zur Zeit arbeitslos wären, bei Wiederinbetriebnahme der stillgelegten Haspelbecken aber sofort auch die Zahl der beruflichen Arbeiter in den Haspeleien vermehren würden, von den übrigen bei einem vollen Betrieb der Haspeleien benötigten Arbeitskräften ganz abgesehen. Da die Stillegungen im Reiche über ein Fünftel, in manchen Gegenden, wie in Venetien, sogar mehr als zwei Fünftel aller Haspelbecken ausmachten, so ist der gekennzeichneten Begrenzung der Statistik auf die augenblicklich tätigen Arbeitskräfte auch bezüglich der Zahl der Haspelbecken als der augenblicklich im Gebrauch befindlichen bei unserem Vergleich unbedingt Rechnung zu tragen, soll sich nicht ein ganz irreführendes Bild ergeben [66].

Unter diesen Voraussetzungen zeigt es sich, daß auf die Haspeleien der Lombardei und Piemonts ein relativ geringerer Prozentsatz an Arbeitskräften entfiel — 51,4:49,6 bzw. 21,4:19,6 —, während in Venetien die Arbeitskräfte den Prozentsatz der gebrauchten Haspelbecken überschritten (13,1:13,9). Auch hier treten die Vorteile der maschinell verbesserten Betriebe zutage. In ihnen ist die Spezialisierung der einzelnen Arbeiten weitgehend

[65] Ellena a. a. O. S. 2.

[66] Bei einem Vergleich der italienischen Arbeitsproduktivität mit der französischen in den Haspeleien übersieht Ellena (a. a. O. S. 46) diesen Umstand und kommt daher zu irrigen Ergebnissen. Wir werden später noch näher darauf eingehen.

durchgeführt. Das Kokonschlagen zur Beseitigung der Flockseide, teilweise wohl schon mit maschinellen Vorrichtungen, das Putzen und Umspulen des gewonnenen Seidenfadens sind Arbeiten, die nicht mehr von den eigentlichen Spinnerinnen selbst, sondern von Hilfskräften mit geringer Fertigkeit und geringerer Entlohnung vollzogen werden[67]). Die Dampfheizung ermöglicht eine leichtere und bessere Arbeit der Spinnerinnen, deren Arbeitskraft, ganz auf das eigentliche Haspeln konzentriert, besser ausgenutzt werden kann und einen höheren Produktionsertrag liefert. Zugleich kann aber auch ihre Zahl vermindert werden, da nunmehr jede Spinnerin leicht zwei Haspelbecken bedienen kann. Das Ergebnis ist also eine Produktionserhöhung und -verbesserung bei Verminderung der Zahl teurer Arbeitskräfte, teilweise durch Ersatz durch billigere Arbeit. Umgekehrt verlangen die kleinen veralteten Betriebe Venetiens durch ihre umständliche, zersplitterte und unregelmäßige Arbeitsweise eine höhere Zahl an Arbeitskräften, obwohl der Arbeitsertrag und sein qualitativer Wert ein wesentlich geringerer ist. Infolge der Notlage in der Seidenindustrie lagen in der Lombardei 14%, in Venetien 42% aller Haspelbecken still. Würde man diese letzteren als mit entsprechender Arbeiterschaft im Betrieb befindlich auch noch in Betracht ziehen, so würde sich das Mißverhältnis zwischen Haspelbecken und Arbeiterzahl in Venetien noch wesentlich verschärfen, da zweifellos gerade die veralteten Betriebe zuerst wegen Unrentabilität von der Stillegung betroffen worden waren (von den mit offener Feuerung geheizten Becken lagen in Venetien 55% still, von den Becken mit Dampfheizung nur 14%).

Weist die hohe Zahl der Arbeitskräfte in den Haspeleien auf die Unentbehrlichkeit und Bedeutung guter Handarbeit in ausgedehntem Maße selbst in modernisierten Betrieben hin — ein volkswirtschaftlich sehr wichtiges Moment —, so zeigt die Zusammensetzung dieser Arbeitskräfte das vollkommene Überwiegen der weiblichen und Kinderarbeit in diesem Industriezweig. Von 100 Arbeitskräften in den Haspeleien des ganzen Landes entfielen 72,9 auf die Frauen-, 22,8 auf die Kinder- und nur 4,3 auf die Männerarbeit. Der Grund liegt in der Feinheit der Arbeit des Haspelns, die keine größere Körperkraft, sondern besondere Geschicklichkeit beansprucht, und in der zunehmenden Verwendung

---

[67]) Vgl. den Bericht von Berizzi über die Haspeleien der Gegend von Como (Contribuzione per una statistica delle mercedi S. 11 Anm. 2).

von Maschinen. Diese steigern hier nicht die Männer-, sondern die Kinderarbeit, da sie nur den Zweck haben, gewisse Arbeiten des Haspelverfahrens zu vereinfachen und ihre Ausführung auch durch Personen mit geringeren Fertigkeiten zu ermöglichen. Greifen wir wieder die beiden wichtigen, in ihrer industriellen Arbeitsweise aber stark verschiedenen Gebiete der Lombardei und Venetiens heraus, so zeigt in beiden die Männerarbeit einen sehr niedrigen Prozentsatz (3,7 bzw. 3,4). Während aber die Frauenarbeit in Venetien mit 84,2% weit über dem Landesdurchschnitt steht, ist sie in der Lombardei auf 65,9% herabgedrückt; andererseits beträgt die Arbeit der Kinder[68]) — in der Haspelei vor allem Mädchen — in Venetien nur 12,4%, in der Lombardei dagegen 30,4%. Die Steigerung der Beschäftigung von Kindern zum Schaden der Arbeitsmöglichkeit für Erwachsene als Folge wachsender Industrialisierung eines Landes, das noch keine Schutzgesetzgebung für die Frauen- und Kinderarbeit kannte, tritt hier ganz offen zutage.

Die durchschnittliche Arbeitsdauer am Tage betrug 12 bis 13 Stunden. Diese Arbeitszeit galt auch für Kinder, deren Beschäftigung ja mit der Tätigkeit der Spinnerinnen eng verknüpft und nicht zu entbehren war. Viele Betriebe hatten auch, um die Maschinen besser auszunützen, die Nachtarbeit an den sogenannten „kurzen Tagen“, die mit dem 15. August begannen, eingeführt; auch diese kam in gleicher Weise für die Kinder in Betracht. Die Gefahren, die sich daraus für die Gesundheit und die geistige und körperliche Entwicklung der Kinder ergeben mußten, sind offensichtlich.

Bei einer Besprechung der Löhne ist es im Rahmen dieser Untersuchung natürlich nicht möglich, auf alle Abstufungen der Beschäftigungen der Arbeiterinnen und ihre Entlohnung einzugehen; es kann sich hier nur um eine Feststellung der allgemeinen Entwicklung der Lohnverhältnisse im Laufe der Zeit, soweit sie zugleich auch ein Bild der Lage der ganzen Industrie bietet, handeln. Ebenso stellen sich auch Vergleichen mit den Lohnverhältnissen in anderen verwandten Industrien erhebliche Schwierigkeiten entgegen, da ähnliche Benennungen noch nicht die gleiche Art der Arbeit in den verschiedenen Betrieben und

---

[68]) Unter dieser Bezeichnung sind Knaben und Mädchen bis zum vollendeten 14. Lebensjahre nach der italienischen Statistik zu verstehen (Ellena a. a. O. S. 32).

auch nicht den gleichen Grad der erforderlichen Fertigkeit besagen wollen. Lohnsteigerungen und -senkungen können ihre Ursache in der Einführung von Maschinen haben, die teils eine größere Arbeitsleistung für die Arbeiterin bedeuten und eine größere Geschicklichkeit verlangen (so die Einführung der Strickmaschine in der Wollindustrie), teils umgekehrt die Möglichkeit bieten, erfahrene Arbeiterinnen durch solche mit geringerer Fertigkeit zu ersetzen, wie in der Seidenindustrie. Auch die Methoden der Lohnberechnungen weichen in den verschiedenen Betrieben oft stark voneinander ab. Die angegebenen Löhne sind stets durchschnittliche Tageslöhne in bar; diese setzen sich meist aus festen Stundenlöhnen zusammen, sind aber auch öfters nach der durchschnittlichen Tagesleistung im Akkord berechnet. Viele Betriebe verzeichnen auch Höchst- und Mindestlöhne, die sich aber nicht so sehr nach der individuellen Tüchtigkeit der Arbeiterin richten [69]), sondern nach der Arbeitsdauer zu verschiedenen Jahreszeiten; da aber in vielen Haspeleien an den „kurzen" Tagen die Nachtarbeit eingeführt wurde, so war der Tageslohn der Spinnerinnen fast immer der Höchstlohn [70]), den wir daher hier auch nur zu berücksichtigen haben. Die Hauptgruppen der Arbeiterinnen bildeten die Filatrici provette, die eigentlichen ausgebildeten Spinnerinnen, und die Filatrici di 2. classe, meist jüngere Mädchen, die noch in der Ausbildung begriffen waren und als erste Hilfskräfte dienten. Für diese beiden Gruppen von Arbeiterinnen stellten sich die durchschnittlichen Tageslöhne in den Haspeleien von Piemont im Jahre 1862 auf 1,04 bzw. 0,94 L. [71]). Zieht man die entsprechenden Löhne der Frauen in den Baumwollspinnereien, die 0,86 L. [72]) bis 0,50 L. [73]) bei gleicher Arbeits-

[69]) „Im allgemeinen gibt man einen gleichmäßigen Lohn an alle Arbeiter mit der gleichen Beschäftigung, ohne Unterschiede nach ihrer Geschicklichkeit zu machen; und dies besonders für die Frauen, um nicht Neid zu erregen." So Ciboldi in seinem Bericht über die Haspeleien von Soresina, Prov. Cremona (Contribuzione per una statistica delle mercedi S. 15).

[70]) Contribuzione per una statistica delle mercedi S. 13 Anm. 2.

[71]) Vgl. die Lohntabellen der Firma Keller in Villanovetta (Prov. Cuneo) in Ann. Stat. 1886 S. 142 ff. Da diese Firma als einzige der Seidenindustrie ihre Lohntabellen fortlaufend bis in die neuere Zeit veröffentlichte, so werden wir uns, soweit nichts anderes vermerkt ist, auf diese Angaben stützen.

[72]) Lohntabelle der Firma Sciaccaluga in Campomorone (Prov. Genua), a. a. O.

[73]) Lohntabelle der Firma Cantoni in Castellanza (Prov. Mailand), a. a. O. Hier ist eine mittlere Lohnhöhe aus den Höchst- und Mindestlöhnen berechnet worden.

zeit betrugen, zum Vergleich heran, so kann die Entlohnung der Seidenspinnerinnen nur als gut bezeichnet werden. Allerdings lagen die Verhältnisse nicht überall gleich günstig. In der Gegend von Como wurde den Spinnerinnen in der halbstündigen Mittagpause ein Essen aus Reis verabreicht und auf den Barlohn in Anrechnung gebracht; dieser betrug nur noch 0,95 L.[74]). In den Haspeleien der Stadt Bergamo und Umgegend erhielten die Hasplerinnen außer dem Lebensunterhalt auch Wohnung und verdienten nur noch 0,69 L. in bar am Tage[75]). Dagegen scheint die Entlohnung in der Baumwollindustrie durchgehend nur in Bargeld erfolgt zu sein[76]).

In der nun folgenden Krisenzeit in der Seidenindustrie verschlechterten sich aber die Lohnverhältnisse ganz wesentlich. Die Lebenshaltung verteuerte sich beständig; im Jahre 1874 hatten die Getreidepreise und das Goldagio ihren höchsten Stand erreicht. Die Löhne in den Baumwoll-, Woll- und Hanffabriken stiegen bedeutend an; auch in der Seidenindustrie zeigte sich eine Lohnsteigerung, aber nur in geringem Maße. Die beiden genannten Hauptgruppen der Hasplerinnen erhielten im Jahre 1874 einen Tageslohn von 1,12 L. bzw. 1,04 L.[77]). Diese Lohnsätze hielten sich zwar noch immer über den Löhnen der Baumwollspinnerinnen, die in den beiden oben genannten Betrieben 1,00 L. bzw. 0,75 L. betrugen, rückten ihnen aber schon merklich näher[78]). In denjenigen Gegenden jedoch, wo es sich bei der Entlohnung der Spinnerinnen nicht um Bargeldentlohnung im Zeitlohn handelte, war die Lage der Arbeiter schon jetzt recht ungünstig.

Nach einem Bericht von Mazzotti über die Haspeleien in der Gegend von Chiari (Prov. Brescia) wurden die Arbeiterinnen nach der Menge der gesponnenen Seide entlohnt, arbeiteten also im Akkord; die Akkordsätze waren zwar gestiegen, das infolge der Raupenkrankheit und der Einführung japanischer

[74]) Contribuzione per una statistica delle mercedi S. 11.

[75]) a. a. O. S. 13.

[76]) So bei der Baumwollfabrik Cantoni, a. a. O. S. 41.

[77]) Ann. Stat. 1889/90 S. 571.

[78]) Ann. Stat. 1889/90 S. 570. Es ist hier allerdings zu berücksichtigen, daß in den Baumwollbetrieben in weit größerem Ausmaße Männer als Spinner beschäftigt waren, die meist im Akkordlohn arbeiteten und viel höhere Tageslöhne erzielten; so im Jahre 1874 in den beiden genannten Baumwollfabriken 3,50 L. bzw. 1,85 L. Der große Unterschied dieser Lohnbeträge läßt sich wohl nur durch verschiedene Lohnberechnungsmethoden in den beiden Betrieben erklären.

Rassen geringwertigere Rohmaterial ließ aber die Spinnerinnen nicht mehr die frühere Tagesleistung erreichen, so daß der durchschnittliche Tageslohn seit 1847 bis 1874 unverändert 1,00 L. betrug[79]). Soweit in anderen Gegenden den Arbeiterinnen Lebensunterhalt und Wohnung gewährt wurde, wurden die gestiegenen Kosten des Unterhaltes als Lohnsteigerung berechnet. So sagt Berizzi[80]) über die Verhältnisse in Bergamo: „Eine Steigerung der Löhne ist vorhanden, aber sie ist in den steigenden Preisen der Lebensmittel, die von dem Betrieb gewährt werden, enthalten"; der Barlohn blieb von 1847 bis 1874 unverändert 0,69 L. täglich. Daß mit diesem System der Entlohnung schwere Nachteile für die Arbeiterschaft verbunden waren, bedarf keiner langen Erörterung.

Betrachtet man das Gesamtbild der Lage der Arbeiterschaft in den Haspeleien jener Zeit, so erkennt man auch hier deutlich die Spuren der Krisis, das Bestreben der Fabrikanten, an teueren Arbeitskräften möglichst zu sparen und die Unkosten an Löhnen möglichst niedrig zu halten. Da für die Arbeit in ihren Betrieben Frauen- und Kinderarbeit fast ausschließlich genügte[81]) und eine Schutzgesetzgebung nicht bestand, so mußte sich bei der schlechten wirtschaftlichen Lage der Landbevölkerung dieses Bestreben der Unternehmer als des stärkeren Teiles mit Erfolg durchsetzen.

b) Die Zwirnerei.

Wie die Haspelei war auch die italienische Zwirnerei zunächst mit dem Seidenbau eng verbunden gewesen, hatte sich aber im Laufe der Zeit noch entschiedener von ihm gelöst; die technischen Verbesserungen in ihrer Produktionsweise mit zunehmender Verwendung von Maschinen machte ihre Konzentration in selbständigen Betrieben zur Notwendigkeit; die schwierigen Verhältnisse auf dem einheimischen Rohstoffmarkt sowie die neu entstandene Möglichkeit, das benötigte Material in großen Mengen aus dem Auslande zur Verarbeitung zu beziehen, konnten diese Entwicklung nur noch fördern.

---

[79]) Contribuzione per una statistica delle mercedi S. 14.

[80]) Contribuzione per una statistica delle mercedi S. 13 Anm. 2.

[81]) In der Seidenhaspelei und -zwirnerei der Firma Keller in Villanovetta waren, vom Direktionspersonal und den Hausdienern abgesehen, überhaupt nur Frauen und Mädchen beschäftigt (a. a. O. S. 52).

Im Jahre 1865 waren in Italien 2768545 Spindeln tätig, die 1485697 kg Organsin und 1236062 kg Trame erzeugten[82]). Die Statistik von 1876 zählt im Königreich nur noch 2083168 Zwirnspindeln[83]); 25% waren also der Krisis der 60er Jahre zum Opfer gefallen.

Eine Angabe der Betriebe fehlt hier leider; doch geht die Konzentration dieses Industriezweiges aus einzelnen Beispielen wie auch aus einer Prüfung der Verteilung der Spindeln über die einzelnen Bezirke des Landes unzweideutig hervor. Rondot[84]) berichtet, daß in der Provinz Bergamo die Zahl der Mulinieranstalten von 106 im Jahre 1848 auf 58 im Jahre 1872 zurückgegangen sei, die Produktion sich aber gleichzeitig verdoppelt habe. Auf Oberitalien entfielen allein 99,1% der Zwirnspindeln; innerhalb dieses Gebietes befanden sich in der Lombardei 1637961 Spindeln = 78,6%, in Piemont 17,1%, in Venetien nur 2,6%; die übrigen Bezirke waren von keiner Bedeutung. Man darf aus dieser Tatsache wohl schließen, daß diese Industrie im wesentlichen aus dem Rahmen des kleineren, vielleicht sogar teilweise schon des mittleren Gewerbes herausgewachsen war. Die schnell wachsende Ausdehnung, die sie der Einfuhr an ausländischem Rohmaterial gab, legt diesen Gedanken einer fortgeschrittenen Organisation ebenfalls nahe.

Die Folgen der Krisis im italienischen Seidenbau und auf dem Seidenmarkte, wie sie oben dargelegt wurden, zeigten sich auch in der Zwirnerei; 12,4% aller Spindeln lagen still. Doch waren auch hier nicht alle Bezirke in gleichem Maße betroffen. Während die Lombardei nur 9,4% ihrer Spindeln unbenutzt lassen mußte, stieg die entsprechende Zahl für Venetien auf 21,2%, für Piemont sogar auf 23,4%; die übrigen Bezirke Italiens waren fast durchgehend von der Krisis noch schwerer betroffen. Genauere Mitteilungen über den Grund dieser Unterschiede fehlen; doch dürfte gerade hier der technisch und organisatorisch fortgeschrittenere Betrieb der Zwirnereien in der Lombardei, ähnlich wie bei den Haspeleien, eine Rolle gespielt haben. Sie mögen vor allem die Gelegenheit benutzt haben, die großen Mengen asiatischer Seiden an sich zu ziehen, die aus dem fernen Osten nach Europa gebracht wurden, in ihrer ersten Verarbeitung aber alle Schwächen der unvollkommenen chinesischen und japa-

---

[82]) Silbermann a. a. O. I S. 475.

[83]) Ellena a. a. O. S. 48.

[84]) L'industrie de la soie 2. éd. S. 20, bei Silbermann a. a. O.

nischen Haspelverfahren an sich trugen und einer wesentlichen Weiterverarbeitung bedurften, um den Ansprüchen der europäischen und amerikanischen Webereien zu genügen. Nur hiermit ist es auch zu erklären, daß die Stillegungen in der Zwirnerei (12,4%) ganz wesentlich geringer sind als in der Haspelei (21,7%), die noch ganz auf die einheimische Rohstoffproduktion angewiesen war.

Diese Bewegung der allmählichen Loslösung von der einheimischen Rohstoffbasis scheint in der italienischen Seidenzwirnerei schon sehr früh nach Ausbruch der Raupenkrankheit eingesetzt zu haben. Mit dem Ausbruch der Pebrina und dem Sinken der einheimischen Kokon- und Rohseidenproduktion verminderte sich auch sofort die Ausfuhr an verarbeiteter Seide von 2,4 Mill. kg im Jahre 1862 auf 1,5 Mill. kg im Jahre 1865 [85]); dann aber stieg der Export ohne jede Unterbrechung auf 1,9 Mill. kg im Jahre 1866, 2,1 Mill. im Jahre 1867, 2,2 Mill. im Jahre 1868, 2,3 Mill. im Jahre 1869, während die Rohseidenproduktion des Inlandes in denselben Jahren diese Mengen nicht erreichte, im Jahre 1868 sogar einen kleinen Rückschlag erlitt; andrerseits waren auch die Einfuhren ausländischer Kokons in diesen Jahren unbedeutend [86]). Im Jahre 1870 ging die Ausfuhr von Rohseide zwar auf 2,2 Mill. kg zurück, um aber dann im folgenden Jahre auf 3,3 Mill. kg plötzlich emporzuschnellen. Auch die einheimische Rohseidenproduktion aus inländischen und importierten Kokons war im Vorjahre 1870 bedeutend gestiegen, doch nicht in dem Maße, um die erhöhte Ausfuhr des Jahres 1871 voll decken zu können, vom Inlandsverbrauch an Rohseide ganz abgesehen. Aus dieser Bewegung der Exportzahlen läßt sich schon schließen, daß der italienischen Zwirnerei von ausländischer Seite Rohmaterial geliefert worden sein muß, wenn auch noch in etwas beschränktem Umfange [87]). Die Einfuhrstatistik

[85]) Ann. Stat. 1887/88 S. 329.

[86]) Vgl. Tabelle III im Anhang.

[87]) Die Ausfuhrstatistik gibt zwar den Unterschied zwischen einfacher und gezwirnter Rohseide nicht an; da aber die Haspelei fast ausschließlich auf den einheimischen Rohstoff angewiesen war, so muß der Unterschied zwischen der inländischen Gesamterzeugung an einfacher Rohseide und der höheren Ausfuhr an Rohseide insgesamt offenbar der aus ausländischem Material gezwirnten Rohseide zugeschrieben werden. Gewiß war nach unseren Darlegungen im Abschnitt I die italienische Kokon- und Seidenproduktion schon damals zu gering geschätzt worden; andrerseits mußte aber die Rohseidenproduktion außer dem Export auch den nicht übersehbaren Verbrauch der ein-

für Rohseide im Jahre 1872 weist neben dem gewöhnlichen Import des Spezialhandels zum ersten Male einen besonderen Posten zur Bearbeitung vorübergehend importierter Rohseide aus[88]); die Höhe dieses Postens von 811 000 kg beweist, daß auch schon in den vorangegangenen Jahren diese Einfuhr bestand, wegen ihres noch geringen Ausmaßes aber wahrscheinlich überhaupt nicht berücksichtigt wurde, zumal diese Einfuhr Zollfreiheit genoß.

Gestützt auf den guten Ruf, den die Erzeugnisse der italienischen Seidenzwirnerei abgesehen von der natürlichen Qualität der verarbeiteten Seide schon durch die hochwertige Art der Verarbeitung selbst besaßen und sie auf dem Seidenmarkt stark begehrt sein ließen, hatte es die Seidenzwirnerei verstanden, sich schnell der veränderten Lage anzupassen, bei der Verknappung des inländischen Rohstoffes das ausländische Rohmaterial an sich zu ziehen und durch eine wertvolle Weiterverarbeitung der im Auslande nur mangelhaft versponnenen Rohseide sich auch unter den Verhältnissen der neuen Mode unentbehrlich zu machen. Zugleich hatte sie damit eine gewisse Unabhängigkeit vom einheimischen Rohstoffmarkt erlangt, die sie die Schwankungen des letzteren in den folgenden Jahrzehnten weniger fühlen ließ; ihre allgemeine Bedeutung auf dem Weltseidenmarkt war trotz der Krisis noch gewachsen. Gerade die Unsicherheiten und Rückschläge im heimischen Seidenbau des folgenden Jahrzehntes mögen die Tendenz in der Zwirnerei, sich nicht allein auf ihn zu stützen, noch verstärkt haben. Die vorübergehende Einfuhr an Rohseide stieg im Durchschnitt der Jahre 1872—1876 auf 1 092 440 kg, im Durchschnitt der Jahre 1877—1881 auf 1 232 480 kg; das Jahr 1881 selbst wies eine Rekordziffer von über 2 Mill. kg vorübergehend importierter Rohseide auf[89]). Der italienische Seidensachverständige auf der Pariser Ausstellung F u z i e r berichtet[90]) im Jahre 1879, daß die italienischen Zwirnereien mit 2 Mill. kg in Italien gesponnener Rohseide versorgt würden; außerdem aber noch mit 200 000 kg anderer europäischer und 800 000 kg asiatischer Seiden. Diese ausländischen Seiden wurden zu Organsin oder Trame verarbeitet und erhielten dadurch eine Wertsteige-

---

heimischen Webereien decken; der Rohseidenimport war nach der Statistik des Spezialhandels von 1,2 Mill. kg im Jahre 1862 auf 0,5 Mill. kg im Durchschnitt der Jahre 1866—1870 gesunken.

[88]) Ann. Stat. 1889/90 S. 685.

[89]) Ann. Stat. 1889/90 S. 685.

[90]) bei Ellena a. a. O. S. 49 Anm. 1.

rung um 40%; nach der Verarbeitung wurden sie mit den italienischen Seiden wieder ausgeführt. Der Rohseidenimport um das Jahr 1879 hatte einen Gesamtwert von jährlich 80 Mill. L., der Export an gezwirnter Seide einen solchen von annähernd 300 Mill. L.[91]). Da der größte Teil dieser Seidenmengen nach ihrer Verarbeitung nach Frankreich ausgeführt wurde, so erscheint es nur begreiflich, daß die französischen Spinner von der Regierung verlangten, der von den französischen Seidenzüchtern geforderte Einfuhrzoll auf asiatische Seiden müsse auch auf die in europäischen Fabriken gesponnenen und gezwirnten Seiden ausgedehnt werden; dieser Antrag richtete sich in erster Linie gegen die italienische Seidenzwirnerei, wurde aber in der französischen Deputiertenkammer am 22. März 1880 abgelehnt[92]). Damit blieb die Entwicklung dieser neuen Produktionsform der italienischen Seidenzwirnerei für die nächste Zukunft gesichert.

Werfen wir noch einen Blick auf die Verhältnisse der Arbeiterschaft in diesem Industriezweig. In der gesamten italienischen Seidenzwirnerei waren 74 352 Arbeitskräfte beschäftigt, die sich entsprechend der Konzentration der Betriebe zu 79% auf die Lombardei, 15% auf Piemont und 3% auf Venetien verteilten. Auch hier blieb also die Handarbeit für die Produktion von besonderer Bedeutung. Wichtiger ist aber die Zusammensetzung der Arbeiterschaft. Gegenüber der Haspelei (4,3%) steigt die Männerarbeit in der Zwirnerei auf 7,6%; dagegen sinkt die Frauenarbeit auf 43,5% (Haspelei 72,9%). Am bedeutsamsten ist die Kinderarbeit mit 48,9% gegenüber 22,8% in der Haspelei; die Kinder bilden also fast die Hälfte der gesamten Arbeiterschaft in der Seidenzwirnerei. Prüft man die Verhältnisse in den oben genannten wichtigsten Industriegebieten, so zeigt sich, daß in Piemont und Venetien die Kinderarbeit wesentlich geringer (22,2 bzw. 17,9%), der Umfang der Frauenarbeit viel bedeutender ist (66,1 bzw. 75,1%). Die Lombardei nimmt dagegen eine ganz gesonderte Stellung ein — auch gegenüber allen übrigen Landesteilen —; in ihr ist die Männerarbeit sogar auf 6,8%, die Frauenarbeit auf 37,1% herabgedrückt, während die Kinderarbeit bis auf 56,1% steigt; weit über die Hälfte aller Arbeitskraft stellten also die Kinder. Daß für diese Ausnutzung der Kinderkraft durch die Industrie die Entwicklung zum konzen-

---

91) Ellena a. a. O. S. 54.
92) Ellena a. a. O. S. 44 Anm. 1.

trierten und mechanisierten Großbetrieb die nötige Grundlage gegeben hatte, ist durch den Vergleich mit den Verhältnissen in den anderen Landesteilen ganz offensichtlich.

Ebenso klar ist es aber auch, daß dieses Prinzip der möglichst weitgehenden Senkung der Lohnunkosten durch ausgedehnteste Verwendung billiger Kinderkräfte sich nicht nur zum Schaden der Erwerbsmöglichkeit für die Erwachsenen auswirken mußte, sondern auch die Gesundheit und Entwicklung des Bevölkerungsnachwuchses schwer beeinträchtigte. Die tägliche Arbeitsdauer betrug auch in den Zwirnereien 12—13 Stunden unterschiedslos für Erwachsene und Kinder. Solange die Kinder, meist Mädchen, nur einfachere Hilfsarbeit zu leisten hatten, waren die Löhne besonders gering; von 1847 bis 1866 stiegen sie von 0,33 L. nur auf 0,40 L. pro Tag[93]). In den 60er Jahren wurde aber in fast allen Zwirnereien das Aufspulen der Seide mit der Hand durch besondere Spulmaschinen ersetzt und an diesen fast nur noch Mädchen beschäftigt, während die schon geringe Männerarbeit an den Zwirnspindeln noch mehr durch Frauenarbeit ersetzt wurde. In dieser Zeit stiegen allerdings auch die Löhne jener Mädchen teilweise bis auf 1,00 L. pro Tag[94]) im Jahre 1874, blieben aber natürlich hinter der Durchschnittslöhnung der Frauen zurück und bildeten mit Rücksicht auf die große Zahl der beschäftigten Mädchen für den Unternehmer eine wesentliche Ersparnis. Die Tageslöhne der übrigen Kinder betrugen nur ungefähr 0,80 L.

Die Löhne der Männer kommen hier nicht in Frage, da es sich, abgesehen von den leitenden Stellen, fast nur um Maschinisten und Dienstpersonal (Packer) handelte. Soweit die Männer auch in der eigentlichen Zwirnerei noch verwendet wurden, arbeiteten sie im Akkordlohn für jedes Kilogramm gewonnener Seide. Der tatsächlich erzielte Tageslohn war trotz Erhöhung der Akkordsätze seit 1847 bis 1874 fast der gleiche geblieben, teils weil man jetzt feinere Fäden als ehemals verlangte, teils weil die verarbeiteten Seiden infolge der Raupenkrankheit meist japa-

---

[93]) Contribuzione per una statistica delle mercedi S. 16. Es handelt sich um die Zwirnereien in der Gegend von Como, das neben Mailand den Mittelpunkt der lombardischen Seidenindustrie bildete. Zu diesen Tageslöhnen kam wohl noch die Verabreichung des Mittagessens.

[94]) So in der Gegend von Como. In der Umgebung von Monza (Prov. Mailand) betrugen die Löhne nur 0,70 L. pro Tag (Contribuzione usw. S. 19); über ihre Ergänzung durch Lebensunterhalt ist in dem Bericht von Pianozzi nichts gesagt.

nischer Qualität mit geringerer Festigkeit und größeren Unsauberkeiten an Flockseide waren [95]). Bei den Löhnen der Frauen sind wieder vor allem zwei Hauptgruppen zu unterscheiden: die eigentlichen Zwirnerinnen, torcitrici, und die binatrici, d. h. die Arbeiterinnen, die mehrere einfache Rohseidenfäden je nach Stärke des gewünschten gezwirnten Fadens vor der Zwirnung auf einer Spule vereinigten (Dublieren). Ihre Löhne sind niedriger als diejenigen der Frauen in den Haspeleien; im Jahre 1862 [96]) betrug der Tageslohn 0,83 L. bzw. 0,67 L. und war bis 1874 [97]) auf 1,04 L. für beide Gruppen gestiegen (die Abstufung zwischen den Gruppen wurde aber schon im folgenden Jahre wiederhergestellt). Diesen Lohnsätzen liegen die früher erwähnten Löhne der Baumwollspinnerinnen, deren Arbeit wohl auch mehr derjenigen der Seidenzwirnerinnen als der Hasplerinnen entspricht, schon sehr nahe.

In der italienischen Seidenzwirnerei zeigt sich entsprechend der weiter entwickelten Konzentration in größeren Betrieben und der ausgedehnteren Benutzung von Maschinen noch viel ausgeprägter als in den Haspeleien das Bestreben, die Lohnunkosten dadurch zu senken, daß man nicht nur in möglichst großem Umfange Frauenarbeit verwendete, sondern daß man auch die Frauen wiederum möglichst durch Kinder oder wenigstens durch geringer bezahlte junge Mädchen zu ersetzen suchte, die nur zur Bedienung der neuen Maschinen angelernt zu werden brauchten. Ob mit diesem Prinzip möglichst niedriger Löhne auch stets der wirkliche Vorteil des Unternehmers erzielt wurde, mag etwas zweifelhaft erscheinen; Ellena bemerkt [98]) wohl mit Recht, daß die Arbeit der Frau viele Unregelmäßigkeiten verursache; falls sie sich verheiratet, besucht sie die Arbeitsstelle nur noch mit Unterbrechungen oder verläßt den Betrieb sogar ganz, wodurch dem Fabrikanten oft seine besten Arbeitskräfte schnell wieder verloren gehen. Die ausgedehnte Kinderarbeit schränkte andrerseits die Erwerbsmöglichkeiten für die Erwachsenen ganz wesentlich ein. Man wird deshalb auch der Auffassung Berizzis nur

---

[95]) Contribuzione per una statistica delle mercedi S. 17 Anm. 1 (Bericht von Boraschi über die Zwirnereien in Lecco, Prov. Como) und S. 18 Anm. 2 (Bericht von Mazzotti über die Umgegend von Chiari, Prov. Brescia).

[96]) Ann. Stat. 1886 S. 142 ff. (Firma Keller in Villanovetta, Prov. Cuneo).

[97]) Ann. Stat. 1889/90 S. 571 (Firma Keller in Villanovetta, Prov. Cuneo).

[98]) Ellena a. a. O. S. 33.

mit großer Skepsis gegenüberstehen können, wenn er in seinen Berichten[99]) sagt, die wirtschaftlichen Verhältnisse der Familien (meist aus der Landbevölkerung), die die Arbeiterschaft für die Seidenhaspelei und -zwirnerei stellten, hätten sich in den letzten Jahren sehr gebessert, nicht so sehr infolge der Steigerung der Löhne der ausgebildeten Arbeiter, als vielmehr durch den Umstand, daß die verbesserten Maschinen es jetzt gestatteten, in den Betrieben auch die Arbeit sehr junger und unerfahrener Personen zu verwenden, die früher den Arbeiterfamilien nur zur Last fielen und jetzt „einen verhältnismäßig hinreichend beträchtlichen Verdienst" erzielen könnten. Wir haben gesehen, wie die Kinderarbeit die Arbeit der erwachsenen Frau und diese wiederum die Arbeit des Mannes verdrängte und entbehrlich machen sollte. Wenn also auch der neue Verdienst der Kinder, der nach Berizzis eigener sehr vorsichtiger Ausdrucksweise sich der Tatsache anpaßte, daß es sich um sehr junge und unerfahrene Arbeiterinnen handelte, nunmehr den Arbeiterfamilien zugute kam, so liegt es doch auf der Hand, daß dieser Verdienst nicht den höheren Lohn ersetzen konnte, der den Familien durch den Verlust der Arbeitsmöglichkeit für ihre erwachsenen Mitglieder verloren gehen mußte. Inwiefern also die wirtschaftliche Lage der Landarbeiterfamilien, deren Frauen gezwungen waren, zum gemeinsamen Lebensunterhalt durch ihre Arbeit in den Haspeleien und Zwirnereien beizutragen, durch diese Entwicklung „sehr gebessert" worden wäre, ist doch schwer einzusehen. Es will eher scheinen, daß hier dieser schrankenlosen Ausnutzung der Möglichkeit einer Unkostenersparnis durch die Unternehmer ein soziales Mäntelchen umgehängt werden soll, um die offensichtlich schweren Schäden dieser Methode etwas zu verdecken.

Der schwerste Nachteil drohte aber vor allem der geistigen und körperlichen Entwicklung des jungen Nachwuchses der Bevölkerung. Kinder bis herab zu 7 Jahren wurden tagtäglich 12 Stunden lang in den Betrieben beschäftigt. Die Arbeit von Frauen und Kindern war auch in anderen italienischen Industriezweigen sehr ausgedehnt. In der gesamten Textilindustrie, die allein vier Fünftel aller in der Statistik von 1876 erfaßten Industrien ausmachte[100]), waren die Prozentzahlen der männlichen,

---

[99]) Contribuzione per una statistica delle mercedi S. 11 Anm. 2 und S. 16 Anm. 2.

[100]) Ellena a. a. O. S. 29. Die statistischen Erhebungen bezogen sich nur auf einen Teil der italienischen Industrien; sie umfaßten nicht den Berg-

weiblichen und Kinderarbeit: 18,43, 53,84, 27,73; in der gesamten Baumwollindustrie 28,8, 50,5, 20,7; in der gesamten Seidenindustrie: 7,8, 60,1, 32,1. In der Seidenindustrie und in ihrem Umfange wiederum in der Seidenzwirnerei (7,6, 43,5, 48,9) lagen also die Verhältnisse am ungünstigsten. Diese Zustände forderten dringend eine gesetzliche Regelung, wie sie schon fast in allen übrigen Industriestaaten seit langem existierte. Auf Grund umfassender Rundfragen bei Behörden und privaten Unternehmern legte das Ministerium für Landwirtschaft, Industrie und Handel auch einen diesbezüglichen Gesetzentwurf vor. Wie weit man aber damals noch in Kreisen der Regierung, zu denen Ellena zu rechnen ist, selbst unter Nichtachtung ernster bevölkerungspolitischer und sozialer Notwendigkeiten in erster Linie der industriellen Entwicklung des Landes und der augenblicklichen Notlage der Industrie Rechnung zu tragen suchte, zeigen die Bemerkungen, die Ellena an die im Gesetzentwurf vorgeschlagene Beschränkung der Kinderarbeit knüpft[101]). Die Einteilung der Kinder in zwei Altersklassen von 9 bis 11 und 11 bis 15 Jahren mit verschiedener Arbeitszeit sei praktisch fast undurchführbar, und nur durch eine gegenseitige Ablösung der Kinder in der Arbeit, indem die einen vormittags, die anderen nachmittags arbeiten, könne diese Bestimmung verwirklicht werden, da die Arbeit der Kinder mit derjenigen der Erwachsenen aufs engste verbunden sei. Ferner sollten auch der Nachtarbeit keine zu schweren Hindernisse in den Weg gelegt werden, da manche Fabriken gezwungen seien, Tag und Nacht zu arbeiten; die Wasserläufe, an denen sie lägen, böten nur für eine beschränkte Zahl von Maschinen die nötige Betriebskraft; Dampfmaschinen könnten zur Ergänzung teils nicht verwendet werden, teils fände sich für sie in den engen Gebirgstälern an den Wasserfällen kein genügender Raum.

Der Gesetzentwurf scheiterte dann auch wie alle früheren. Erst am 11. Februar 1886 kam das erste umfassende Schutzgesetz für die Kinderarbeit zustande; der Schutz der Frauen unterblieb dagegen. Immerhin mußte dieses Gesetz für die Seidenindustrie von einschneidender Bedeutung werden.

bau und die Steinbrüche, die metallurgische und Maschinenindustrie; ferner auch nicht die Herstellung von Glas, keramischen und chemischen Erzeugnissen. Daß aber auch in diesen genannten Industrien, z. B. in den Schwefelbergwerken Siziliens, Kinder bei der Arbeit in weitgehendem Maße verwendet wurden, ist allgemein bekannt.

[101]) Ellena a. a. O. S. 34.

c) Die Weberei.

Die Weberei als letzter großer Zweig der Seidenindustrie tritt in Italien in der hier behandelten Epoche ganz in den Hintergrund. In der Einleitung hatten wir schon gesehen, daß die einst so berühmte italienische Seidenkunstweberei nach verhältnismäßig kurzer Blütezeit der neu auftretenden französischen Industrie um Lyon den Vorrang lassen mußte. Wie Ellena bemerkt[102]), fehlten zwar die guten Überlieferungen nicht; das Rohmaterial war ausgezeichnet und reichhaltig, die Arbeiter waren geschickt, aber von der alten, ruhmreichen Kunst fanden sich nur noch Spuren. Italien war damals noch ein recht armes Land, das für eine größere Produktion an wertvollen Seidengeweben, die in ihrer Verarbeitung der hohen Qualität des inländischen Rohstoffs entsprochen hätten, keine genügende Aufnahmefähigkeit besaß; der Auslandsmarkt war aber dem italienischen Seidenweber durch die übermächtige Konkurrenz der technisch weit fortgeschrittenen Webereien von Frankreich, Deutschland und der Schweiz versperrt. Die Dinge lagen also hier wesentlich anders als in der Spinnerei und Zwirnerei. Zudem war auch das so wichtige Färbereigewerbe noch in den Anfangsstadien seiner Entwicklung; für viele Farben war man auf das Ausland angewiesen. Der Wechsel der Mode in den 60er Jahren hatte die italienische Seidenweberei von neuem schwer getroffen, da sie in der Herstellung der neuen baumwollgemischten Gewebe keine Fertigkeit besaß und sich auch den neuen Verhältnissen nur schwer anpaßte.

Der Umfang der Inlandsproduktion an Seidengeweben läßt sich in dieser Zeit nicht erfassen. So viel geht aber aus den Handelsstatistiken hervor, daß die italienische Seidenweberei in vielen Artikeln nicht einmal den Bedarf des Inlandsmarktes zu decken vermochte; alle feineren oder Spezialgewebe mußten aus dem Auslande bezogen werden. Andrerseits hielt sich der Export an inländischen Fabrikaten auf recht niedriger Stufe. In den Jahren 1862—1870 stand einem durchschnittlichen jährlichen Import an Seidengeweben aller Art im Werte von 25,3 Mill. L. nur ein Export von 6,4 Mill. L. gegenüber[103]). Dabei hatte die

---

[102]) Ellena a. a. O. S. 52.

[103]) Ann. Stat. 1887/88 S. 330. In unseren Angaben ist nur der Wert der Gewebe und anderer Fabrikate aus Seide berücksichtigt, da die Handels-

Krisis im einheimischen Seidenbau infolge der Pebrina nur eine ganz vorübergehende Wirkung auf diesen Export ausgeübt; die Ausfuhr war zwar von 6,6 Mill. L. im Jahre 1862 auf 3,9 bzw. 3,6 Mill. L. in den Jahren 1864 und 1865 gesunken, erholte sich aber sehr schnell wieder und erreichte bereits 1867 fast den ehemaligen Stand; im folgenden Jahre stieg sie sogar auf 9,7 Mill. L. Der geringe Einfluß, den der Ausbruch der Fleckkrankheit im einheimischen Seidenbau auf die Produktion und Ausfuhr der italienischen Seidenweberei ausgeübt hat, erklärt sich wohl aus den Tatsachen, daß einerseits der Auslandsbedarf an gezwirnter italienischer Rohseide infolge der asiatischen Zufuhren und des Modenwechsels nachgelassen, andrerseits die italienische Seidenzwirnerei sich von der einheimischen Rohstoffproduktion unabhängiger gemacht hatte, so daß der an sich nur verhältnismäßig geringe Bedarf der einheimischen Seidenweberei leicht zu decken war.

Im Jahre 1870 wuchs die Ausfuhr an Seidengeweben ganz plötzlich sprunghaft auf 12,8 Mill. L. an, stieg im folgenden Jahre auf 16,7 Mill. L., in den Jahren 1872 und 1873 auf 25,5 bzw. 26,6 Mill. L., sank dann wieder auf 21,3 Mill. L. und hielt sich bis zum Jahre 1880 durchschnittlich auf ungefähr 12,2 Mill. L., d. h. fast auf der doppelten Höhe des durchschnittlichen Exportes der 60er Jahre[104]). Gewiß zeigt sich auch in der Entwicklung

statistik der folgenden Jahre 1871—1877 einige Abteilungen nur im Gesamtwert angibt, der sich mangels Angaben der entsprechenden Werte für die Einheit nicht in Gewichtszahlen umrechnen läßt, und somit ein Vergleich mit der Entwicklung in den folgenden Jahren nicht möglich wäre (vgl. Ann. Stat. 1897 S. 180 Anm. 1). Eine Besprechung der einzelnen Teilindustrien und ihrer Spezialartikel innerhalb der gesamten Seidenweberei mit Gewichtsangaben für ihre steigende oder fallende Ausfuhr gehört auch im allgemeinen nicht in den Rahmen der vorliegenden Untersuchung. In der Zusammenfassung sind aber Gewichtsangaben bei einer so großen Verschiedenheit der Fabrikate ziemlich wertlos; oft steht das Gewicht des Erzeugnisses im umgekehrten Verhältnis zu dem qualitativen Wert seiner Verarbeitung, der doch für die Beurteilung des Standes der betreffenden Industrie und ihre weitere Entwicklung vor allem maßgebend ist. Setzt man jedoch diese Gewichtsangaben in Ann. Stat. 1878 (Teil 2 S. 50 f.) mit den entsprechenden von uns benutzten Wertangaben des Imports und Exports in Ann. Stat. 1887/88, die eine genügende Übereinstimmung aufweisen, in Beziehung, so ergibt sich, daß in den Jahren 1862 bis 1870 der Wert der Einfuhr (Durchschnitt 270 304 kg) sich auf 93,4 L. pro kg berechnet, der Wert der Ausfuhr (Durchschnitt 87 751 kg) auf 73 L. pro kg; die eingeführten Seidengewebe und sonstigen Fabrikate aus Seide waren demnach durchschnittlich von einer besseren Qualität als die ausgeführten.

[104]) Ann. Stat. 1897 S. 180.

der Produktion und Ausfuhr der italienischen Seidenweberei ihre hauptsächliche Verbundenheit mit dem einheimischen Rohstoffmarkte; die Rückschläge im italienischen Seidenbau in den Jahren 1876 und 1879 lassen ihre Spuren in der Ausfuhrstatistik der italienischen Seidengewebe deutlich erkennen. Im ganzen weist aber die italienische Seidenweberei eine Belebung und Stärkung ihres Absatzes auf dem Auslandsmarkt auf, die zu den Verhältnissen in der Haspelei und Zwirnerei merkwürdig kontrastieren; während letztere um ihre Behauptung ihrer anerkannten und bisher kaum bestrittenen Vorrangstellung auf dem Weltseidenmarkt schwer zu kämpfen haben und sich den neuen Umständen anpassen müssen, erfährt die Seidenweberei in den 70er Jahren einen plötzlichen Aufschwung, der sie aus ihrer bisherigen Lethargie herausreißt und sie zu neuer Blüte in der Folgezeit führen sollte. Die Erklärung für diese auffallende Tatsache findet sich in der Verschiedenheit der Absatzmärkte der genannten Industriezweige; für die Haspelei und Zwirnerei lag der ausländische Absatzmarkt in West- und Mitteleuropa und in Amerika, für die Weberei dagegen vorläufig noch vor allem in der Levante und in Kleinasien. Als um das Jahr 1870 die Pebrina auch in diese Gebiete übergriff und den Seidenbau auf lange Zeit schwächte oder gar zerstörte, bot sich der italienischen Seidenweberei die Gelegenheit, von der im eigenen Lande schon wieder erstarkten Rohseidenproduktion Gebrauch zu machen und ihre Erzeugnisse in größeren Mengen in diese Länder, deren einheimische Industrie darniederlag, zu senden. In diesen Gegenden waren auch ihre glatten und gemusterten Gewebe gröberer Art marktgängige Ware; für diese Produktion genügte auch die augenblicklich mindere Qualität der italienischen Seide, die auf dem westeuropäischen Markt gegenüber den asiatischen Seiden keinen besonderen Vorsprung in der Konkurrenz mehr besaß; in diesen Gebieten hatte auch der Pariser Modewechsel noch keine Bedeutung gewonnen. Die Lage auf dem östlichen Markte war also für die italienische Seidenweberei denkbar günstig, und diese wußte die gebotene Gelegenheit zu benutzen; der sinkende Preis der Rohseide steigerte noch die Unternehmungslust und die Aussichten auf sicheren Gewinn. Gewiß waren die Rekordziffern der Ausfuhr in den Jahren 1872 und 1873 nicht dauernd zu halten, da die Verhältnisse im Seidenbau und in der Seidenindustrie auch im Osten sich langsam wieder besserten, andrerseits im Jahre 1876 im italienischen Seidenbau selbst eine neue schwere Krisis einsetzte; dennoch behauptete die italienische Seidenweberei ihre eroberten Plätze zum großen Teile; die Ausfuhr hatte sich verdoppelt. Wie weit in dieser Entwicklung auch der Rückgang in der Produktion Frankreichs infolge seiner nie ganz behobenen Krisis im Seidenbau eine Rolle spielte, ist schwer zu sagen.

Immerhin stand aber der gesteigerten Ausfuhr an Seidengeweben im Werte von 12,2 Mill. L. im Durchschnitt der Jahre 1875—1880 ein gleichzeitiger durchschnittlicher Import von 33 Mill. L. gegenüber[105]); andrerseits blieb auch die erhöhte Ausfuhr der Seidenweberei im Vergleich zu einem Export an gezwirnter Seite von annähernd 300 Mill. L. von ganz untergeordneter Bedeutung. Dieser Tatsache entsprachen auch die technischen und Arbeitsverhältnisse in der italienischen Seidenweberei.

Nach der von Ellena veröffentlichten Statistik wurden im ganzen Lande nur 8059 Webstühle gezählt, von denen 7394 = 91,7% noch Handwebstühle und nur 665 mechanische Webstühle waren; von diesen letzteren befand sich dazu noch ein Drittel außer Gebrauch, während bei den ersteren nur die im Betrieb befindlichen überhaupt gezählt worden waren[106]). Diese statistischen Erhebungen waren aber nach Ellenas eigener Auffassung auf Grund weiterer Untersuchungen sehr unvollstandig; Ellena und Pinchetti schätzen die wirkliche Zahl der Webstühle auf 10—12000, Fuzier gibt in seinem Bericht zur Pariser Ausstellung sogar 13384 Webstühle an[107]). Aber auch selbst diese Zahl bleibt recht gering, wenn man sie den 110433 Webstühlen gegenüberstellt, die Frankreich im Jahre 1876 beschäftigte, oder den 41000 Webstühlen, die von der Schweiz allein im Kanton Zürich betrieben wurden[108]).

Läßt man mangels genaueren Materials die amtliche Statistik von 1876 gelten, so ergibt sich aus ihr eine noch schärfere Konzentration der Seidenweberei auf die Lombardei, als wir sie früher bei der Haspelei und Zwirnerei beobachten konnten; 81,3% aller Webstühle entfielen auf die Lombardei, in der Como mit ungefähr 6000 Webstühlen das eigentliche Zentrum dieses Industriezweiges bildete; Piemont beschäftigte 10,3%, Venetien schied mit 0,9% hier fast aus. Dagegen findet man erstaunlich

---

105) Ann. Stat. 1897 S. 180.
106) Ellena a. a. O. S. 50.
107) Ellena a. a. O. S. 51 und Anm. 1.
108) Ellena a. a. O. S. 51 f.

hohe Zahlen in Süditalien: Campanien mit 3,4%, Sizilien mit 1,2%. Noch merkwürdiger wird das Gesamtbild, wenn man den technischen Fortschritt in der Weberei betrachtet. Die Lombardei umfaßte zwar annähernd die Hälfte aller mechanischen Webstühle, doch bildeten diese nur 5% sämtlicher Webstühle dieses Bezirkes. In Piemont stieg dieser Prozentsatz schon auf 22,9%, in Campanien dagegen auf 53,5%, d. h. die mechanischen Webstühle waren in der Überzahl, Campanien hatte seine Weberei am weitgehendsten modernisiert. Sucht man nach einer Erklärung dieser Tatsache, so dürfte vielleicht der Gedanke nahe liegen, daß die oben geschilderte günstige Konjunktur auf dem osteuropäischen und kleinasiatischen Markte vor allem der süditalienischen Industrie und ihrer leichteren Verbindung zur See über Neapel zugute gekommen sein mag. Da die mechanischen Webstühle auch größere Anforderungen an die Festigkeit der zu verwebenden Rohseide stellten und sich daher mehr für die Herstellung einfacher, gröberer Gewebe in großen Mengen eigneten[109]), wie sie der östliche Markt verlangte, so dürfte hier wohl ein gewisser Zusammenhang vorliegen. Genauere Zahlen oder sonstige Angaber darüber fehlen aber leider.

Neben dieser industriellen Seidenweberei befanden sich noch in Italien 1480 Webstühle, die im Hausgewerbe betrieben wurden; der Bezirk Ligurien, der sonst nur eine verschwindende seidenindustrielle Tätigkeit aufwies, umfaßte von diesen Webstühlen allein 84,5%, die Lombardei nur 10,9%. In Ligurien wurden fast ausschließlich Samt- und Plüschstoffe hergestellt.

Über die Arbeiterschaft in der Seidenweberei gibt die uns vorliegende Statistik nur geringe Auskunft. Von den 14 664 Arbeitern der gesamten Seidenweberei beschäftigte die Lombardei allein fast 86%. In der Zusammensetzung der Arbeitskräfte trat die Männerarbeit in der Weberei stärker hervor; sie umfaßte 35,5%, während der Rest sich mit 47,1% auf die Frauen- und 17,4% auf die Kinderarbeit verteilte; unter den Kindern traten in der Weberei meist Knaben an die Stelle der Mädchen. Die ausgedehntere Beschäftigung männlicher Kräfte in diesem Industrie-

---

[109]) Der Gebrauch mechanischer Webstühle an Stelle der Handwebstühle bedeutete demnach in jener Zeit zwar einen Fortschritt in der industriellen Massenproduktion, aber nicht in der Herstellung besserer Qualitätserzeugnisse; in letzterer Hinsicht war der Handwebstuhl noch unersetzlich; dieser Umstand dürfte auch seine vorherrschende Stellung in der lombardischen Weberei, die in ihrer Produktion qualitativ höher stand, erklären.

zweig hing mit der Arbeit an den Handwebstühlen zusammen, die eine größere körperliche Anstrengung von seiten des Arbeiters verlangten. Die genannte Zusammensetzung der Arbeiterschaft entsprach den Verhältnissen in der Lombardei und in Piemont. In Campanien stieg der Prozentsatz der männlichen Arbeitskräfte auf 53,4% zuungunsten der Frauenarbeit (29,6%); in Sizilien finden wir neben einer gesteigerten Männerarbeit (42,6%) und einer verminderten Frauenarbeit (26,9%) wieder eine sehr ausgedehnte Beschäftigung von Kindern (30,5%).

Die durchschnittlichen Tageslöhne der Weber in der Gegend von Como waren von 1847 bis 1874 von 1,40 L. auf 3,00 L. gestiegen, diejenigen der Frauen von 0,80 L. auf 2,00 L.[110]). Zieht man die Löhne in den Baumwollwebereien zum Vergleich heran, so zeigt sich, daß die Löhne der Seidenweber im allgemeinen höher lagen. Die Baumwollweberei Sciaccaluga in Campomorone (Prov. Genua) zahlte im Jahre 1874 den Webern 3,00 L., den Weberinnen nur 1,20 L. durchschnittlichen Tageslohn, die Baumwollweberei Cantoni in Castellanza (Prov. Mailand) dagegen nur 2,00 L. den Männern und 0,90 L. den Frauen[111]); doch scheinen in dem letzteren Falle anderweitige Zulagen noch in Frage zu kommen, da der Unterschied der Löhne dieser Firma von denjenigen der Seidenweberei im Jahre 1847 nur ganz gering war und in der Zeit von 1847 bis 1874 im allgemeinen die Löhne in den Baumwollfabriken verhältnismäßig stärker gestiegen waren als in der Seidenindustrie[112]).

5. Die volkswirtschaftliche Bedeutung des Seidenbaues und der Seidenindustrie in Italien.

Die große Bedeutung des Seidenbaues und der gesamten Seidenindustrie für die Volkswirtschaft Italiens erhellt schon allein aus der Tatsache, daß es sich hier um einen Exportzweig größten Umfanges handelt in einem Lande, das mit Ausfuhrgütern nicht allzu stark gesegnet ist. Bodenschätze an Eisenerzen und anderen Mineralien besitzt Italien nur im bescheidenen Umfange; für Kohlen ist es ganz auf die Einfuhr angewiesen; sein Holz-

[110]) Contribuzione per una statistica delle mercedi S. 19. Ob dieser Berechnung Akkord- oder Stundenlöhne zugrunde liegen, ist aus der Tabelle nicht zu ersehen.

[111]) Ann. Stat. 1889/90 S. 570.

[112]) Vgl. Ann. Stat. 1886 S. 142 ff.

reichtum ist beschränkt. Seine Hauptkraft lag von jeher in seiner Landwirtschaft, die unter günstigsten klimatischen Verhältnissen nicht nur das Volk ernährte, sondern auch noch bedeutende Ausfuhrwerte schuf. In diesem Produktionszweig liegen auch die Quellen des italienischen Reichtums an Seide, und eine Jahrhunderte alte Volkstradition hatte es verstanden, diesen wertvollen Rohstoff kunstvoll zu verarbeiten und damit Hunderttausenden fleißiger Hände gewinnbringende Arbeit und dem Lande bedeutende Einkünfte zu sichern.

Wenn wir den Außenhandel mit Seidenwaren jeder Art im Jahre 1880 betrachten, so finden wir einen Exportüberschuß an Kokons, rohen, gekämmten, gesponnenen und gefärbten Seidenabfällen, einfacher und gezwirnter Rohseide und Nähseide; ein Importüberschuß besteht dagegen an gefärbter Rohseide und an Seidengeweben. Einem Gesamtexport an Seidenwaren von 304 Mill. L. steht ein Gesamtimport gleicher Art von 100,6 Mill. L. gegenüber, so daß ein reiner Exportüberschuß von 203,4 Mill. L. verbleibt[113]). Hierbei ist noch zu beachten, daß es sich um ein verhältnismäßig ungünstiges Jahr infolge der Kokonmißernte von 1879 handelt. Das Jahr 1881 weist dagegen folgende Zahlen auf: Gesamtexport 368,3 Mill. L., Gesamtimport 85,6 Mill. L., Exportüberschuß demnach 282,7 Mill. L.

Setzt man ferner die genannten Zahlen in Beziehung zum Export und Import des gesamten italienischen Außenhandels[114]), so ergibt sich, daß im Jahre 1880 der Seidenexport allein 27,5%, im Jahre 1881 sogar 31,6% des gesamten italienischen Exportes ausmachte, während das entsprechende Verhältnis des Seidenimportes zum Gesamtimport im Jahre 1880 nur 8,5%, im Jahre 1881 sogar nur 6,9% betrug.

Mit diesen wenigen Zahlen wäre die volkswirtschaftliche Bedeutung der behandelten Erwerbszweige schon genügend charakterisiert. Die Industriestatistik von 1876 sagt uns aber außerdem, in welchem Grade der gesamten Bevölkerung durch die Seidenindustrie Arbeits- und Unterhaltsmöglichkeit geboten wurde und in welchem Verhältnis sie damit zu den anderen italienischen Industrien stand. Die in dieser Statistik erfaßten Industrien be-

---

[113]) Nach der Tabelle im Ann. Stat. 1887/88 S. 758 berechnet. Eine Feststellung für die vorangegangenen Jahre ist nicht möglich, weil die Ein- und Ausfuhren der einzelnen Arten von Seidenwaren in den amtlichen Jahrbüchern uneinheitlich teils nach dem Gewicht, teils nach dem Wert verzeichnet sind.

[114]) Ann. Stat. 1904 S. 406 bzw. S. 404.

schäftigten in ihrer Gesamtheit 382131 Arbeitskräfte, d. h. auf 1000 Einwohner (nach dem Stand der Gesamtbevölkerung des Landes im Jahre 1877 berechnet) 13,64 Personen[115]). Diese Zahl erscheint zunächst außerordentlich gering, doch ist dabei zu berücksichtigen, daß in Italien die landwirtschaftliche Arbeit bei weitem überwiegt; ferner, daß zumal in jener Zeit der ersten Anfänge der italienischen Industrie das kleine Handwerk noch bedeutend mehr Personen beschäftigte; schließlich auch, daß die behandelte Industriestatistik nur den Hauptteil der Industrien erfaßte und vor allem die Bergwerke mit ihrem großen Bedarf an Handarbeit nicht berücksichtigte. Wichtig ist für unsere Untersuchung, welchen Platz die Seidenindustrie im Rahmen dieser Statistik einnimmt. Sie beschäftigte allein 200393 Arbeitskräfte, d. h. mehr als die Hälfte aller gezählten Industriearbeiter; auf 1000 Einwohner berechnet 7,15 Personen. Die nächstgrößte Industrie, die Baumwollindustrie, beschäftigte nur 54041 Arbeitskräfte, auf 1000 Einwohner berechnet 1,93 Personen; alle übrigen Industrien blieben unter dem Verhältnis von 1:1000. Zieht man weiterhin in Betracht, daß in Italien mit der Seidenindustrie auch der Seidenbau aufs engste verbunden war und mit ihr ein gemeinsames Ganze bildete, so erweitert sich der Kreis der Arbeitskräfte, die mit der Gewinnung und Verarbeitung der Seide beschäftigt waren, noch ganz beträchtlich; genaue Angaben über die Zahl der damaligen Seidenzüchter fehlen, doch haben wir schon früher gesehen, daß nach einem amtlichen Bericht aus dem Jahre 1877 in 5300 Gemeinden der Seidenbau betrieben wurde. Ein Umstand ist freilich im Seidenbau wie in der Seidenindustrie von großer Bedeutung: Es handelt sich fast nur um Frauen- und Kinderarbeit. In der Seidenraupenzucht kann, abgesehen von der Entlaubung der Maulbeerbäume, die übrige notwendige Arbeit fast ganz von Frauen, Kindern oder gebrechlichen Personen geleistet werden. In der gesamten Seidenindustrie beträgt die Frauenarbeit 60,1%, die Kinderarbeit 32,1%, die Männerarbeit aber nur 7,8%. Vergleicht man mit diesen Prozentsätzen die Verhältnisse in der Baumwollindustrie (Männer 28,8%, Frauen 50,5%, Kinder 20,7%) und in allen von der Statistik erfaßten Industrien zusammengefaßt (Männer 27,1%, Frauen 49,3%, Kinder 23,6%), so tritt die Besonderheit der seidenindustriellen Arbeitsverhaltnisse deutlich hervor. Man mag diese Besonderheit als einen

[115]) Ellena a. a. O. S. 29.

Nachteil empfinden, da sie der vor allem zur industriellen Arbeit berufenen Schicht der Bevölkerung zu wenig Beschäftigungsmöglichkeit bietet; andrerseits liegt aber auch in der Verwendung schwächerer Kräfte, die sonst nur noch schwer eine Möglichkeit zum eigenen Erwerb ihres Lebensunterhaltes finden könnten, ein bedeutender volkswirtschaftlicher Vorteil. Damit soll natürlich der übermäßigen Ausnutzung der Frauen- und Kinderarbeit, wie sie noch 1876 in der italienischen Seidenindustrie bestand, keineswegs das Wort geredet werden.

Bei der großen Bedeutung des Seidenbaues und der Seidenindustrie für das Wirtschaftsleben Italiens war es selbstverständlich, daß auch die Regierung ihr Augenmerk darauf richtete, diese wichtigen Erwerbszweige dem Lande möglichst in voller Blüte zu erhalten und weiterhin zu fördern. Als die zum Teil sehr hohen Zölle an den Grenzen der vielen italienischen Staaten und an den Toren der Städte mit der Gründung des italienischen Königreiches fielen und auch alle früheren Privilegien wertlos wurden, bedeutete dieses Ereignis für unzählige der kleinen Betriebsstätten in der Seidenindustrie, die sich nur unter dem Schutze jener Zölle und Privilegien rentabel erwiesen hatten, den Untergang. Das galt ganz besonders für Süditalien, wo die Zölle eine ganz abnorme Höhe besaßen; gegenüber der fortgeschritteneren Industrie Oberitaliens konnten diese Betriebe in der freien Konkurrenz nicht bestehen. Hier liegt auch der Grund, weswegen wir schon im Jahre 1876 die Seidenindustrie in Süditalien und zum Teil auch in Mittelitalien so schwach vertreten sehen. Daß diese Entwicklung auch nicht ohne Rückwirkung auf den Seidenbau jener Gebiete blieb, ist ohne weiteres anzunehmen; doch werden wir im nächsten Abschnitt unserer Untersuchung andere Vorgänge kennen lernen, die den Seidenbau in Süditalien noch weiter zurückdrängten. Da ferner die Seidenindustrie Italiens vor allem Exportindustrie war, so konnten auch die Zölle an den neuen Landesgrenzen nicht zugunsten einiger zurückgebliebener Landesteile übermäßig erhöht werden; hier half nur eine Verbesserung und Konzentrierung der Betriebe, um dem Wettbewerb auf dem freien Markte gewachsen zu sein. Die Krisis im Seidenbau infolge des Ausbruchs der Pebrina in den 60er Jahren verschärfte noch diese Tendenz. Doch lagen in diesem letzteren Falle die Dinge wesentlich anders; nicht nur das Schwache und Unrentable wurde aus dem italienischen Wirtschaftsleben ausgemerzt, sondern auch die gesunden und leistungsfähigen Betriebe waren in ihrer Existenz bedroht, ihre natürliche Grundlage, die einheimische Seidenraupenzucht, von der Krisis nicht nur in ihrer Ausdehnung, sondern vor allem in ihrer wesentlichen Eigenart, in der Qualität ihres Produktes, schwer getroffen. Es war Aufgabe der Regierung, helfend einzugreifen. Die Gründung des bakologischen Instituts in Padua und in Verbindung mit ihm zahlreicher Beobachtungsstationen im ganzen Lande sorgte dafür, daß die Bekämpfung der Raupenseuche systematisch und mit neuen Methoden energisch aufgenommen wurde. Zugleich brachte die große Einfuhr neuer Rassen aus dem Osten das notwendige Material, um den angerichteten Schaden allmählich wieder auszugleichen. Wir haben gesehen, wie schnell sich in Italien dank der eifrigen Mitarbeit der Seidenzüchter der Seidenbau nach Maßgabe der Umstände wieder erholte, während in anderen Ländern, wie z. B. in Frankreich, selbst Belohnungen und Prämiensystem keinen durchgreifenden Erfolg verzeichnen konnten. War aber der Rohstoff in seiner früheren Güte der italienischen Seidenindustrie erst wieder zur Verfügung gestellt, so bestand für die Existenz der Industrie selbst kein Grund zu Befürchtungen; sie war in ihren wichtigsten Erzeugnissen maßgebend und gesucht auf dem Weltseidenmarkt. Die vorangegangene Krisis hatte sie zur Rationalisierung und technischen Verbesserung ihrer Betriebe gezwungen, so daß selbst die neu auftauchende ostasiatische Konkurrenz mit ihrer mangelhaften Produktionsweise zunächst keine besondere Gefahr bedeutete. Die italienische Seidenindustrie vermochte sich aus eigener Kraft durchzusetzen.

6. Der Seidenbau und die Seidenindustrie Italiens und die Weltwirtschaft der Seide.

Mit seiner Rohseidenproduktion von durchschnittlich 3,1 Mill. kg in den Jahren 1871—1875, die zum größten Teil auf dem einheimischen Seidenbau basierte und wahrscheinlich noch um 860 000 kg höher zu schätzen war[116]), demnach rund 4 Mill. kg betrug, stand Italien an der Spitze aller damaligen Rohseidenproduzenten für den europäisch-amerikanischen Seidenmarkt. Frankreich lieferte nur mehr 0,7 Mill. kg[117]), die übrigen Länder

[116]) Vgl. Abschnitt I.

[117]) Die französische Kokonproduktion betrug im Jahre 1875 10,7 Mill. kg (Ito a. a. O. S. 266), die Ausbeute am Haspel 14,8:1 (Silbermann, Die Seide I S. 430).

Südeuropas, der Levante und Kleinasiens noch wesentlich geringere Mengen. Die Rohseidenproduktion Ostasiens war zwar in ihrer Gesamtmenge unzweifelhaft größer als die gesamte europäische und kleinasiatische Produktion, kam aber für den Weltmarkt nur soweit in Betracht, als sie über die chinesischen Häfen Shanghai und Kanton und den japanischen Hafen Yokohama ausgeführt wurde. Der ostasiatische Export hatte sich aber nach kurzem Aufschwung in den 60er Jahren um das Jahr 1870 zunächst wieder auf ungefähr 3 Mill. kg in seiner Gesamtheit gesenkt. In dieser neuen Konkurrenz bestand also die einzige Gefahr, die Italien in seiner Rohseidenerzeugung zu fürchten hatte. Diese Gefahr fand allerdings eine starke Abschwächung durch den Umstand, daß die ostasiatischen Seiden in Qualität und Verarbeitung zurückstanden, während die italienische Rohseide, durch die Raupenseuchen vorübergehend qualitativ gemindert, allmählich wieder ihren früheren natürlichen Wert zurückgewann und in bestimmten Sorten sogar mit den besten französischen Seiden wetteifern konnte; in der Qualität ihrer Verarbeitung war sie fast unerreicht. Für einen Vergleich mit der italienischen Haspelei kam nur die französische in Frage. Den 83 036 Haspelbecken Italiens mit einer Arbeiterschaft von 111 377 Personen standen in Frankreich im Jahre 1876 nur 27 367 Haspelbecken mit 57 702 Arbeitskräften gegenüber[118]; berechnet auf 1440 Haspelbetriebe betrug die durchschnittliche Zahl der Becken eines Betriebes in Frankreich nur 19 gegen 23 in Italien. Durch die geringe Kokonproduktion im eigenen Lande waren die französischen Haspeleien auf starke Kokoneinfuhren aus dem Auslande angewiesen, die größeren Unkosten der Handarbeit in Frankreich führten aber zu einer immer zunehmenden Einschränkung ihrer Tätigkeit; der Import ausländischer Kokons nahm ständig ab[119], große Mengen französischer Kokons wurden schließlich sogar nach Italien zum Verhaspeln ausgeführt. Im Jahre 1891 sah sich die französische Regierung gezwungen, durch Verteilung jährlicher Prämien auf jedes betriebene Haspelbecken dieser Entwicklung

[118]) Ellena a. a. O. S. 45 f.

[119]) Die Kokoneinfuhr nach Frankreich betrug in den Jahren 1869 bis 1879 jährlich durchschnittlich 1,2 Mill. kg trockener Kokons; im Jahre 1882 war sie auf 130 310 kg gesunken; 1889 betrug sie nur noch ein Drittel der exportierten Kokons. Schon im Jahre 1874 setzte sich die den französischen Fabriken zur Verfügung stehende Menge an Rohseide von 5 Mill. kg aus 731 000 kg französischer Seide und 4.28 Mill. kg importierter Seide zusammen. Silbermann a. a. O. S. 430; Ellena a. a. O. S. 40.

entgegenzuwirken. In ihrem maschinellen Betriebe war die französische Seidenhaspelei der italienischen sicher ebenbürtig; die teure Handarbeit zwang sie schon zu technischen Verbesserungen, um Lohnkosten möglichst zu sparen [120]). Die Seidenhaspelei Italiens hatte aber von dieser Seite keine gefährliche Konkurrenz zu fürchten.

Auch in der Seidenzwirnerei, in der Italien im Jahre 1876 2 083 168 Zwirnspindeln besaß, Frankreich dagegen nur 1 129 729 [121]), kam der italienischen Industrie ein unbestrittener Vorrang zu, der durch die einheimische große Rohstoffproduktion gestützt wurde, wahrend die französische Zwirnerei schon in den 70er Jahren ihre Erzeugnisse zu 72% aus ausländischen Seiden herstellte. Doch gerade aus dieser Verarbeitung der billigeren asiatischen Seiden, die den Wünschen der neuen Mode entsprachen, konnte sich allmählich eine steigende Konkurrenz fur Italien ergeben. Tatsächlich nahm auch die französische Zwirnerei ständig an Umfang zu und deckte nicht nur den inländischen Bedarf, sondern exportierte darüber hinaus nicht unbeträchtliche Mengen ihrer Erzeugnisse, die allerdings hinter dem italienischen Export weit zurückstanden. Immerhin erscheint es begreiflich, daß die italienische Zwirnerei, zunächst zum Ausgleich der gesunkenen einheimischen Rohseidenproduktion, dann aber auch unabhängig davon versuchte, auch die asiatischen Rohseiden zur Verarbeitung heranzuziehen. Wie weit ihr dies gelungen ist, darüber geben neben den Zahlen des italienischen Imports an Rohseiden vor allem die Statistiken der später noch zu behandelnden Konditionieranstalten der verschiedenen Länder Aufschluß. Die

---

[120]) Ein Vergleich zwischen der italienischen und französischen Seidenhaspelei hinsichtlich der durchschnittlichen Zahl an Arbeitskräften, die in beiden auf ein Haspelbecken entfielen, läßt sich nach den vorliegenden Angaben nicht durchführen, da aus der französischen Statistik nicht hervorgeht, ob alle gezählten Becken in Betrieb waren; nur solche können aber mit der im Augenblick der statistischen Zählung tätigen Arbeiterschaft in Beziehung gesetzt werden. Daher ist auch das Ergebnis der Berechnung Ellenas (a. a. O. S. 46) für Italien zu günstig, da er dabei alle vorhandenen Haspelbecken, auch die gegenwärtig außer Betrieb befindlichen, heranzieht. Andrerseits ist die Arbeitsdauer der Betriebe im Jahre für diese Berechnung von großer Bedeutung; viele italienische Betriebe arbeiteten nur in der sogenannten Saison für kürzere Zeit. Genauere statistische Angaben hierüber fehlen für beide Länder.

[121]) Silbermann a. a. O. I S. 477. Die bei Ellena (a. a. O. S. 48) angegebene Zahl von nur 241 314 Spindeln ist sicher zu niedrig und dürfte auf einer Verwechslung beruhen.

Zahl der englischen Spindeln kam derjenigen Frankreichs ungefähr gleich, doch sind nach der Meinung Ellenas in dieser Zahl auch die Spindeln der englischen Florettindustrie miteinbegriffen. In der Folgezeit ging aber dieser Industriezweig in England infolge der höheren Arbeitslöhne Englands und der technischen Vervollkommnungen auf dem Kontinent allmählich zurück. Alle übrigen Länder kommen für einen Vergleich nicht in Frage.

In der Seidenweberei kehren sich dagegen die Verhältnisse vollkommen um. Italien verfügte im Jahre 1876 über 10 bis 12000 Webstühle, Frankreich über 110433[122]), Deutschland über 50000, der Kanton Zürich über 34000, England über 60000 Webstühle in der Seidenindustrie. Dazu kam, daß die Qualität der ausländischen Arbeit höher stand und in ausländischen Webereien auch schon in weiterem Maße als in Italien technische Verbesserungen eingeführt waren. Die Rückwirkung dieser industriellen Unterlegenheit Italiens auf seinen einheimischen Verbrauch, der zum großen Teil vom Auslande abhängig war, haben wir schon gesehen.

Die Gesamtlage um die Mitte der 70er Jahre kann dahin kurz zusammengefaßt werden, daß der italienische Seidenbau trotz der überstandenen Krise seinen Vorrang auf dem europäisch-amerikanischen Markte gewahrt hatte und auch die qualitativen Schäden seiner neuen Produktion mit Erfolg zu überwinden wußte; die italienische Haspelei und Zwirnerei war durch dieselbe Krise zur Loslösung vom einheimischen Seidenbau und zur Konzentration und Verbesserung ihrer Betriebe veranlaßt worden, ihre Erzeugnisse standen auch fernerhin mengenmäßig wie qualitativ an der Spitze aller Seidenerzeugnisse auf dem Weltmarkte; die italienische Weberei hatte aus der Krise einen starken Antrieb zu neuer Entwicklung und Blüte empfangen.

---

[122]) Ellena a. a. O. S. 51; doch scheint auch diese Zahl nach Angaben Silbermanns noch zu gering zu sein und sich nur auf Lyon und seine Umgebung zu beziehen. Vgl. auch für die folgenden Angaben Silbermann a. a. O. I S. 115 ff.

III. Die Agrarkrisis in Italien und ihr Einfluß auf den italienischen Seidenbau; der Übergang zum Protektionismus in der italienischen Handelspolitik (1870—1900). Die Industriestatistik vom Jahre 1903.

1. Die Umstellung in der Produktion der italienischen Landwirtschaft und ihre Rückwirkung auf die Seidenzucht. Die Erfolge in der Verbesserung der Kokonqualität. Der Standort des Seidenbaues um die Jahrhundertwende.

Wie jeder landwirtschaftliche Produktionszweig, so ist auch die Seidenraupenzucht in ihren Erträgen den Einflüssen der jeweiligen Witterung stark unterworfen. Vom Gedeihen der Maulbeerbäume hängt die Größe und die Geeignetheit der jährlich für die Seidenraupen zur Verfügung stehenden Futtermenge ab, die wiederum für die Ausdehnungsmöglichkeit der Aufzuchten entscheidend ist, da sich die Maulbeerbaumblätter durch kein anderes Futter ersetzen lassen. Ungünstige Witterungsverhältnisse, vor allem zu große Nässe des Sommers, hemmen auch die Seidenraupen selbst in ihrer Entwicklung, schwächen ihre Widerstandsfähigkeit gegen Infektionskrankheiten und vermindern Menge und Wert der Kokonproduktion. Hierbei ist allerdings zu beachten, daß eine mengenmäßig verminderte Kokonerzeugung nicht auch zugleich eine Verminderung des Wertes der erzeugten Kokons in Ausbeute an Rohseide und Qualität der letzteren besagt, so wie umgekehrt mit einer umfangreichen Kokonernte eines Jahres eine besonders gute oder gar gesteigerte Qualität der gewonnenen Rohseide noch nicht gewährleistet ist; öfters stehen beide Faktoren sogar in einem umgekehrten Verhältnis zueinander.

Aus dieser Abhängigkeit der Raupenzucht von der Witterung ergeben sich naturgemäß oft starke Schwankungen in der Kokonernte und der aus ihr sich ergebenden Rohseidenproduktion von Jahr zu Jahr, ohne daß diesen Schwankungen für die gesamte Entwicklung des Seidenbaues und der Seidenindustrie eines Landes im allgemeinen eine besondere Bedeutung beizumessen wäre.

Doch bringen eintretende Mißernten, zumal wenn sie sich in einer verhältnismäßig kurzen Spanne von Jahren häufen, dem Seidenbauer das große Risiko seiner Arbeit deutlich zum Bewußtsein; liegen außerdem vielleicht an sich schon die Umstände, unter denen er diese Arbeit ausübt, z. B. aus den bestehenden Pachtverträgen, ungünstig und erweist sich der aus dem Ertrage zu erzielende Gewinn selbst in guten Jahren aus den Verhältnissen der Preisbildung auf den Kokonmärkten als nicht besonders verlockend, so kann sich daraus eine Stimmung entwickeln, die den wirtschaftlich denkenden Kolonen mit einer gewissen Abneigung gegen diese mühevolle und in ihrem Ergebnis so unsichere, oft sogar verlustbringende Tätigkeit erfüllt; es bedarf nur noch eines äußeren Anstoßes, einer Erschwerung seiner Existenz in seinem Haupterwerbszweig, dem Getreidebau, um ihn zu veranlassen, sich nach anderen lohnenderen Produktionsmöglichkeiten umzusehen, bei denen vielleicht sogar die Ausnützung einer günstigen Konjunktur auf dem Weltmarkt große Gewinne verspricht.

So lagen die Verhältnisse im italienischen Seidenbau in der zweiten Hälfte der 70er Jahre. Die angestrengten Bemühungen der Seidenzüchter, ihre zerstörten Aufzuchten wiederherzustellen, hatten schon im Jahre 1871 zu einer Rekordernte von 52 Mill. kg Kokons geführt, und auch im Jahre 1874 stieg der Ernteertrag auf 51,4 Mill. kg. Am 14. April 1876 wurde der Seidenbau ganz Südeuropas durch Erfrieren der Maulbeerbäume schwer heimgesucht; die Kokonernte sank in diesem Jahre in Italien auf 15 Mill. kg. Dieser schwere Rückschlag konnte so bald nicht überwunden werden; in den beiden folgenden Jahren hob sich das Ergebnis der Seidenzucht zwar wieder auf die immer noch recht geringen Mengen von 28 bzw. 37 Mill. kg Kokons, das Jahr 1879 brachte jedoch einen neuen Absturz auf 18,9 Mill. kg. Einem Durchschnittsertrage der Jahre 1871—1875 von jährlich 48 Mill. kg Kokons stand in dem folgenden Jahrfünft ein solcher von nur 28 Mill. kg gegenüber[1]). Neben den Witterungseinflüssen hatten die Mängel der benutzten eingeführten Rassen und eine übermäßig und zu schnell gesteigerte Aufzucht diesen Rückgang verursacht.

Hierzu kam die ungünstige Preisentwicklung auf dem Kokonmarkt, die ihren Grund in der schlechten Beschaffenheit der gewonnenen Seide, in den Seidenimporten aus Ostasien und in dem

[1]) Vgl. Tabelle I und II im Anhang.

Wechsel der Mode hatte. Waren die Preise für Kokons am Mailänder Markt von ihrem Höhepunkt von 6,86 L. pro kg in der Zeit von 1856 bis 1860 schon im folgenden Jahrzehnt auf einen Durchschnittspreis von 5,68 L. gesunken, so setzte sich dieser Preissturz auch noch bis zur Jahrhundertwende weiter fort. In den Jahren 1871—1875 stand der Durchschnittspreis auf 4,77 L., 1876—1880 auf 4,23 L. Die Preisentwicklung der folgenden Jahrzehnte, die durch die Aufhebung des Zwangskurses in Italien in ihrer ungünstigen Tendenz noch verstärkt wurde, mußte der sich um diese Zeit anbahnenden Umstellung in der Landwirtschaft nur noch weiteren Vorschub leisten; die Preise am Mailänder Markt sanken auf 3,80 L. für die Zeit von 1881 bis 1885, auf 3,58 L. für 1886—1890, auf 3,17 L. für 1891—1895, schließlich sogar auf 2,71 L. für die Jahre 1896—1900 [2]).

Ziehen wir nun fernerhin noch in Betracht, daß die Pachtverträge des Teilbaues in Italien, auf die wir später noch ausführlicher zu sprechen kommen werden, den Kolonen bei einer verhältnismäßig zu geringen Entschädigung für ihre mühevolle Arbeit in der Seidenzucht auch noch den größeren Teil des Risikos aufbürdeten; daß die Seidenbauern, zumal in Süditalien, infolge der ungünstigen Verhältnisse im Verkehrs- und Nachrichtenwesen gar nicht in der Lage waren, sich über die tatsächlichen Vorgänge auf den großen Kokonmärkten zu unterrichten, andrerseits aber wegen Mangels an Dörrvorrichtungen sich gezwungen sahen, ihre frisch geernteten Kokons möglichst bald zur Zeit des größten Angebots an die Aufkäufer zu veräußern, und durch deren Ausnutzung ihrer Lage gewöhnlich nicht einmal den entsprechenden Kokonpreis für ihre Ware erzielten, so erscheint es durchaus begreiflich, daß das Interesse an der Seidenzucht besonders in jenen Bezirken Italiens nachließ, in denen schon bisher dieser Erwerbszweig schwächer vertreten war. Die Krisis im italienischen Getreidebau, mit dem die Seidenzucht aufs engste verknüpft war, brachte schließlich den letzten entscheidenden Anlaß, der zahlreiche Bauern Mittel- und Süditaliens dazu führte, Getreidebau und Seidenzucht aufzugeben und sich der Produktion von Wein, Oliven, Sauerfrüchten und Gartengemüse zuzuwenden, für die Boden und Klima Süditaliens die günstigen Voraussetzungen boten und der Auslandsmarkt großen Absatz und reichen Gewinn versprach, die aber aus rein technischen Gründen mit der Seidenraupenzucht unver-

---

[2]) Nach der Tabelle in den Atti della commissione di indagine S. 31.

einbar war. Somit mußte auch die Kokonproduktion Italiens in der Folgezeit ein tieferes Niveau zeigen, als sie es in früheren Jahren durchschnittlich aufgewiesen hatte. Nach den schweren Mißerfolgen am Ende der 70er Jahre erholte sie sich zwar auf 36,4 Mill. kg in den Jahren 1881—1885 und stieg infolge der früher erwähnten systematischen Ersetzung der ostasiatischen Rassen durch einheimische reine und gekreuzte Arten sowie durch ständige Steigerung der Ausbeute der Aufzuchten an Kokons auf 41 Mill. kg, hat diese Menge aber im Durchschnitt bis auf die heutige Zeit nicht mehr überschritten [3]) und demnach gegenüber der Zeit unmittelbar nach der Raupenkrankheit (1871—1875) ungefähr 15%, gegenüber der Zeit vor Ausbruch der Pebrina sogar 20% durch die genannten Vorgänge in der italienischen Landwirtschaft eingebüßt. Der Schaden war um so größer und nachhaltiger, als auch die energischsten Maßnahmen von privater und behördlicher Seite in späterer Zeit die vernichteten Maulbeerbaumkulturen nicht mehr wiederaufzurichten und die Seidenzucht wiederzubeleben vermochten; eine Hemmung fand diese neue Entwicklung nur in dem Umstand, daß sich die Verhältnisse auf den Auslandsmärkten für die neuen landwirtschaftlichen Ausfuhrartikel Italiens im Laufe der Zeit sehr verschlechterten und eine gefährliche Überproduktion der weiteren Ausdehnung von selbst Schranken setzte; außerdem wurde der Getreidebau durch die hohen Zölle des Zolltarifs von 1887 ausreichend geschützt. Betrachten wir nun die soeben geschilderten Vorgänge an Hand der statistischen Tabellen im einzelnen.

Die Handelspolitik des neu geeinten Königreichs Italien hatte sich in den ersten zwei Jahrzehnten seines Bestehens auf freihändlerischen Bahnen bewegt. Soweit an den Grenzen Zölle auf die Einfuhr oder Ausfuhr von Gütern erhoben wurden, dienten sie nicht sowohl den volkswirtschaftlichen Interessen des Landes als vielmehr dem Zweck, das alljährlich auftretende bedeutende Defizit im italienischen Staatshaushalt zu vermindern. Der Getreidebau Italiens hatte sich in diesem Zeitraum zunächst günstig entwickelt. Das schnelle Wachstum der einheimischen

[3]) Vgl. die Tabellen I und II im Anhang. Bei der Benutzung der zweiten Zahlenreihe in der Statistik der Kokonernten seit 1889 ist zu berücksichtigen, daß jährlich ungefähr 13 Mill. kg von den angegebenen Mengen abzuziehen oder umgekehrt den Ernteerträgen der ersten Zahlenreihe hinzuzurechnen sind, um die tatsächliche Entwicklungsreihe der italienischen Kokonproduktion zu erhalten. Vgl. die Ausführungen über die Statistik im Abschnitt I.

Bevölkerung und ihre bessere Lebenshaltung, die sich in dem zunehmenden Übergang von der Maisnahrung zum Getreideverbrauch äußerte, hatte die Ausdehnung und Intensivierung der Erzeugung von Weizen sehr gefördert; eine preisdrückende Konkurrenz aus den überseeischen Ländern war damals wegen der politischen Verhältnisse in Amerika noch nicht zu fürchten, so daß das Fehlen des Zollschutzes nicht weiter empfunden wurde. Im Jahre 1866 stellte sich die italienische Produktion an Weizen auf 34,3 Mill. hl; im Durchschnitt der Jahre 1870—1874 war sie auf 50,9 Mill. hl gestiegen[4]). Das Auftreten Amerikas auf dem europäischen Getreidemarkt um dieselbe Zeit brachte einen unerwarteten Umschwung der Lage. Die gewaltigen Mengen von Getreide, die Amerika trotz des weiten Transportes zu billigerem Preise auf dem europäischen Markte anzubieten vermochte als der einheimische Getreidebau, drückten die bisherigen Marktpreise stark herunter und machten den inländischen Getreidebau in vielen Fällen unrentabel. Eine sofortige Änderung des bestehenden Zolltarifs im schutzzöllnerischen Sinne war durch die bestehenden Handelsverträge unmöglich gemacht und lag zunächst auch keineswegs in der Absicht der gesetzgebenden Faktoren. Der neue Zolltarif von 1878 brachte in den Agrarzöllen noch keine wesentlichen Veränderungen, sondern diente in erster Linie wiederum finanzpolitischen Erwägungen. Auch der Bericht der amtlichen Untersuchungskommission, den Lampertico im Jahre 1885 über die Notwendigkeit der Einführung erhöhter Schutzzölle für die Landwirtschaft erstattete, sprach sich entschieden gegen jede Erhöhung der Weizenzölle aus[5]). Dennoch gelang es den Landwirten, in dem neuen Generalzolltarif vom 14. Juli 1887 eine ganz bedeutende Steigerung der Zollsätze durchzusetzen. So wurde der Einfuhrzoll auf Weizen oder Roggen von 14 L. auf 50 L. pro t erhöht, derjenige auf Mehl aus Weizen oder Roggen von 27,7 L. auf 87 L. pro t[6]). Damit war Italien den anderen kontinentalen Ländern in ihrem Übergang zum Schutzzollsystem gefolgt.

Inzwischen hatte sich aber in der italienischen Landwirtschaft schon eine weitreichende Umstellung in der Produktion vollzogen. Das mit Weizen bebaute Areal im Königreich war in

---

[4]) Fraschetti, La politica commerciale italiana e i suoi effetti sull'economia nazionale, im Giornale degli economisti Bd. 51 S. 354.

[5]) Sombart a. a. O. S. 106.

[6]) Sombart a. a. O. S. 109.

seiner Ausdehnung von 4737000 ha im Durchschnitt der Jahre 1870—1874 auf 4407000 ha im Jahre 1890 gesunken, sein Ertrag von 50,9 Mill. hl in den Jahren 1870—1874 auf 42 Mill. hl im Durchschnitt der Jahre 1886—1890[7]). Dieser Rückgang wäre noch stärker in Erscheinung getreten, wenn er nicht teilweise durch Urbarmachung von Ödländereien und durch Austrocknung von Sümpfen ausgeglichen worden wäre. Erst nach dem Inkrafttreten des neuen Zolltarifs findet diese Entwicklung im italienischen Getreidebau einen Stillstand; in den 90er Jahren nimmt seine Ausdehnung wieder langsam zu, seine Weizenproduktion erreicht erst nach 1900 wieder die Höhe von 51 Mill. hl und übersteigt sie in dem folgenden Jahrfünft sogar bis zu einem mittleren Jahresertrag von 57,3 Mill. hl[8]).

Der stärkste Rückgang im Anbau von Weizen hatte sich schon bis zum Jahre 1883 vollzogen; die Anbaufläche war im Durchschnitt der Jahre 1879—1883 bereits um 303000 ha gesunken, und zwar vollzog sich diese Verminderung vor allem in den Bezirken an der Mittelmeerseite des südlichen Italien (Campanien, Basilicata, Calabrien), in denen allein ein Rückgang um 307000 ha zu verzeichnen war[9]); bis zum Jahre 1894 sank hier die Anbaufläche noch um weitere 129000 ha, so daß sich der Gesamtverlust auf mehr als zwei Fünftel der früheren Ausdehnung belief. In Oberitalien und auf den Inseln (ausgenommen Ligurien) nahm dagegen der Weizenbau beständig, wenn auch langsam zu; in den meisten Gegenden Mittelitaliens und an der adriatischen Seite Süditaliens war die rückgängige Entwicklung bereits um 1890 zum Stillstand und neuen allmählichen Aufstieg gelangt.

Waren um das Jahr 1880 die Aussichten für den Getreidebau sehr gedrückt, so schien dagegen für den italienischen Weinbau eine äußerst günstige Zeit anzubrechen. Die Reblaus hatte in Frankreich die Weinberge völlig zerstört; nicht nur der französische Binnenmarkt, sondern auch die bisher von Frankreich versorgten Auslandsmärkte zeigten einen außerordentlichen Bedarf an italienischen Weinen. Diese günstige Konjunktur ließ der bedrängte italienische Landwirt nicht ungenützt; ein wahres Weinbaufieber ergriff die Agrarproduktion Italiens. Die für Weinberge benutzte Bodenfläche betrug im Durchschnitt der Jahre

[7]) Ann. Stat. 1895 S. 364.

[8]) Ann. Stat. 1905/1907 S. 399.

[9]) Ann. Stat. 1886 S. 834 ff., 1889/90 S. 630 ff.

1876—1881 erst 1,9 Mill. ha, die durchschnittliche Ausdehnung in der Zeit von 1879 bis 1883 dagegen bereits 3,2 Mill. ha und stieg bis 1894 auf 3,5 Mill. ha[10]). Entsprechend nahm die mittlere Jahresproduktion an Wein von 27,5 Mill. hl in den Jahren 1870—1874 auf 37 Mill. hl im Jahre 1891 zu[11]). Um diese Zeit kam die Entwicklung vorübergehend zum Stillstand, ging sogar zeitweise zurück. Frankreichs Weinberge waren wiederhergestellt, die Weinproduktion Algiers und sein Import nach Frankreich nahmen schnell zu, der Zollkrieg mit Frankreich hatte auch den Import italienischer Weine nach Frankreich mit hohen Differentialzöllen belastet[12]). Der Konkurrenzkampf auf den übrigen Auslandsmärkten war erbittert, da auch andere Länder ihren Weinbau gesteigert hatten und Italien aus Nachlässigkeit oder technischer Rückständigkeit keine wertvollen Typenweine, die in ihrer Sonderqualität ihren Platz hätten behaupten können, auf den Markt brachte. Die italienische Ausfuhr an Wein in Fässern betrug im Jahre 1898 noch 2,4 Mill. hl, sank dann aber beständig bis auf 665 000 hl im Jahre 1906[13]), nachdem der spätere Hauptabsatzmarkt Österreich-Ungarn durch Aufhebung der Zollklausel, die den Export nach der Doppelmonarchie wesentlich erleichtert hatte, zum großen Teil verloren gegangen war. Da die Weinerzeugung in Italien jedoch unvermindert fortgesetzt wurde und teilweise sogar noch stieg — die Jahre 1907 und 1908 brachten Rekordernten von 54 bzw. 52 Mill. hl Wein —, so waren trotz aller Hilfsmaßnahmen der Regierung katastrophale Preisstürze und eine schwere Notlage des italienischen Weinbaues die notwendige Folge. Der Export, der sich neue Absatzgebiete im überseeischen Auslande (Brasilien, Argentinien, Uruguay, Vereinigte Staaten von Amerika) suchte, stieg zwar wieder bis auf 1,8 Mill. hl im Jahre 1910, konnte sich aber auf dieser Höhe nicht halten,

[10]) Ann. Stat. 1886 S. 852 ff., 1889/90 S. 634 ff., 1895 S. 350 ff.

[11]) Ann. Stat. 1905—1907 S. 399.

[12]) Die Ausfuhr an italienischen Weinen nach Frankreich betrug im Jahre 1878 540 000 hl, stieg schon 1879 auf 735 000 hl, 1880 auf 1 600 000 hl und 1887 auf 2 724 000 hl. Mit dem Ausbruch des Zollkrieges sank der Weinexport in rapider Weise und konnte auch nach Abschluß des neuen Handelsvertrages seine frühere Stellung nicht mehr zurückgewinnen. Die Ausfuhr Italiens nach Frankreich betrug im Jahre 1902 nur 24 000 hl. Der Import aus Algier und Tunis hatte den französischen Markt in Besitz genommen. Züblin, Die Handelsbeziehungen Italiens vornehmlich zu den Mittelmeerländern S. 291 ff.

[13]) Mov. Comm. 1907 Einl. S. 51.

sondern war 1912 schon wieder auf 864000 hl gesunken[14]); einzig die Ausfuhr von Spezialweinen in Flaschen (vor allem Wermut) nahm ständig zu; die trotz wachsenden Inlandverbrauches weit überschüssige Produktion mußte selbst in besseren Qualitäten zu Spiritus verarbeitet werden.

Vergleichen wir die Produktionsziffern für Wein in den verschiedenen Landesteilen Italiens in dem für uns zunächst wichtigsten Zeitabschnitt von 1870 bis 1891, so zeigt sich, daß von der gesamten Produktionssteigerung von 9,5 Mill. hl auf Süditalien und die Inseln allein eine Zunahme von 8,2 Mill. hl = 86,4% entfiel; Mittelitalien wies eine Produktionssteigerung von 2,1 Mill. hl auf, Oberitalien dagegen sogar eine Verminderung von 0,8 Mill. hl; in diesem Gebiet hatte nur Piemont seine Produktion (Wermut) wesentlich zu heben vermocht[15]).

Ein anderer Zweig der spezifisch-italienischen Agrarproduktion war die Ölbaumkultur; auch in ihrer Entwicklung spiegelt sich in dem Zeitraume von 1876 bis 1894 die behandelte Veränderung in der Landwirtschaft wieder[16]). Die für diese Produktion benutzte Bodenfläche wuchs von durchschnittlich 896000 ha in den Jahren 1876—1881 auf 1044000 ha im Jahre 1894[17]). Dabei hatte in Oberitalien, und zwar in Ligurien, dieser Produktionszweig sogar eine starke Verminderung, in Mittelitalien nur eine verhältnismäßig schwache Förderung erfahren; auf Süditalien und die Inseln allein entfiel in dem genannten Zeitraum eine Zunahme der bisherigen Ausdehnung der Ölbaumkultur um 171000 ha, d. h. wesentlich mehr, als sich die Ausdehnung im ganzen Königreich gesteigert hatte. Dieser räumlichen Erweiterung entsprach aber in keiner Weise das Ernteergebnis in den betreffenden Jahren. Die Erzeugung von Olivenöl schwankt an sich schon mit einer

---

[14]) Mov. Comm. 1911 I Einl. S. 40, 1912 I Einl. S. 42.

[15]) Ann. Stat. 1905—1907 S. 400 ff.; 1892 S. 380 ff.

[16]) Es sei hier aber darauf aufmerksam gemacht, daß die folgenden und auch die schon früher wiedergegebenen Zahlen für die Agrarproduktion und die Ausdehnung der einzelnen Kulturen nur eine annähernde Bewertung bieten: die Vermischtheit verschiedener Kulturen auf demselben Areal, die Mangelhaftigkeit der Kataster, das Mißtrauen der Bauern machen eine genaue Erfassung fast unmöglich; Änderungen in der Methode der statistischen Erhebungen bringen weitere Unsicherheit in das Gesamtbild. Die hier wiedergegebenen Zahlen haben also keinen absoluten Wert, sondern geben nur in großen Zügen ein Bild der allgemeinen Entwicklungstendenz, was aber für unseren Zweck auch vollkommen genügt. Vgl. Ann. Stat. 1905—1907 S. 397 f.

[17]) Ann. Stat. 1886 S. 852 ff., 1895 S. 350 ff.

gewissen Gesetzmäßigkeit von einem Jahr zum anderen, so daß abwechselnd ein reiches und ein spärliches Erntejahr fast stets aufeinander folgen. Zudem entwickelt sich diese Produktion naturgemäß nur langsam und hatte in den 80er und 90er Jahren wiederholt durch ungünstige Witterungsverhältnisse und das Auftreten der Olivenfliege schwer zu leiden, so daß das Ernteergebnis in dem genannten Zeitabschnitt sogar von 3,3 Mill. hl Olivenöl auf 2,5 Mill. hl und noch tiefer durchschnittlich sank; erst nach 1900 wurde in guten Erntejahren die frühere Produktionshöhe wieder erreicht[18]).

Erfolgreicher war dagegen die Umstellung der italienischen Landwirtschaft auf eine weitere Art spezifisch-italienischer Agrarproduktion, auf die Kultur der Sauerfrüchte, unter denen die Zitronen Italiens auf dem Weltmarkte bis in die neuere Zeit sogar eine gewisse Monopolstellung innehatten. Über die Ausdehnung dieser Produktion fehlen leider die Angaben für die Zeit vor dem Jahre 1880. Im Durchschnitt der Jahre 1879—1883 zählte man bereits 15,7 Mill. Bäume, bis zum Jahre 1894 war diese Zahl um weitere 1,2 Mill. auf 16,9 Mill. angewachsen. Die jährliche Durchschnittsernte der Jahre 1870/71—1874/75 betrug (in 100000 Früchten) 26013 und war bis 1894 auf 35499 gestiegen; die Zunahme dieser Produktion ging aber auch in dem folgenden Jahrzehnt fast ungehemmt weiter; im Jahre 1903 war ein Produktionsstand von 52500 erreicht[19]). Die Ausfuhr an Sauerfrüchten, die sich zu einem Drittel aus Orangen und zu zwei Dritteln aus Zitronen zusammensetzte, betrug im Jahre 1903 bereits über 3 Mill. dz und stieg bis zum Jahre 1910 auf 3,8 Mill. dz mit einem Gesamtwert von 43,4 Mill. L.[20]). Erst dann scheint die beispiellose Entwicklung zum Stillstand gekommen zu sein, nachdem schon in den letzten Jahren sich mancherlei Schwierigkeiten gezeigt hatten. Für die Ausfuhr von Orangen war neben den mitteleuropäischen Landern und Großbritannien vor allem Nordamerika der bedeutendste Absatzmarkt gewesen; wie sich aber in Europa die spanische Konkurrenz immer fühlbarer entwickelte, so ging der amerikanische Markt durch die steigende

[18]) Ann. Stat. 1905—1907 S. 399.

[19]) Ann. Stat. 1889/90 S. 634 ff., 1895 S. 350 ff., 1905—1907 S. 399. Ein weiterer Vergleich über das Jahr 1903 hinaus ist nicht möglich, da in der Folgezeit die Ausdehnung dieser Kultur nach Hektar und die Produktionsmenge nach Doppelzentnern angegeben wird; vgl. Ann. Stat. 1912 S. 100.

[20]) Mov. Comm. 1907 Einl. S. 56, 1910 I Einl. S. 79.

Produktion Kaliforniens, Floridas und Jamaikas fast ganz verloren. Günstiger lagen die Absatzverhältnisse für die italienischen Zitronen, die in Europa keine wesentliche Konkurrenz fanden, während in Nordamerika die kalifornische Produktion noch nicht annähernd genügte, um den Bedarf des Marktes zu decken; doch ergab sich auch in dieser Produktion und den mit ihr verbundenen Industrien zur Herstellung von Zitronensäure und Essenzen große Schwierigkeiten, indem die Preise infolge Überproduktion und Spekulation derart gedrückt wurden, daß die Produktion unrentabel wurde und die Landwirtschaftskammer sich sogar gezwungen sah, feste Verkaufspreise zu bestimmen [21]).

Zieht man noch die Ausdehnung der Erzeugung von Sauerfrüchten in den einzelnen Landesteilen Italiens für die Zeit von 1879 bis 1894 in Betracht, so zeigten sich in den Bezirken Ober- und Mittelitaliens kleine Zunahmen, denen auch wieder Verminderungen gegenüberstanden; fast die gesamte Vermehrung der Zahl der Bäume um 1,2 Mill. betraf Süditalien und die Inseln, zu mehr als zwei Dritteln sogar allein Sizilien. Die Produktion an Sauerfrüchten (in 100 000 Früchten) stieg in der Zeit von 1870 bis 1894 im ganzen Lande um 9486, in Szilien allein um 9812, auf dem süditalienischen Festlande zunächst nur um 122; der durchschnittliche Jahresertrag von 1901/02 bis 1903/04 zeigte aber gegenüber der Durchschnittsproduktion von 1870/71 bis 1874/75 auch auf dem süditalienischen Festlande eine Zunahme von 3701 = 38 %, in Sizilien eine solche von 19 063 = 127 %, im Reiche eine solche von 22 737 = 87 % [22]).

Es würde im Rahmen unserer Untersuchung zu weit führen, wollten wir auch die Ausbreitung der Obst- und Gemüsekulturen in Italien zu jener Zeit im einzelnen hier behandeln. Zudem bieten die statistischen Jahrbücher keine genügend zuverlässigen Zahlen und stellen sogar in späterer Zeit ihre Angaben hierüber fast vollkommen ein. Immerhin geht aus den wenigen zur Verfügung stehenden Mitteilungen über den Anbau von Hülsenfrüchten und Kartoffeln [23]), sowie aus den Ausfuhrstatistiken für Obst- und Gartengemüse [24]) deutlich hervor, daß auch die Obst- und Gemüsekulturen sich in beständiger Ausdehnung der von ihnen benutzten Bodenfläche befanden.

---

21) Mov. Comm. 1909 I Einl. S. 96 ff.

22) Ann. Stat. 1889/90 S. 634 ff., 1895 S. 350 ff., 1905—1907 S. 400 ff.

23) Ann. Stat. 1895 S. 364 f.

24) Mov. Comm. 1907 Einl. S. 69 ff., desgl. die folgenden Jahrgänge.

Die Umstellung der italienischen Landwirtschaft in den 70er und 80er Jahren infolge der allgemeinen Agrarkrisis läßt sich also folgendermaßen kurz zusammenfassen: Der Anbau von Weizen und anderen Getreidearten geht zunächst stark zurück; durch Einführung des Schutzzolles kommt diese rückläufige Bewegung zum Stillstand; durch Nutzbarmachung von Ödländereien und allmähliche Rückkehr zum Weizenbau gewinnt er dann wieder an Ausdehnung. Große Teile der Landwirtschaft wenden sich inzwischen einer intensiveren Agrarproduktion mit spezifisch-italienischen Erzeugnissen zu; weite Gebiete werden in Weinberge verwandelt, andere für die Erzeugung von Olivenöl, Sauerfrüchten, Obst und Gartengemüse verwendet. Rückschläge in einzelnen dieser neuen Produktionszweige (Wein, Olivenöl) hemmen zwar ihre weitere räumliche Ausdehnung, doch wird der in den 90er Jahren erreichte Umfang nicht mehr wesentlich vermindert, in den übrigen Erzeugungsarten (Sauerfrüchte, Obst, Gartengemüse) werden beständig neue Fortschritte erzielt. Diese Umstellung der landwirtschaftlichen Produktion erstreckt sich vor allem, ja teilweise fast ausschließlich auf Süditalien. Welche Bedeutung mußte dieser Vorgang für die Entwicklung des italienischen Seidenbaues haben?

Die Seidenraupenzucht ist für den italienischen Landwirt nur ein Nebenerwerbszweig, der sich demnach seiner hauptsächlichen Beschäftigung und ihren Erfordernissen anpassen muß. Andrerseits ist der italienische Bauer bei seiner Armut nicht in der Lage, Arbeitskräfte, die ihm in seiner Familie zur Verfügung stehen, brachliegen zu lassen; auch die Frau und die Kinder sowie sonstige Arbeitskräfte sind in der Bewirtschaftung seiner Ländereien voll beschäftigt. Wenn daher auch an sich die Seidenraupenzucht zum größten Teil von Frauen und Kindern besorgt wird, so darf dennoch ihre Hilfe bei der Tätigkeit, die den Haupterwerb des Bauern bildet, nicht fehlen. Haupt- und Nebenbeschäftigung müssen organisch ineinander greifen und dürfen sich nicht gegenseitig stören.

Die gewöhnliche Dauer der Raupenzucht vom Auskriechen bis zum Einspinnen der Raupe beträgt 4—6 Wochen in der Zeit von Mitte Mai bis Mitte Juni; kältere Witterung kann die Entwicklung der Tiere auch noch weiter hinauszögern. Während dieser Zeit ist die Arbeitskraft einer erwachsenen Person mit Fütterung und Wartung der Raupen einer kleineren Aufzucht von 1 Unze Raupeneier = 36000 Raupen voll in Anspruch genommen;

Kinder kommen bei der Sorgfalt und Sachkenntnis, die eine gute Aufzucht verlangt, überhaupt nur als Hilfskräfte in Frage. Mit dem zunehmenden Wachstum der Tiere erhöht sich auch die Arbeit für ihre Fütterung und ihre Umbettung auf immer neue und immer größere Hürden, um ihnen die nötige Bewegungsfreiheit zu sichern und ansteckende Krankheiten durch zu enge Lagerung zu verhüten. Genaue Beobachtung der Entwicklung, der Temperaturverhältnisse, der guten Zubereitung der Futtermengen, der Reinlichkeit sind unerläßlich. In den letzten Wochen reicht oft eine Arbeitskraft für alle notwendigen Verrichtungen nicht mehr aus. Das notwendige Futter bieten die Maulbeerbäume[25]), die in Italien in langen Reihen auf den Feldern und an den Wegrändern gepflanzt sind; eine engere Pflanzung in nächster Nähe des Bauernhauses erscheint für eine gute Entwicklung der Bäume nachteilig. Der Bedarf an Maulbeerblättern für eine kleinere Aufzucht aus 1 Unze Raupeneier beträgt ungefähr 700 kg. Der Maulbeerbaum wächst 60 Jahre; die größte Ergiebigkeit zeigen die 20—40 jährigen Bäume. Um die Bäume vor Schädigungen durch zu starke Entlaubung zu bewahren, sind zur Beschaffung der genannten Futtermenge nicht weniger als 16—20 Bäume in ihrem ertragreichsten Alter notwendig; bei 15 jährigen Bäumen beträgt ihre erforderliche Zahl schon 120. Die geernteten Blätter können auch nicht auf Vorrat angesammelt, sondern müssen in möglichst frischem Zustande gereicht werden und bedürfen noch mancher Vorbereitung, um zur Fütterung geeignet zu sein. Hieraus ergibt sich schon, daß auch die Männerarbeit — denn um diese kann es sich bei der in Italien allgemeinen Kultur hochgewachsener Bäume vorwiegend nur handeln — durch die täglich zu wiederholende Blätterernte und die weiten Wege in der Zeit der Raupenaufzucht durch diese sehr in Anspruch genommen wird.

Diese kurze Schilderung der Tätigkeit des Züchters[26]) zeigt zur Genüge, daß in den Wochen der Raupenzucht für die dabei beschäftigten Kräfte kaum einige freie Zeit verbleibt, um sich in anderen landwirtschaftlichen Arbeiten zu betätigen. Die not-

[25]) Während im Mittelalter der aus Persien stammende schwarze Maulbeerbaum sich in Italien fand, wurde in späterer Zeit allgemein die verwandte Art des weißen Maulbeerbaumes gepflanzt, die auch in Ostasien verwendet wird und zartere Blätter erzeugt.

[26]) Vgl. die eingehendere Darstellung bei Seitz, Die Seidenzucht in Deutschland S. 158 ff.; Silbermann a. a. O. S. 170 ff.

wendige Folgerung ist, daß der Seidenbau sich als bäuerlicher Nebenerwerb nur dort halten kann, wo die Hauptbeschäftigung des Bauern ihm in den Monaten Mai und Juni hinreichend freie Zeit läßt, um sich der Raupenzucht zu widmen. Dies ist im Weizenbau der Fall, wo zwischen der Saat im Frühjahr und der Ernte im August die in Frage stehenden Monate von der Arbeit auf dem Felde entlastet sind. Umgekehrt verlangen aber der Wein- und Ölbau, die Obst- und Gemüsekultur eine beständige Tätigkeit auch während der Sommermonate. So war es also nur eine einfache praktische Folgerung aus den bestehenden Tatsachen, wenn in jenen Gegenden Italiens, in denen sich vor allem die Umstellung in der Agrarproduktion vollzog, der Seidenbau immer stärker zurückging [27]). Doch wurde in diesen Gebieten die Wiederaufnahme der Raupenzucht auch gleich für Jahrzehnte unmöglich; die Maulbeerbäume, deren Schatten der Bauer ehemals als „l'ombra d'oro" gepriesen hatte, weil durch ihn die Getreidefelder vor der südlichen Sonnenhitze geschützt wurden, wirkten jetzt durch denselben Schatten ihrer Kronen für Wein- und Gemüsebau nur nachteilig und nahmen den Obst- und Ölkulturen unnötigerweise den geringen zur Verfügung stehenden Platz weg; sie wurden deshalb einfach umgehauen; die Grundlage der Seidenzucht wurde hierdurch für lange Jahre vernichtet. Es ist demnach auch nicht zu verwundern, daß die Kokonproduktion nicht nur in den 80er Jahren sank, sondern auch im folgenden Jahrzehnt, abgesehen von einigen Jahren mit ganz besonders günstiger Witterung, keinen wesentlichen Aufstieg zu verzeichnen hatte, obwohl sich der Weizenbau zu gleicher Zeit unter dem Einfluß des Schutzzolles langsam erholte. Die schon früher erwähnten, auf einen äußersten Tiefstand herabgedrückten Preise auf den Kokonmärkten trugen freilich auch dazu bei, die Freude an der mühevollen Arbeit einer Erneuerung der Seidenzucht in den betreffenden Gebieten wesentlich zu mindern.

Die Statistik bietet uns über die Entwicklung des italienischen Seidenbaues erst seit 1880 genauere Angaben; aus der vorangegangenen Zeit sind nur die Zahlen der gesamten italienischen Kokonernte bekannt. Wie wir bereits früher sahen, war der durchschnittliche Jahresertrag der Kokonernte in der ersten

[27]) Sombart (a. a. O. S. 154) vertritt daher auch eine irrtümliche Auffassung, wenn er die „Kultur der Maulbeerbäume" (d. h. den Seidenbau) zu jenen spezifisch-italienischen Kulturen rechnet, deren Rückgang bei einer neuen Ausdehnung des Getreidebaues in Italien zu befürchten wäre.

Hälfte der 70er Jahre wieder auf 48 Mill. kg gestiegen, in der zweiten Hälfte dieses Jahrzehntes aber infolge wiederholter Mißernten auf die ungewöhnlich geringe Menge von 28 Mill. kg gesunken[28]). Dieser ungewöhnlich tiefe Produktionsstand mußte natürlich bei Eintritt normaler Umstände sofort überwunden werden und die Produktionskurve in den folgenden Jahren eine steigende Tendenz zeigen, obwohl zu gleicher Zeit durch die Veränderungen in der Landwirtschaft der Seidenbau an Ausdehnung verlor. Ein klares Bild der schädlichen Entwicklung in der Ausdehnung des Seidenbaues bietet dagegen die Statistik der zur Aufzucht verwendeten Raupeneier, die freilich erst seit dem Jahre 1880 zur Verfügung steht[29]). In diesem Jahre wurden im ganzen Königreich insgesamt 1 717 000 Unzen Raupeneier verwendet. Die folgenden anderthalb Jahrzehnte zeigen nun ein schnelles Sinken dieser Verbrauchsmenge. Der Jahresdurchschnitt von 1881 bis 1885 weist nur 1 403 000 Unzen auf; setzt man den Verbrauch des Jahres 1880 gleich 100, so beträgt der genannte Durchschnitt nur noch 81,7 %. In der zweiten Hälfte dieses Jahrzehnts sinkt diese Menge weiter auf 1 286 000 Unzen = 74,9 %, in den Jahren 1891—1895 auf 1 047 000 = 61 %. Den tiefsten Stand erreicht diese Entwicklung im Jahre 1896 mit 840 000 Unzen gleich 48,9 %. Die folgenden Jahre brachten dann wieder eine leichte Zunahme der Ausbreitung der Raupenzucht; im Jahre 1900 ist der Verbrauch an Raupeneiern wieder auf 61 % gestiegen, aber selbst in den folgenden Jahren, die einen neuen Aufschwung der Raupenzucht mit sich brachten, erreichte die zur Aufzucht verwendete Menge von Raupeneiern nicht mehr den Stand von 1880; noch im Jahre 1906 waren es erst 70,1 %. Es ist allerdings bei der Beurteilung der angegebenen Zahlen zu berücksichtigen, daß die tatsächlich verbrauchten Mengen an Raupeneiern etwas höher liegen dürften, als es in jenen Zahlen zum Ausdruck kommt. Die Unze wurde in früheren Zeiten gewöhnlich mit 27 g berechnet; die große Konkurrenz unter den Züchtern führte jedoch dazu, daß das Gewicht der Unze allmählich auf 30 g, zuweilen sogar auf 34 und 36 g gesteigert wurde[30]). Doch selbst unter Berücksichtigung dieses Umstandes geht aus den angegebenen Mengen unzweifelhaft hervor, daß der italienische Seidenbau durch die früher dargelegten Vorgänge in der

[28]) Vgl. Tabelle II im Anhang.
[29]) Ann. Stat. 1900 S. 424, 1905—1907 S. 404.
[30]) Ann. Stat. 1905—1907 S. 404 Anm. b.

Landwirtschaft in seiner Ausbreitung stark gelitten hatte und auch in der späteren Zeit diese Einschränkung nicht mehr auszugleichen vermochte.

Der Seidenbau mußte sogar verhältnismäßig stärker zurückgehen als der Getreidebau; letzterer erhielt in seiner Verminderung wenigstens einen geringen Ausgleich in den neu kultivierten Ödländereien, auf denen aber die Seidenzucht noch nicht betrieben werden konnte, da erst die notwendigen Maulbeerbäume anzupflanzen waren; zudem ging auch infolge der vorangegangenen Mißernten in Kokons und des ständig sinkenden Preises auf den Kokonmärkten der Umfang der Aufzuchten auch in den Hauptgebieten der Seidenzucht, wie noch zu zeigen sein wird, zurück.

Wenn trotz alledem das Gesamterträgnis der Kokonernte auch in den 90er Jahren sich auf beachtlicher Höhe hielt und keine entsprechende Senkung zeigte, so ist diese Tatsache auf die inzwischen verbesserten Aufzuchtsmethoden zurückzuführen. Auf Grund der Erfahrungen, die die Seidenzüchter in der Zeit der Raupenkrankheit und ihrer Folgeerscheinungen gewonnen hatten, waren sie systematisch dazu übergegangen, die fremden importierten Rassen möglichst durch einheimische, die reinen Rassen möglichst durch gekreuzte zu ersetzen, um die Ausbeute der Aufzuchten an Kokons zu steigern, ihren Seidenertrag in Menge und Qualität zu verbessern und auch den Raupen selbst eine größere Widerstandsfähigkeit gegen Infektionskrankheiten zu verleihen[31]). Prüfen wir die Zusammensetzung der Mengen der verwendeten Raupeneier nach ihrem Ursprung, so ergibt sich, daß im Jahre 1880 nur 21,5% von den einheimischen Rassen stammten, dagegen 41,4% aus ausländischen reproduzierten Rassen herrührten und 37,1% aus dem Auslande neu importiert waren Im Jahre 1888 hatte sich dieses Bild schon sehr wesentlich verschoben; die Prozentsätze der drei genannten Ursprungsarten stellten sich auf 57,1:34,2:8,7% [32]). Mit diesem Jahre tritt in der Statistik leider eine Unterbrechung durch eine neue Einteilung der verwendeten Rassen ein, so daß ein genauer Vergleich hinsichtlich der einzelnen Arten mit den folgenden Jahren nicht mehr möglich ist; die reinen gelben und weißen Rassen in- und ausländischer Herkunft werden von den gekreuzten Rassen mit gelben Kokons unterschieden, ferner noch die reproduzierten

---

[31]) Vgl. darüber die früheren Ausführungen im Abschnitt II.

[32]) Berechnet nach der Tabelle in Ann. Staat. 1889/90 S. 683; Stat. industr. Fasc. 37 S. 9.

japanischen und chinesischen Rassen mit weißen und grünen Kokons und die importierten japanischen Rassen aufgeführt. Im Jahre 1889 zeigen die eben genannten vier Arten in der Verwendung der Raupeneier das Verhältnis von 52,5:28,2:17:2,3%; fünf Jahre später stellen sich die Zahlen auf 47,8:41,9:8,7:1,5%, und im Jahre 1903 nehmen die beiden ersten Arten 96,8% (24,7: 72,1%) für sich in Anspruch, während die beiden letzten Arten auf zusammen 3,2% herabgesunken sind[33]).

Auf die verschiedene Höhe der Ausbeute an Kokons auf 1 Unze Raupeneier in den einzelnen Arten und ihre verschiedene Steigerungsfähigkeit hatten wir früher in anderem Zusammenhang mit genauen Zahlenangaben schon hingewiesen[34]); hier sei nur noch vermerkt, daß nach der letzten diesbezüglich zur Verfügung stehenden Statistik vom Jahre 1894[35]) bei einer gesamten Kokonausbeute von 37,88 kg auf 1 Unze Raupeneier (à 27 g) auf die reinen Rassen 37,58 kg, auf die gekreuzten 39,34 kg, auf die reproduzierten 33,64 kg und auf die importierten 31,21 kg Kokons entfielen. Die besseren Aufzuchtsmethoden hatten also bei allen Arten ganz bedeutende Erfolge erzielt, wobei noch zu beachten ist, daß das vorangegangene äußerst günstige Jahr 1893 mit seiner Rekordernte noch wesentlich höhere Ergebnisse in allen Arten erreicht hatte. Die Kokonausbeute in ihrer Gesamtheit, über die die Statistik auch noch in den folgenden Jahren Angaben macht, steigt weiterhin bis auf 49,03 kg Kokons auf 1 Unze Raupeneier im Jahre 1896, fällt dann aber auf 40,76 kg im Jahre 1900 und sogar auf 35,19 kg im Jahre 1903[36]). Um die Jahrhundertwende

---

33) Berechnet nach den Tabellen in Ann. Stat. 1895 S. 410, 1904 S. 253.

34) Siehe oben S. 39.

35) Ann. Stat. 1895 S. 410; eine spätere Aufstellung im Ann. Stat. 1900 S. 424 gibt allerdings die gesamte Konkonausbeute des Jahres 1894 sogar mit 42,59 kg an, ohne aber eine Teilung nach Arten vorzunehmen.

36) Da die spätere genauere Erhebung der Associazione Serica in Mailand über die italienische Kokonproduktion (vgl. Abschnitt I) wesentlich höhere Produktionsziffern ergab, während die Ergebnisse der Feststellungen über die Verwendung von Raupeneiern sich gleich blieben, so mußten auch die Ziffern der Kokonausbeute nach dieser neuen Erhebungsmethode ganz wesentlich steigen. So war nach den Berechnungen der Direzione generale della statistica (Ann. Stat. 1905—1907 S. 404) schon im Jahre 1894 eine Kokonausbeute von 56,59 kg auf 1 Unze Raupeneier zu verzeichnen; im Jahre 1896 erreichte sie ihren höchsten Stand mit 65,48 kg, um dann bis 1900 auf 54,10 kg zu sinken. Die mittlere Jahresausbeute für 1891—1895 betrug 52,19 kg, für 1896—1900 sogar 58,51 kg; die Jahre 1901 bis 1905 hatten nur noch einen Durchschnittsertrag von 49,78 kg; im Jahre

machte sich also eine starke Senkung der durchschnittlichen Kokonausbeute bemerkbar, die auch in den folgenden Jahren noch zunahm; da zudem jene Züchter, die die Raupeneier herstellten und infolge des Rückganges der Seidenzucht in Italien in einen scharfen Konkurrenzkampf untereinander geraten waren, teilweise zu der schon erwähnten Maßnahme gegriffen hatten, das Gewicht der Unze willkürlich zu erhöhen, so erscheint die Menge der verwendeten Raupeneier in der Statistik zu gering und demnach die daraus berechnete Höhe der Kokonausbeute auf 1 Unze an sich schon zu hoch. In denselben Jahren breitete sich aber die Seidenzucht von neuem langsam aus; die Menge der verwendeten Raupeneier stieg fast ohne Unterbrechung von Jahr zu Jahr. Es liegt der Gedanke nahe, beide Tatsachen miteinander in Verbindung zu bringen; die neuen Aufzuchten waren methodisch noch nicht so weit fortgeschritten und lieferten noch mangelhaftere Ergebnisse als die älteren, die sich auch in den schwersten Krisenjahren durch besonders gute Erfolge einer rationellen Pflege der Seidenraupen behauptet hatten; das Gesamtergebnis der Kokonausbeute wurde dadurch wieder herabgedrückt. Aus den vorher genannten statistischen Zahlen für die 80er und 90er Jahre geht aber die Tatsache klar hervor, daß die Änderungen in der Verwendung der verschiedenen Raupenrassen und die Verbesserung der Aufzuchtsmethoden zu einer bedeutenden Steigerung der Kokonproduktion aus einer bestimmten Einheit von Raupeneiern und zu ihrer qualitativen Hebung ganz wesentlich beigetragen hatten.

So wird es erklärlich, daß die Statistik der italienischen Kokonproduktion trotz des wachsenden Rückganges der Seidenzucht in Italien in den 80er und 90er Jahren eine fast gleichbleibende Höhe der Gesamtproduktion aufweist. Die Schwankungen von Jahr zu Jahr sind wohl vor allem den mehr oder weniger günstigen Witterungsverhältnissen zuzuschreiben; so erklären sich z. B. die verhältnismäßig äußerst günstigen Ernten in der ersten Hälfte der 90er Jahre, durch die auch die Durchschnittsmenge dieses Jahrfünftes eine kleine Steigerung erfährt. In den Jahren 1881—1885 machen sich noch im mittleren Jahresertrag von 36,4 Mill. kg Kokons die Nachwirkungen der starken

1906 war die Kokonausbeute auf 44,75 kg gefallen, obwohl dieses Jahr mengenmäßig eine gute Kokonernte aufwies. Die Gesamtentwicklung ist also die gleiche wie in der früheren Statistik.

Depression am Ende der 70er Jahre bemerkbar[37]). Die Durchschnittszahlen der folgenden Jahrfünfte bis 1900 bleiben mit einer Produktion von 40,7 Mill. kg, 41 Mill. kg und 40,4 Mill. kg ungefähr auf gleicher Höhe stehen.

Stellt man aber nun die Zahlen der Kokonproduktion von 1870 bis 1900 in Vergleich mit den Zahlen der aus dieser Produktion jährlich erzeugbaren Rohseide[38]), so zeigt sich zwischen beiden Zahlenreihen ein deutlicher Unterschied: Die Kokonproduktion ist, auch abgesehen von den Jahren der Mißernten 1876 bis 1879, im ganzen gesunken — die durchschnittliche Kokonproduktion 1871—1875 betrug 48 Mill. kg —, die Rohseidenproduktion übersteigt dagegen im Durchschnitt nach dem Jahre 1885 ganz wesentlich die Produktionsmenge der Zeit von 1871 bis 1875. In einzelnen Jahren tritt dieser Unterschied sehr scharf hervor. Die Jahre 1871 und 1874 brachten Rekordernten von 52 bzw. 51,5 Mill. kg Kokons; die aus ihnen erzeugbare Rohseide wurde auf 3,5 bzw. 3,4 Mill. kg berechnet. Die günstigsten Jahre der späteren Periode 1888 und 1893 brachten Kokonernten von nur 43,9 bzw. 47,4 Mill. kg, die Menge der aus ihnen erzeugbaren Rohseide wurde dagegen auf 3,6 bzw. 4 Mill. kg berechnet. Es war also den italienischen Seidenzüchtern im Laufe der Jahre gelungen, nicht nur die Ausbeute an Kokons zu steigern, sondern auch die durchschnittliche Ergiebigkeit der Kokons an Rohseide, die infolge der Nachwirkungen der Raupenkrankheit auf 15:1 gesunken war, wieder auf den früheren Stand von 12:1 zu heben. Damit erklärt sich die eigentümliche Erscheinung, daß die italienische Rohseidenproduktion zu einer Zeit verminderter Ausdehnung des Seidenbaues und gesunkener Kokonproduktion seit 1885 eine ansteigende Tendenz zeigt. Die Jahre 1871—1875 hatten eine durchschnittliche Erzeugung an Rohseide von 3,2 Mill. kg aufgewiesen; 1876—1880 sank die Produktion auf 1,9 Mill. kg, erholte sich dann langsam auf 2,8 Mill. kg in der Zeit von 1881 bis 1885 und überstieg dann in den folgenden zwei Jahrfünften mit 3,3 bzw. 3,4 Mill. kg die frühere Durchschnittsproduktion. Für die folgenden Jahre ist infolge der Veränderungen in der bisherigen statistischen Erhebungsmethode leider kein genauer Vergleich mehr möglich.

Gehen wir nunmehr noch kurz auf die Ausbreitung des Seidenbaues in den verschiedenen Landesteilen Italiens ein, da

[37]) Vgl. Tabelle II im Anhang.

[38]) Vgl. die ersten Zahlenreihen in Tabelle III und IV im Anhang.

die behandelten Vorgänge in der italienischen Landwirtschaft in diesen Jahrzehnten die Seidenzucht noch schärfer und wohl auch endgültig lokalisiert haben. Ein vollständiges Bild der Entwicklung der Raupenzucht in den einzelnen Bezirken läßt sich leider nicht geben; die für die einzelnen Bezirke gesonderten statistischen Angaben setzen erst im Anfang der 80er Jahre ein, als die eigentliche Krisis im Seidenbau schon vorüber und auch die Umstellung der Landwirtschaft, besonders hinsichtlich der Ausdehnung des Weinbaues, zum größten Teil vollzogen war; damit waren aber auch die mittel- und süditalienischen Gebiete bereits auf einem Tiefstand ihrer Seidenproduktion angelangt; aus den statistischen Zahlen der 80er Jahre geht nur hervor, daß auch die oberitalienischen Provinzen, die von jeher der eigentliche Mittelpunkt der Seidenzucht gewesen waren, von dem Produktionsrückgang erfaßt wurden. Es handelt sich hier also vor allem um die Feststellung des Standortes des italienischen Seidenbaues am Ende des 19. Jahrhunderts.

Im Jahre 1888 wurde die Seidenzucht in 5195 Gemeinden Italiens bei einer Gesamtzahl von 8257 Gemeinden betrieben; die Zahl der Züchter belief sich auf 559 155 [39]). Auch ein halbes Jahrzehnt später, als die Schutzzölle schon ihren Einfluß geltend gemacht hatten, im Jahre 1894, hatte die Seidenzucht nur unwesentlich an Ausdehnung gewonnen; man zählte 571 522 Züchter in 5234 Gemeinden [40]). Von diesen Gemeinden entfielen im Jahre 1888 73,4% auf die Bezirke Oberitaliens, während Mittelitalien mit 12,6%, Süditalien und die Inseln mit 14% beteiligt waren; die Lombardei allein umfaßte 33%, Piemont und Venetien 18,8 bzw. 13,5%. Schon diese Zahlen beweisen die starke Konzentration des Seidenbaues auf Oberitalien. Stellt man aber die seidenbautreibenden Gemeinden eines Bezirkes in Beziehung zur Gesamtzahl der Gemeinden desselben Gebietes, so ergibt sich, daß in der Lombardei in 90,5% aller Gemeinden Seidenzucht betrieben wurde; in Venetien stellt sich dieselbe Zahl auf 88,5%, in Piemont auf 66%; auch Emilien (89,8%) und das nördliche Mittelitalien (Marken und Umbrien 89%, Toscana 88%) haben sehr hohe Sätze. In Ligurien (39,8%) zeigt der starke Rückgang des Getreidebaues seine deutlichen Spuren. In Süditalien tritt nur das

[39]) Stat. industr. Fasc. 37 S. 9; die an dieser Stelle wiedergegebene Tabelle liegt auch den noch folgenden Angaben und Berechnungen über den Stand der Seidenzucht im Jahre 1888 zugrunde.

[40]) Silbermann a. a. O. S. 227.

Gebiet der Mittelmeerküste stärker hervor (49%); die adriatische Seite (12,4%) und Sizilien (17,6%) weisen nur eine sehr geringe Ausdehnung auf, von Sardinien (2,5%) ganz zu schweigen. Gegenüber einer Ausbreitung der Seidenzucht in Ober- und Mittelitalien in 79 bzw. 75,6% ihrer Gemeinden wird in Süditalien und auf den Inseln der Seidenbau nur in 28,3% der Gemeinden betrieben. Daß es sich hierbei aber nicht etwa um eine lokale Konzentration der Seidenzucht auf einzelne Gemeinden in Süditalien handelt, sondern um eine schwache Vertretung des Seidenbaues in diesen Gegenden, zeigt auch der entsprechende Prozentsatz der Gesamtzahl der Züchter, der auf die einzelnen Gebiete entfällt. In Oberitalien befinden sich 78,3% aller Züchter, in Mittelitalien nur 12%, in Süditalien sogar nur 9,7%. Dasselbe beweist die durchschnittliche Zahl der Seidenzüchter, die innerhalb der einzelnen Bezirke auf die seidenbautreibenden Gemeinden entfällt. In Süditalien und auf den Inseln sind es nur 75 Züchter, während diese Zahl für Mittelitalien auf 102, in Oberitalien auf 115 ansteigt. In Piemont (142), Venetien (184) und Emilien (151) wird die Durchschnittszahl für Oberitalien noch weit übertroffen; eine Ausnahme bildet hier nur die Lombardei mit 70 Züchtern in einer Gemeinde. In Mittelitalien zeigt sich die Seidenzucht nur in Toscana (165), in Süditalien nur in Sizilien (123) innerhalb der betreffenden Gemeinden stärker vertreten. Die entscheidende Frage richtet sich aber auf die durchschnittliche Größe der Aufzuchten. Diese beträgt in Oberitalien 2,66 Unzen verwendeter Raupeneier, in Mittelitalien 1,34 Unzen, in Süditalien 1,73 Unzen. In Süditalien sind es aber nur die Gebiete von Calabrien und der angrenzenden Bezirke, die noch Aufzuchten in dieser Höhe aufweisen. In Oberitalien wird die entsprechende Größe der Aufzuchten weder von Piemont (1,89 Unzen), noch von Venetien (2,38 Unzen) durchschnittlich erreicht, dagegen von der Lombardei mit 4,26 Unzen ganz wesentlich übertroffen. Hierin liegt auch die Erklärung für die verhältnismäßig geringe Zahl von Züchtern, die durchschnittlich auf die einzelnen seidenbautreibenden Gemeinden in der Lombardei kommen. Die Lombardei ist mit einer durchschnittlichen Größe ihrer Aufzuchten von 4,26 Unzen zur konzentrierten Großzucht übergegangen. Der Größe der Aufzuchten entsprechen auch die verhältnismäßigen Mengen an Raupeneiern, die im Jahre 1888 in den verschiedenen Gegenden zur Verwendung kamen. Von der Gesamtmenge von 1 339 736 Unzen wurden in Oberitalien allein

86.2% verbraucht, und zwar in der Lombardei 38,1%, in Venetien 22,9%, in Piemont 19,7%; auf Emilien, das schon den Verhältnissen Mittelitaliens sehr nahe steht, entfielen nur 5%. Auf die gesamten mittelitalienischen Bezirke entfielen nur 6,8%, auf Süditalien und die Inseln 7%, von denen aber allein 6% von den Bezirken Calabrien, Campanien und Basilicata in Anspruch genommen wurden.

Fassen wir die Ergebnisse, die sich uns in der Betrachtung der Statistik des italienischen Seidenbaues im Jahre 1888, also am Ende der Agrarkrisis, geboten haben, kurz zusammen: Der Seidenbau hat seine weiteste Verbreitung unter der Bevölkerung in Oberitalien mit Ausnahme von Ligurien und im nördlichen Teil Mittelitaliens; in der Lombardei finden sich durchschnittlich große Aufzuchten, in Piemont und Venetien haben sie nur mittlere Größe, in Emilien und in Mittelitalien handelt es sich um kleine Zuchten. In Süditalien ist nur in den Gebieten der Mittelmeerküste des Festlandes der Seidenbau von Bedeutung, wenig ausgedehnt, aber mit mittelgroßen Aufzuchten; die übrigen Bezirke Süditaliens haben nur noch kleine Aufzuchten in verhältnismäßig sehr beschränkter Zahl. Die Entwicklung des Seidenbaues hat also von der früheren allgemeinen Verbreitung über das ganze Reich zu einer Konzentration auf die norditalienischen Gebiete geführt und zeigt innerhalb der letzteren eine deutliche Tendenz zu weiterer Zusammenfassung in größeren Betrieben in enger begrenzten Bezirken, die durch naturliche Umstände und durch die günstige Verbindung mit der verarbeitenden Industrie am geeignetsten erscheinen. Der mittel- und süditalienische Seidenbau tritt demgegenüber vollkommen zurück und hat sich nur noch in der Gegend des industriell fortgeschritteneren Campanien durch eine Konzentration auf wenige mittelgroße Betriebe einige Bedeutung wahren können. Die einst so blühende und weltberühmte Seidenzucht Calabriens und der angrenzenden Gebiete, die ehemals die großen Manufakturen Luccas mit ihren kostbaren Seiden versorgt hatte und in Catanzaro selbst eine Industrie besaß, deren Erzeugnisse auf den Weltmärkten gesucht waren, ist auf ein sehr bescheidenes Maß herabgesunken. Die Gründe für diesen Rückgang, der sich besonders in den letzten Jahrzehnten vollzogen hatte, liegen in den geschilderten Vorgangen in der Landwirtschaft[41]); seinen hemmenden Einfluß auf die daselbst

[41]) Wenn Seitz (a. a. O. S. 48 f.) die schwache Vertretung des Seidenbaues in Mittel- und Süditalien nur auf die klimatischen Verhältnisse dieser

bestehende Seidenindustrie, die schon früher durch die zollpolitischen Veränderungen in dem neugegründeten Königreich schwer getroffen worden war, werden wir noch später auf Grund der Statistik festzustellen haben.

Verfolgt man noch die Entwicklung des italienischen Seidenbaues in den einzelnen Landesteilen während des Zeitraumes von 1880 bis 1906, soweit die statistischen Jahrbücher darüber genauere Auskunft geben[42]), so zeigen sich gewisse Veränderungen, die sich vor allem auf die oberitalienischen Bezirke beziehen. Süditalien und die Inseln haben zunächst eine geringe Steigerung ihrer Kokonproduktion zu verzeichnen; der prozentuale Anteil an der Gesamternte hebt sich von 5,7% im Durchschnitt der Jahre 1880—1885 auf 7% in den Jahren 1889—1891, sinkt dann aber wieder bis auf 5,1% im Jahre 1906[43]); dieser letzte Prozentsatz bedeutet aber auch in seiner absoluten Zahl (2,75 Mill. kg Kokons) eine scharfe Senkung gegenüber dem Durchschnitt der Jahre 1901—1905 mit 3,5 Mill. kg Kokons; das Jahr 1906 hatte im allgemeinen in Italien eine gute Kokonernte zu verzeichnen. Die süditalienische Kokonproduktion geht demnach zu Beginn des neuen Jahrhunderts wiederum zurück. Auch in Mittelitalien finden wir in den 80er Jahren eine Hebung der Kokonproduktion von 3,3 Mill. kg in den Jahren 1880—1885, dem tiefsten Stand des mittelitalienischen Seidenbaues, auf 4,6 Mill. kg im Jahre 1891; methodische Verbesserungen in der Raupenzucht mit größeren Erfolgen in der Kokonausbeute wie auch eine teilweise Rückkehr zum Weizenbau infolge mancher Enttäuschungen in den Ergebnissen der neuen landwirtschaftlichen Kulturen und in der

---

Gebiete zurückführen will, so wird er mit dieser gar zu theoretischen Auffassung der tatsächlichen geschichtlichen Entwicklung nicht gerecht. Daß an sich das Klima in Oberitalien für die Raupenzucht günstiger ist als in Süditalien mit seinen heißen und trockenen Sommermonaten, soll natürlich nicht geleugnet werden.

[42]) Die im Text folgenden Angaben sind berechnet nach den entsprechenden Tabellen in Ann. Stat. 1886 S. 858 ff., 1887/88 S. 718 ff., 1889/90 S. 640, 1892 S. 384 f., 1895 S. 355 ff., 1900 S. 402, 1905—1907 S. 404.

[43]) Ein Vergleich der absoluten Zahlen ist leider nicht möglich, da die Angaben seit 1900 auf der neuen Berechnungsmethode der Kokonproduktion (vgl. Abschnitt I) beruhen und daher wesentlich höher sind, ohne daß sich die Produktion tatsächlich gehoben hatte. Wir müssen uns daher für den Vergleich der Erträge vor und nach 1900 mit den Prozentzahlen der Gesamternte begnügen, deren Veränderungen allerdings auch durch ein Schwanken der Produktion in anderen Gebieten hervorgerufen sein können, ohne daß an Ort und Stelle die absoluten Produktionsverhältnisse sich geändert hätten.

Weltmarktkonjunktur ihrer Erzeugnisse mögen hier wie in Süditalien die Ursache gewesen sein. Der prozentuale Anteil Mittelitaliens an der Gesamternte steigt in dieser Zeit von 8,9 auf 12,1%, sinkt dann aber wieder auf durchschnittlich 10% im Anfang des neuen Jahrhunderts; diese prozentuale Verminderung hat aber ihren Grund in Schwankungen der oberitalienischen Kokonernte und nicht in einer Verminderung der Produktion Mittelitaliens.

Ein etwas kompliziertes uneinheitliches Bild bietet in der behandelten Zeitspanne das oberitalienische Gebiet. In seiner Gesamtheit zeigt Oberitalien bis 1891 eine fast stationäre Entwicklung, wodurch sein Prozentsatz an der Gesamternte infolge der Fortschritte der mittel- und süditalienischen Gebiete von 85,4% auf 81% herabsinkt; bis 1906 hebt sich dann die Produktion um etwa $^1/_{10}$, so daß bei dem gleichzeitigen Rückgang der süditalienischen Erträgnisse sein Prozentsatz fast die frühere Höhe wieder erreicht. Diese Gesamtbewegung der oberitalienischen Produktion löst sich aber in sehr divergierende Einzelbewegungen in den einzelnen Bezirken auf. Die Produktion Emiliens ist fast gleichbleibend mit einer sehr schwachen Tendenz zur Steigerung. Der Aufstieg Piemonts von 14 auf 19,1% der Gesamternte — die letztere Zahl einschließlich Liguriens, das aber nur über eine ganz unbedeutende Produktion verfügt — entspricht durchaus der Steigerung seiner absoluten Produktionsziffer von 5,3 Mill. kg in den Jahren 1880—1885 auf 10,3 Mill. kg Kokons im Jahre 1906, auch wenn man bei letzterer Zahl die sprunghafte Erhöhung durch die neue Erhebungsmethode berücksichtigt. Venetien zeigt bis zur Mitte der 90er Jahre einen unzweifelhaften Rückgang seiner Erzeugung; selbst in dem günstigen Erntejahr 1894 bringt es nur 8,5 Mill. kg Kokons auf und sinkt von 22 auf 19,6% der Gesamternte; zu Beginn des neuen Jahrhunderts erreicht es aber wieder absolut wie prozentual die frühere Höhe seiner Kokonproduktion. Ein ganz unsicheres Bild bietet das Hauptproduktionsgebiet, die Lombardei. Ihre Erzeugung steht mit 15,7 Mill. kg Kokons = 42% der Gesamternte in der Zeit von 1880 bis 1885 fast auf der doppelten Höhe des zweitgrößten Produzenten Venetien; am Ende des Jahrhunderts ist die Produktion der Lombardei mit durchschnittlich 15,8 Mill. kg stationär geblieben, ihr Anteilsatz an der Gesamternte auf 39,8% gefallen; berücksichtigt man ferner die rein rechnerischen Steigerungen der Produktionsziffern durch die neue Erhebungsmethode, so steht die Lombardei im Jahre 1906, das als gutes Durchschnittsjahr bewertet werden darf, mit 19,2 Mill. kg Kokons sogar etwas unter der früheren Produktionsziffer und ist in seinem prozentualen Anteil an der Gesamternte auf 35,6% weiterhin gesunken. Alle heftigen Schwankungen der italienischen Kokonerzeugung in den 80er und 90er Jahren spiegeln die Produktionsziffern der Lombardei mit ungeminderter Stärke wieder: die günstigen Produktionsjahre 1887 und 1894 bringen in der Lombardei 17,9 und 17,2 Mill. kg Kokons; im ungünstigen Jahre 1889 fällt die lombardische Ernte um fast ein Drittel auf 12,5 Mill. kg; das schwache Durchschnittsjahr 1891 läßt sie mit 14 Mill. kg hinter ihrer normalen Höhe nicht unbeträchtlich zurückbleiben. Wie lassen sich diese so verschiedenen Vorgänge in dem oberitalienischen Seidenbau, der auch in seinen getrennten Bezirken im allgemeinen doch unter den gleichen natürlichen Bedingungen arbeitete, erklären? Bei dem Mangel an genaueren Angaben kann hier nur der Versuch einer Deutung gemacht werden. Der Bezirk Emilien war von dem Rückgang des Getreidebaues nur wenig berührt worden; im Anfang der 80er Jahre war hier die Umstellung bereits vollzogen; der Getreidebau nahm dann wieder langsam zu; andrerseits machte die Anlegung von Weinbergen, wie sie in diesem Gebiet vor allem sich vollzogen hatte, eine neue schnelle Änderung nicht möglich; der Seidenbau mußte also im ganzen stationär bleiben. In Piemont hatte sich zwar die Fläche des Weinbaues verdoppelt, zugleich war aber auch der Weizenbau sehr erheblich an Ausdehnung gewachsen; die verbesserten Aufzuchtmethoden, die in Piemont besondere Förderung erfuhren und an den guten piemontesischen Raupenarten auch ein gutes Material besaßen, haben hier vor allem zur Steigerung der Produktion mitgewirkt. Venetien hatte eine verhältnismäßig sehr starke Ausdehnung seines Weinbaues erfahren, die durch die schwache Vergrößerung der Anbaufläche für Weizen nicht ausgeglichen werden konnte; da der Seidenbau in Venetien gegenüber den anderen Gebieten technisch zurückgeblieben war, finden sich auch die Erfolge der verbesserten Methoden hier erst später; im Jahre 1888 überwogen die Gemeinden in Venetien, in denen noch japanische und andere ausländische Rassen gezogen wurden, noch bei weitem die Zahl der Gemeinden mit Zuchten inländischer Rassen [44]). Für die Lombardei können diese Gründe aber kaum in Betracht kommen; das Raupenmaterial war sehr

[44]) Stat. industr. Fasc. 37 S. 9.

gut, die technischen Einrichtungen entsprachen den zeitgemäßen Anforderungen, die Zucht war allgemein verbreitet und hatte sich zu großen Aufzuchten entwickelt. Vielleicht war es aber gerade dieser letzte Umstand, der die lombardische Seidenzucht eher hinderte als förderte. Die Erfahrungen der Züchter in den seidenbautreibenden Ländern haben nämlich gezeigt, daß bei großen Aufzuchten — in der Lombardei betrugen sie im Jahre 1888 im Durchschnitt 4,26 Unzen = ca. 153000 Raupen — nicht nur die Seuchengefahr außerordentlich wächst, sondern die Raupen auch in ihrer Entwicklung durch Raumbeengung leicht gestört werden und der Wert ihrer Kokons sinkt[45]). Sieht man nun, daß in der technisch fortgeschritteneren Lombardei die Kokonproduktion vom Jahre 1887 bis 1889 infolge ungünstiger Verhältnisse in dem letzteren Jahre um 30% sinkt, während die Erzeugung des benachbarten Venetien mit wesentlich kleineren Aufzuchten nur 9% ihrer Menge von 1887 im Jahre 1889 einbüßt, so liegt der Gedanke nahe, die Ursache des bedeutenden Verlustes der Lombardei gerade in ihrer besonderen Art der Aufzucht zu suchen; kein anderer Bezirk Italiens hatte in diesem Jahre eine so starke Produktionsverminderung erlitten. In gleicher Weise dürften auch die übrigen heftigen Schwankungen in der lombardischen Kokonproduktion ihre Erklärung finden.

Die Lombardei war von den Veränderungen in der italienischen Landwirtschaft nur wenig berührt worden. Der lombardische Seidenbauer war aber mit seinen großen Aufzuchten schon über den Rahmen einer Nebenbeschäftigung in der Seidenzucht hinausgewachsen; die Preisbildung auf den Kokonmärkten hatte für ihn mehr Bedeutung gewonnen als für die Züchter anderer Bezirke; seine enge Verbundenheit mit der Seidenindustrie, an deren Zentrum er saß, ließ ihn auch die industriellen Schwankungen stärker empfinden. So konnte auch der ständige Preissturz am Mailänder Kokonmarkt nicht wirkungslos an dem lombardischen Seidenbau vorübergehen. Wenn wir daher in der Zeit von 1880 bis ins neue Jahrhundert hinein in der Lombardei einen schwachen Rückgang der Kokonproduktion beobachtet haben, so liegt in diesem Bezirk die Ursache hierfür vor allem an den allgemeinen Marktverhältnissen; der große Überfluß an Arbeitskräften, den Oberitalien durch sein starkes Bevölkerungswachstum besitzt, hat aber diesen Einfluß der schlechten Marktlage noch in engen Grenzen zu halten vermocht.

---

45) Seitz a. a. O. S. 37 ff.

2. Der italienische Generalzolltarif vom 14. Juli 1887; der Zollkrieg mit Frankreich.

Die bisher behandelten Vorgänge im italienischen Seidenbau mußten natürlich ihre Rückwirkungen auch auf die gleichzeitige Entwicklung der einheimischen Seidenindustrie ausüben. Bevor wir aber an die Darstellung der letzteren herantreten, ist noch auf die bedeutsamen zollpolitischen Wandlungen kurz einzugehen, die Italien in dieser Zeit durchmachte und die gerade für die Seidenindustrie als ausgesprochene Exportindustrie nicht ohne Folge sein konnten.

Nach der politischen Einigung Italiens hatte sein Außenhandel, von liberalen Ideen geleitet, zunächst einen schnellen Aufschwung genommen. Unter seinen Exportgütern stand an erster Stelle die Seide, deren Ausfuhr von 225,7 Mill. L. im Jahre 1862 auf 485,5 Mill. L. im Jahre 1876 stieg; das folgende Jahr brachte freilich infolge der schon besprochenen Mißernte eine Senkung des Seidenexportes auf 223,9 Mill. L.[46]). Der bedeutendste Teil des italienischen Außenhandels wickelte sich dabei mit dem benachbarten Frankreich ab, das im Jahre 1878 25,5% des gesamten Importes nach Italien deckte und andrerseits 46,8% des gesamten italienischen Exportes aufnahm. Während Frankreich vor allem Gewebe aller Art nach Italien sandte — darunter Seidengewebe im Werte von 27,1 Mill. L. —, hatte Italien in dem lebhaften Austausch von gesponnener oder gezwirnter Seide die Oberhand; seine Ausfuhr in diesem Artikel nach Frankreich belief sich auf über 90 Mill. L., in Seidenwaren aller Art auf über 120 Mill. L.; Seide war auch hier der wichtigste italienische Exportartikel[47]).

Die allgemeine Wirtschaftskrisis von 1873 hatte sich inzwischen auch in Italien fühlbar gemacht. Die Industriellen litten unter ihrem Einfluß und glaubten sich durch das bestehende Zollsystem nicht hinreichend gegenüber dem Auslande geschützt. Eine Enquête von 1870 bis 1874 ergab ebenfalls die Notwendigkeit, den bisherigen Zolltarif, der ausschließlich fiskalischem Interesse gedient hatte, unter Berücksichtigung volkswirtschaftlicher Belange einer gründlichen Revision zu unterziehen, und da auch die Regierung bei dem beträchtlichen Defizit des Staats-

[46]) Vgl. die Tabelle bei Fraschetti a. a. O. Bd. 51 S. 346.

[47]) Fraschetti a. a. O. Bd. 51 S. 348 f. Die angegebenen Werte beziehen sich auf die letzte Statistik von 1877, die noch nach dem alten Tarif zusammengestellt wurde.

haushaltes einer Erhöhung ihrer Einnahmen nicht abgeneigt war, wurde mit der Kündigung der bestehenden Handelsverträge und der Festsetzung eines neuen Zolltarifs im Jahre 1878 der erste Schritt zum erweiterten Zollschutz der inländischen Industrie getan. Anomalien wie eine höhere Zollbelastung für Rohmaterialien und Halbfabrikate als für Fertigfabrikate, die aus jenen hergestellt waren, wurden beseitigt; die höhere Zollbelastung der letzteren war auch besonders für die italienische Seidenweberei von Bedeutung, die gegen die französische Konkurrenz keinen genügenden Schutz besaß und sich deswegen vor allem auf die Herstellung gröberer und geringwertiger Gewebe beschränkte, deren Transport auf weite Entfernungen sich nicht lohnte und die dadurch dem französischen Wettbewerb entrückt waren. Ferner wurden die Wertzölle durch Gewichtszölle ersetzt und die Tarifsätze der einzelnen Warengattungen viel weitgehender spezifiziert. Im ganzen diente aber auch dieser neue Tarif in erster Linie den fiskalischen Erfordernissen und nahm nur in beschränktem Maße auf die Interessen der Volkswirtschaft Rücksicht, ohne vorläufig noch wie in anderen kontinentalen Landern die gesamte Zollpolitik im protektionistischen Sinne grundlegend umzugestalten [48]). Die folgenden Verhandlungen über die Handelsverträge brachten erhebliche Schwierigkeiten; ein erster Bruch mit Frankreich erfolgte, als das französische Parlament das neue Handelsabkommen mit Italien verwarf und beide Länder für ihren Wirtschaftsverkehr am 1. Juli 1878 auf den Generalzolltarif angewiesen waren. Sieben Monate später wurde zwar ein provisorisches Abkommen getroffen, aber auch der endgültige Handelsvertrag von 1881 führte nicht mehr in dem früheren Maße zu Bindungen von Zollsätzen. Italien wußte beispielsweise seine Seidenwaren mit Erfolg zu schützen, hatte aber dafür auch manchen schweren Nachteil in der Ausfuhr seiner Agrarprodukte in Kauf zu nehmen. Die Spannung zwischen beiden Ländern blieb und sollte noch vor Ablauf der neuen Vertragszeit (1. Februar 1892) zum offenen Wirtschaftskriege führen.

Um den weiteren Verlauf des italienischen Wirtschaftslebens richtig zu würdigen, ist noch ein anderes Moment zu berücksichtigen, dessen Wirkung zwar nicht genau zu bemessen ist, aber auch nicht ganz übersehen werden darf. Durch Dekret vom 1. Mai 1866 war der Zwangskurs in Italien eingeführt worden. Das Gold-

---

[48]) Sombart a. a. O. S. 92 ff.

agio hatte im Jahre 1873 seinen höchsten Stand von durchschnittlich 13,05% erreicht und schwankte in den folgenden Jahren bis 1880 zwischen 8,36 und 11,20%. Im Jahre 1881 wurde ein Gesetzentwurf zur Abschaffung des Zwangskurses vorgelegt; unter seinem Eindruck sank das Goldagio in demselben Jahre sofort auf 1,88% und verschwand nach kurzer leichter Steigerung im Jahre 1884 vollkommen[49]. Der italienische Produzent hatte bisher unter dem Einfluß des Goldagio manche Vorteile vor seinem Konkurrenten im Auslande mit vollwertiger Währung genossen; mit der zunehmenden Geldentwertung waren die Warenpreise gestiegen, ohne daß sich auch die Produktionskosten in gleichem Maße verteuert hätten; die Entlohnung der Arbeitskräfte hielt in ihrer Anpassung an die Entwertung des Geldes mit dieser im allgemeinen nicht gleichen Schritt; so konnte das Inland billiger produzieren als das Ausland; zunehmender Export und Hemmungen für den Import waren die nicht unerwünschte Folge. Mit der fast plötzlichen Beseitigung des Agio trat auch die umgekehrte Wirkung ein. Das Papiergeld erhielt vollen Goldwert; die erhöhten Löhne und die dadurch gesteigerten Produktionskosten sanken nicht mit derselben Schnelligkeit auf das den neuen Geldverhältnissen entsprechende Niveau herab; die Produktion brachte zu hohe Warenpreise oder Verluste. Das vollwertige Papiergeld ermöglichte den Kauf im Auslande; der Import stieg, der Export war schwer behindert. Landwirtschaft und Industrie verlangten um so dringender nach einem ausreichenden Zollschutz, als die überseeische Konkurrenz schwer auf den einheimischen Getreidebau drückte und die Agrarproduktion, wie wir gesehen haben, zu weitgehender Umstellung zwang, andrerseits auch Österreich, Deutschland und Frankreich bereits zum vollen Schutzzollsystem übergegangen waren. Die amtliche Enquête der 80er Jahre brachte zwar nicht die erhofften Kommissionsvorschläge, doch bewirkten die energischen Bemühungen von landwirtschaftlicher und industrieller Seite den gewünschten Übergang Italiens zur Schutzzollpolitik im Generalzolltarif vom 14. Juli 1887, der am 1. Jan. 1888 in Kraft trat.

Über den Schutz, den dieser neue Tarif der Landwirtschaft bot, haben wir früher gesprochen; hier interessiert vor allem seine

---

[49]) Fraschetti a. a. O. Bd. 52 S. 56; Sombart a. a. O. S. 102 ff. Über die Wirkungen des Goldagio im internationalen Handelsverkehr vgl. auch Fontana-Russo, Grundzüge der Handelspolitik, Leipzig (Duncker & Humblot) 1911 S. 88 ff.

Bedeutung für die italienische Seidenindustrie. Hatte der Tarif von 1878 die Einfuhr von seidenen Geweben schon mit einem Zoll von 500 bis 600 L. belegt, so wurde in dem neuen Tarif dieser Zollsatz auf 700—1300 L. erhöht; damit war diesem schwächsten und allein einer Hilfe gegen ausländische Konkurrenz bedürftigen Zweige der Seidenindustrie ein Zollschutz gegeben worden, wie er ihn in gleichem Maße in keinem anderen Lande besaß[50]. Dem Zweck der neuen italienischen Zollpolitik, die heimische Industrie zu stärken, galten auch die Ausfuhrzölle auf Seidenabfalle, um diese zur eigenen Verarbeitung im Lande zurückzuhalten; andrerseits war die Einfuhr von Seidenabfällen frei[51]. Einfuhr und Ausfuhr von Kokons und Rohseide blieben ebenfalls frei, da die Haspelei und Zwirnerei nach den wirtschaftlichen Verhältnissen in Italien auf die ausländischen Markte geradezu angewiesen waren. Die Frage der freien Ein- und Ausfuhr von gefärbten Seiden erneuerte den alten Interessenkampf zwischen den seideverarbeitenden Betrieben und den Färbereien; letztere glaubten sich durch die Konkurrenz der ausländischen Färbereien in ihrer eigenen Entwicklungsmöglichkeit sehr gehemmt und verlangten nicht nur einen Zoll auf die Einfuhr gefärbter Seiden, sondern auch auf die zur Färbung ins Ausland exportierten Seiden. Der geforderte Einfuhrzoll wurde bewilligt, dagegen sah man von dem verlangten Ausfuhrzoll ab, um nicht die Seidenindustrie zu schädigen, die bei der tatsächlichen Unvollkommenheit der inlandischen Färbereien zum großen Teil vom Auslande notgedrungen abhängig war[52].

So hatte auch hinsichtlich der Seidenindustrie die neue Zolltarifänderung ihre Aufgabe, der einheimischen Industrie weitgehendsten Schutz gegenuber dem industriell fortgeschritteneren Auslande zu bieten und ihr eine ähnlich starke Entwicklung zu ermöglichen, scheinbar vollkommen gelöst; es fragte sich nur, wie das daran interessierte Ausland und vor allem Frankreich auf diese Lösung antworten würde; das Vorspiel im Jahre 1878 infolge des damaligen wesentlich milderen italienischen Zolltarifs

---

50) Sombart a. a. O. S. 114 ff., auf den sich auch Fraschetti (a. a. O. Bd. 52 S. 128 ff.) und Züblin (a. a. O. S. 143 ff.) stützen.

51) Züblin a. a. O. S. 150 ff.

52) Fraschetti a. a. O. Bd. 52 S. 351. Noch im Jahre 1903 entfielen von dem Gesamtimport nach Italien an gefärbten Seiden von 786 000 kg nicht weniger als 740 000 kg auf diejenigen Seiden, die vorübergehend zur Färbung ins Ausland exportiert worden waren und bei ihrer Rückkehr an der italienischen Grenze als Import aus dem Auslande registriert wurden.

ließ für die neuen Verhandlungen nichts Gutes erwarten. Mit Österreich-Ungarn kam noch im Jahre 1887 ein neuer Vertrag zustande; da derselbe nur bis 1891 Geltungsdauer besaß, so mußten die Verhandlungen bald wieder von neuem aufgenommen werden, erwiesen sich zwar recht schwierig, führten aber dennoch zu einem neuen Handelsvertrage [53]). Ebenso konnte der italienische Handelsvertrag mit der Schweiz, der am 28. Februar 1888 ablief, durch einen neuen Vertrag vom 23. Januar 1889 ersetzt werden [54]).

Am wichtigsten waren aber die Verhandlungen mit Frankreich. Wir hatten schon gesehen, wie eng beide Länder wirtschaftlich miteinander verbunden waren, und gerade die Seidenproduktion hatte zu einer wechselseitigen Zusammenarbeit geführt, die unlöslich schien; Italien führte das Erzeugnis seines ausgedehnten Seidenbaues, zum Halbfabrikat verarbeitet, als seinen bedeutendsten Exportartikel in großen Mengen nach Frankreich aus und erhielt von diesem das fertige Seidengewebe geliefert. Jetzt standen sich diese Länder mit schutzzöllnerischen Tendenzen gegenüber und suchten die Einfuhr des anderen Landes zu beschränken, um der eigenen Industrie allseitige Entwicklungsmöglichkeit zu sichern. Hierzu kamen noch die scharfen Gegensätze in dem Verkehr mit Agrarprodukten, der für Italien als vorwiegendem Agrarstaat von besonderer Bedeutung war. Der bestehende Handelsvertrag vom 3. November 1881 wurde schon vorzeitig von Italien für den 31. Dezember 1887 gekündigt, die Dauer der Verhandlungen machte aber seine Verlängerung bis zum 1. März 1888 notwendig; man stand sich beiderseits mit Forderungen gegenüber, ohne dem Gegner Zugeständnisse machen zu wollen. Als auch am 1. März noch keine Vereinbarung zustande gekommen war, erfolgte der Abbruch der Verhandlungen und die beiderseitige Anwendung der Generaltarife; der Zollkrieg war ausgebrochen. Durch Differentialzölle wurde die Lage noch verschärft. Ein königliches Dekret vom 29. Februar 1888 bestimmte in Italien, daß wichtigere Einfuhrartikel aus Frankreich um 50% höher als andere Waren an der Grenze verzollt werden müßten; Frankreich antwortete mit einer Erhöhung der Sätze seines Maximalzolles auf italienische Waren oft bis zu 100%, wenigstens bis zur Höhe des italienischen Generaltarifs, so daß selbst Waren, die bisher im Tarif nicht aufgeführt waren,

---

[53]) Sombart a. a. O. S. 117 ff.; Züblin a. a. O. S. 215 ff.

[54]) Sombart a. a. O. S. 120 f.

von nun an mit Zöllen bis zu 50% ihres Wertes belegt werden konnten. Wenn auch diese Kampfzölle nach einigen Jahren wieder aufgehoben wurden [55]), so blieb doch der italienische Generaltarif bzw. der französische Maximalzoll für den Handelsverkehr der beiden Länder bis zum Abschluß des Zollkrieges durch den neuen Handelsvertrag vom 21. November 1898, der am 12. Februar 1899 in Kraft trat, in Anwendung [56]). Wie bedeutend der Schaden war, der aus diesem Konflikt beiden Ländern erwuchs, geht daraus hervor, daß der Export Italiens nach Frankreich (nach der französischen Statistik) von durchschnittlich 347 Mill. L. in den Jahren 1881—1887 auf 135 Mill. L. im Durchschnitt der Jahre 1888—1897 sank, während in gleicher Weise Frankreichs Export nach Italien (nach der italienischen Statistik) sich von 302 Mill. L. auf 154 Mill. L. verminderte [57]). Zieht man selbst in Betracht, daß ein Teil der früher nach Frankreich gesandten italienischen Waren dieses nur als Durchgangsland passierte und nun auf anderen Wegen verschickt wurde, daß ferner in der Zeit des Zollkrieges die Preise italienischer Waren gestiegen waren, so war der Nachteil, den Italien in seinem Export erlitt, doch groß genug, um seine baldige Bereitschaft zu neuen Verhandlungen erklärlich erscheinen zu lassen.

Andrerseits ist aber auch der wirkliche Export Frankreichs nach Italien wesentlich geringer zu bemessen, als ihn die obige Zahl der italienischen Gesamtstatistik erscheinen läßt; italienische Seiden, die zur Färbung vorübergehend nach Frankreich ausgeführt wurden, fanden zwar in die französische Importstatistik keine Aufnahme, wohl aber bei ihrer Rücksendung in die Statistik des Imports Italiens; ferner wurden auch die asiatischen Seiden, die über den Hafen von Marseille kamen und für Italien bestimmt waren, an der italienischen Grenze bis zum Jahre 1898 als Import aus Frankreich registriert; erst nach der neuen Vereinbarung geschah die Bezeichnung nach dem Ursprungslande; den Wert dieser asiatischen Seiden schätzt Fraschetti auf jährlich 40 Mill. L., so daß der französische Gesamtexport nach Italien in den Jahren des Zollkrieges 100 Mill. L. nicht überschritten haben wird [58]).

Welche Bedeutung in diesem Streitfall vor allem den Seiden-

---

[55]) in Italien am 25. Dezember 1889, in Frankreich am 11. Januar 1892.
[56]) Sombart a. a. O. S. 121 ff.; Züblin a. a. O. S. 270 f.
[57]) Vgl. die Tabelle 98 bei Züblin a. a. O. S. 271.
[58]) Fraschetti a. a. O. Bd. 52 S. 342 f.

produkten zugekommen war, ergibt sich schon daraus, daß über die zollmäßige Behandlung derselben auch im neuen Handelsvertrage von 1898 keine Einigung erzielt wurde. Seiden in jedem Zustande der Verarbeitung waren bei ihrer Einfuhr nach Frankreich von der Anwendung der im allgemeinen sonst zugebilligten Sätze des Minimaltarifes ausgeschlossen. Der französische Einfuhrzoll von 3 L. pro kg gedoppelter und gezwirnter Seiden aus Italien (ungefähr gleich 75% der Kosten ihrer Bearbeitung!)[59]) verhinderte einen starken Export derselben nach Frankreich und belastete die italienische Seidenindustrie um so schwerer, als andere Länder, wie die Schweiz und Deutschland, in ihren Verträgen mit Frankreich wesentlich günstigere Bedingungen erlangt hatten. Der Export Italiens nach Frankreich in Geweben blieb sehr gering, während der auch fernerhin bedeutende Export von italienischer Rohseide seinen Grund vor allem in dem Bedarf der französischen Webereien an Qualitätsseiden hatte, die Ostasien und die Levante nicht liefern konnten[60]); allerdings enthielt dieser Export an Rohseide auch gewisse Mengen, die nur vorübergehend zur Färbung nach Frankreich ausgeführt wurden.

Italien hatte schon bald nach Ausbruch des Zollkrieges versucht, den Verlust des französischen Marktes dadurch auszugleichen, daß es mit den ihm auch politisch nahestehenden Zentralmächten und mit der Schweiz, die infolge der Meistbegünstigungsklausel viele Vorteile des italienisch-französischen Handelsvertrages genossen und nun durch den Zollkrieg verloren hatten, zu neuen günstigen Vertragsabschlüssen zu gelangen suchte; unter mancherlei Konzessionen war dieses Bestreben auch im Jahre 1891 von Erfolg begleitet, die erlangten Vergünstigungen kamen vor allem der bedrängten italienischen Landwirtschaft, dann aber auch der Seidenindustrie zugute, aber ein völliger Ersatz für die durch den Zollkrieg verursachten Schäden war damit nicht geschaffen[61]). Dazu kam noch, daß auch die Vereinigten Staaten von Amerika und Rußland den italienischen Seidenimport mit hohen Zöllen belegten; letzteres suchte schon seit 1885 seine eigenen Zwirnereien durch fortwährend sich steigernde Zölle auf die Einfuhr von gedoppelter und gezwirnter Seide zu schützen, so

[59]) Fraschetti a. a. O. Bd. 52 S. 351.

[60]) Züblin a. a. O. S. 301 f.

[61]) Über die in der italienischen Außenhandelsstatistik deutlich zum Ausdruck kommende Neuorientierung des italienischen Exportes vgl. die Tabellen bei Fraschetti a. a. O. Bd. 52 S. 339 f.

daß fast der gesamte italienische Export nach Rußland zum Schaden einer großen Zahl italienischer Spinner unterbunden wurde[62].

Die wirtschaftlichen Verhältnisse im eigenen Lande wie auf dem Weltmarkt boten also der italienischen Seidenindustrie in der Zeit von 1875 bis 1900 recht bedeutende Schwierigkeiten; andererseits brachte aber auch der Übergang der italienischen Handelspolitik zum Protektionismus ihr manche Vorteile. Ihre Entwicklung in diesem Zeitabschnitt ist daher von ganz besonderer Bedeutung.

3. Die Produktionsentwicklung in der italienischen Seidenindustrie.

Schon früher hatten wir festgestellt, daß die italienische Rohseidenproduktion in den 80er und 90er Jahren eine steigende Tendenz zeigte, obwohl zu gleicher Zeit die Kokonproduktion stationär blieb; die Ursache dieser Erscheinung lag in der durch bessere Zuchtmethoden gesteigerten Ergiebigkeit der Kokons an Rohseide; das Ergiebigkeitsverhältnis war von 15:1 auf 12:1 und darüber gestiegen. Diese Feststellung für die aus italienischen Kokons *erzeugbare* Seide gilt natürlich auch für denjenigen Teil der tatsächlichen Gesamterzeugung der italienischen Haspeleien, der von einheimischen Kokons stammte. Vor dem Jahre 1863 war dieser Teil der italienischen Rohseidenerzeugung auf 3,3 Mill. kg zu schätzen[63]; diese Produktionshöhe wurde nach Überwindung der Pebrina im Jahre 1871 wieder erreicht; der Durchschnitt des Jahrfünfts 1871—1875 stellte sich auf 3 Mill. kg einheimischer Rohseide. Die folgenden Krisenjahre brachten einen Sturz auf durchschnittlich 1,7 Mill. kg; 1881 bis 1885 zeigt sich eine neue Steigerung auf 2,5 Mill. kg; 1886 bis 1890 hebt sich diese Produktion auf 3,1 Mill. kg, 1891—1895 auf 3,3 Mill. kg[64]. Um das Jahr 1880 hatte der Export einheimischer Kokons einen verhältnismaßig außergewöhnlichen Umfang angenommen und war in dem genannten Jahr bis auf 1,9 Mill. kg (Trockengewicht!) = 13,4% der italienischen Gesamternte gestiegen; dadurch wurde der einheimischen Haspelei ein großer

[62] Fraschetti a. a. O. Bd. 52 S. 139 ff., 351.

[63] Vgl. Tabelle III und IV im Anhang (Gesamterzeugung abzüglich der aus importierten Kokons erzeugten Rohseide).

[64] Über diese Zeit hinaus bietet sich keine genaue Vergleichsmöglichkeit mehr infolge der wiederholt erwähnten Änderung in der Methode der Feststellung der Kokonernten.

Teil des notwendigen Rohstoffes entzogen, der durch den Kokonimport kaum ausgeglichen wurde. In den folgenden Jahren verminderte sich aber die Kokonausfuhr ganz bedeutend; die allgemeine Tendenz, die eigene Industrie möglichst zu fördern, hielt das wertvolle eigene Rohmaterial im Lande zurück; die Kokonausfuhr sank in den 90er Jahren auf durchschnittlich 2,5% der gesamten Kokonernte (nach der neuen genaueren Berechnung der letzteren sogar unter 2%)[65].

Wichtiger als die italienische Rohseidenerzeugung aus der inländischen Kokonernte ist aber die Entwicklung der Gesamterzeugung der italienischen Haspeleien, also einschließlich der Rohseidenproduktion aus importierten Kokons; sie sagt uns, wie die italienische Seidenindustrie auf die Tatsache des Rückgangs der einheimischen Seidenzucht infolge der Umstellungen in der Landwirtschaft sich einstellte.

Die italienische Haspelei war ehemals mit dem Seidenbau aufs engste verbunden gewesen; die Abhaspelung der geernteten Kokons hatte sich meist in kleinen und kleinsten Betrieben bei den Seidenbauern selbst oder an den zahlreichen kleinen Orten, die ihre Kokonmärkte für die nächste Umgebung abhielten, vollzogen. Als durch die Pebrina der Kokonertrag auf ein geringes Maß zusammenschrumpfte, fehlte auch den Haspeleien das notwendige Rohmaterial. In den 70er Jahren hatte sich an diesem Zustand noch nichts geändert; der Kokonimport war zwar gestiegen, wurde aber durch den gleichzeitigen Kokonexport wieder ausgeglichen. So traf die zweite, noch schwerere Rohstoffkrisis die Haspeleien noch empfindlicher als die erste. Die Gesamtmenge an Kokons, die den Haspeleien zur Verfügung stand, war von 32 Mill. kg in den Jahren 1866—1870 wieder auf 47,6 Mill. kg im Durchschnitt der Jahre 1871—1875 gestiegen. Im folgenden Jahrfünft sank sie bis auf 28 Mill. kg und hob sich auch 1881—1885 nur wieder auf 36,4 Mill. kg, hielt sich also auf der Höhe der durchschnittlichen italienischen Kokonernte dieser Jahre. Dann setzte aber eine entschiedene Wandlung ein. Während die einheimische Kokonernte auf durchschnittlich 41 Mill. kg in den folgenden Jahrzehnten stehen blieb, hob sich die den italienischen Haspeleien zur Verfügung stehende Kokonmenge in den Jahren 1886—1890 auf 42,2 Mill. kg, 1891—1895 auf 44,4 Mill. kg, 1896—1900 auf 45,7 Mill. kg,

---

[65]) Vgl. die Tabelle über den Kokonexport in Ann. Stat. 1904 S. 430.

1901—1903 auf 49,9 Mill. kg[66]). Entsprechend stieg auch die Gesamterzeugung an Rohseide von 2,8 Mill. kg in den Jahren 1881—1885 zunächst auf 3,7 Mill. kg in den Jahren 1891—1895[67]); obwohl die in der statistischen Darstellung um diese Zeit festgestellte sprunghafte Steigerung auf 4,8 Mill. kg nur auf einer technischen Änderung der Erhebungsmethoden beruht, zeigt die weitere Entwicklung in dieser neuen Zahlenreihe aber ebenfalls wieder eine weitere Steigerung der Rohseidenproduktion bis auf 5,7 Mill. kg in den Jahren 1906 bis 1910. Noch deutlicher erkennt man jedoch das Bild dieser gesamten Entwicklung und zugleich ihrer eigentlichen Ursache, wenn man den Kokonimport und die aus den importierten Kokons erzeugte Seide besonders betrachtet.

Der Kokonimport betrug 1881—1885 im jährlichen Durchschnitt erst 1,2 Mill. kg (Trockengewicht!), stieg dann aber auf 1,5 Mill. kg in den Jahren 1886—1890, auf 1,6 Mill. kg für 1891—1895, auf 2,3 Mill. kg für 1896—1900; nach der Jahrhundertwende beschleunigte sich diese Entwicklung noch: 1901 bis 1905 4,1 Mill. kg, 1906—1910 5,3 Mill. kg[68]). Kurz vor 1900 entfielen von der Gesamtmenge der verarbeiteten Kokons bereits 15% (nach der alten Kokonerntenberechnung) auf die importierten Kokons, nach 1900 betrugen sie sogar 20%, obwohl die neue Schätzung der inländischen Kokonernte wesentlich höher war. Das gleiche Bild zeigen die Mengenzahlen der aus impor-

[66]) Die angegebenen Mengenzahlen beruhen bis zum Jahre 1890 auf einer Tabelle der Stat. industr. Fasc. 37 S. 13 Spalte 4; für die folgenden Jahre mußten sie auf Grund der Kokonproduktionsziffern (Tab. I und II im Anhang) und der Import- und Exportzahlen (Ann. Stat. 1905/07 S. 545) neu berechnet werden. Die diesbezüglichen Angaben im Ann. Stat. 1889/90 S. 684 sind falsch, da die Import- und Exportziffern (Trockengewicht!) mit den Produktionsziffern (Lebendgewicht!) verrechnet worden sind, ohne die verschiedene Bewertung der beiden Gewichtsarten zu berücksichtigen und ohne auch den Kokonbedarf der nächstjährigen Raupenzucht in Abrechnung zu bringen. Ann. Stat. 1892 S. 428 und 1895 S. 410 berichtigen zwar diesen Irrtum für die Jahre 1887—1890, geben aber ihrerseits wiederum falsche Zahlen für die Jahre 1891—1894, da jetzt die angegebenen Produktionsziffern nicht stimmen. Es ist schwer verständlich, wie derartige Versehen elementarster Art sich in amtliche statistische Jahrbücher einschleichen konnten. In den folgenden Jahrbüchern fehlen diese Angaben über die Gesamtmenge der den inländischen Haspeleien zur Verfügung stehenden Kokons vollständig.

[67]) Vgl. Tabelle IV im Anhang.

[68]) Vgl. die Importtabellen im Ann. Stat. 1905/07 S. 545, 1912 S. 152, auf die sich die obigen Berechnungen stützen.

tierten Kokons erzeugten Rohseide[69]). Von 263000 kg im Durchschnitt der Jahre 1881—1885 wächst ihre Menge auf 362000 kg für 1886—1890 und auf 650000 kg für 1896—1900; im ersten Jahrfünft des neuen Jahrhunderts ist sie bereits 935000 kg gestiegen und erreicht 1906—1910 mit 1,2 Mill. kg ihren Höhepunkt (1906: 1,3 Mill. kg; 1909: 1,4 Mill. kg). Stellen wir diese Rohseidenmengen zur italienischen Gesamterzeugung von Rohseide in ein prozentuales Verhältnis, so können einzelne Jahre wiederum nicht herausgegriffen werden, da in Jahren eigener Kokonmißernten der Prozentsatz an Rohseide aus importierten Kokons natürlich unverhältnismäßig stark steigen, im umgekehrten Falle aber sinken muß. Benutzen wir aber wie bisher den Durchschnitt eines Jahrfünfts und berücksichtigen wir ferner für die Feststellung des Gesamtverbrauchs der italienischen Haspeleien an Kokons die im Abschnitt I dargelegte notwendige Erhöhung der amtlichen Kokonernteziffern vor 1890, so ergibt sich, daß die mittlere Jahresproduktion an Rohseide aus importierten Kokons im Jahrfünft 1881—1885 7% der Gesamterzeugung an Rohseide betrug; 1891—1895 waren es 8% — die Rohseidenerzeugung aus inländischen Kokons war gleichzeitig wieder stark gewachsen; während diese letztere dann in der Folgezeit aber einen kleinen Rückschlag zeigte und sich später nur sehr langsam hob[70]), stieg die Rohseidenproduktion aus importierten Kokons schnell auf 13,4% der italienischen Gesamtrohseidenerzeugung in den Jahren 1896—1900, auf 17,8% in den Jahren 1901—1905 und auf 21,3% in den Jahren 1906—1910.

Aus allen diesen Entwicklungsreihen geht die wichtige Tatsache hervor, daß infolge des Produktionsrückganges im italienischen Seidenbau, der wiederum nur die notwendige Auswirkung der allgemeinen Umstellung in der italienischen Landwirtschaft infolge der veränderten Lage auf dem Weltgetreidemarkt war, sich auch in der italienischen Seidenindustrie eine bemerkenswerte Umstellung vollzog. Die Seidenhaspelei löste ihre allzu enge Schicksalsverbundenheit mit dem Seidenbau. Auch fernerhin blieb zwar die einheimische Kokonernte ihr wertvollstes und wichtigstes Rohmaterial; soweit aber der einheimische Seidenbau dem Bedarf der Seidenhaspelei nicht mehr zu genügen vermochte, wurde durch Import ausländischer Kokons der Aus-

---

[69]) Tabelle III und IV im Anhang.

[70]) Vgl. Tabelle IV Spalte 1, 2. Zahlenreihe, aber mit Berücksichtigung der nach unseren Darlegungen im Abschnitt I notwendigen Korrektur.

fall ausgeglichen. Es handelte sich hierbei aber nicht nur um den Ausgleich einzelner vorübergehender Mißernten, sondern um die Herstellung einer möglichst weitgehenden Unabhängigkeit von der gesamten weiteren Entwicklung der einheimischen Seidenzucht. Die Seidenhaspelei in Italien fühlte sich durch ihre Verbindung mit dem Seidenbau in ihrer eigenen Entwicklungsmöglichkeit gehemmt; sie strebte aus ihrer bisherigen Begrenztheit, die durch die inländische Rohstoffmenge im allgemeinen gegeben war, zielbewußt heraus und wollte sich die Vorteile, die das moderne Verkehrswesen der heutigen verarbeitenden Industrie bietet, nutzbar machen. Die Kokonimporte dienten ihr daher auch nicht nur zum Ausgleich des Produktionsrückganges im einheimischen Seidenbau, sondern darüber hinaus zur allgemeinen Verbreiterung der bisherigen Rohstoffbasis. Die Rohseidenproduktion stieg weit über den Umfang hinaus, den sie selbst in günstigen Zeiten der italienischen Seidenzucht besessen hatte. Die Seidenhaspelei war jetzt nicht mehr nur landwirtschaftlicher Nebenerwerb oder handwerksmäßiger Kleinbetrieb, sondern entwickelte sich zur eigentlichen selbständigen Industrie und suchte eine engere Verbindung mit dem ihr zunächst stehenden höheren Zweig der seidenindustriellen Verarbeitung, mit der Zwirnerei, die schon in der vorangegangenen Periode die Folgerungen aus der Unsicherheit der inländischen Rohproduktion gezogen hatte und zu größerer Verselbständigung geschritten war. Daß diese tiefgreifende Neuorientierung auch in der industriellen Statistik der Seidenhaspelei zum Ausdruck kommen muß, ist ohne weiteres zu erwarten und später auch noch festzustellen. Zunächst ist aber noch zu untersuchen, inwieweit das zweite große Moment dieser Periode, die Wendung der italienischen Handelspolitik zum Protektionismus und ihre Folgen in dem Zollkrieg mit Frankreich, sich in der Entwicklung der Seidenindustrie ausgewirkt hat. Als Grundlage für diese Untersuchung hat die Handelsstatistik der italienischen Seidenprodukte zu dienen.

Die Ausfuhr an italienischen Rohseiden in gesponnener und gezwirnter Form[71]) war in den Jahren 1871—1875 auf 3,2 Mill. kg gestiegen. Wie wir früher gesehen haben, war die plötzliche Steigerung dieses Exportes gegenüber dem vorangegangenen Jahrzehnt (2,1 Mill. kg) auf eine verstärkte Ausfuhr von gezwirnter

[71]) Die italienische Statistik führt erst seit dem Jahre 1889 diese beiden Arten von Rohseide getrennt auf.

Rohseide zurückzuführen, die wiederum mit einer gesteigerten Einfuhr von einfacher Rohseide nach Italien zum Zwecke weiterer Verarbeitung in den italienischen Zwirnereien zusammenhing; es handelte sich um jenen Vorgang, durch den sich die Zwirnerei von den Nachwirkungen der Seidenkrisis der 60er Jahre in Italien freizumachen wußte. Auch in den folgenden Jahrzehnten stieg diese vorübergehende Einfuhr an ausländischer Rohseide; in dem Durchschnitt der Jahre 1871—1875 betrug sie 1 Mill. kg, im Jahre 1889 war sie bereits auf 1,6 Mill. kg angewachsen[72]).

Der italienische Export an Rohseiden nahm nach Überwindung der Krisis von 1876 bis 1879 schnell zu. Im Jahre 1881 betrug er bereits 4,4 Mill. kg, 1888 sogar 5,1 Mill. kg[73]). Um diese Zeit setzte auch die Steigerung des Kokonimportes und der Rohseidenproduktion aus importierten Kokons ein; der Rohseidenexport übertraf aber die gleichzeitige Gesamterzeugung der italienischen Haspeleien um ungefähr 1,5 Mill. kg, die demnach aus den von den Zwirnereien verarbeiteten eingeführten Rohseiden stammten.

Die Ausfuhrstatistik des Jahres 1889 zeigt, wie sich der italienische Rohseidenexport, der auf 5,3 Mill. kg angewachsen war, auf die beiden Zweige der seidenindustriellen Halbfabrikation verteilte; die Ausfuhr an einfacher Rohseide betrug 1,8 Mill. kg, diejenige an gedoppelter und gezwirnter Rohseide 3,5 Mill.

---

[72]) Ann. Stat. 1889/90 S. 685. Für eine weitere Verfolgung dieses Imports bieten die statistischen Jahrbücher leider keine genau entsprechenden Angaben mehr. Auch in der Handelsstatistik der späteren Jahre findet sich dieser Import unter den zeitweiligen Einfuhren nicht mehr aufgezählt; vgl. Mov. Comm. 1904 Bd. III S. 1212ff. In Ann. Stat. 1892 (S. 428) und 1895 (S. 411) ist ein Export von „Rohseide aus Bearbeitung vorübergehend eingeführter Seidenprodukte" (nach der Zollstatistik) verzeichnet; zu den letzteren werden, wie aus der Anmerkung hervorgeht, Kokons und Rohseide gezählt. Die Zahlen dieses Exportes für 1887—1890 stimmen aber genau mit den oben im Text erwähnten Zahlen des vorübergehenden Rohseidenimportes überein; da bei der Verarbeitung von Kokons und Rohseide sich viele Abfälle ergeben, außerdem auch häufig vorübergehend importierte Rohseide aus praktischen Gründen nicht wieder zum Export gelangt, so ist völlige Gleichheit der Import- und Exportziffern höchst unwahrscheinlich. Die genannten Exportziffern zeigen dann auch in den folgenden Jahren eine sehr merkwürdige Entwicklung und werden nach dem Jahre 1894 — in diesem Jahre handelt es sich sogar laut Anmerkung um eine zur Färbung vorübergehend exportierte Rohseidenmenge! — nicht mehr registriert.

[73]) Ann. Stat. 1905—1907 S. 546.

kg[74]). Die Ausfuhr der Zwirnereien überwog also bei weitem; zieht man von der letztgenannten Menge jedoch die früher erwähnte vorübergehend zur Bearbeitung eingeführte Rohseidenmenge (1,6 Mill. kg) ab, so standen die Ausfuhren an gesponnener und gezwirnter italienischer Rohseide annähernd gleich.

Die Entwicklung des folgenden Jahrzehntes weist aber eine bemerkenswerte Wandlung auf. Der Rohseidenexport Italiens stieg weiterhin auf 6 Mill. kg im Jahre 1897, auf 7,4 Mill. kg im Jahre 1899, auf 8 Mill. kg im Jahre 1901 und 8,6 Mill. kg im Jahre 1902. Der durchschnittliche Export hob sich von 5,3 Mill. kg der Jahre 1891—1895 auf 6,5 Mill. kg in den Jahren 1896 bis 1900 und 8,2 Mill. kg in den Jahren 1901—1905[75]). Die Anteilsverhältnisse der Haspelei und Zwirnerei hatten sich aber im Laufe der Zeit wesentlich verschoben. In dem Rekordjahre 1902 entfielen 4,4 Mill. kg der Ausfuhr auf einfache gesponnene Seide und nur 4,2 Mill. kg auf gezwirnte Seide, in dem Durchschnittsjahre 1904 mit einem Gesamtexport von 8 Mill. kg sogar 4,3 Mill. kg auf einfache Rohseide und nur 3,7 Mill. kg auf gezwirnte Seide; die Steigerung der letzteren Ausfuhr war also wesentlich zurückgeblieben; zudem war von der Ausfuhr an gezwirnter Seide noch ein gewisser Prozentsatz in Abzug zu bringen, der die nur vorübergehend zur Färbung exportierte Seide umfaßte[76]). Das gewaltige Anwachsen des Gesamtexportes an Rohseide hatte seinen Grund nicht nur in der gesteigerten Leistung der italienischen Haspeleien infolge der umfangreichen Verarbeitung importierter Kokons; die gesamte Rohseidenerzeugung der Haspeleien betrug im Jahre 1904 nur 5,7 Mill. kg; zieht man auch in Betracht, daß selbst nach der neuen Erhebungsmethode der inländischen Kokon- und Rohseidenproduktion gewisse Mengen noch nicht erfaßt werden, so weist doch die bedeutende Differenz zwischen Gesamterzeugung und Ausfuhr an Rohseide von 2,3 Mill. kg auf eine weitere noch gesteigerte vorübergehende Einfuhr von ausländischer Rohseide zum Zwecke der Verarbeitung in den Zwirnereien hin. Hierbei ist der Verbrauch der einheimischen Webereien an italienischer Rohseide noch nicht einmal berücksichtigt. Die Verschiebung des Verhältnisses der exportierten einfachen Rohseide zur gedoppelten und gezwirnten Rohseide dürfte

---

[74]) Fraschetti a. a. O. Bd. 52 S. 350.

[75]) Ann. Stat. 1905—1907 S. 546.

[76]) Mov. Comm. 1904 I S. 199; diese vorübergehende Ausfuhr umfaßte im Jahre 1904 3543 dz = 9,6 % der Gesamtausfuhr an gezwirnter Seide.

seine Ursache in der Vervollkommnung der Zwirnereien in den Bestimmungsländern selbst haben.

Unter den Hauptimportländern für italienische Rohseide bezog im Jahre 1904 die Schweiz 53% ihres Importes in einfacher Rohseide, Deutschland 47%, Frankreich 78%, Österreich-Ungarn 93%; auch in Großbritannien und Ägypten bestanden 92% bzw. 89% ihres Rohseidenimportes aus Italien in einfacher Rohseide; nur die Vereinigten Staaten von Amerika haben 65% ihres Rohseidenimportes, der in der italienischen Exportstatistik an dritter Stelle stand, in gezwirnter Seide bezogen.

Überblickt man diese Gesamtentwicklung der seidenindustriellen Halbfabrikation Italiens, so ist von einer Schädigung derselben durch den Verlust des französischen Marktes in den 90er Jahren nichts zu bemerken. Eine genauere Prüfung der Ausfuhrstatistik der kritischen Jahre 1887 und 1888 gibt aber sofort darüber Aufschluß, weswegen die Schließung der französischen Grenze durch die hohen Differentialzölle wirkungslos blieb. In den Jahren 1886 und 1887 hatte Frankreich 28178 dz bzw. 25928 dz Rohseide aus Italien bezogen und damit allein 62% bzw. 58% des gesamten italienischen Rohseidenexportes aufgenommen; im folgenden Jahre 1888 sank diese Ausfuhr nach Frankreich plötzlich auf 9188 dz = 18% des italienischen Gesamtexportes. Die Rohseidenausfuhr nach der Schweiz zeigte dafür aber das umgekehrte Bild: 1886 und 1887 betrug der Export nach dem schweizerischen Bundeslande 7300 dz bzw. 7589 dz, im Jahre 1888 stieg er aber sofort auf 23621 dz[77]). Hatte die Ausfuhr nach Frankreich also in dem ersten Jahre des Zollkrieges um 16740 dz abgenommen, so war der Export nach der Schweiz zu gleicher Zeit um 16032 dz gestiegen. Ferner besagt die genannte Statistik, daß die Rohseidenausfuhr nach Großbritannien von 173 dz bzw. 215 dz in den Jahren 1886 und 1887 auf 3589 dz im Jahre 1889 anwuchs; daß auch nach Belgien im Jahre 1889 1824 dz Rohseide exportiert wurden, während dieses Land in den vorangegangenen Jahren überhaupt nicht erwähnt wurde. Es liegt demnach auf der Hand, daß die italienische Rohseide infolge der französischen Differentialzölle den direkten Weg nach Frankreich vermied, dafür aber auf dem Umwege über die Schweiz nach Frankreich gelangte, oder soweit letzteres überhaupt nur Durchgangsgebiet gewesen war, auf direktem Wege in die Bestim-

[77]) Mov. Comm. 1886 S. 155, 1887 S. 125, 1888 S. 143.

mungsländer gebracht wurde. Auch in den spateren Jahren, als der neue Handelsvertrag von 1898 mit Frankreich zustande gekommen war, alle italienischen Seidenprodukte aber, wie schon erwähnt, von der Anwendung des französischen Minimaltarifes auch fernerhin ausgeschlossen und mit hohen Zöllen belegt wurden, hat sich an dieser Form der Ausfuhr nicht viel geändert. Der gesamte italienische Rohseidenexport nach Frankreich betrug im Jahre 1904 nur 11 602 dz, hatte also nur in geringem Maße zugenommen[78]). Dagegen war der Export nach der Schweiz weiterhin auf 30 536 dz gestiegen. Da ferner auch die Ausfuhr nach anderen Ländern, vor allem nach Deutschland (1888: 9241 dz, 1904: 17 488 dz) und nach den Vereinigten Staaten von Amerika (1888: 336 dz, 1904: 15 693 dz), sich stark entwickelt hatte, so waren der italienischen Haspelei und Zwirnerei aus den Schwierigkeiten auf dem französischen Markte keine nennenswerten Nachteile für ihre Tätigkeit und weitere Entfaltung erwachsen.

Freilich hatten sich im Laufe der Jahre 1870—1900 die Seidenpreise außerordentlich gesenkt und damit den Gewinnertrag der Rohseidenproduktion stark vermindert. Nach einer Aufstellung bei Silbermann[79]) ging der Preis italienischer Rohseide (9/11 den.) von 99 Frcs. im Jahre 1872 auf 61 Frcs. für 1879—1881 und auf 44 Frcs. im Jahre 1896 zurück. Diese Preissenkung hatte aber die italienische Rohseide mit den Seiden aller anderen Provenienzen gemein, wie aus der genannten Tabelle hervorgeht, und ist demnach nicht auf die handelspolitischen Schwierigkeiten Italiens, sondern auf den immer mehr zunehmenden ostasiatischen Export nach dem europäisch-amerikanischen Markt zurückzuführen, worüber wir im folgenden Abschnitt unserer Untersuchung noch eingehender zu sprechen haben werden. Hier ist nur die Tatsache festzustellen, daß die italienische Rohseidenproduktion sich trotz aller Hindernisse, die sich ihr in der behandelten Epoche entgegenstellten, ganz bedeutend entwickelt hatte und auch für die weitere Zukunft zu großen Hoffnungen berechtigte.

Der Schutz des neuen italienischen Zollsystems hatte, soweit die Seidenindustrie in Betracht kam, nicht der Halbfabrikation, sondern den Fertigfabrikaten der Weberei gegolten. Ein

---

[78]) Mov. Comm. 1904 I S. 199.

[79]) a. a. O. I S. 436.

Blick in die Handelsstatistik beweist, daß dieses Ziel auch erreicht wurde. Der Einfuhrzoll auf Seidengewebe nach dem italienischen Tarif von 1873 betrug im Generaltarif 300—1200 L. für den Doppelzentner, war aber in den Verträgen auf 50—1155 L. ermäßigt[80]). Dieser geringe Schutz für die Seidenweberei wurde noch dadurch illusorisch gemacht, daß die Krisis im italienischen Seidenbau Ende der 70er Jahre die Weberei nicht nur an einer stärkeren Entwicklung hinderte, sondern auch den vorangegangenen Aufschwung in der Ausfuhr von Seidengeweben wieder herabdrückte. In den Jahren 1871—1875 war dieser Export auf 20,5 Mill. L. gestiegen, in den folgenden Jahren bis 1880 sank er wieder auf durchschnittlich 12,2 Mill. L.[81]). Zwar war auch die Einfuhr an Seidengeweben in dieser Zeit von 45,6 Mill. L. auf 33 Mill. L. gefallen, bewies aber zugleich in ihrer relativen Höhe die Abhängigkeit des italienischen Inlandsmarktes von der ausländischen Produktion. Der Zolltarif von 1878 hatte eine Erhöhung der entsprechenden Zollsätze auf 500—600 L. pro dz gebracht[82]); aber auch dieser Schutz erwies sich für die noch unentwickelte italienische Seidenweberei gegenüber der technisch fortgeschritteneren Auslandskonkurrenz als zu schwach, zumal da die Verhältnisse im italienischen Seidenbau weiterhin sehr ungünstig blieben und die Weberei auf den einheimischen Rohstoffmarkt angewiesen war. Die Ausfuhr an Seidengeweben aller Art hob sich zwar auf 14,7 Mill. L. im Durchschnitt der Jahre 1881 bis 1885 und auf 17,9 Mill. L. in den Jahren 1886—1890, aber die entsprechende Einfuhr hielt mit dieser Entwicklung gleichen Schritt und stieg auf 36 Mill. L. bzw. 37,6 Mill. L. Diese letzte Zahl gibt jedoch den tatsächlichen Stand des Importes kurz vor Ausbruch des Zollkrieges nicht einmal richtig wieder, da sie die Jahre 1888—1890, die schon unter der Wirkung der neuen italienischen Zollmaßnahmen standen, umfaßt. Im Jahre 1884 betrug die Einfuhr bereits 38,6 Mill. L., im folgenden Jahre sogar 45,7 Mill. L. Das Jahr 1886 brachte eine weitere Steigerung der Gesamteinfuhr an Geweben und anderen Manufakturen aus Seide oder mit Seide gemischten Stoffen auf 525 820 kg im Werte von 49,8 Mill. L., wovon 323 089 kg (= 61,4%) im Werte von

[80]) Sombart a. a. O. S. 165.

[81]) Ann. Stat. 1897 S. 180. Über die Angabe der statistischen Zahlen für die Ausfuhr von Seidengeweben nach dem Wert und nicht nach dem Gewicht vgl. die frühere Anmerkung S. 70 Anm. 103.

[82]) Sombart a. a. O. S. 114.

32,5 Mill. L. (= 65,4%) aus Frankreich stammten; im folgenden Jahre war dieselbe Einfuhr auf 579 805 kg im Werte von 55,5 Mill. L. angewachsen, der Anteil Frankreichs auf 362 061 kg (= 62,4%) im Werte von 37 Mill. L. (= 66,6%)[83]).

Die Unruhe der italienischen Seidenweber und die Unnachgiebigkeit der italienischen Regierung in ihren Verhandlungen mit Frankreich erscheint angesichts dieser Entwicklung des Importes durchaus begreiflich. Als man zu keiner Vereinbarung gelangen konnte, trat am 1. März 1888 der neue italienische Generaltarif mit einem Einfuhrzoll von 700—1300 L. pro dz in Kraft und wurde noch durch Differentialzölle wesentlich verschärft. Waren die Wirkungen des neuen Zolltarifes schon an sich tief einschneidend, so mußten sie in der gegen Frankreich angewendeten Form den französischen Import auf ein Mindestmaß herabdrücken. Der Gesamtimport fiel im Jahre 1888 sofort auf 328 136 kg im Werte von 29,3 Mill. L., d. h. gewichtsmäßig auf 56,6%, wertmäßig auf 52,8% der Einfuhr des Vorjahres; die Einfuhr aus Frankreich sank auf 105 330 kg im Werte von 10,4 Mill. L.; nach ihrem Gewicht betrug sie also nur noch 29% der vorjährigen Einfuhr aus Frankreich und 32,1% der italienischen Gesamteinfuhr desselben Jahres, nach ihrem Wert nur noch 28% bzw. 35,5%[84]). Die neuen Zölle hatten also nicht nur die Menge der

[83]) Mov. Comm. 1886 S. 158 ff. u. 446, 1887 S. 126 ff. u. 360 ff.

[84]) Mov. Comm. 1888 S. 146 ff., 484 ff. Berücksichtigt man bei der Feststellung dieser Entwicklung nicht die mannigfaltigen Spezialartikel wie Spitzen, Tüll, Bänder, Posamentierwaren usw., in denen die italienische Seidenindustrie nichts Nennenswertes leistete und der italienische Konsum einfach auf die ausländische Produktion angewiesen war, sondern beschränkt man sich bei dem Vergleich lediglich auf die Gesamteinfuhr an Seidensamt, an Geweben aus Seide und Florettseide sowie an halbseidenen Stoffen, durch deren Konkurrenz die italienische Seidenweberei vor allem litt, so zeigt sich der erwähnte Rückgang des Importes infolge des neuen Zolltarifes und des Zollkrieges mit Frankreich noch weit schärfer. Die Gesamteinfuhr nach Italien in dem soeben umschriebenen Umfange betrug im Jahre 1886 396 613 kg, wovon 234 945 kg = 59,2% aus Frankreich kamen; im Jahre 1887 stieg diese Gesamteinfuhr auf 424 891 kg, der Anteil aus Frankreich auf 253 368 kg = 59,6%. Im neuen Zolltarif von 1887 ist die Nomenklatur teilweise geändert; faßt man aber die entsprechenden Positionen wieder zusammen, so ergibt sich im Jahre 1888 eine Senkung der bezeichneten Gesamteinfuhr sogar auf 194 395 kg, d. h. auf 45,8% der gleichen Einfuhr des Vorjahres; für die Einfuhr aus Frankreich findet man in diesem Jahre nur 55 593 kg = 22% der vorjährigen Einfuhr aus Frankreich und 28,6% der italienischen Gesamteinfuhr des Jahres 1888. Die italienischen Maßnahmen zur Bekämpfung der Auslandskonkurrenz hatten demnach einen vollen Erfolg.

importierten Waren fast um die Hälfte vermindert, sondern außerdem auch die durchschnittliche Qualität derselben herabgedrückt; die Einfuhr aus Frankreich war aber durch die besonderen Differentialzölle sogar auf weniger als ein Drittel ihres früheren Umfanges gesunken, und die weit vorherrschende Stellung, die Frankreich bisher unter den Lieferanten Italiens eingenommen hatte, war geschwunden; immerhin zeigen die prozentualen Zahlen für Gewicht und Wert seiner Einfuhr, im gegenseitigen Verhältnis betrachtet, daß nach wie vor die importierten französischen Waren durchschnittlich einen höheren Wert repräsentierten, als ihn der Durchschnitt der Gesamteinfuhr besaß, und deswegen wohl auch auf dem italienischen Markte in gewissen, wenn auch jetzt stark beschränkten Mengen einfach unentbehrlich waren. Daß es aber den französischen Waren auch nicht gelang, in größeren Mengen auf Umwegen über die italienische Grenze zu kommen, wie wir den umgekehrten Fall schon bei der italienischen Rohseide feststellen konnten, geht aus der Tatsache des gewaltigen Rückganges der Gesamteinfuhr nach Italien sowie aus der Einfuhrstatistik anderer in Frage kommender Länder hervor.

Auch nach Beendigung des Zollkrieges änderte sich an der neuen Stellung Frankreichs auf dem italienischen Markte nicht viel, obwohl Italien nur noch auf die Einfuhr von gefärbten Geweben einen geringen Zoll erhob[85]). Im Jahre 1904 importierte Frankreich an Geweben und anderen Manufakturen aus Seide, Florettseide und mit Seide gemischten Stoffen 121 607 kg im Werte von 10,1 Mill. L. und stellte damit nur 36,5% (nach dem Werte 40,1%) des italienischen Gesamtimportes, der sich in diesem Jahre auf 332 849 kg im Werte von 25,2 Mill. L. belief[86]). Frankreich stieß jetzt auf dem italienischen Markte auf zwei ihm ebenbürtige Konkurrenten, Deutschland und die Schweiz. Vor allem hatte sich aber auch die Produktion der italienischen Seidenwebereien selbst ganz erheblich gesteigert, so daß von ihr nicht nur der Inlandskonsum in größerem Maße als ehemals befriedigt werden konnte, sondern auch die Ausfuhr ständig zunahm.

Der Import an Seidengeweben aller Art war infolge des Schutzzolles sofort von 55,5 Mill. L. auf 29,3 Mill. L. im Jahre 1888 gefallen; in der Folgezeit sank er weiter auf 28,4 Mill. L.

---

[85]) Züblin a. a. O. S. 310.
[86]) Mov. Comm. 1904 I S. 202 ff.

im Jahre 1889, 25 Mill. L. im Jahre 1890, 20,7 Mill. L. im Jahre 1891: die durchschnittliche Einfuhr von 1891 bis 1895 betrug 20,1 Mill. L., von 1896 bis 1900 21,7 Mill. L., von 1901 bis 1905 25 Mill. L.[87]). Erst im Jahre 1905 setzte mit 29 Mill. L. ein neuer Aufstieg ein.

Der italienische Export wies dagegen eine ganz andere Entwicklung auf. In den ersten 6 Jahren der protektionistischen Zollpolitik blieb zwar die Ausfuhr auf durchschnittlich 18,2 Mill. L. beschränkt. Der Inlandsbedarf, dem die ausländische Ware nur noch in geringerem Maße zur Verfügung stand, mußte in erster Linie gedeckt werden; der französische Markt war dem italienischen Export verschlossen; eine drohende allgemeine Wirtschaftskrise mahnte auch zur Vorsicht. Im Jahre 1894 trat aber zum ersten Male seit der Gründung des italienischen Königreiches der Fall ein, daß der Export Italiens an Seidengeweben seinen Import übertraf: Export 23,5 Mill. L., Import 13,1 Mill. L. Seit dieser Zeit ist die italienische Ausfuhr in ständigem schnellen Wachstum geblieben und von der entsprechenden Einfuhr auch nicht annähernd wieder erreicht worden. Im Jahre 1898 stand der Export bereits auf 39,9 Mill. L., im folgenden Jahre auf 60,9 Mill. L., im Jahre 1901 auf 75,5 Mill. L., im Jahre 1905 auf 78,5 Mill. L. Der durchschnittliche Jahresexport stieg von 21,2 Mill. L. in den Jahren 1891—1895, auf 47 Mill. L. in den Jahren 1896—1900 und auf 74,3 Mill. L. in den Jahren 1901 bis 1905[88]). Über die Bestimmungsländer dieses Exportes werden wir noch später zu reden haben.

Wenn die italienische Seidenweberei auch das von ihr benötigte Material in erster Linie der einheimischen Produktion entnahm, so war sie doch bei fortgeschrittener Technik für bestimmte Gewebe auf ausländische Seiden, z. B. die französischen Cévennesseiden angewiesen; die erheblich gesteigerte Rohseideneinfuhr nach Italien ist daher auch als eine Begleiterscheinung der wachsenden Produktion der italienischen Webereien zu werten, zumal sie zur gleichen Zeit mit der letzteren einsetzte. Die Krisenjahre 1876—1880 hatten vorübergehend eine verstärkte Rohseideneinfuhr von durchschnittlich 11587 dz gebracht; im folgenden Jahrzehnt ging dieselbe aber wieder auf 8887,6 dz zurück. Die Lage änderte sich plötzlich im Jahre 1892, in dem die

---

[87]) Ann. Stat. 1905—1907 S. 546.
[88]) Ann. Stat. 1905—1907 S. 546.

Rohseideneinfuhr auf 15517 dz stieg; 1895 stand sie bereits auf 20037 dz. Die folgenden Jahre zeigten einige erhebliche Schwankungen, so daß die durchschnittliche Einfuhr für 1896—1900 auf 19563 dz stehen blieb; nach der Jahrhundertwende entwickelte sich aber eine neue dauernde Hebung des Importes, der im Durchschnitt der Jahre 1901—1905 25002 dz betrug[89]).

Seit dem Jahre 1889 ergibt sich auch aus der Handelsstatistik, inwieweit an diesem Import einfache bzw. gezwirnte Rohseide beteiligt war. In diesem Jahr entfielen von der relativ hohen Einfuhrmenge von 11130 dz allein 10993 dz = 98,8% auf einfache gesponnene Rohseide und nur 137 dz auf gezwirnte Rohseide[90]). Fünfzehn Jahre später finden wir noch dasselbe Verhältnis; im Jahre 1904 stellte sich die Rohseideneinfuhr Italiens auf 25350 dz, wovon wieder 24962 dz = 98,5% auf die einfache Rohseide entfielen; diese letztere setzte sich wiederum zu 75% aus asiatischer und nur zu 25% aus europäischer Rohseide zusammen; der Hauptlieferant für asiatische Rohseide war China mit 16388 dz = 88%; von der europäischen Rohseide lieferte Frankreich mit 3783 dz allein 60%[91]). Diese Zunahme der Rohseideneinfuhr bedeutete demnach, auch soweit sie der wachsenden Produktion der einheimischen Webereien und nicht nur der Wiederausfuhr in verarbeitetem Zustande diente, zugleich eine wesentliche Steigerung der Tätigkeit der einheimischen Zwirnereien. Ferner zeigen diese Zahlen, daß neben manchen unentbehrlichen französischen Seidenarten auch die asiatischen Seiden, die vor allem in der Herstellung leichterer gemischter Stoffe Verwendung fanden, von den italienischen Webereien immer stärker herangezogen wurden; da bei dem bedeutenden Export an italienischer Rohseide für die italienischen Webereien von dem inländischen Material nicht viel übrig blieb, scheinen die asiatischen Seiden sogar einen sehr wesentlichen Teil des von den Webereien verwendeten Rohmaterials ausgemacht zu haben[92]).

---

[89]) Ann. Stat. 1905—1907 S. 546.

[90]) Fraschetti a. a. O. Bd. 52 S. 350.

[91]) Mov. Comm. 1904 I S. 198 f.

[92]) Aus der Handelsstatistik läßt sich leider nichts Genaueres darüber ersehen, wieweit die italienische Einfuhr von asiatischer Rohseide der Produktion der italienischen Webereien oder nur der Verarbeitung in den Zwirnereien zum Zweck der Wiederausfuhr als gezwirnte Rohseide diente. Die Verarbeitung der Rohseide in den ostasiatischen Spinnereien und Zwirnereien war meist noch so mangelhaft, daß die von den europäischen Webereien benötigten Seiden Ostasiens als einfache Rohseide bezogen und in Europa erst einer end-

Der Ausfuhrzoll des neuen Zolltarifes von 1887 auf Seidenabfälle — für die besseren Qualitäten 14 L. pro dz, für die anderen 8,80 L. pro dz — hatte den Zweck verfolgt, die wertvollen Abfälle zur Verarbeitung möglichst im Lande zurückzuhalten und dadurch diesen neuen Industriezweig zu stärken. Der Erfolg dieser Maßnahme war aber nur ein teilweiser. In der Zeit von 1871 bis 1885 hatte der mittlere jährliche Export an Seidenabfallprodukten 25 000 dz betragen[93]). Das Jahr 1886 zeigte dieselbe Ausfuhrhöhe, wobei 80% auf Rohabfälle kamen. Der Export der letzteren ging aber infolge des neuen Ausfuhrzolles nur im Jahre 1887 zurück; 1888 betrug er sogar 24 856 dz und blieb auch auf dieser Höhe in der Folgezeit stehen (1904: 24 550 dz). Mit der steigenden italienischen Rohseidenproduktion hatte allerdings auch die Menge der verfügbaren Abfälle zugenommen; indem die Ausfuhr der Rohabfälle nicht zunahm, blieb für die inländische Verarbeitung demnach eine größere Menge inländischer Rohabfälle übrig. Die Ausfuhr an gesponnener Abfallseide wuchs auch in der Tat von 1682 dz im Jahre 1886 auf 9049 dz im Jahre 1904. Außerdem bestand noch ein geringerer Export an Abfallseide, die nur gekrempelt, aber nicht versponnen wurde; er war von 3190 dz im Jahre 1886 auf 5718 dz im Jahre 1904 gestiegen, bestand aber fast ganz aus vorübergehend aus dem Auslande eingeführten Seidenabfällen (1904: 5695 dz). Der übrige Teil der eingeführten Abfälle blieb nach seiner Bearbeitung im Lande. Der Gesamtimport an Rohabfällen war von 4000 dz im Jahre 1886 auf 20 617 dz im Jahre 1904 angewachsen; die Einfuhr an gekrempelter und gesponnener Abfallseide war unbedeutend[94]).

gültigen Bearbeitung unterworfen werden mußten; Italien hatte auf Grund seiner vollendeten Technik und seiner billigen Handarbeit in der Zwirnerei einen Hauptanteil an dieser Bearbeitung asiatischer Seiden, und der Aufschwung seiner Seidenzwirnereien war zum Teil gerade auf diese Tätigkeit zurückzuführen. Die Höhe der italienischen Rohseidenausfuhr läßt zwar im Hinblick auf die tatsächliche einheimische Rohseidenproduktion darauf schließen, daß in dieser Ausfuhr große Mengen ausländischer Rohseide enthalten waren, die zur Verarbeitung in Italien vorübergehend eingeführt worden waren, aber über die Höhe dieser vorübergehenden Einfuhr ist dadurch keine Klarheit gewonnen. Die Einfuhrstatistik selbst bietet keinerlei Anhaltspunkte. Somit ist auch nicht festzustellen, wieweit die steigende Rohseideneinfuhr und damit auch die zunehmende Tätigkeit der Zwirnereien auf den anwachsenden Konsum der einheimischen Webereien zurückzuführen ist, wenn auch der Einfluß des letzteren nicht zu bezweifeln ist.

[93]) Ann. Stat. 1897 S. 180.

[94]) Mov. Comm. 1886 S. 157, 1887 S. 127, 1888 S. 145, 1904 I S. 200 f.

Über die Gesamtproduktion an Rohabfällen in Italien finden sich in dem behandelten Zeitabschnitt nur Schätzungen aus dem Jahre 1891; sie nennen eine Menge von ungefähr 4 Mill. kg im Werte von 30 Mill. L.; unter Berücksichtigung des Außenhandels dürften jährlich 2,5 Mill. kg Rohabfälle in Italien selbst verarbeitet worden sein. Die Erzeugung von gekrempelten und gesponnenen Abfällen wird auf 900000 kg, diejenige von verschiedenen Arten von Geweben aus dieser Seide auf 675000 kg angenommen. In Anbetracht der Vermehrung und Verbesserung der Maschinen in den folgenden anderthalb Jahrzehnten glaubt man aber, daß diese Produktion im Anfang des neuen Jahrhunderts schon die doppelte Höhe erreicht hatte[95]). Von den Rohabfällen besserer Qualität wurde der größere Teil ausgeführt, während die Ausfuhr der geringwertigeren Abfälle sich schon wegen der Verteuerung durch die Transportspesen nicht lohnte. Im Verhältnis zur ausländischen Produktion besaß der Industriezweig für die Verarbeitung von Seidenabfällen in Italien keine besondere Bedeutung.

4. Die industrielle Entwicklung bis zum Jahre 1903.

a) Die Entwicklung der gesamten Seidenindustrie Italiens.

Nachdem in der Industriestatistik von 1876 zum ersten Male, wenn auch noch recht unvollkommen, ein Überblick über die Hauptindustrien des neu geeinten Königreiches gewonnen worden war, ging die italienische Regierung in den folgenden Jahrzehnten dazu über, unter Heranziehung amtlicher und privater Stellen Monographien über die gewerbliche Lage der einzelnen Provinzen des Landes herauszugeben, um auf diese Weise ein möglichst getreues Bild der Gesamtverhältnisse zu erhalten. Der große Nachteil dieser Methode lag darin, daß sich die Dauer der notwendigen Vorarbeiten je nach Ausdehnung und gewerblichem Stand der Provinzen sehr verschieden gestaltete und die Veröffentlichungen über einzelne Landesteile erst erschienen, als die früher herausgegebenen Darstellungen anderer Provinzen durch die fortschreitende Entwicklung längst überholt waren. Neben diesen Monographien über die Provinzen wurden auch noch Einzeldarstellungen über einige wichtigere Industriezweige und

[95]) Stat. industr. Fasc. 37 S. 24 ff.; Stat. industr. 1903 I S. 156.

und ihren Bestand im gesamten Königreiche veröffentlicht; abgesehen von der gewöhnlichen Schwierigkeit solcher Statistiken, die in einer begreiflichen Zurückhaltung der Industriellen in ihren Auskünften liegt, ergab sich hierbei auch noch die Notwendigkeit, das Material der genannten Monographien über die einzelnen Provinzen, soweit sie schon vorlagen, auf den neuesten Stand zu ergänzen, und soweit diese Monographien noch nicht veröffentlicht waren, besondere Untersuchungen anzustellen; die Gefahr einer gewissen Uneinheitlichkeit und Lückenhaftigkeit der gesamten Darstellung war damit gegeben. Eine solche Sonderveröffentlichung ist auch im Jahre 1891 über die italienische Seidenindustrie erfolgt[96]). Nach Abschluß aller Monographien wurde das gesamte zusammengetragene Material gesichtet, bis auf den Stand des Jahres 1903 ergänzt und kurz zusammengefaßt herausgegeben. So erschien im Jahre 1906 die neue Statistica industriale nach dem Stande der Industrie im Jahre 1903[97]). Auf diese beiden amtlichen Statistiken stützen sich vor allem die folgenden Darlegungen über die italienische Seidenindustrie in dem behandelten Zeitabschnitt.

Ein Vergleich der Zahl der seidenindustriellen Betriebe in den drei Jahren ihrer statistischen Feststellung zeigt die großen Veränderungen, die sich in diesen 27 Jahren und vor allem in dem ersten Teil derselben von 1876 bis 1891 vollzogen hatten. Die Gesamtzahl der Betriebe der Haspelei, Zwirnerei und Weberei einschließlich der Verarbeitung von Seidenabfällen war von 3829 im Jahre 1876 auf 2084 (=54,4%) im Jahre 1891 und auf 1947 (=50,8%) im Jahre 1903 gesunken[98]); fast die Halfte der

---

[96]) Es handelt sich um die schon öfters zitierte amtliche Veröffentlichung: Statistica industriale Fasc. 37. L'industria della seta in Italia (Annali di Statistica S. IV Nr. 55), zitiert als Stat. industr. Fasc. 37.

[97]) Statistica industriale. Riassunto delle notizie sulle condizioni industriali del regno I—III, Roma 1905—06, zitiert als Stat. industr. 1903.

[98]) Ann. Stat. 1881 S. 614 f.; Stat. industr. Fasc. 37 S. 45 ff.: Stat. industr. 1903 II S. 2 ff. Die Bearbeitung der Industriestatistik von 1903 in der Veröffentlichung von 1905/06 zeigt leider nicht unwesentliche Ungenauigkeiten und Widersprüche in ihren einzelnen Teilen. So entsprechen die zusammenfassenden Angaben in Teil III S. 72 ff. nicht immer der analytischen Darstellung in Teil II. Vor allem weist aber in dem von uns geführten Vergleich die entsprechende Tabelle in Teil I S. 154, die sich unverändert auch in Ann. Stat. 1905—1907 S. 448 wiederfindet, einen schweren Fehler auf. Während die Angabe der Zahl der Betriebe für das Jahr 1876 und 1891 nur die Betriebe der Haspelei, Zwirnerei und Weberei einschließlich der Verarbeitung der Seidenabfälle (diese letztere in der Statistik des Jahres 1891) umfaßt

Betriebe war also diesen krisenvollen Jahren zum Opfer gefallen. Ein weiterer Vergleich der Zahl der beschäftigten Arbeitskräfte und der verwendeten motorischen Kraft gibt auch sofort darüber Aufschluß, daß die Seidenindustrie eine tiefgreifende Reinigungskrisis durchgemacht hatte. Die Gesamtzahl der in den genannten Hauptzweigen beschäftigten Arbeitskräfte sank von 200393 Personen im Jahre 1876 nur auf 172356 Personen (=86%) im Jahre 1891 und hob sich dann sogar wieder auf 183800 Personen im Jahre 1903. Während im Jahre 1876 im Durchschnitt nur 52,3 Arbeiter auf einen Betrieb entfielen, waren es im Jahre 1891 bereits 82,7, im Jahre 1903 sodann 94,4 Personen. Bringt man ferner den Rückgang an Betrieben und an Arbeitern miteinander in Verbindung, so kommen auf jeden der eingegangenen Betriebe nur 8,8 Arbeiter. Gewiß sind diese Zahlen nicht schematisch aufzufassen; es geht aber aus ihnen mit Sicherheit hervor, daß die Krisis vor allem die kleinen und kleinsten Betriebe ausgemerzt und die gesamte Industrie zur Konzentration ihrer Produktion in größeren Betrieben gezwungen hatte.

Die Angaben über die Verwendung motorischer Kraft sind als Maßstab für die industrielle Entwicklung von großer Bedeu-

---

(vgl. a. a. O.), sind in der Zahl für 1903 auch die bakologischen Unternehmungen sowie die Kokondörr- und Konditionieranstalten in einer Zahl von 211 Betrieben miteinbegriffen; ferner sind zwei gemischte Betriebe für Haspelei, Zwirnerei und Weberei dreimal gezählt worden (vgl. Teil II S. 156 f.: Provinz Genua). Daraus ergibt sich aber eine Gesamtzahl der seidenindustriellen Betriebe von 2162, die im Vergleich gestellt mit der Statistik von 1891 eine Steigerung der Zahl der vorhandenen Betriebe ergibt. Diese Darstellung ist irreführend und widerspricht dem Ergebnis einer genauen Nachprüfung, das oben im Text verwendet wurde und einen weiteren Rückgang der zu vergleichenden Betriebe bis zum Jahre 1903 verzeichnet. In den Statistiken von 1876 und 1891 sind die oben genannten Nebenbetriebe der Seidenindustrie überhaupt nicht angegeben, obwohl ihre Zahl sicher nicht gering war; ein Vergleich aller Betriebe der gesamten Seidenindustrie ist daher gar nicht möglich. Dieser soeben festgestellte Fehler in der vergleichenden Darstellung des industriellen Standes für 1876, 1891 und 1903 erstreckt sich auch auf die Berechnung der beschäftigten Arbeitskräfte und der verwendeten motorischen Kraft. Die Zahl der Arbeiter in den zu vergleichenden Industriezweigen ist nur auf 183800 Personen, nicht aber auf 191654 Personen gestiegen; bei Beachtung der richtigen Betriebs- und Arbeiterzahl tritt das Bild der Konzentrationsbewegung in der Seidenindustrie noch viel schärfer hervor. Die Verwendung motorischer Kraft in den genannten Nebenbetrieben ist dagegen so gering (Gesamtzahl nach den Angaben in Teil II der Statistik von 1903: 18 PS.), daß sie außer acht gelassen werden kann.

tung. Nach der Statistik von 1876 belief sich die Gesamtleistung der in der Seidenindustrie verwendeten Motoren auf 10902 PS; im Jahre 1891 war diese Leistungsfähigkeit auf 9011 PS (= 82,6%) gesunken, stieg aber bis 1903 weit über die frühere Leistungshöhe hinaus auf 12237 PS. Im Durchschnitt entfielen auf den einzelnen Betrieb im Jahre 1876 nur Motoren mit einer Gesamtleistung von 2,8 PS; 1891 waren es bereits 4,3 PS, 1903 5,7 PS. Der geringere Rückgang der motorischen Kraft im Verhältnis zur Einschränkung der seidenindustriellen Betriebe im allgemeinen und das schnelle Wachstum der durchschnittlichen motorischen Kraft für den einzelnen Betrieb ist aber nicht nur der Konzentration der bisherigen Betriebe zu größeren Unternehmungen zuzuschreiben, sondern auch vor allem der starken Ausdehnung der Seidenweberei und der Abfallverarbeitung, die in größerem Maße als die Halbfabrikation mit motorischer Kraft arbeiteten. In der Art der verwendeten Motore zeigte sich aber eine nicht unwichtige Veränderung. Im Jahre 1903 wurden von den Motoren 857 mit 5555 PS durch Dampf, 667 mit 6421 PS durch Wasserkraft, 19 mit 82 PS durch Gas oder Petroleum und 60 mit 179 PS durch Elektrizität betrieben[99]). Die letzten beiden Arten machten erst 0,7 bzw. 1,4% der Gesamtleistung aus; wesentlich ist dagegen die Verwendung von Dampf- und Wasserkraft für den Motorenbetrieb und ihr Anteil an der Gesamtleistung. Im Jahre 1876 wurden noch 62% der gesamten Kraft durch Dampf und nur 38% durch Wasserkraft erzeugt; 1891 stellte sich dieses Anteilsverhältnis schon auf 46,4:53,3%; 1903 auf 45,4:52,5% mit einem gemeinsamen Rückgang zugunsten der genannten neuen Motorenarten[100]). Der Grund dieser Veränderungen lag in dem Bestreben der Produzenten, die Betriebsunkosten im Hinblick auf die Krisis möglichst zu vermindern; man suchte die teure Dampfkraft, zu deren Erzeugung die Kohlen aus dem Auslande erst importiert werden mußten, durch die billigere

[99]) Die elektrischen Motore können an sich den anderen Motoren nicht gleichgestellt und ihre Leistung nicht derjenigen der anderen zugezählt werden, da sie ihre Energie größtenteils erst durch Dampf- und Wasserkraftmotore erhalten (Stat. industr. 1903 III S. 5 Anm.), doch ist dieser Unterschied in der vorliegenden Statistik nicht weiter berücksichtigt und bei der vorläufig noch relativ geringen Zahl der elektrischen Motore auch von keiner besonderen Bedeutung.

[100]) Vgl. die Tabelle in der Stat. industr. 1903 I S. 154; Ann. Stat. 1905 bis 1907 S. 448. Die mit Gas oder Petroleum betriebenen Motore waren im Jahre 1891 erst mit 27 PS = 0,3% vertreten.

Wasserkraft unter Ausnutzung der zahlreichen einheimischen Wasserläufe zu ersetzen. Die Industrie Piemonts hatte sich schon früher vornehmlich in den Gebirgstälern angesiedelt; zwei Drittel der motorischen Kraft wurden durch die Verwendung der Gebirgsbäche gewonnen. Auch in Venetien wurde schon um das Jahr 1880 die Hälfte der motorischen Kraft durch Benutzung der Wasserläufe erzeugt; im Jahre 1903 war die Krafterzeugung der Dampfmotoren auf 21% der Gesamterzeugung gesunken, diejenige der mit Wasserkraft betriebenen Motoren auf 76% gestiegen. Im Hauptgebiet der Seidenindustrie, in der Lombardei, hatte dagegen die Benutzung von Dampfmotoren vorgeherrscht; die von ihnen erzeugte Kraft umfaßte 75% der Gesamterzeugung; bis zum Jahre 1903 war sie aber auf 55% gegenüber 43% der Krafterzeugung mit Wasserkraftmotoren gesunken[101]). Bemerkenswert ist noch, daß in Mittel- und Süditalien die Verwendung von Dampfmotoren auch noch im Jahre 1903 bei weitem überwog; so gewann die Seidenindustrie in Toscana 95%, in den Marken 61%, in Calabrien 81% ihrer motorischen Kraft durch Dampfmotore. Der Mangel an geeigneten Wasserläufen zwang die Industrie dieser Gebiete, die teurere Krafterzeugung beizubehalten, und erschwerte ihr damit die Konkurrenzfähigkeit gegenüber der günstiger gelegenen oberitalienischen Industrie. Der Rückgang der süditalienischen Seidenindustrie hat in diesem Umstande einen seiner wichtigsten Gründe; um das Jahr 1880 wurden von ihr noch 342 PS motorischer Kraft verbraucht, 1903 ist diese schon geringe Menge sogar auf 174 PS gesunken. In der kleinen Industrie Campaniens verwendete man daher auch vorwiegend Motoren mit Gas- und Petroleumbetrieb sowie elektrische Motoren. Diese Motorenarten waren auch noch in der Lombardei und in Venetien im Gebrauch.

Eine weitere bedeutsame Veränderung vollzog sich in dieser Zeit auch in der Zusammensetzung der Arbeiterschaft in der Seidenindustrie, in der neben der Frauenarbeit besonders die Beschäftigung von Kindern eine Ausdehnung gewonnen hatte, die, wie wir gesehen hatten, zu einer Ausbeutung der Kinderkraft durch die Unternehmer geführt hatte und nur durch den Mangel jedes gesetzlichen Schutzes möglich war. Die Verhältnisse lagen im Jahre 1876 derart, daß auf 100 Arbeitskräfte nur 7,8 Männer, aber 60,1 Frauen und 32,1 Kinder kamen. Fünfzehn Jahre später

---

[101]) Ann. Stat. 1881 S. 614 f.; Stat. industr. 1903 III S. 72 ff.

zeigt die Statistik einen starken Rückgang der Kinderarbeit (21,2%), dafür aber eine starke Zunahme der Frauenarbeit (69,9%) und eine geringe der Männerarbeit (8,9%). Im Jahre 1903 hat sich diese Entwicklung unter stärkerer Betonung der Männerarbeit noch fortgesetzt: Männer 10,1%, Frauen 70,1%, Kinder 19,8%; die letzteren sind fast ausschließlich Mädchen (18,9%)[102]. Die zunehmende Heranziehung männlicher Arbeitskräfte hatte ihren Grund in der aufsteigenden Entwicklung der Seidenweberei; die Verminderung der Kinderarbeit war aber eine Folge des Gesetzes über die Kinderarbeit vom 11. Febr. 1886. Alle vorangegangenen Versuche, die Arbeit der Kinder in Industrie und Bergbau gesetzlich zu regeln, waren besonders deswegen gescheitert, weil man die ausländische Konkurrenz fürchtete und sich den Vorteil der billigeren Handarbeit nicht schmälern lassen wollte. Das neue Gesetz bezog sich auf alle motorischen Betriebe sowie auf die nichtmotorischen, soweit sie regelmäßig mindestens 10 Arbeiter beschäftigten. In der Industrie war die Beschäftigung von Kindern unter 9 Jahren fernerhin verboten, bis zum Alter von 15 Jahren nur mit ärztlichem Tauglichkeitszeugnis erlaubt. Die Arbeitszeit betrug für Kinder von 9 bis 12 Jahren 8 Stunden, über dieses Alter hinaus war sie unbeschränkt. Das Verbot der Nachtarbeit wurde erst in das Ausführungsdekret vom 17. September 1886 aufgenommen; Nachtarbeit wurde als gefährliche Arbeit Kindern von 9 bis 12 Jahren untersagt, für 12—15 jährige Personen auf 6 Stunden beschränkt[103]; doch konnte in Betrieben mit ununterbrochener

[102]) Stat. industr. 1903 I S. 155.

[103]) Während in der Statistik von 1876 die Arbeit bis zum vollendeten 14. Lebensjahre als Kinderarbeit gerechnet wurde (vgl. Ellena a. a. O. S. 32), dehnte das Kinderschutzgesetz vom Jahre 1886 diese Altersgrenze auf das vollendete 15. Lebensjahr aus. Durch diese Änderung wird ein Vergleich mit den statistischen Angaben der späteren Zeit ungenau, ohne daß sich eine Möglichkeit zur Korrektur der erstgenannten Statistik fände. Die Statistik von 1903 (a. a. O.) hat die früheren statistischen Angaben (vgl. Ellena a. a. O. S. 29) ihren vergleichenden prozentualen Berechnungen ohne jede diesbezügliche Anmerkung zugrunde gelegt. Wäre es möglich, die Zahlen der Statistik von 1876 im Sinne der späteren Begrenzung der Kinderarbeit zu korrigieren, so würde die in obigem Text festgestellte Verminderung der Kinderarbeit sicher noch in weit stärkerem Maße zum Ausdruck kommen. Doch ist diese statistische Änderung auch dort im Auge zu behalten, wo sich bei unserer späteren Untersuchung der Zusammensetzung der Arbeiterschaft in den einzelnen Industriezweigen in einzelnen Landesteilen bedeutende Steigerungen der Kinderarbeit vorfinden, die demnach teilweise nur auf die geänderte statistische Erhebungsform zurückzuführen sein werden.

Arbeitszeit die Nachtarbeit auch für Kinder von 9 bis 12 Jahren bis zu 6 Stunden gestattet werden[104]). Eine gesetzliche Regelung der Kinderarbeit mußte für die Seidenindustrie einschneidende Wirkungen haben, aber diese Gesetzgebung von 1886 war so mild ausgefallen, daß durch sie nur die ärgsten Auswüchse in der industriellen Beschäftigung der Kinder beseitigt wurden. Wenn trotzdem der Prozentsatz der in der Seidenindustrie beschäftigten Kinder sofort von 32,1% auf 21,2% sank, so geben diese beiden statistischen Zahlen einen tiefen Einblick, wie weit man es mit der Ausbeutung der Kinderarbeit getrieben hatte. Durch die Beschränkung der Arbeitszeit der Kinder, vor allem für die Nachtarbeit, mochte sich in sehr vielen Fällen ihre Arbeit als wenig rentabel und durch den Wechsel der Personen innerhalb der gesamten Arbeitsdauer auch als unangenehm und störend erwiesen haben[105]), und da der gesetzliche Schutz der Frauenarbeit unterblieb, ersetzte man die Kinder durch junge Mädchen, die schon außerhalb der gesetzlichen Schutzfrist standen. Hiermit erklärt sich auch die starke prozentuale Steigerung der Frauenarbeit in dieser Zeit. Erst am 19. Juni 1902 wurde ein neues Gesetz über die Arbeit der Frauen und Jugendlichen erlassen; die Beschäftigung der Kinder unter 12 Jahren wurde nunmehr völlig verboten; die Arbeitszeit der Jugendlichen von 12 bis 15 Jahren, die bisher unbeschränkt war, wurde auf 11 Stunden, diejenige der Arbeiterinnen über 15 Jahre auf 12 Stunden eingeschränkt[106]). Wenn auch diese neuen Bestimmungen nach heutigen Auffassungen als sehr gemäßigt zu bezeichnen sind, so waren sie doch damals für die Industrie eine recht erhebliche Belastung; die verhältnismäßige Zahl der in der Seidenindustrie beschäftigten Kinder sank von neuem. Die Frauenarbeit war aber in dieser Industrie durch Männerarbeit größtenteils nicht zu ersetzen und bot auch gegenüber der höheren Entlohnung der männlichen Arbeitskräfte trotz der neuen Arbeitszeitbeschränkungen wesentliche Vorteile; ihr prozentualer Umfang stieg.

Die Gesamtzahl der 2158 seidenindustriellen Betriebe des Jahres 1903 zerfiel in 169 Betriebe zur Herstellung von Raupen-

---

[104]) Handwb. der Staatswiss. 4. Aufl. Bd. I S. 579.

[105]) Vgl. die früher mitgeteilten Bemerkungen Ellenas zur gesetzlichen Regelung der Kinderarbeit.

[106]) Handwb. d. Staatswiss. a. a. O.

eiern, 34 Betriebe zum Dörren der Kokons, 1158 Haspeleien, 8 Konditionieranstalten, 523 Betriebe für Zwirnerei und Herstellung von Nähseide, 197 Webereien, 39 Betriebe, in denen die Haspelei und Zwirnerei gemeinsam ausgeübt wurde, und 30 Unternehmungen für Krempeln, Spinnen und Verweben von Seidenabfällen[107]).

Die bakologischen Unternehmungen fanden sich vor allem in den Marken, und zwar in der Provinz Ascoli Piceno, wo allein 51 dieser Betriebe zur Herstellung von Raupeneiern bestanden; in dem Gesamtbezirk befanden sich 76 Betriebe. Die gesunde Lage dieses Gebietes hatte schon in der Zeit der Raupenkrankheit seine Aufzuchten vor der Seuche bewahrt; späterhin wurden diese auch zum Mittelpunkt der Erneuerung und ständigen Verbesserung der italienischen Raupenzucht. In der Lombardei und in Venetien als den Hauptgebieten des Seidenbaues waren die bakologischen Betriebe ebenfalls stark vertreten; in Süditalien und auf den Inseln bestand kein einziger. In diesem Industriezweig fanden 6864 Personen Beschäftigung; 89% davon waren Frauen. Über die Methode der Auswahl und Vervollkommnung der von den Seidenzüchtern zu verwendenden Raupeneier und die durch sie erzielten Erfolge ist bereits früher eingehend gesprochen worden.

Die Betriebe zum Dörren der Kokons befanden sich fast ausschließlich in der Lombardei (Provinz Cremona) und in Emilien (Provinz Bologna, Forlî, Parma), also in den wichtigsten seidenbautreibenden Gegenden oder in ihrer unmittelbaren Nähe. Auch von diesen Betrieben existierte kein einziger in Süditalien und auf den Inseln. Die Gesamtarbeiterschaft aller Betriebe betrug nur 320 Personen, zum größten Teile Männer.

Von größerer Bedeutung sind die Konditionieranstalten, in denen das Handelsgewicht der Rohseide festgestellt wird. Die Seidenfaser besitzt starke hygroskopische Eigenschaften und kann bis zu 30% ihres Gewichtes Wasser aufnehmen, ohne daß sie sich dadurch feucht anfühlen oder ihr Aussehen verändern würde. Da die Rohseide nach Gewicht verkauft wird, so wäre ein Betrug infolgedessen leicht möglich, wenn die zum Verkauf ge-

[107]) Stat. industr. 1903 II S. 2 ff. Die obigen Zahlen weichen teilweise von den Angaben ab, die sich in der zusammenfassenden Tabelle Teil III S. 72 ff. vorfinden und infolge falscher Zusammenstellung fehlerhaft sind, sowie auch von den Angaben Teil I S. 153; an dieser Stelle sind außerdem noch die Zahlen für die gemischten Betriebe und für die Betriebe der Seidenabfallverarbeitung miteinander vertauscht worden.

langende Rohseidenmenge nicht vorher getrocknet und ihr tatsächliches Gewicht ermittelt würde. Zu diesem absoluten Gewicht werden sodann nach Handelsbrauch 11% als Gewicht des zulässigen Feuchtigkeitsgehaltes hinzugezählt; die Summe ergibt das Handelsgewicht der Rohseidenmenge[108]).

Die Tätigkeit der Konditionieranstalten, zu deren Ausübung besondere Trocknungsanlagen und wertvolle Instrumente benötigt werden, führt naturgemäß zu einer Konzentration des Seidenhandels an wenigen Orten. Silbermann gibt für Italien noch 20 Städte mit Konditionieranstalten an; aus seiner Tabelle, in der er nur 11 Anstalten ausdrücklich aufführt, geht aber hervor, daß neben Mailand die übrigen Anstalten nur eine untergeordnete Bedeutung besaßen[109]). Nach der Statistik von 1903 befanden sich in Italien 5 Anstalten in der Lombardei (2 in Como, 3 in Mailand), 1 in Venetien (Udine), 1 in den Marken (Ancona) und 1 in Sizilien (Messina)[110]). Mit diesen Angaben stimmt freilich nicht überein, daß in einer Tabelle derselben Statistik[111]) nach dem Bulletin des soies et des soieries für die Jahre 1904 und 1905 Konditionieranstalten nur in Mailand, Bergamo, Como (Lombardei), Turin (Piemont), Udine (Venetien), Florenz (Toscana) und Ancona (Marken) aufgezählt sind; aber auch diese Tabelle zeigt, daß neben Mailand mit 90% aller in den Jahren 1904 und 1905 in Italien konditionierten Seide nur noch Turin und Como einige Bedeutung besaßen.

Die Mailänder Konditionierungen waren fast ganz in dem Unternehmen der Società cooperativa per la stagionatura e l'assagio delle sete konzentriert, das allein 7 Trocknungsapparate und 32 Wiegevorrichtungen besaß und durchschnittlich 4—500 Angestellte und Arbeiter beschäftigte. Am 31. Dezember 1905 befanden sich in seinen Lagerräumen 267 000 kg Rohseide, 1,23 Mill. kg Kokons und 53 000 kg Seidenabfälle. Die Menge der in Mailand konditionierten Seide stieg von 3,5 Mill. kg im Durchschnitt der Jahre 1880—1887 auf 4,5 Mill. kg im Jahre 1888, auf 5,9 Mill. kg im Jahre 1892 und auf 9,4 Mill. kg im Jahre 1905; von letzterer

---

108) Über die Geschichte und Technik der Konditionierung vgl. Silbermann a. a. O. I S. 484 ff. Die Konditionieranstalten befassen sich häufig auch noch mit der Feststellung des Titers (Faserfeinheit), der Festigkeit und Elastizität der Rohseide; vgl. a. a. O. I S. 495 ff.

109) Silbermann a. a. O. I S. 491 bzw. S. 494.

110) Stat. industr. 1903 III S. 72 ff.

111) Stat. industr. 1903 I S. 158.

Menge entfielen 70% auf einfache Rohseide und 30% auf bearbeitete Seide. Schon im Jahre 1892 hatte Mailand den wichtigsten Platz für die Konditionierungen des Weltseidenmarktes, Lyon, das im Jahre 1880 bereits 4,7 Mill. kg, im Jahre 1892 6 Mill. kg Seide konditionierte, fast erreicht[112]). Die Bedeutung Lyons stützte sich vor allem auf die ostasiatischen Seiden, deren Hauptmarkt es nach kurzer Vorherrschaft Londons schon seit langem geworden war. Die schnell aufsteigende Entwicklung der Seidenproduktion und des Seidenhandels in Italien im letzten Jahrzehnt des 19. Jahrhunderts führte bald dazu, daß Mailand in seinen Konditionierungen sogar Lyon übertraf. Im Jahre 1895 betrug die Menge der in Mailand konditionierten Seide 6,9 Mill. kg, diejenige Lyons nur 6,8 Mill. kg; in den folgenden Jahren (1900: 7,2 Mill. kg zu 6 Mill. kg; 1903: 8,4 Mill. kg zu 6,7 Mill. kg) vergrößerte sich der Vorsprung Mailands noch bedeutend[113]). Infolge des Zollkrieges mit Frankreich und der hohen französischen Zölle dürften auch große Mengen asiatischer Seiden, die früher über Lyon gingen, nunmehr den direkten Weg über den Mailänder Markt genommen haben.

b) Die Entwicklung der einzelnen Industriezweige.

Von den drei Hauptzweigen der italienischen Seidenindustrie war keiner ohne starke Einwirkungen während des behandelten krisenvollen Zeitabschnittes geblieben.

In der Seidenhaspelei war die Zahl der Betriebe in ständigem Rückgang begriffen. Eine genaue Angabe für das Jahr 1876 liegt nicht vor. Im Jahre 1891, also zu einer Zeit, da die krisenhaften Zustände schon anderthalb Jahrzehnte andauerten, zählte man 1401 Haspeleien, im Jahre 1903 waren es nur noch 1158 Betriebe[114]). Daß diese Verminderung der Zahl der Betriebe

[112]) Silbermann a. a. O. I S. 491.

[113]) Ito a. a. O. S. 202 bzw. S. 209.

[114]) Stat. industr. Fasc. 37 S. 74 ff.; Stat. industr. 1903 II S. 2 ff. Es sind hier wie auch später bei der Besprechung der Zwirnerei nur diejenigen Betriebe berücksichtigt, die in der Statistik als besondere Haspeleien bzw. Zwirnereien aufgeführt sind. Neben diesen gab es noch im Jahre 1903 39 gemischte Betriebe für Haspelei und Zwirnerei (in zwei Betrieben wurde sogar außerdem noch die Weberei ausgeübt). Da in diesen Betrieben sowohl die motorische Kraft wie auch die Arbeiterschaft ohne klare Scheidung für beide Produktionszweige Verwendung fanden, sind die diesbezüglichen Zahlen dieser Betriebe in der getrennten Besprechung der Haspelei und Zwirnerei nicht zu verwenden. Die Bedeutung dieser Betriebe war auch im Verhältnis zur Ge-

aber mit einer Verminderung der Rohseidenproduktion nicht gleichbedeutend war, haben wir bereits früher gesehen. Trotz der Stagnation im italienischen Seidenbau wuchs die durchschnittliche Rohseidenproduktion der italienischen Seidenhaspeleien infolge der verbesserten Ergiebigkeit der Kokons und der ständig zunehmenden Einfuhr ausländischer Kokons von Jahr zu Jahr. Die Haspeleien besaßen also bei eingeschränkter Zahl eine stark erhöhte Leistungsfähigkeit des einzelnen Betriebes. Die verwendeten Motoren lieferten 1891 3470 PS, im Jahre 1903 3713 PS; die Leistung der Dampfmaschinen blieb fast die gleiche, dagegen fanden die billigeren Wasserkraftmotoren eine noch stärkere Verwendung; außerdem traten noch Motore mit Gas-, Petroleum- und elektrischem Antrieb hinzu. Von den Verbesserungen, die zum großen Teil schon in den 80er Jahren eingeführt wurden, sei erwähnt die Erwärmung der Kokons durch heiße Luft anstatt durch Wasserdampf; die Verwendung mechanischer Kokonschläger zum Putzen der Kokons; die Spezialisierung der Arbeiten in der Haspelei; eine Verbesserung des Haspelwassers, das für die zu erzeugende Rohseide von großer Bedeutung ist; die Ersetzung des italienischen Systems à la tavelle, bei dem jeder Rohseidenfaden gesondert gehaspelt wurde, durch das französische System à la Chambon mit zwei Rohseidenfäden; die Herstellung einer Rohseidensträhne mit einem einzigen ununterbrochenen Rohseidenfaden; die Verminderung des Durchmessers der Haspeln und ihre Ersetzung durch Spulen[115]).

Vor allem können wir aber an der Zahl der verwendeten Haspelbecken, an ihrer durchschnittlichen Leistung und ihrer technischen Verbesserung den Stand der Haspelei zu Beginn des 20. Jahrhunderts im Vergleich zur Zeit von 1876 feststellen. In diesem Jahre wurden 83 036 Haspelbecken im ganzen Königreiche gezählt, von denen aber nur 64 979 (= 78,3%) im Gebrauch waren; im Jahre 1891 hatte sich die Gesamtzahl auf 58 360 Haspelbecken gesenkt, von diesen waren 54 588 (= 93,5%) im Gebrauch; die Gesamtzahl war also um etwa 30% gefallen, die Aktivität der verbliebenen Haspelbecken war aber verhält-

samtindustrie recht gering; sie beschäftigten insgesamt nur 6815 Personen und benutzten Motore mit einer Gesamtleistung von 720 PS; sie befanden sich vorwiegend in dem Bezirk Piemont (vgl. a. a. O.).

[115]) Stat. industr. Fasc. 37 S. 18. Ausführliche technische Einzelheiten über die Haspelverfahren und die Bedeutung der aufgezählten Verbesserungen bei Silbermann a. a. O. I S. 355 ff.

nismäßig gestiegen, die schwachen Betriebe waren eingegangen, die Überfüllung des Industriezweiges war geschwunden und der einzelne Betrieb durchschnittlich besser beschäftigt. Für das Jahr 1903 steht uns nur die Zahl der aktiven Haspelbecken zur Verfügung; sie betrug 61 250, übertraf sogar die Gesamtzahl von 1891 und bedeutete demnach einen wesentlichen Aufschwung[116]). Von den aktiven Haspelbecken entfielen im Jahre 1891 durchschnittlich 39 auf einen Betrieb; 1903 war diese Zahl auf 53 gestiegen, ein deutliches Zeichen industrieller Konzentration. Berechnet man ferner unter Benutzung der Zahlen für die Gesamterzeugung der Haspeleien an Rohseide die jährliche durchschnittliche Leistung, die auf jedes aktive Haspelbecken in den Perioden 1874—1878, 1889 bis 1893 und 1899—1903 entfiel, so ergeben sich die Mengen von 50,4 kg, 83,4 kg und 82,7 kg Rohseide[117]). Diese bedeutende Steigerung der Leistung war nicht nur eine Folge des Ausscheidens vieler Betriebe, sondern vor allem auch das zusammenfassende Ergebnis aller Maßnahmen im Seidenbau, im Kokonhandel und in der industriellen Technik, durch die Menge und Qualität der zu verhaspelnden Kokons sich hob, die Zahl der Arbeitstage im Jahre in den Fabriken wieder vermehrt und die Tagesproduktion wesentlich vergrößert wurde.

Über den wirtschaftlichen Fortschritt, der in dem Übergange von der Heizung der Becken mit offener Feuerung zur Dampfheizung lag, haben wir schon früher gesprochen. Ziehen wir hier nur die aktiven Haspelbecken in Betracht, so stellt sich das Verhältnis der Becken mit Dampfheizung zu denen mit offener Feuerung im Jahre 1876 wie 72:28, im Jahre 1891 wie 89,7:10,3, im Jahre 1903 wie 95,3:4,7; diese Veränderungen sind ein Beweis dafür, daß diejenigen Haspeleien, die in den vorangegangenen Jahren die Krise überstanden hatten, dies vornehmlich ihrem technischen Fortschritt verdankten; andererseits zeugen aber auch diese Zahlen von der stets zunehmenden Konzentration der Pro-

---

116) Ann. Stat. 1881 S. 614 f.; Stat. industr. Fasc. 37 S. 74 ff.; Stat. industr. 1903 I S. 154.

117) Vgl. Tabelle III im Anhang. Die in der Stat. industr. 1903 I S. 155 angegebenen Zahlen der behandelten durchschnittlichen Leistungen sind fehlerhaft, da die zugrunde gelegten Zahlen der italienischen Rohseidenproduktion (a. a. O. S. 153) in den einzelnen Perioden auf verschiedenen Berechnungsmethoden beruhen, die einen Vergleich der Ergebnisse untereinander nicht zulassen (vgl. Abschnitt I über die Statistik der italienischen Rohseidenproduktion).

duktion in größeren Betrieben, für die allein sich die Dampfheizung wirklich rentabel gestalten konnte.

Ein weiteres Merkmal des Industriestandes der Haspeleien ist ihre Arbeiterschaft. Die Statistik von 1876 gibt sie mit 111377 Personen an; 1891 waren in den Haspeleien nur noch 99391 Personen beschäftigt, 1903 war ihre Zahl sogar auf 94612 zurückgegangen[118]). Diese ständige Verminderung hing nicht nur mit dem Rückgang der Zahl der Betriebe zusammen, der sich sogar in der Zeit von 1891 bis 1903 viel stärker vollzogen hatte, als es in den Zahlen der Arbeiter zum Ausdruck kommt. Die steigende Zahl der Haspelbecken und der Produktion in diesem letzten Zeitabschnitt sollte sogar auch ein Anwachsen der Arbeiterschaft erwarten lassen; die Einführung maschineller Vorrichtungen, die Spezialisierung der Arbeit und andere technische Verbesserungen hatten jedoch zu einer durchschnittlichen Verminderung der Handarbeit bei höherer Leistung des Einzelnen geführt. Gerade die sinkende Arbeiterzahl bei zunehmender Produktion läßt auf eine fortschreitende Industrialisierung dieses Gewerbezweiges im Sinne einer wachsenden Mechanisierung der Arbeit und damit auch einer Konzentration der Erzeugung in Fabrikbetrieben schließen. Die durchschnittliche Arbeiterzahl eines Betriebes betrug im Jahre 1891 71 Personen, im Jahre 1903 82 Personen.

Die Zusammensetzung der Arbeiterschaft in den Haspeleien hatte trotz des Gesetzes über die Kinderarbeit von 1886 eine Veränderung zuungunsten der Kinder erfahren. Von 100 Arbeitskräften entfielen im Jahre 1876 4,3 auf die Männer, 72,9 auf die Frauen und 22,8 auf die Kinder; im Jahre 1903 stand dieses Verhältnis wie 3,1:73,4:23,5. Zwar war in dem Hauptgebiet der Haspelei, in der Lombardei, die Beschäftigung von Kindern von 30,4% auf 25,1% zurückgegangen; gerade in den größten Betrieben war ja die Ausnutzung der billigen Kinderarbeit am weitesten gegangen, und die größten Auswüchse hatte das neue Gesetz doch zu unterbinden gewußt[119]). Die Grenzen, innerhalb derer die Verwendung der Kinder in den Fabriken noch erlaubt war, waren aber so weit gespannt, daß dieses Entgegenkommen

---

[118]) Ann. Stat. 1881 S. 614 f.; Stat. industr. Fasc. 37 S. 74 ff.; Stat. industr. 1903 II S. 2 ff.

[119]) Das weitere Gesetz über die Arbeit der Frauen und Kinder vom 19. Juni 1902 dürfte sich für die Statistik von 1903 wohl kaum schon voll ausgewirkt haben.

des Gesetzgebers zugunsten der bedrängten Industrie für die Unternehmer geradezu ein Anreiz wurde, von ihm möglichst weitgehend Gebrauch zu machen, zumal sich die Seidenindustrie bei ständig sinkenden Preisen und stetig wachsender Konkurrenz auf dem Weltmarkte tatsächlich in einer schweren Notlage befand. So blieb der Prozentsatz der beschäftigten Kinder nicht nur in der Lombardei ein recht hoher, sondern auch in anderen Gegenden Italiens, in denen die Haspelei industriell viel schwächer, die Beschäftigung von Kindern aber bisher nur in geringem Maße vorgekommen war, steigerte sich der Prozentsatz der Kinderarbeit ganz erheblich[120]); so in Venetien von 12,4% im Jahre 1876 auf 25,1% im Jahre 1903, in Emilien von 14,9% auf 35,7%, in Mittelitalien von 8,5% auf 14,6%, in Süditalien von 16,2% auf 20,1%. Die zunehmende Verwendung maschineller Krafte in den modernisierten Betrieben bot die gewunschte Möglichkeit, gelernte Arbeiter und Arbeiterinnen durch angelernte Jugendliche mit geringerer Entlohnung zu ersetzen. Gleichzeitig ging nicht nur die Männer-, sondern auch die Frauenarbeit in diesen Gegenden zurück: in Venetien von 3,4 bzw. 84,2% auf 2,1 bzw. 72,8%; in Emilien von 6,3 bzw. 78,8% auf 2,6 bzw. 61,7%; in Mittelitalien von 6,6 bzw. 84,9% auf 3,7 bzw. 81,7%; in Süditalien von 4,3 bzw. 79,5% auf 5,4 bzw. 74,5%; in diesem letzten Falle findet sich eine geringe Steigerung der Beschäftigung von Männern. Dagegen finden wir in den Betrieben der Lombardei und Piemonts, die die Kinderarbeit schon über die späteren gesetzlichen Grenzen ausgedehnt hatten, eine verstärkte Frauenarbeit bei gleichzeitigem Bestreben, die teure Männerarbeit möglichst einzuschränken; erstere steigt in der Lombardei von 65,9 auf 72,1%, in Piemont von 74,3 auf 76%; letztere geht von 3,7 auf 2,8% bzw. von 5,2 auf 3,8% zurück.

Nach dieser ganzen Entwicklung kann man schon erwarten, daß die Löhne in dieser Zeit zwar gestiegen sein werden, daß aber diese Steigerung sich unter dem Druck, der auf der gesamten italienischen Seidenindustrie lastete, in sehr engen Grenzen gehalten haben wird. Hier mußte sich zunächst die Abschaffung des Zwangskurses auswirken, die den Wert des Papiergeldes plötzlich erhöht und die Warenpreise infolge der hereinströmenden Auslandsware gesenkt hatte, während die gestiegenen Löhne sich

[120]) doch ist diese Steigerung der Kinderarbeit teilweise auch auf die Änderung des Begriffes der Kinderarbeit in der Statistik zurückzuführen; vgl. S. 135 Anm. 103.

nicht ebenso schnell und entsprechend senken ließen; sie mußten wenigstens stationär bleiben. Daß sie in den vorangegangenen Jahren nicht allzu stark gestiegen waren, dafür hatte gerade in der Seidenindustrie die Krisis am Ende der 70er Jahre gesorgt. Mit dem Inkrafttreten des neuen Zolltarifs und seiner Hochschutzzölle war sodann eine Verteuerung der Lebenshaltung in Italien und damit auch eine neue Lohnsteigerung unvermeidlich verbunden. Doch die Seidenindustrie zog als vorwiegende Exportindustrie die geringsten Vorteile aus den Preiserhöhungen der Waren auf dem Inlandsmarkte; ihr Gewinn hing von der Preisgestaltung auf dem Weltseidenmarkt ab, und diese zeigte unter dem Einfluß der wachsenden ostasiatischen Produktion eine sinkende Tendenz[121]). Damit war aber auch einer Lohnsteigerung in der Seidenindustrie von vornherein ein unüberwindliches Hindernis entgegengestellt. Für die Industrie galt es, trotz der obwaltenden ungünstigen Verhältnisse in der Preisentwicklung konkurrenzfähig zu bleiben; so erklären sich ihre technischen Vervollkommnungen und ihre Konzentration als bittere Notwendigkeit; aus demselben Grunde war aber auch an eine Steigerung der Löhne nicht zu denken, sondern diese waren eher zu senken, oder es mußte wenigstens in den gesetzlich möglichen Grenzen der Versuch gemacht werden, die Höhe des Lohnetats durch Verwendung billigerer Arbeitskräfte im ganzen zu vermindern. Wie dieser Versuch in der Haspelei zur Ausführung gelangte, haben wir soeben gesehen; die Bewegung in den einzelnen Lohnklassen zeigen uns die lohnstatistischen Tabellen.

Im Jahre 1872 waren die Tageslöhne der Filatrici provette von 1,04 L. auf 1,12 L., diejenigen der Filatrici di 2. classe von 0,94 L. auf 1,04 L. gestiegen. Bis zum Jahre 1887 erfuhren diese Lohnsätze keinerlei Veränderungen; im genannten Jahre erhöhten sich aber die Löhne auf 1,20 L. bzw. 1,10 L. und blieben dann wiederum unverändert bis zum Jahre 1903. In diesem Jahre trat eine plötzliche scharfe Senkung auf 1,00 L. bzw. 0,90 L. ein, die im folgenden Jahre 1904 auf 1,10 L. bzw. 1,00 L. gemildert wurde[122]). Die Löhne in anderen Zweigen der Textilindustrie, wie

---

[121]) Auf die näheren Einzelheiten dieser Entwicklung und ihrer Ursachen wird im folgenden Abschnitt IV ausführlicher eingegangen werden.

[122]) Die angegebenen Lohnsätze wurden in dem Unternehmen der Fa. Alberto Keller in Villanovetta, Prov. Cuneo (Piemont) gezahlt. In anderen Gegenden Italiens lagen die Lohnverhältnisse noch ungünstiger; so hatten in der Haspelei der Fa. Brasini e C. in Forlì (Emilia) die Löhne der Filatrici

z. B. in der Baumwollspinnerei, zeigten demgegenüber fast von Jahr zu Jahr eine ständige Aufwärtsbewegung. Im Jahre 1872 standen die Löhne der Baumwollspinnerinnen mit einer durchschnittlichen Lohnhöhe von 0,65 L. noch tief unter den Löhnen der Seidenspinnerinnen[123]); im Jahre 1890 waren die Löhne in beiden Industriezweigen mit 1,20 L. auf gleicher Höhe; während dann aber die Löhne in der Seidenhaspelei stationär blieben und am Beginn des neuen Jahrhunderts sogar eine Senkung erfuhren, stiegen die Löhne der Baumwollspinnerinnen unter vorübergehenden kleinen Schwankungen auf 1,30 im Jahre 1894, 1,51 L. im Jahre 1901, 1,67 L. im Jahre 1903, 1,70 L. im Jahre 1905. Diese Entwicklung konnte nicht ohne Einfluß auf die industrielle Arbeiterschaft bleiben, und tatsächlich ergaben sich auch infolge einer starken Abwanderung der Arbeiterinnen zur Baumwollindustrie erhebliche Schwierigkeiten in der Beschaffung der notwendigen geeigneten Arbeitskräfte für die Seidenindustrie.

Im Gegensatz zur Seidenhaspelei begegnen wir in der Seidenzwirnerei in der Zeit von 1891 bis 1903 einer Ausdehnung von 487 auf 523 Betriebe[124]); die Vergleichszahl für 1876 fehlt wiederum. Die zunehmende Ausfuhr an gezwirnter Roh-

---

provette bis 1901 die Höhe von 1,10 L. noch nicht überschritten, die Filatrici di 2. classe erhielten noch bis 1898 nur 0,85 L., dann 0,90 L.; in Süditalien (Firma Florio e Marra in Villa S. Giovanni, Prov. Reggio Calabria) waren die Löhne der Filatrici von 1896 bis 1904 auf 1,00 L. stehen geblieben (Ann. Stat. 1904 S. 337 f.). Ein Vergleich der Lohnhöhen in den verschiedenen Landesteilen Italiens untereinander bietet aber, wie schon früher erwähnt, Schwierigkeiten, da Nebenvergütungen in Form von Mittagessen, Wohnung usw. in einigen Gegenden in der Seidenindustrie üblich waren. Die Entwicklungstendenz der Löhne im Laufe der Jahrzehnte tritt aber überall in gleichem Sinne zutage. Die effektive tägliche Arbeitsdauer betrug dabei in Piemont 11 Stunden, in Emilien 11½ Stunden, in Calabrien 12 Stunden.

[123]) Vgl. die Lohntabelle der Fa. Cantoni in Castellanza, Prov. Mailand; Ann. Stat. 1904 S. 342. Bei der Verschiedenheit der Arbeit und den an die Arbeiterinnen gestellten Anforderungen sowie auch der Lohnberechnungsmethoden in den behandelten beiden Textilindustriezweigen kann es sich hier weniger um einen exakten Vergleich der beiderseitigen Lohnhöhen als vielmehr um die Entwicklungstendenz als Ganzes handeln. Die wesentlich höheren Löhne der männlichen Arbeitskräfte in der Baumwollspinnerei müssen hier natürlich außer Betracht bleiben. Die Dauer der täglichen Arbeitszeit in den Baumwollspinnereien schwankte je nach der Jahreszeit zwischen 10½ und 12 Stunden (a. a. O. Anm. 1).

[124]) Stat. industr. Fasc. 37 S. 91; Stat. industr. 1903 II S. 2 ff.

seide, wie sie in dieser Zeit durch ihre Trennung von der Ausfuhr der einfachen Rohseide in der Handelsstatistik festzustellen war, hatte also wenigstens zum Teil ihre Ursache in einer industriellen Erweiterung dieses Produktionszweiges. Die in der Zwirnerei verwendete motorische Kraft ging aber merkwürdigerweise von 3064 auf 2952 PS zurück; auch das Verhältnis der von Dampfmaschinen gelieferten Kraftmengen zu denen der Wasserkraftmotoren verschob sich zuungunsten der letzteren, wenn auch diese noch immer 78% der gesamten motorischen Kraft lieferten. Der Grund für diesen Vorgang ist in einer teilweisen Änderung des Standortes der Zwirnerei zu suchen[125]); der Rückgang der Gesamtkraftmenge findet aber in technischen Verbesserungen in den Betrieben der Zwirnerei seine Erklärung. Um die motorische Kraft besser auszunützen, ersetzte man die vielen kleinen Motore durch einen einzigen großen, der den gesamten Betrieb versorgte. Demselben Zweck der Raum- und Kraftersparnis diente auch die Ersetzung der bisherigen runden Mulinierstühle durch geradlinige nach englischem System oder durch ovale nach französischem System; zugleich konnte dadurch die Spindelgeschwindigkeit auf das Dreifache erhöht werden. Weitere Verbesserungen wurden an den Spul- und Putzmaschinen vorgenommen, auf denen die einfache Rohseide von den Strähnen abgewickelt, auf Spulen übertragen und von Unsauberkeiten und Fehlern gereinigt wurde, ebenso auch an den Dubliermaschinen, die zur Vereinigung mehrerer Rohseidenfäden dienten[126]). Alle diese technischen Vervollkommnungen der italienischen Zwirnerei zeugen von dem ernsten Bestreben, die Leistungsfähigkeit der Betriebe zu steigern, die Unkosten zu vermindern und die Produktion trotz der Ungunst der Zeitverhältnisse rentabel zu erhalten.

Die statistischen Zahlen über den Gesamtbestand an Spindeln in Italien bieten die Möglichkeit eines Vergleiches mit dem Stand der 70er Jahre. Wie schon früher vermerkt, war die Zahl der Spindeln von 1865 bis 1876 infolge der Auswirkungen der Pebrina um 25% gesunken; die Ausmerzung der schwachen Betriebe und die Konzentration der Erzeugung hatte in der Zwirnerei schon damals sofort eingesetzt. Von den im Jahre 1876

---

[125]) Vgl. die zusammenfassende Behandlung der Standortsfrage unter der folgenden Nummer dieses Abschnittes.

[126]) Stat. industr. Fasc. 37 S. 18. Über die technischen Einzelheiten der Seidenzwirnerei und der dabei verwendeten Maschinen vgl. Silbermann a. a. O. I S. 437 ff.

vorhandenen 2 083 168 Spindeln waren nur 12,4% außer Betrieb. Diese Bewegung setzte sich in der Folgezeit weiter fort. Bis 1891 ging die Spindelzahl wiederum um 22% auf 1 622 253 Spindeln zurück, der Grad ihrer Beschäftigung stieg gleichzeitig auf 92,5%. Die Statistik des Jahres 1903 verzeichnet wiederum nur noch die aktiven Spindeln; mit einer Zahl von 1 666 837 Spindeln ist nicht nur die Zahl der aktiven Spindeln von 1891 (1 501 137), sondern sogar auch die frühere Gesamtzahl übertroffen. Auf den einzelnen Betrieb entfielen 1891 3082 aktive Spindeln, 1903 dagegen 3187 aktive Spindeln; die Zunahme der Produktion ging also auch auf eine durchschnittliche Vergrößerung der Betriebe zurück. In der Statistik für 1903 wird auch der Bestand der Filier- und Zwirnspindeln getrennt angegeben, erstere mit 961 575, letztere mit 705 262 Spindeln[127]).

Die Bewegung in der Arbeiterschaft der Zwirnereien zeigt ähnlich wie in der Haspelei die doppelte Wirkung der Einschränkung der industriellen Tätigkeit in der Zeit von 1876 bis 1891 und der weitgehenden Ersetzung der menschlichen Arbeitskraft durch die Maschine mit erheblich gesteigerter Produktion; die Zahl der beschäftigten Arbeiter befand sich in standigem Rückgang. Im Jahre 1876 wurden in der gesamten Seidenzwirnerei noch 74 352 Arbeitskräfte gezahlt, 1891 waren es nur noch 49 286 (= 66,3%), 1903 sogar nur 47 658 (= 64,1%) Personen[128]). Die auf den einzelnen Betrieb im Durchschnitt entfallende Zahl betrug 1891 noch 101 Arbeiter, 1903 nur 91 Arbeiter. Da die Zwirnerei in viel höherem Maße als die Haspelei die Verwendung von Maschinen an Stelle der Handarbeit ermöglichte, war in diesem Falle die Verminderung der durchschnittlichen Belegschaft keineswegs als eine Verkleinerung der einzelnen Betriebe anzusehen, sondern sie war nur ein deutliches Zeichen dafür, wie

---

[127]) Ann. Stat. 1881 S. 614 f.; Stat. industr. Fasc. 37 S. 91; Stat. industr. 1903 I S. 153 f. Die Filierspindeln dienen der Drehung des einzelnen Rohseidenfadens (Vorzwirnen, filato), die Zwirnspindeln dem Zusammenzwirnen mehrerer Rohseidenfäden (Nachzwirnen, torto) bei der Herstellung von Organsin; vgl. über das technische Verfahren der Zwirnerei Silbermann a. a. O. In der Anmerkung in der Stat. industr. 1903 I S. 153 f. sind diese beiden Arten der Spindeln offenbar miteinander verwechselt worden. — Die in der Tabelle der Stat. industr. 1903 I S. 154 angegebene Spindelzahl für das Jahr 1891 umfaßt nur die aktiven Spindeln, gibt diese aber etwas höher an als die Statistik des Jahres 1891.

[128]) Ann. Stat. 1881 S. 614 f.; Stat. industr. Fasc. 37 S. 91; Stat. industr. 1903 II S. 2 ff.

stark die italienische Zwirnerei schon im Jahre 1903 zur Mechanisierung ihrer Arbeit übergegangen war.

Von besonderem Interesse ist aber die Zusammensetzung dieser Arbeiterschaft in der behandelten Zeit, da gerade die Seidenzwirnerei im Jahre 1876 ganz exorbitante Prozentsätze an Kinderarbeit aufzuweisen gehabt hatte. Männer-, Frauen- und Kinderarbeit standen sich damals im Reiche mit 7,6:43,5:48,9%, in der Lombardei sogar mit 6,8:37,1:56,1% gegenüber. Hier mußte das Kinderschutzgesetz von 1886 einschneidende Veränderungen hervorrufen. Das genannte prozentuale Verhältnis stellte sich denn auch im Jahre 1891 auf 7,0:72,6:20,4 im Reiche, auf 7,2:72,1:20,7 in der Lombardei; im Jahre 1903 hatte sich diese Umstellung noch weiter fortgesetzt: 8,4:73,3:18,3 im Reiche, 8,7:73, 9:17,5 in der Lombardei. Die Beschäftigung von Kindern war also in der Zwirnerei noch unter die entsprechende Durchschnittszahl in der Haspelei gesunken[129]), die Frauenarbeit war in gleichem Maße gestiegen. Nur in der stark zurückgegangenen Industrie Piemonts ist eine Steigerung der Kinderarbeit festzustellen, die in dem schon früher erwähnten Bestreben der schwächeren Betriebe, wenigstens in den gesetzlich weitgesteckten Grenzen durch Kinderarbeit die Lohnunkosten möglichst zu senken, ihre Erklärung findet. Die Seidenzwirnerei Mittel- und Süditaliens war zu Beginn des neuen Jahrhunderts bedeutungslos. Daß von der lombardischen Industrie aber eine so starke Verminderung der Kinderarbeit vorgenommen und als zweckmäßig empfunden wurde, erklärt sich wiederum aus der technischen Vervollkommnung dieser Betriebe; zahlreiche leichtere Nebenarbeiten wurden jetzt maschinell erledigt, die großen Spul- und Putzmaschinen boten eine unvergleichlich höhere Arbeitsleistung, verlangten aber auch die umsichtige Bedienung erwachsener Personen; auch die gesteigerte Beschäftigung von Männern in den Zwirnereien ist auf den größeren Maschinenpark der Fabriken zurückzuführen.

In der Lohnstatistik der Zwirnereien begegnen wir ungefähr gleichen Erscheinungen aus den gleichen Gründen wie in der Haspelei. Die Löhne der torcitrici und binatrici waren vom Jahre 1871 bis 1875 von 0,98 bzw. 0,92 L. auf 1,08 bzw. 1,04 L. pro Tag gestiegen. Bis zum Jahre 1887 erfuhren sie keine Veränderungen, wurden dann im Jahre 1888 auf 1,30 bzw. 1,15 L. er-

---

[129]) Vgl. wiederum S. 135 Anm. 103.

höht, blieben wiederum unverändert bis zum Jahre 1903 — für die binatrici seit 1895 nur 1,12 L. —, sanken in diesem Jahre auf 1,10 bzw. 1,00 L. und stiegen im folgenden Jahre auf 1,20 bzw. 1,10 L.[130]). Die Löhne der Kinder schwankten nach Alter und Beschäftigungsart im Jahre 1901 zwischen 1,00—0,50 L.[131]). Wenn die Löhne in den Zwirnereien jetzt auch diejenigen in den Haspeleien etwas überstiegen, so blieb dennoch das erwähnte Mißverhältnis zu den Löhnen in den Baumwollfabriken auch hier bestehen und damit auch dieselbe Gefahr für die Beschaffung eines vollwertigen Nachwuchses in der Arbeiterschaft.

Der einzige Zweig der Seidenindustrie, der aus dem Übergang Italiens zum Schutzzollsystem großen Nutzen zu ziehen vermochte, war die Weberei; sie befand sich daher auch seit den 70er Jahren in schnellem Aufschwung, der nach dem Inkrafttreten der Hochschutzzölle vom Jahre 1887 sich noch wesentlich beschleunigte. Die Exportstatistik für Seidengewebe aller Art gab schon ein eindrucksvolles Bild dieser Entwicklung; die Zahlen der Industriestatistik sind nicht minder bedeutungsvoll. Die Betriebe vermehrten sich zwar von 1891 bis 1903 — für das Jahr 1876 fehlt wiederum die entsprechende Angabe — nur von 179 auf 197 Webereien, in derselben Zeit stieg aber die Menge der verwendeten motorischen Kraft von 716 auf 1752 PS[132]).

Von den vorhandenen Webstühlen werden in den Statistiken von 1891 und 1903 nur die im Gebrauch befindlichen verzeichnet, die daher auch hier nur zu berücksichtigen sind. Im Jahre 1876 wurden in ganz Italien nur 7839 Webstühle gezählt, von denen 7394 (=94%) Handwebstühle und nur 445 mechanische Webstühle waren. Fünfzehn Jahre später war die Gesamtzahl auf 13 115 Webstühle gestiegen, die Zahl der mechanischen Webstühle hatte aber verhältnismäßig viel stärker zugenommen; die Seidenweberei mechanisierte ihre Tätigkeit. 2535 mechanischen

[130]) Diese Lohnsätze sind wiederum den Tabellen der Firma Alberto Keller in Villanovetta, Prov. Cuneo (Piemont) entnommen; vgl. Ann. Stat. 1904 S. 337. Die binatrici arbeiteten aber auf Akkord, ihr Lohn war im Frühling und Sommer höher, im Herbst und Winter niedriger als der angegebene Durchschnittssatz. Die Arbeitszeit war die gleiche wie in der Haspelei.

[131]) Vgl. die Lohntabelle der Firma Pietro Gavazzi in Valmadrera, Prov. Como (Ann. Stat. 1904 S. 338). Kinder unter 12 Jahren arbeiteten täglich 6 Stunden.

[132]) Stat. industr. Fasc. 37 S. 102 f.; Stat. industr. 1903 II S. 2 ff.

Webstühlen (=19,3%) standen jetzt 8985 einfache und 1595 Jacquard-Handwebstühle gegenüber. Die weitere Entwicklung zeigt wiederum vor allem eine Vermehrung der mechanischen Webstühle. Im Jahre 1903 war die Gesamtzahl auf 18817 Webstühle angewachsen, die Zahl der mechanischen Webstühle auf 7616 (=40,5%), diejenige der einfachen Handwebstühle auf 9746; die Zahl der Jacquardwebstühle war auf 1455 gesunken[133]). Die durchschnittliche Anzahl der Webstühle, die auf einen Betrieb entfallen würde, festzustellen, ist wertlos, da die Arbeitsleistung der einzelnen Webstuhlarten sehr verschieden ist und diese sich in den einzelnen Fabriken auch selten in entsprechend prozentualem Verhältnis gemischt vorfinden würden.

Will man jedoch die gesteigerte Leistungsfähigkeit der italienischen Seidenweberei voll erkennen, so ist die verschiedene Arbeitsleistung der mechanischen und Handwebstühle genauer in Betracht zu ziehen. Der mechanische Webstuhl erzeugt in gleicher Zeit annähernd die dreifache Menge von Gewebe gegenüber dem Handwebstuhl; es kommt hinzu, daß die mechanischen Webstühle nach der Statistik durchschnittlich mehr Arbeitstage im Jahre aufweisen als die Handwebstühle. Zieht man diese Tatsachen in Betracht, so ergibt sich eine mengenmäßige Leistungssteigerung der Seidenweberei von 1876 bis 1891 um 108%, bis 1903 sogar um 290%[134]). Der Anteil der mechanischen Webstühle an der Gesamtleistung betrug im Jahre 1876 erst 15%, im Jahre 1891 schon 39%, im Jahre 1903 bereits 67%. Allerdings ist mit dieser quantitativen Produktion der einzelnen Webstuhlarten noch nichts über die Qualität der verschiedenen Erzeugnisse gesagt; in diesem letzteren Punkte liegen die Verhältnisse gerade umgekehrt. Nach einer Aufstellung aus dem Jahre 1890 war der durchschnittliche Wert eines Meters Gewebe, das auf einem mechanischen Webstuhl hergestellt worden war, auf 1,25 L. geschätzt; der entsprechende Wert betrug dagegen bei einem einfachen Handwebstuhl 4,50 L., bei einem Jacquardwebstuhl 5 L., bei einem

[133]) Ann. Stat. 1881 S. 614 f.; Stat. industr. Fasc. 37 S. 102 f.; Stat. industr. 1903 I S. 154. Die Webstühle der Hausindustrie sind bei den oben wiedergegebenen Zahlen nicht berücksichtigt. Da in der Statistik für 1891 viele der bestimmt zur Hausindustrie gehörenden Webstühle in der Tabelle nicht als solche gekennzeichnet sind — so war z. B. die Seidenweberei Liguriens fast ausschließlich Hausgewerbe (vgl. Stat. industr. 1903 II S. 400) —, so wurden im Text für das Jahr 1891 die diesbezüglichen Angaben in der Stat. industr. 1903 I benutzt.

[134]) Stat. industr. Fasc. 37 S. 30; Stat. industr. 1903 I S. 155.

Handwebstuhl für Samt- und Plüschstoffe 12 L.[135]). Hält man diese Berechnung mit der Tatsache der schnellen Vermehrung der mechanischen Webstühle und der Verminderung der Handwebstühle zusammen, so sieht man, daß die italienische Seidenweberei zur billigen und auch qualitativ geringwertigeren Massenproduktion übergegangen war, während die eigentliche Qualitätsarbeit einen leichten Rückgang erlitten hatte. Die steigende Ausfuhr von Seidengeweben minderer oder mittlerer Qualität bei ständiger Einfuhr wertvoller Seidengewebe haben wir schon früher nach der Handelsstatistik für Seidengewebe festgestellt.

Auf mechanischen Webstühlen wurden vor allem glatte Gewebe (z. B. Stoffe für Schirme), Atlasstoffe, die in Stücken gefärbt wurden, Futterstoffe usw. hergestellt; dagegen benutzte man zur Herstellung gemusterter Kleider- und Krawattenstoffe Handwebstühle, da diese Stoffarten sich nach der schnell wechselnden Mode zu richten hatten und daher häufige Änderungen in den Entwürfen und an den Webstühlen erforderten. Gleiches galt für die Anfertigung von Damast- und Brokatgeweben, von gemusterten Atlasstoffen, von gold- und silberdurchwirkten Seidenstoffen für Möbel- und Wandbekleidung, für Wagen, Kirchenparamente usw.; ferner auch für die Herstellung von Samt- und Plüschstoffen, die vor allem in der Hausindustrie gearbeitet wurden[136]). Auf den Stand der letzteren ist gleich noch näher einzugehen.

Die Arbeiterschaft in der Seidenindustrie wuchs mit zunehmender Ausdehnung der Industrie, aber nicht in demselben prozentualen Verhältnis wie die Anzahl der Webstühle. Die Vermehrung der letzteren bezog sich fast ausschließlich, wie wir sahen, auf die mechanischen Webstühle; diese bedürfen aber zu ihrer Bedienung einer wesentlich geringeren Zahl von Arbeitskräften als die Handwebstühle, die im Jahre 1876 die weit überwiegende Mehrheit ausmachten. Somit mußte auch die Zunahme der Arbeiterschaft relativ zurückbleiben. Im Jahre 1876 wurden 14 664 Arbeitskräfte gezählt, 1891 waren es 20 214, 1903 29 913 Personen[137]). Ihre Zahl war also im Vergleich zu der von

[135]) Stat. industr. Fasc. 37 S. 30. Nach dieser Aufstellung würden dann auch von der Gesamterzeugung an Seidengeweben im Jahre 1890 wertmäßig nur 16% auf die Erzeugnisse der mechanischen Webstühle, dagegen 84% auf die Erzeugnisse der Handwebstühle entfallen.

[136]) Stat. industr. Fasc. 37 S. 30 f.

[137]) Ann. Stat. 1881 S. 614 f.; Stat. industr. Fasc. 37 S. 102 f.; Stat. industr. 1903 II S. 2 ff.

der Seidenhalbfabrikation beschäftigten Arbeiterschaft noch recht gering. Die Kinderarbeit trat von jeher in diesem Industriezweig hinter der Arbeit der Erwachsenen stark zurück, erfuhr aber gegen Ende des 19. Jahrhunderts noch eine weitere Verminderung; dagegen war die Männerarbeit in der Weberei stark vertreten. Von 100 Arbeitskräften entfielen im Jahre 1876 35,5 auf die Männer, 47,0 auf die Frauen, 17,5 auf die Kinder; im Jahre 1891 stand dieses prozentuale Verhältnis wie 36,5:45,2:18,3, im Jahre 1903 wie 33,1:52,8:14,1. Diese Prozentzahlen für die Verhältnisse im gesamten Königreiche entsprachen ungefähr auch der Lage im Hauptgebiet der italienischen Seidenweberei, in der Lombardei; die vorwiegende Einführung mechanischer Webstühle, an denen die Kinder nicht in gleichem Maße wie an Handwebstühlen Verwendung finden konnten, hatte den Umfang der Kinderarbeit hier stark eingeschränkt. Der leichte Rückgang der Männerarbeit und das Steigen der Frauenarbeit war wieder auf das Bestreben zurückzuführen, die Lohnunkosten der Betriebe möglichst zu senken. Demselben Bestreben war aber auch die bemerkenswerte Erscheinung zuzuschreiben, daß in einigen Gegenden, in denen die Benutzung von Handwebstühlen noch stark vertreten oder gar ausschließlich war, die Kinderarbeit ganz wesentlich anstieg; hier wurden wiederum, wie wir es schon bei der Haspelei und Zwirnerei beobachten konnten, unter dem wirtschaftlichen Druck der Zeit die Möglichkeiten, die das Kinderschutzgesetz der Verwendung von Kindern in Fabrikbetrieben gelassen hatte, weitgehend ausgenutzt[138]). So zeigte Piemont ein Anwachsen der Kinderarbeit in der Zeit von 1876 bis 1903 von 15,3 auf 27,4%, Campanien von 17 auf 22%; die wenigen Betriebe in Toscana und Calabrien beschäftigten sogar zu 34,7 bzw. 37,5% Kinder; doch wollen diese Zahlen für das Gesamtbild wenig bedeuten.

Über die Entlohnung der Arbeiter in den Seidenwebereien liegen leider nur sehr unvollständige Nachrichten vor. In der Gegend von Como wurden im Jahre 1874 den Männer 3 L., den Frauen 2 L. gezahlt; diese Lohnsätze waren damals günstiger als die entsprechenden in der Baumwollweberei[139]). Für die Jahre 1891—1893 liegen nur Mitteilungen aus Süditalien vor; dort verdienten geschickte Seidenweber in Akkordarbeit täglich durch-

---

138) Vgl. wiederum S. 135 Anm. 103.

139) Contribuzione per una statistica delle mercedi S. 19 bzw. S. 10 f.

schnittlich 5,40 L., die Frauen teils im Akkord-, teils im Tagelohn durchschnittlich 0,90 bis 1,55 L.; doch handelte es sich bei der Frauenarbeit nur um Hilfsarbeiten als Seidenspulerinnen oder Anschererinnen[140]). Ein Vergleich mit den Löhnen in süditalienischen Baumwollwebereien scheint auch um diese Zeit noch zugunsten der Seidenweber auszufallen; Frauen, die in Akkordarbeit sogar als Weberinnen in den Baumwollfabriken tätig waren, erreichten dennoch nur einen durchschnittlichen Tagesverdienst von 1,40 L.[141]). Doch dürfte dieser Vergleich nur mit großem Vorbehalte hinsichtlich der verschiedenen Anforderungen an die Geschicklichkeit der Arbeiterinnen und bezüglich verschiedener Lohnberechnungsmethoden und sonstiger Einrichtungen in den beiden Industrien vorzunehmen sein.

Neben der bisher behandelten Seidenweberei, die sich in Fabrikbetrieben konzentrierte, fand sich in Italien aber auch noch eine nicht unbeträchtliche Hausindustrie, die sich sogar unter den ungünstigen wirtschaftlichen Verhältnissen in den letzten Jahrzehnten des 19. Jahrhunderts erfolgreich behaupten konnte. Nach der Statistik des Jahres 1876 wurden in der Hausindustrie 1480 Webstühle gezählt, die der Seidenweberei dienten[142]). In dieser Zählung fehlten aber Mitteilungen aus einem der wichtigsten Gebiete des Reiches, aus Como; ebenso auch aus den Provinzen Livorno und Sondrio[143]). 1250 Webstühle befanden sich allein in Ligurien; die übrigen verteilten sich auf die Lombardei, Campanien, Calabrien und Sizilien. Im Jahre 1903 betrug die Zahl der hausindustriellen Webstühle 1942, doch dürfte die Zu-

---

[140]) Ann. Stat. 1892 S. 475; Ann. Stat. 1895 S. 467: Firma Offritelli Pascal e C. in San Leucio, Prov. Caserta (Campanien). — Da die lohnstatistischen Angaben, die der amtlichen Direzione generale della statistica von den Eigentümern oder Direktoren der befragten Unternehmungen zugingen, oft recht lückenhaft und zur Veröffentlichung in statistischen Tabellen unbrauchbar waren, so war die amtliche Statistik gezwungen, sich in ihrer Veröffentlichung auf die hinreichend vollständigen Berichte zu beschränken, auch wenn diese nicht von den wichtigeren Unternehmungen des betreffenden Industriezweiges stammten (vgl. Ann. Stat. 1904 S. 313 Avvertenze preliminari). So ist auch in unserem obigen Falle eine Beurteilung der späteren Verhältnisse in der wichtigen oberitalienischen Seidenweberei nicht mehr möglich. Für die Zeit von 1903 enthalten die Lohntabellen der amtlichen Jahrbücher überhaupt keine Angaben mehr über die Seidenweberei.

[141]) Ann. Stat. 1892 S. 481; Baumwollweberei Giovanni Costantino in Bari (Apulien).

[142]) Ann. Stat. 1881 S. 614 f. Tav. V.

[143]) Ellena a. a. O. S. 100.

nahme gegenüber der früheren Zählung wohl nur auf eine vollständigere Erfassung des Objektes zurückzuführen sein[144]). Über die Anzahl der Tage im Jahre, an denen sie in Tätigkeit waren, sowie über die Größe ihrer Produktion ist nichts Genaues bekannt. Fast zwei Drittel dieser Webstühle fanden sich in Ligurien, vor allem in den Gemeinden Zoagli und Chiavari; auch Campanien und Umbrien wiesen eine stärkere Hausindustrie auf. Bei diesen Webstühlen handelte es sich fast durchweg um einfache Handwebstühle. In der Provinz Genua wurden im Hausgewerbe Samtstoffe aus reiner Seide oder mit Baumwollschuß hergestellt, in Umbrien Posamentierwaren, in Caserta und Neapel Schärpen, Bänder, Damaststoffe, Taschentücher und Mützen, in der Provinz Messina Sieb- und Beuteltücher. In einigen Gegenden arbeiteten die Handwerker auch auf Rechnung größerer Unternehmungen. Nach der Volkszählung vom 10. Februar 1901 bezeichneten sich 2333 Personen (401 Männer, 1932 Frauen) als selbständige Handwerker in der Seidenweberei; 435 Personen (74 Männer, 361 Frauen) betrieben sie als Nebenerwerb im eigenen Hause. Zu dieser Gesamtzahl von 2768 Seidenwebern im Hausgewerbe kamen noch 4924 Personen, die die Seidenspinnerei teils im Hauptberuf (2372 Personen), teils als Nebenerwerb (2552 Personen) betrieben; von diesen waren über 90% Frauen. Abgesehen von der Produktion von Samtstoffen in Ligurien hatte aber das gesamte Hausgewerbe in Italien neben der eigentlichen Industrie nur sehr geringe Bedeutung.

Ein junger Zweig der italienischen Seidenindustrie, der durch besonderen Schutz im Zolltarif von 1887 in seiner Entwicklung gefördert werden sollte, war die Florettindustrie; ein Ausfuhrzoll auf Seidenabfälle sollte das Material zur Verarbeitung im Lande zurückhalten; andrerseits war die Einfuhr zollfrei. Der Erfolg dieser Maßnahmen hielt sich, wie wir gesehen haben, in recht engen Grenzen. Für die Feststellung der industriellen Entwicklung der Florettindustrie bieten die Statistiken leider nur sehr ungenügende Unterlagen. Nach den Mitteilungen Ellenas[145]) über den Stand dieses Industriezweiges im Jahre 1876

[144]) Stat. industr. 1903 I S. 158 f., II S. 398 ff. — Die Statistik für das Jahr 1891 gibt nur 345 Webstühle im Hausgewerbe an; diese Zahl ist offenbar falsch, da sich bei Bezirken wie Ligurien und Campanien, in denen das Hausgewerbe verhältnismäßig stark vertreten war, keine entsprechenden Angaben in der Statistik finden (vgl. Stat. industr. Fasc. 37 S. 102 f.).

[145]) Ellena a. a. O. S. 49.

befanden sich größere Betriebe nur in Jesi (Marken), Novara, Meina (Piemont) und Zugliano (Venetien). Diese wurden später, um gegenseitige Konkurrenz zu vermeiden, in der Società per la filatura dei cascami di seta in Mailand fusioniert. Es entstanden aber auch noch weitere Unternehmungen zur Verarbeitung der Seidenabfälle in Oberitalien[146]). Die Statistik von 1891 zählt 17 Betriebe, diejenige von 1903 30 Betriebe auf; zwei Drittel der letzteren lagen in der Lombardei, die übrigen in Piemont, Venetien, in den Marken und zwei, wenn auch sehr kleine Betriebe sogar in Calabrien[147]), doch handelt es sich bei den lombardischen Betrieben nach Maschinenkraft und Arbeiterzahl um Betriebe von durchschnittlich geringerem Umfange, während die wenigen Betriebe Venetiens und Piemonts eine bedeutende Größe besaßen. Die verwendete motorische Kraft war von 1070 PS im Jahre 1876 auf 3084 PS im Jahre 1903 gestiegen. Die Zahl der vorhandenen Spindeln betrug 27104 im Jahre 1876, davon waren 91,6% im Gebrauch; 1891 wurden 34012 Spindeln gezählt, der Prozentsatz ihrer Aktivität war auf 99,1% gewachsen. Für das Jahr 1903 fehlt leider die entsprechende Vergleichszahl. Andrerseits wurden im Jahre 1891 339 Krempelmaschinen festgestellt — in der Statistik von 1876 fehlt hierfür eine Angabe —, im Jahre 1903 waren es 602 Maschinen[148]). Ellena schätzte die Zahl der in der Florettindustrie beschäftigten Personen auf ungefähr 9000 Arbeitskräfte, während in der Abfallspinnerei allein nach der Statistik von 1876 nur 1880 Personen beschäftigt waren. Die beiden folgenden Statistiken von 1891 und 1903 geben für diesen Industriezweig als Gesamtarbeiterschaft 3465 bzw. 4802 Personen an[149]). Die Schätzung Ellenas dürfte also den tatsachlichen Umfang der Beschäftigung wesentlich überschätzt haben; allerdings hatte auch in diesem Falle, in dem die Maschinenarbeit eine besondere Rolle spielte, die Handarbeit nicht im gleichen Verhältnis wie die Maschinenzahl zugenommen. Die Zusammensetzung der

[146]) Stat. industr. Fasc. 37 S. 25 f.

[147]) Stat. industr. Fasc. 37 S. 94; Stat. industr. 1903 II S. 2 ff.

[148]) Stat. industr. 1903 I S. 154. — Die entsprechende Tabelle auf S. 157 zeigt leider wieder die üblichen Ungenauigkeiten; so verzeichnet sie für Toscana nicht weniger als 120 Krempelmaschinen, obwohl nach der analytischen Aufstellung in Teil II S. 2 ff. (vgl. auch Teil III S. 74) in diesem Bezirk kein einziger Betrieb dieser Art bestand. Auch die übrigen Zahlen erscheinen in ihrer Verteilung auf die in Frage kommenden Bezirke nicht sehr wahrscheinlich.

[149]) Stat. industr. Fasc. 37 S. 94; Stat. industr. 1903 II S. 2 ff.

Arbeiterschaft zeigte wiederum einen hohen Prozentsatz an Kinderarbeit, der gegen Ende des Jahrhunderts sogar gewachsen war; 1891: 10,6%, 1903: 17,6%; aber auch hier war zu beobachten, daß nicht in der industriellen Lombardei, sondern in den wirtschaftlich schwächeren Gebieten Piemonts und Venetiens diese Zunahme der Kinderarbeit erfolgte; in Piemont stieg sie in dem angegebenen Zeitraum von 13,9 auf 41,3%, in Venetien von 2,8 auf 8%. Der Grund für diese Erscheinung dürfte wiederum der gleiche sein, den wir schon bei ähnlichen Tatsachen in den anderen Industriezweigen anführten, das Bestreben, die Lohnunkosten möglichst zu senken, soweit es das Gesetz zuließ; zugleich verminderte sich in Piemont die Frauenarbeit, in Venetien die Beschäftigung der Männer. In der Lombardei sank dagegen die Männerarbeit fast ausschließlich zugunsten der Frauenarbeit. Im ganzen zeigte zwar die italienische Florettindustrie einen gewissen Aufschwung im Laufe des letzten Viertels des 19. Jahrhunderts, doch blieb ihr Umfang und ihre Produktion auch fernerhin noch recht beschränkt im Verhältnis zu der gleichen Industrie anderer Länder.

5. Der Standort der italienischen Seidenindustrie.

Wenn auch zur Zeit der Gründung des italienischen Königreiches die Verarbeitung der einheimischen Seide wohl das einzige italienische Gewerbe war, das in seiner Struktur schon industrielle Merkmale an sich trug, so war es doch noch von einem Aufbau als eigentliche Industrie im engeren Sinne weit entfernt. Selbst die folgenden zwei Jahrzehnte brachten nur eine gewisse Loslösung der Zwirnerei vom Seidenbau und ihre Konzentration in größeren Betrieben mit einer maschinellen Einrichtung und einer Produktion, die über das rein Handwerksmäßige hinausging; die Haspelei blieb dagegen noch in engster Verbindung mit dem Seidenbau und wurde teils in den Häusern der Seidenzüchter selbst, teils in unzähligen kleineren Betrieben an den Orten der Kokonmärkte und ihrer Umgebung vollzogen. Die Weberei kam in ihrem geringen Umfange überhaupt nicht wesentlich in Betracht. Soweit man in diesem Zeitabschnitt von einem Standort der italienischen Seidenindustrie reden konnte, war für diesen nur der einheimische Rohstoff und das Maß seiner Produktion in den einzelnen Landesteilen Italiens entscheidend.

In dem letzten Viertel des 19. Jahrhunderts trat hierin aber eine entscheidende Änderung ein. Schon die Kokonproduktion selbst verlor besonders infolge der bekannten Vorgänge in der italienischen Landwirtschaft ihren Charakter als allgemeine traditionelle Betätigung des gesamten Volkes in allen Landesteilen und konzentrierte sich vorwiegend auf jene Gebiete, die einerseits durch die Eigenart des Bodens und die damit zusammenhängende gute Beschaffenheit der Maulbeerblätter als Raupenfutter sowie durch gesundes Klima der Raupenzucht besonders günstig waren, dann aber auch eine so starke Bevölkerungsdichte aufwiesen, daß die nötige Handarbeit auch bei geringem Gewinn an der Kokonernte und dadurch geringem Entgelt für die geleistete Arbeit in ausreichendem Maße zur Verfügung stand. Wo diese Bedingungen nicht oder nur unvollkommen erfüllt waren, wendete man sich landwirtschaftlichen Betätigungen zu, die größeren wirtschaftlichen Gewinn und rationellere Verwendung der vorhandenen Arbeitskraft versprachen. Da Veränderungen in der Landwirtschaft nur langsam vor sich zu gehen pflegen, so geschah auch diese Umstellung großenteils nur schrittweise; andrerseits führte aber der beharrliche Zug im landwirtschaftlichen Betriebe dahin, daß diese Umstellung, soweit sie vorgenommen worden war, auch durch starke Rückschläge in den neuen Kulturen nicht wieder rückgängig gemacht wurde, sondern daß der neue Charakter der italienischen Agrarproduktion erhalten blieb. Damit hatte der italienische Seidenbau, wenn er auch in den meisten Landesteilen nicht völlig unterging, in seiner Hauptproduktion eine räumlich schärfere Abgrenzung erfahren, als er sie je besaß, und alle Bemühungen in der Folgezeit, ihm wieder eine allgemeine Verbreitung zu verschaffen, sollten sich als fruchtlos erweisen. Die durchschnittliche Kokonproduktion der Jahre 1901—1905 mit 52,4 Mill. kg stammte zu 83,6% aus den oberitalienischen Gebieten, unter denen die Lombardei mit 37,1% den unbestrittenen Vorrang besaß; Mittelitalien mit 9,8% und Süditalien einschließlich der Inseln mit 6,6% lieferten nur verhältnismäßig geringe Mengen[150]; aber auch in diesen Landesteilen traten einerseits die Marken, andrerseits Calabrien mit ihrer Produktion stärker hervor. Diese Fixierung des Standortes des italienischen Seidenbaues ist notwendig, um den Standort der italienischen Seidenindustrie in ihren einzelnen Zweigen zu verstehen.

[150]) Ann. Stat. 1905—1907 S. 404.

Das Seidengewerbe hatte sich in dem behandelten Zeitabschnitt zur eigentlichen Industrie entwickelt. Die Seidenhaspelei war nicht mehr landwirtschaftlicher Nebenbetrieb, sondern selbständige Industrie mit enger Anlehnung an die industriell schon fortgeschrittenere Zwirnerei. Die Weberei war in ihrem neuen Aufschwung ganz Industrie, und selbst soweit das Hausgewerbe noch bestand, erhielt es größtenteils den Charakter des Verlagssystems. Somit ist der Beginn des 20. Jahrhunderts der Zeitpunkt, in dem der Standort der Seidenindustrie nach seinen Gründen geprüft werden kann. Die Entwicklung des Gewerbes zur Industrie hatte einen gewissen Abschluß erreicht; soweit die Industrie aber auf der einheimischen Rohstoffproduktion beruhte und diese für den Standort der Industrie von Bedeutung war, bot auch die um dieselbe Zeit abgeschlossene Veränderung in der räumlichen Ausdehnung des italienischen Seidenbaues ein hinreichend klares Bild, um die Bedeutung der Rohstofforientierung in der Wahl des industriellen Standortes deutlich zu erkennen.

Die italienische Seidenhaspelei verwendete in der Zeit von 1901 bis 1905 noch für 82,2% ihrer Gesamterzeugung an Rohseide die einheimischen Kokons[151]). Die Einfuhr ausländischer Kokons vollzog sich zum überwiegenden Teile von Marseille über die französische Grenze und traf hier auf jene Bezirke, die auch nach dem Stande der einheimischen Rohstoffproduktion an der Spitze standen; einen besonderen Einfluß auf den Standort der Haspelei hatte also diese Einfuhr nicht. Der Standort der Haspeleien wäre demnach in den Zentren der einheimischen Kokonproduktion zu suchen. Wo der Seidenbau noch die nötige billige Handarbeit fand, stand diese im gleichen Maße auch der Haspelei zur Verfügung, die bei geringer Verwendung von Maschinen vor allem auf geschickte und erfahrene Handarbeit angewiesen war. Rohstoff- und Arbeitsorientierung deckten sich also in diesem Falle; besonders tief eingewurzelte Tradition, die selbst den krisenvollen Schwankungen der vergangenen Jahrzehnte widerstanden hatte, bürgte für Qualität und Gewissenhaftigkeit der Arbeitsleistung. Gegenüber dem mit minderwertigen Abfällen belasteten Transport von Kokons in entferntere Gegenden bot die Versendung der gehaspelten Rohseide mit ge-

[151]) Vgl. Tabelle IV im Anhang.

ringem Volumen und hohem Wert bedeutende Vorteile. Andrerseits verlangte aber auch der rationelle Betrieb der Haspeleien mit vielen Dampfbecken und voll ausgenutzter motorischer Kraft eine Zusammenziehung der Haspelbetriebe in bestimmten Mittelpunkten des Rohstoffgebietes; die Kosten des Kokontransportes auf geringere Entfernungen wurden durch eine rationelle Abhaspelung bei weitem aufgewogen.

Diesen Überlegungen entspricht auch das Bild der Statistik[152]). Betrachtet man die Verteilung der vorhandenen Haspeleien über das Reich, so ist sofort festzustellen, daß diese Industrie sich keineswegs auf einen bestimmten Landesteil, etwa auf die Lombardei, völlig zusammengezogen hatte, sondern sich in allen Landesteilen vorfand; eine Berechnung des Anteils der einzelnen Gebiete an der Industrie (Zahl der aktiven Haspelbecken und der beschäftigten Personen) zeigt aber zugleich eine fast gänzliche Übereinstimmung dieses jeweiligen Anteils mit jenem Teil der gesamten einheimischen Kokonproduktion, der auf dasselbe Gebiet entfiel[153]). Dabei lag die industrielle Anteilszahl Oberitaliens etwas höher, da der oberitalienischen Haspelei vor allem die ausländische Kokoneinfuhr zugute kam. Stellte sich der prozentuale Anteil an der Kokonproduktion Italiens in den Jahren 1901—1905 für Ober-, Mittel- und Süditalien auf 83,6 : 9,8 : 6,6%, so ergaben sich für die Anteile an den aktiven Haspelbecken 88,4 : 7,6 : 4,0%, an der Zahl der in den Haspeleien beschäftigten Arbeitskräfte 85,4 : 8,7 : 5,9%. Der Zusammenhang der Haspelei mit den Rohstoffgebieten ist also offensichtlich.

Innerhalb dieser umfassenden Landesteile zeigte sich aber das deutliche Bestreben, die Verarbeitung der Kokons in den Hauptzentren der Rohstoffproduktion, die naturgemaß über die größten und fortgeschrittensten Betriebe verfügten, zu konzen-

[152]) Ann. Stat. 1881 S. 614 f.; Stat. industr. Fasc. 37 S. 74 ff.; Stat. industr. 1903 I S. 157, II S. 2 ff.

[153]) Eine ausschließliche Heranziehung der einfachen Zahl der Betriebe in den einzelnen Landesteilen würde ein falsches Bild ergeben; so befanden sich im Jahre 1903 in Oberitalien nur 68% aller Haspelbetriebe, in Mittelitalien dagegen 25,8%; während aber in Oberitalien jede Haspelei durchschnittlich 69 Haspelbecken mit 103 Personen beschäftigte, verfügten die Haspeleien in Toscana nur über 29 Becken mit 35 Arbeitern, die noch zahlreicheren Haspeleien in den Marken sogar nur über 10 Becken mit 23 Arbeitern im Durchschnitt. Die Zahl der Betriebe allein besagt also noch nichts über die tatsächliche Bedeutung der Haspelei in den einzelnen Landesteilen.

trieren. In Oberitalien war es die Lombardei, die zwar nur 44,4% der oberitalienischen Kokonproduktion lieferte, dagegen von den in oberitalienischen Betrieben befindlichen aktiven Haspelbecken und Arbeitern 67,1 bzw. 66,8% umfaßte. Andrerseits stellte sich der entsprechende Anteil an der Kokonproduktion in Piemont auf 22,1%, in Venetien auf 24,7%, in Emilien auf 8,8%; demgegenüber der Anteil an den aktiven Haspelbecken bzw. der Arbeiterschaft in Piemont auf 14,6 bzw. 13,6%, in Venetien auf 16,9 bzw. 17,5%, in Emilien auf 1,3 bzw. 2,1%. Vergleicht man diese Zahlen des prozentualen Verhältnisses im oberitalienischen Industriebestande von 1903 mit denen der Statistiken von 1876 und 1891, so tritt auch hierbei die allmähliche Zentralisierung der Haspelei in der Lombardei zutage; ihr Anteil an den aktiven Haspelbecken wuchs von 58,2% auf 64,6% und 67,1%, ihre Arbeiterschaft von 57,8% auf 65,4% und 66,8%. Entsprechend fielen die Anteilssätze von Piemont und Emilien; nur in Venetien zeigte sich eine kleine industrielle Steigerung, die wohl auf die nach starkem Rückgange wieder neu auflebende Seidenzucht in den 90er Jahren zurückzuführen war. In Mittelitalien nahm zwar die Zahl der Haspeleien und ihrer Arbeiter in den Marken prozentual zu, der Anteil an den Haspelbecken aber ab; in diesem Teile Italiens richtete sich das Zentralisierungsbestreben auf Toscana, dessen Betriebe an Zahl geringer, aber dafür moderner und leistungsfähiger waren. Toscanas Anteil (einschließlich Latium) an der durchschnittlichen mittelitalienischen Kokonproduktion 1901—1905 belief sich nur auf 45,0%, derjenige der Marken und Umbriens auf 55%; dagegen beschäftigten Toscana und Latium[154]) im Jahre 1903 55,2% aller aktiven Haspelbecken Mittelitaliens, die Marken und Umbrien nur 44,7%. Der Anteil an den Haspelbecken nahm in Toscana in den genannten Jahren der statistischen Erhebungen von 45,2% auf 47,1% und 54,2% zu, während er in den Marken von 46,0% auf 46,7% und 42,4%, in Umbrien von 6,7% auf 6,0% und 2,3% zurückging. Der Anteil Toscanas an der Arbeiterzahl fiel dagegen von 42% auf 36,7%, derjenige der Marken stieg von 49,8% auf 55,2%[155]). In Süditalien konzentrierte sich die Kokonproduktion zu 81,8% auf Calabrien

---

154) In Latium war die Haspelei ganz unbedeutend.

155) Hier wie auch bei den Prozentzahlen der oberitalienischen Gebiete ist aus dem gegenseitigen Verhältnis der Zahlen für die aktiven Becken und für die daran beschäftigten Arbeiter die Höhe des technischen Standes der einzelnen Industriegebiete vergleichsweise untereinander leicht zu erkennen.

und Campanien; 13% kamen auf Sizilien, der geringe Rest auf die adriatische Seite Süditaliens und die Insel Sardinien[156]). Dementsprechend beschäftigten Calabrien und Campanien zusammen 81,5% der aktiven Haspelbecken, doch derart, daß die Zahl der Haspelbecken Calabriens in den drei statistischen Jahren von 63,8% auf 65,9% und 74,5% anstieg, diejenige Campaniens von 11,1% auf 7,2% und 7,0% fiel. Das industrielle Zentrum Süditaliens bildete also Calabrien; Apulien und Basilicata einschließlich des nördlich angrenzenden Gebietes der Abruzzen sowie Sardinien wiesen überhaupt keine seidenindustriellen Betriebe auf. In Sizilien hatte sich jedoch die Haspelei, wenn auch in starkem Rückgang begriffen, dennoch in einer Größe erhalten, der die eigene Kokonproduktion der Insel nicht mehr entsprach; 18,5% der aktiven Haspelbecken Süditaliens befanden sich in der Provinz Messina, und da die sizilianische Kokongewinnung für ihre Beschäftigung nicht genügte, wurden noch Kokons aus Calabrien nach Messina eingeführt. In diesem besonderen Falle hatte der Standort der Haspelei einen historischen Ursprung. Schon im Jahre 1591 erhielt Messina von Philipp II. das Monopol der Ausfuhr von Seide aus ganz Sizilien; daher konzentrierte sich auch die Anpflanzung von Maulbeerbäumen und die Ausübung der Seidenzucht und Haspelei allmählich ganz auf diese Provinz. Während Palermo, von dem die Seidenzucht und das Seidengewerbe in Europa ausgegangen war, nach Zeiten höchster Blüte seinen Seidenbau infolge der Raupenkrankheit eingebüßt hatte und keine einzige Seidenspinnerei oder Weberei mehr besaß, hatte sich in Messina die traditionelle Haspelei erhalten und technisch vervollkommnet und suchte den Mangel eigenen Rohstoffes durch Einfuhr von Kokons aus den naheliegenden Provinzen des Festlandes zu ergänzen[157]).

Eine noch engere Umgrenzung des Standortes der italieni-

---

[156]) Ann. Stat. 1900 S. 402. Die oben genannten Prozentzahlen gelten für die durchschnittliche Kokonproduktion Süditaliens und der Inseln in den Jahren 1896—1899; das Ann. Stat. 1905—1907 gibt in der Darstellung der Kokonproduktion der Jahre 1901—1905, die bisher benutzt wurde, für die süditalienischen Bezirke keine getrennten Angaben mehr; auch in der Produktionsstatistik der Jahre 1896—1899 sind die Ergebnisse für die Gebiete am Mittelländischen bzw. Adriatischen Meere wie oben im Text zusammengezogen.

[157]) Stat. industr. Fasc. 62, Prov. Messina (Annali di Statistica S. IV Nr. 89) Roma 1897, S. 76; Stat. industr. Fasc. 48,, Prov. Palermo (Annali di Statistica S. IV Nr. 69) Roma 1893, S. 55.

schen Haspelei, als sie bisher geschehen, ist kaum möglich, da die Haspelei sich in den seidenbautreibenden Gegenden Italiens infolge ihrer Rohstofforientierung allgemein vorfand. Immerhin traten in den einzelnen Bezirken einige Orte und ihre Umgebung stärker hervor, so in der Lombardei Como und Mailand, in Piemont Cuneo, in Venetien die Gegenden von Udine und Vicenza; in Toscana war es die Provinz Lucca, in den Marken Pesaro e Urbino, in Calabrien die Provinz Reggio di Calabria. Als Sitz der Haspelei kamen aber nicht sowohl die Städte als vielmehr die kleinen Orte der Umgegend in Frage; hierin richtete sich die Haspelei nach dem Moment der billigen Handarbeit, die sich bei der Landbevölkerung zugleich auch in einer durch alte Tradition hoch entwickelten Qualität überall vorfand.

Der Standort der Seidenzwirnerei war um die Jahrhundertwende schon wesentlich begrenzter. Solange dieser Gewerbezweig noch mit dem Seidenbau eng verbunden war und nur in kleinen handwerklichen Betrieben ausgeführt wurde, fanden sich diese ebenso wie die Haspeleien je nach der Produktion der Kokons fast über alle Bezirke Italiens verteilt. Die industrielle Entwicklung der Zwirnerei hatte aber zu einer Loslösung von der Seidenzucht und damit auch von der Rohstofforientierung geführt; der Transport der gehaspelten Rohseide zu den Zwirnereien selbst auf weitere Entfernungen verursachte keine Schwierigkeiten und Unkosten, die die Versendung des verarbeiteten Produktes wesentlich überschritten hätten. Andrerseits war aber die Zweckbestimmung des fertigen Produkts für die Art seiner Herstellung von entscheidender Bedeutung, und da die italienische Seidenzwirnerei infolge der geringen Ausdehnung der einheimischen Weberei in erster Linie Exportindustrie war, die ihren Absatz vor allem in Frankreich und in den mitteleuropäischen Staaten fand, so konnte eine Lage der Betriebe in der Nähe großer Seidenhandelszentren im Norden Italiens für sie nur von Vorteil sein, um sich in der Fabrikation den jeweiligen Erfordernissen und Wünschen des Bedarfs der ausländischen Webereien und des Geschmacks der herrschenden Mode anpassen zu können. Nach der vorangegangenen geschichtlichen Entwicklung des Seidengewerbes in Italien wie auch unter dem Gesichtspunkt ihrer damaligen wirtschaftlichen Bedeutung und verkehrsmäßig günstigen Lage zum Auslande kam als Mittelpunkt des italienischen Außenhandels mit Rohseide vor allem die Stadt Mailand in Frage; da sie zugleich im Zentrum des größten italienischen Seidenbaugebietes lag, beherrschte sie an sich schon den wichtigsten Teil der einheimischen Rohseidenverarbeitung und zog in der Folgezeit der industriellen Entwicklung der Zwirnereien diese Betriebe und ihre Produktion immer stärker in ihrer nächsten Nähe zusammen; die Statistik der Mailander Konditionierungen bietet ein klares Bild dieses Vorganges. Soweit aber die Zwirnereien ihren Absatz in der einheimischen Weberei fanden, war aus denselben Gründen zu erwarten, daß ihre Betriebe sich in jenen Gegenden Italiens finden würden, die in der Weberei noch größere Bedeutung besaßen. Auch hierin kam nach der geschichtlichen Entwicklung vor allem die Lombardei in Betracht. So befanden sich denn auch bereits im Jahre 1876 81,3% aller Spindeln Italiens und 79,2% der gesamten zugehörigen Arbeiterschaft in der Lombardei; im Jahre 1903 wurden in demselben Gebiet 468 Zwirnereien (= 89,5% aller italienischen Betriebe) gezählt, die 84,7% aller aktiven Spindeln mit 86,9% der gesamten Arbeiterschaft umfaßten; die Konzentration der italienischen Zwirnereien in der Lombardei hatte sich also in dem betreffenden Zeitabschnitt noch wesentlich verstärkt. Den Verlust trugen hierbei Piemont und Venetien, deren prozentuale Anteile an der Zahl der aktiven Spindeln von 15,0 bzw. 2,3 auf 13,1 bzw. 1,3% zurückgingen. Dieser Industrie Oberitaliens gegenüber waren die wenigen kleinen Zwirnereien in Mittel- und Süditalien vollkommen bedeutungslos. Nur ein großer Betrieb befand sich auch in Süditalien, aber bezeichnenderweise nicht in Calabrien, wo die Haspeleien ihren Hauptsitz hatten, sondern in Campanien, wo sich große Webereien befanden[158]).

Für die engere Wahl des Standortes kam für die Zwirnereien neben dem Bedarf an billiger Handarbeit noch ein anderer Gesichtspunkt in Betracht: der Bedarf an billiger motorischer Kraft. Die Verwendung von Maschinen war in der Zwirnerei weit ausgedehnter als in der Haspelei; Dampfmotoren als Krafterzeuger bedeuteten infolge der hohen Kosten der aus dem Auslande zu importierenden Kohle eine schwere Belastung für den Betrieb. So

[158]) In der Stat. industr. 1903 I S. 157 werden außerdem für die Marken 6500 aktive Spinnspindel angegeben, ohne daß sich aber in diesem Gebiete auch nur eine einzige Zwirnerei befunden hätte; vgl. II S. 2 ff. und III S. 72 ff. Auch die Industriestatistik von 1891 berichtet nichts über eine Tätigkeit der Zwirnerei in den Marken.

suchte man nach Möglichkeit die billigere Wasserkraft der zahlreichen Gebirgsbäche der Voralpen auszunutzen. Die Lage an den Wasserfällen in engen Gebirgstälern verhinderte aber meist eine größere Ausdehnung der Betriebsanlagen, so daß die vornehmlich mit Wasserkraft arbeitenden Betriebe durchschnittlich eine geringe Größe aufwiesen, während die Zwirnereien, die mit Dampfmotoren arbeiteten, zur möglichst vollkommenen Ausnutzung der erzeugten Kraft auch größere Anlagen schufen, um die Unkosten der Krafterzeugung rentabel zu gestalten. Diese Momente geben die Erklärung für die Gruppierung der Zwirnerei innerhalb des lombardischen Gebietes. 278 Betriebe, d. h. drei Fünftel aller Zwirnereien der Lombardei befanden sich in der Provinz Como, 87 Betriebe in der Provinz Bergamo, aber nur 46 Betriebe in der Provinz Mailand, obwohl Mailand das Zentrum des italienischen Seidenhandels war und im Gegensatz zu Bergamo auch eine umfangreiche Weberei besaß[159]). Von der im Comer Gebiet verwendeten motorischen Kraft wurden 80,3% durch Wasserkraft erzeugt, im Bezirk von Bergamo sogar 86,7%; in den Betrieben im Mailänder Gebiet wurde dagegen die motorische Kraft zu 61,2% von Dampfmotoren und nur zu 38,2% von Wasserkraftmotoren geliefert. Andrerseits waren die Fabriken in dem gebirgigen Gelände von Como und Bergamo in ihrem Umfange durchschnittlich sehr beschränkt; nur 58 bzw. 79 Arbeitskräfte entfielen auf den einzelnen Betrieb, während die Mailänder Fabriken durchschnittlich 318 Personen beschäftigten. Die Zwirnereien in der Provinz Turin hatten eine durchschnittliche Belegschaft von 132 Arbeitern und erhielten 92,7% ihrer motorischen Kraft durch Verwendung von Wasserkraftmotoren. Bemerkenswert ist es auch, daß die einzige große Zwirnerei Süditaliens sich nicht in Neapel, dem Hauptsitz der Weberei Campaniens, sondern in der am Rande des Gebirges liegenden Provinz Caserta befand und ausschließlich Wasserkraftmotoren benutzte.

Die industrielle Seidenweberei Italiens war um die Jahrhundertwende vorwiegend in der Lombardei konzentriert, die allein 140 Webereien bei einer Gesamtzahl von 197 Webereien in ganz Italien besaß. In Piemont befanden sich 21 Webereien, in

[159]) In der Provinz Mailand kamen noch 14 kleine Betriebe hinzu, die sich mit der Herstellung von Nähseide befaßten und gewöhnlich den Zwirnereien zugezählt werden.

Campanien 19 Webereien. Von den 4 Betrieben in Venetien hatten nur zwei einen größeren Umfang. Die übrigen Seidenwebereien, die sich auf Toscana, Latium und Calabrien verteilten, waren kleine Betriebe ohne besondere Bedeutung. Diese Festlegung des Standortes der Weberei war aber nicht etwa die Folge ihrer industriellen Entwicklung in der zweiten Hälfte des 19. Jahrhunderts, sondern hatte im wesentlichen in gleicher Weise schon vor dieser Zeit bestanden. Politische und wirtschaftliche Gründe verschiedener Art hatten dazu geführt, daß die Seidenweber aus den Staaten Süd- und Mittelitaliens nach dem Norden ausgewandert waren und ihr Gewerbe in die oberitalienischen Städte verpflanzt hatten[160]. Hier fanden sie Schutz und Förderung durch eine weitschauende behördliche Wirtschaftspolitik, und als der Vorrang in der Kunst der Seidenweberei längst auf Frankreich übergegangen und die italienische Seidenweberei auf ein Mindestmaß zurückgegangen war, das nicht einmal den Ansprüchen des eigenen Landes genügte, ließ dennoch eine alte Tradition diesen einst so blühenden Zweig italienischen Gewerbefleißes in diesen Gebieten nicht gänzlich untergehen. Für den neuen industriellen Aufschwung der italienischen Seidenweberei war aber ihr bisheriger Standort durchaus günstig. Paris bestimmte auch jetzt noch die Mode, Lyon beherrschte weiterhin den Weltseidenmarkt und war in der Produktion von Seidengeweben jeder Art noch führend und unerreicht; die unmittelbare Nähe der maßgebenden französischen Seidenindustrie konnte für die neu erwachende Webekunst Italiens nur nutzbringend und befruchtend wirken, zumal sie gegen eine Überschwemmung des Inlandsmarktes mit den französischen Erzeugnissen, die ihren neuen Aufstieg leicht gleich im Keime hätte ersticken können, durch die neuen hohen Schutzzölle hinreichend gesichert war. Für den Absatz ihrer Produkte im Inlande bot aber gerade das oberitalienische Gebiet ganz besondere Vorteile: Die allgemeine industrielle Aufwärtsbewegung in Italien in den letzten Jahrzehnten des 19. Jahrhunderts hatte sich vor allem in Oberitalien vollzogen und den Wohlstand der dichten Bevölkerung in den oberitalienischen Stadten wesentlich gehoben; dagegen kamen die mittel- und süditalienischen Gebiete mit ihrem vorwiegend agrarischen Charakter für den Absatz der Erzeugnisse eines Luxusgewerbes weit weniger in Betracht. Auch der Zu-

---

[160]) Über die Wirtschaftspolitik der italienischen Staaten und ihren Einfluß auf den Standort der Seidenweberei vgl. Silbermann a. a. O. I Abschnitt 1.

strom von Fremden aus allen Ländern, der sich in jedem Jahre über Italien ergoß, kreuzte zum größten Teil wenigstens Oberitalien, soweit er nicht überhaupt schon in den Badeorten der oberitalienischen Seen oder der Riviera Halt machte. Gerade dieser Fremdenverkehr war aber für viele Spezialartikel der italienischen Seidenweberei von nicht zu unterschätzender Bedeutung. Wenn wir in Campanien auch noch im Jahre 1903 eine nicht unbedeutende Ausdehnung der Weberei vorfinden, so dürfte hierfür weniger der Konsum der einheimischen Bevölkerung als vielmehr der Absatz unter den zahlreichen Ausländern, die alljährlich Neapel und die umliegenden Badeorte besuchten, die Ursache sein. Ebenso haben sich auch einige, wenn auch sehr kleine Webereien in Florenz, Siena, Rom und Catanzaro erhalten. Die fast ausschließliche Verwendung von einfachen und Jacquard-Handwebstühlen weist schon darauf hin, daß es sich hier kaum um eine industrielle Massenproduktion, sondern um die Herstellung besonderer Gewebearten handelte. Dasselbe gilt übrigens nach der Statistik auch für die Webereien Venetiens. Gegen Ende des 19. Jahrhunderts hatte sich aber auch die Ausfuhr italienischer Seidengewebe ganz bedeutend gesteigert; sie richtete sich vorwiegend nach den mitteleuropäischen Ländern, nach der Levante und nach Südamerika; Mailand als Zentrum des italienischen Seidenhandels und Genua als größter Hafen Italiens boten der Seidenweberei Oberitaliens alle Vorteile einer günstigen Lage, um diese Ausfuhr zu erleichtern. Berücksichtigt man ferner noch, daß die zahlreichen lombardischen Zwirnereien das notwendige Rohmaterial am eigenen Platze zur Verfügung stellten und daß eine Arbeiterschaft, in der die traditionelle Webekunst nie ausgestorben war, in der Lombardei zu verhältnismäßig geringer Entlohnung in genügender Zahl zur Verfügung stand, so bedarf die Tatsache, daß sich auch die industrielle Seidenweberei Italiens vor allem in der Lombardei konzentrierte und ihr neuer Aufstieg sich gerade in Oberitalien vollzog, keiner weiteren Erklärung.

Im Jahre 1876 zählte man in Italien an aktiven mechanischen Webstühlen, die für eine industrielle Massenproduktion besonders in Frage kommen, erst 445 Webstühle, von denen 65,4% auf die Lombardei, 11,7% auf Piemont und 22,9% auf Campanien entfielen. Im Jahre 1891 war die Gesamtzahl auf 2535 Webstühle angewachsen, die Verteilung auf die genannten drei Gebiete stellte sich aber wie 94,5:2,9:2,6%. Im Jahre 1903 besaß Italien 7616 aktive mechanische Webstühle, die Anteile der Lombardei, Piemonts und Campaniens betrugen 90,5:9,0:0,4%. Während in dem Zeitabschnitt von 1891 bis 1903 die Zahl dieser Webstühle in der Lombardei von 2396 auf 6894 und in Piemont von 72 auf 688 gestiegen war, sank diejenige Campaniens von 65 auf 28 herab. Doch auch soweit die italienische Weberei Handwebstühle verwendete, war sie vorwiegend in der Lombardei konzentriert; im Jahre 1876 standen von den vorhandenen 7394 aktiven Handwebstühlen 84,1% in der Lombardei, 8,6% in Piemont, 1,7% in Campanien; im Jahre 1903 befanden sich 11 201 Handwebstühle im Gebrauch, von denen 88,1% auf die Lombardei, 5,2% auf Piemont und 3,5% auf Campanien entfielen.

Führte die Rücksicht auf eine enge Fühlungnahme mit dem Konsum und seinen Wünschen die Seidenweberei zu den Mittelpunkten des Verkehrs und des wirtschaftlichen und gesellschaftlichen Lebens, so hielt doch andrerseits die Notwendigkeit, unter dem Druck der ausländischen Konkurrenz möglichst billig zu produzieren, sie davon ab, ihren Sitz in den großen Städten aufzuschlagen, oder drängte sie langsam wieder aus der Großstadt in die kleinen Orte der weiteren Umgebung hinaus. Hier war der Lebensunterhalt und damit auch die benötigte Handarbeit billiger; auch die Generalunkosten des Betriebes stellten sich niedriger. Diese Verschiebung des Standortes im engeren Sinne läßt sich in der Seidenweberei der Provinz Mailand deutlich verfolgen. Nach einem Bericht der Mailänder Handelskammer aus dem Jahre 1853 befanden sich um die Mitte des vorigen Jahrhunderts Webstühle für die Seidenweberei nur in der Stadt Mailand selbst. Die Statistik von 1876 zählt bereits vier kleinere Gemeinden in der Umgebung Mailands auf, in denen die Weberei betrieben wurde; zwar verfügte die Stadt Mailand noch über 78% aller in der Provinz vorhandenen Handwebstühle, aber der Hauptsitz der neu entstehenden mechanischen Weberei war nicht mehr Mailand, sondern die kleine Stadt Desio. Im Jahre 1888 war diese Entwicklung noch weiter vorangeschritten: die Stadt Mailand besaß noch 55% der Handwebstühle (fast sämtlich Jacquardwebstühle), aber kaum 5% der mechanischen Webstühle der gesamten Provinz[161]). Im Jahre 1900 befanden sich zwar 50 Betriebe in der Stadt Mailand, nur 24 Betriebe in der Provinz, aber die Mailänder Fabriken beschäftigten nur 16,5% der mecha-

[161]) Stat. industr. Fasc. 44, Prov. Mailand (Annali di Statistica S. IV Nr. 65), Milano 1893, S. 264 ff.

nischen Webstühle, 50,6% der einfachen Handwebstühle und 56,7% der Jacquardwebstühle[162]). In ähnlicher Weise befand sich in der Provinz Como die Mehrzahl der Betriebe in den kleinen Landorten verstreut, während die Firmen ihren Sitz in der Stadt Como selbst hatten[163]). Nicht nur die mechanische Weberei wanderte in die Provinzstädte ab, um Unkosten zu ersparen, sondern auch die Handweberei, soweit sie sich nicht der Herstellung komplizierter und sehr wertvoller Gewebe widmete, deren Absatz durch einen infolge höherer Lohnunkosten gesteigerten Preis nicht weiter behindert wurde. So erklärt es sich auch, daß die Jacquardwebstühle sich vorwiegend in den größeren Städten, aber in kleineren Betrieben vorfanden; die Produktion der glatten und gemusterten Seidenstoffe für die Frauenkleidung und als Schirmstoffe wurde dagegen in den mechanischen Webereien der Provinz betrieben.

6. Das Seidengewerbe und die Volkswirtschaft Italiens.

In den letzten Jahrzehnten des 19. Jahrhunderts verfolgte Italien die wirtschaftliche Fortentwicklung des Landes mit gesteigerter Energie; es handelte sich bei dem Übergang zum Schutzzollsystem nicht nur um die Erhaltung der vorhandenen landwirtschaftlichen und industriellen Erzeugung; der alte Ehrgeiz, den mittel- und westeuropäischen Staaten, die im Laufe des Jahrhunderts einen außerordentlichen industriellen Aufschwung genommen hatten, es möglichst gleichzutun und dem Agrarland Italien auch eine starke Industrie zu geben, um den anderen Ländern ebenbürtig zur Seite zu stehen und von ihnen möglichst unabhängig zu werden, hatte wohl vor allem die hohen Schutzzölle diktiert. Tatsächlich gelang es auch, viele schlummernde Kräfte zu wecken, und besonders das oberitalienische Gebiet nahm allmählich einen stark industriellen Charakter an. Für den Seidenbau als landwirtschaftlichen Nebenzweig war der Zollschutz fast zu spät gekommen; die tiefgreifenden Veränderungen in der italienischen Landwirtschaft wurden zwar zum Stillstand gebracht, aber eine Rückentwicklung trat nicht ein; die neue Struktur der landwirtschaftlichen Erzeugung mochte sogar den besonderen Produktionsmöglichkeiten des italienischen Bodens und Klimas angemessener sein, hatte aber den Seidenbau stark eingeschränkt,

[162]) Stat. industr., Lombardia, Roma 1900, S. 405.
[163]) Stat. industr., Lombardia, S. 207.

ohne daß eine Aussicht auf eine neue Ausdehnung und Blüte der italienischen Seidenzucht bestand. Die Bedeutung der letzteren für die gesamte Volkswirtschaft war daher zurückgegangen, doch läßt sich dieser Rückgang zahlenmäßig kaum erfassen. Unter Benutzung der Preistabelle des Mailänder Kokonmarktes[164]) ergibt sich für die durchschnittliche Kokonproduktion Italiens in den Jahren 1871—1875 ein Wert von 292 Mill. L.; in den Jahren 1896—1900 war der entsprechende Wert auf 146 Mill. L., also genau auf die Hälfte gesunken; in dem folgenden Jahrfünft 1901 bis 1905 stieg dieser Wert trotz weiteren Rückganges der Produktion infolge einer Preissteigerung der Kokons auf 159 Mill. L.[165]). Diese außerordentliche Wertminderung der Produktion des italienischen Seidenbaues hatte ihren Grund aber nur zum kleineren Teil in dem Rückgang der Kokonproduktion selbst; der gewaltige Preissturz auf dem Kokonmarkte hatte die Produktion entwertet, und da die Ursache für diesen Preissturz in der steigenden Weltproduktion an Rohseide lag und demnach jeder Beeinflussung oder gar Beseitigung durch Maßnahmen der italienischen Regierung entrückt war, so blieb jede Hoffnung versagt, dieser einst so ergiebigen Einkommensquelle der italienischen Volkswirtschaft jemals ihre frühere Bedeutung wiederzugeben. Es war sogar damit zu rechnen, daß der italienische Seidenbau infolge mangelnder Rentabilität einen weiteren Rückgang erleben und damit auch für die Volkswirtschaft Italiens noch mehr an Bedeutung verlieren würde.

Das Einkommen, das der italienischen Volkswirtschaft aus der Tätigkeit der einheimischen Seidenindustrie erwuchs, ist nicht zu berechnen. Bei einer Industrie, die vorwiegend für den Export arbeitet, läßt sich jedoch ihre volkswirtschaftliche Bedeutung aus dem Exportüberschuß ihrer Produktion sowie aus ihrem Anteil an dem Gesamtaußenhandel des Landes leicht ermessen. Das Jahr 1880 hatte, wie wir schon früher sahen, einen Gesamtexport an Seidenwaren jeder Art von 304 Mill. L. und einen Gesamtimport von 100,6 Mill. L. aufzuweisen, demnach einen Exportüberschuß von 203,4 Mill. L.[166]). Die Folgen des neuen

[164]) Atti della commissione di indagine sulle industrie S. 31.

[165]) Bei der Berechnung der beiden letztgenannten Werte wurden die Zahlen der Kokonproduktion nach der verbesserten Erhebungsmethode verwendet (vgl. Tabelle II im Anhang). Entsprechend mußte aber die Zahl der Kokonproduktion für 1871—1875 um 13 Mill. kg erhöht werden (vgl. Abschnitt I über die Statistik der Kokonproduktion).

[166]) Nach der Tabelle im Ann. Stat. 1887/88 S. 758.

Zolltarifes von 1887 zeigten sich in einer starken Senkung des Seidenimportes, der in den Jahren 1886 und 1887 vorübergehend zugenommen hatte. Im Jahre 1890 verzeichnete die Handelsstatistik einen Gesamtexport an Seidenwaren von 320,3 Mill. L., einen Gesamtimport von 87,1 Mill. L., somit einen Exportüberschuß von 233,2 Mill. L. In dem letzten Jahrzehnt des 19. Jahrhunderts hob sich zwar wieder der Seidenimport, aber in noch stärkerem Maße nahm die Ausfuhr zu. Das Jahr 1902, das in der italienischen Rohseidenproduktion als gutes Normaljahr zu betrachten ist, hatte einen Seidenexport von 565,9 Mill. L., einen Seidenimport von 229,6 Mill. L., demnach einen Exportüberschuß von 336,3 Mill. L. aufzuweisen[167]). Dieses Anwachsen des Exportüberschusses war nicht nur das Ergebnis der größeren Rohseidenproduktion Italiens, sondern auch der Entwicklung der italienischen Seidenweberei; der Handel mit Seidengeweben und anderen Manufakturen aus Seide hatte im Jahre 1890 noch einen Importüberschuß von 6 Mill. L. ergeben, der sich im Jahre 1902 in einen Exportüberschuß von 49,7 Mill. L. verwandelt hatte[168]).

In Beziehung zum Gesamtaußenhandel Italiens gesetzt[169]) war der Anteil des Seidenexportes am Gesamtexport von 27,5% im Jahre 1880 auf 35,8% im Jahre 1890 und 38,4% im Jahre 1902 gestiegen; andrerseits hatte aber auch die höhere Einfuhr an ausländischen Kokons für die Haspelei und an gefärbter Seide für die Weberei eine wesentliche Steigerung der Seideneinfuhr bewirkt; ihr prozentualer Anteil am Gesamtimport des Außenhandels stieg von 8,5% im Jahre 1880 auf 12,9% im Jahre 1902.

Die große Bedeutung der Seidenindustrie für das Wirtschaftsleben Italiens ergibt sich auch aus dem Umfange, in dem diese Industrie der Bevölkerung Arbeits- und Verdienstmöglichkeiten bot. Die Industriestatistik des Jahres 1903 zählte eine industrielle Arbeiterschaft von insgesamt 1 408 394 Personen[170]). Unter allen in dieser Statistik behandelten Industriezweigen wies die Seidenindustrie mit 191 654 Arbeitskräften auch jetzt noch die höchste Zahl der beschäftigten Personen auf; sie ist eben eine Industrie, in der die Handarbeit ganz besondere Bedeu-

---

167) Ann. Stat. 1904 S. 409.

168) Ann. Stat. 1904 S. 431.

169) Ann. Stat. 1904 S. 406 bzw. S. 404.

170) Stat. industr. 1903 III 122 ff. Ein Vergleich mit der Statistik von 1876 ist nicht möglich, da diese nur einen Teil der damaligen Industrien berücksichtigt.

tung besitzt und wohl auch niemals durch Maschinenarbeit gleichwertig ersetzt werden kann; gerade dieser Umstand macht sie aber auch für ein Land mit so dichter und schnell zunehmender Bevölkerung besonders wertvoll. Ihr zunächst stand im Jahre 1903 die Baumwollindustrie, die seit 1876 einen starken Aufschwung erlebt und ihre Arbeitskräfte von 54041 auf 138880 Personen vermehrt hatte, während die Seidenindustrie einen kleinen Verlust erlitten hatte. Immerhin beschäftigte die letztere noch 13,6% der gesamten industriellen Arbeiterschaft Italiens. Zieht man nur die Gruppe der italienischen Textilindustrien, die in Italien die größte Industriegruppe war, in Betracht, so steigt der Prozentsatz der seidenindustriellen Arbeiterschaft sogar auf 42,3%. Stellt man jedoch die Arbeiterschaft der Seidenindustrie und diejenige der Baumwollindustrie in Beziehung zur Gesamtbevölkerung Italiens, so ist ein Rückgang der ersteren festzustellen, während die Baumwollindustrie in ihrer Bedeutung außerordentlich gewachsen war; auf 1000 Einwohner kamen im Jahre 1877 7,15 in der Seidenindustrie und 1,93 in der Baumwollindustrie beschäftigte Personen[171]); im Jahre 1903 stellten sich diese Zahlen dagegen auf 5,81 bzw. 4,21 Personen[172]). Gewiß ist auch hier wiederum zu berücksichtigen, daß zum Seidengewerbe im weiteren Sinne auch die Rohstoffproduktion des Seidenbaues gehörte, in dem sich in den 90er Jahren 571522 Züchter und ihre Hilfskräfte betätigten[173]). Doch war ja auch der Seidenbau stark zurückgegangen und bot seinen Arbeitskräften nur einen immer unrentabler werdenden Nebenerwerb. Im ganzen gesehen behielt also das Seidengewerbe in seiner Bedeutung für die Beschäftigung der vorhandenen Handarbeit eine rückläufige Tendenz, die nur dadurch gemildert wurde, daß an die Stelle der übermäßig ausgedehnten Kinderarbeit infolge der gesetzlichen Bestimmungen und des Aufblühens der Weberei in stärkerem Maße Männer- und Frauenarbeit getreten war.

Die frühere beherrschende Stellung Italiens in der Weltwirtschaft der Seide hatte um die Jahrhundertwende schwere Erschütterungen erlitten; für kurze Zeit war Italien sogar der Vor-

---

171) Vgl. oben S. 77.

172) auf die Gesamtbevölkerung Italiens am 1. Januar 1903 bezogen (Ann. Stat. 1904 S. 59).

173) a. a. O.; Silbermann I S. 227. Neuere Angaben fehlen.

rang in der Versorgung des europäisch-amerikanischen Marktes von China genommen worden. Zu den tief einschneidenden Veränderungen im Seidenbau und in der Seidenindustrie Italiens während der letzten Jahrzehnte, die wir kennen gelernt haben, wirkte nicht zum wenigsten die mehrfach erwähnte ungünstige Preisgestaltung auf dem Kokon- und Seidenmarkte mit, die ihre Ursache wiederum in dem gewaltigen Anwachsen der Weltproduktion an Rohseide und in der immer drückender wirkenden Konkurrenz Ostasiens auf dem Weltmarkte hatte. Da diese Momente sich aber erst im ersten Jahrzehnt des neuen Jahrhunderts voll auswirkten und in dem folgenden Abschnitt unserer Untersuchung einer eingehenden Betrachtung unterzogen werden müssen, so ist auch die Stellung Italiens in der Weltwirtschaft der Seide besser erst in diesem Zusammenhange zu behandeln. Wir gewinnen dadurch zugleich ein vollständiges und abschließendes Bild der Entwicklung, die der italienische Seidenbau und die italienische Seidenindustrie in ihrem Verhältnis zur Weltwirtschaft der Seide durchgemacht haben in der Zeit, in der sich diese Entwicklung unter normalen Umständen in der Weltwirtschaft vollziehen konnte und die mit dem Ausbruch des Weltkrieges endete.

IV. Der beherrschende Einfluß der ostasiatischen Rohseidenproduktion auf dem Weltseidenmarkte; seine Rückwirkungen auf die italienische Seidenzucht und Seidenindustrie (1900 bis 1913). Die Industriestatistik vom Jahre 1911.

1. Die Rohseidenausfuhren Japans und Chinas; Welterzeugung und Weltverbrauch an Rohseide; die Preisgestaltung auf dem Kokon- und Seidenmarkte. Die Stellung Italiens in der Weltproduktion der Rohseide.

Als die Pebrina den Seidenbau in den südeuropäischen Ländern verheerte und der europäischen Seidenindustrie das nötige Rohmaterial zu mangeln begann, hatte Ostasien nicht nur den Samen für die neuen Aufzuchten geliefert, sondern auch seine Rohseiden auf den europäischen Markt gebracht. Produktion und Ausfuhr nahmen in China und in Japan einen gewaltigen Aufschwung, und es war zu erwarten, daß die Konkurrenz der ostasiatischen Seiden vom Markte nicht wieder verschwinden würde, zumal da der Wandel in der Mode durch die Einführung leichterer Seiden- und Halbseidenstoffe die Verwendung der ostasiatischen Seiden ermöglicht hatte. Um das Jahr 1870 erfuhr aber der Export Chinas wie Japans zunächst wieder eine starke Verminderung; die chinesischen Seiden erwiesen sich in ihrer landesüblichen Herrichtung für die Erfordernisse moderner Webereien als ungeeignet, die japanischen Seiden hatten durch eine übermäßige und zu schnell gesteigerte Produktion der Seidenzucht in ihrer Qualität gelitten, betrügerische Maßnahmen der japanischen Seidenhändler in Ausnützung einer günstigen Konjunktur führten zu einer vorsichtigen Zurückhaltung der europäischen Konsumenten. Das ostasiatische Rohseidenproduktionsgebiet war jedoch an sich viel zu wertvoll für die Versorgung des europäisch-amerikanischen Marktes mit billiger Rohseide in großen Mengen, als daß der Seidenhandel ohne weiteres auf die Erschließung und Nutzbarmachung dieser Rohstoffquelle für seine Zwecke verzichtet hätte; andrerseits war aber auch besonders Japan, seitdem es in den Welthandel eingetreten war und seinen Aufstieg zum modernen Staat begonnen hatte, geradezu gezwungen, seine

Landesprodukte auf dem Weltmarkt abzusetzen; seine Kapitalarmut und sein Überfluß an Arbeitskräften wiesen es gleichzeitig darauf hin, eine Produktion zu fördern, die günstige Bedingungen im Lande besaß, bei geringem Kapitalbedarf Hunderttausenden von Arbeitern Beschäftigung und Unterhalt bot und in der Ausfuhr ihrer Erzeugnisse eine Quelle des Reichtums für das ganze Land zu werden versprach. So ist es erklärlich, daß in Japan die eigene Regierung energische Maßnahmen ergriff, um den einheimischen Seidenbau zu fördern, Mißstände abzustellen und die erste Verarbeitung der gewonnenen Kokons nach modernen Grundsätzen der europäischen Industrie zu verbessern. In China war es dagegen der ausländische Seidenhandel selbst, vor allem die Vertreter der amerikanischen Seidenindustrie, die in den Ausfuhrhäfen Shanghai und Kanton moderne Haspeleien errichteten und den chinesischen Seidenzüchter anzuleiten suchten, durch eine rationelle Seidenzucht eine bessere, den notwendigen Ansprüchen genügende Rohseide zu liefern. Der Erfolg dieser Maßnahmen war jedoch in China gering. Der konservative Charakter der Bevölkerung sträubte sich hartnäckig gegen alle Neuerungen und hielt an den altüberkommenen Methoden fest, die vielfach mit religiösen Ideen im Zusammenhang standen. Die Ausfuhr Chinas nahm zwar in der Folgezeit wieder bedeutend zu, hat aber noch heute bei weitem nicht den Umfang erreicht, der der tatsächlichen Leistungsfähigkeit dieses größten Seidenlandes der Welt entsprechen würde. Innerpolitische Unruhen und das Fehlen einer einheitlichen kraftvollen Regierung tragen noch dazu bei, den wirtschaftlichen Aufstieg des Landes auch auf dem Gebiet des Seidenbaues zu hemmen. Ganz anders lagen die Dinge in Japan; die Bemühungen der Regierung hatten hier einen vollen Erfolg. Das mit Maulbeerbäumen bepflanzte Areal umfaßte schon 1889 217 335 ha und erweiterte sich bis zum Jahre 1906 auf 361 594 ha. Mit der Seidenraupenzucht beschäftigten sich im Jahre 1908 1 437 000 Familien, d. h. etwa die zweieinhalbfache Anzahl der italienischen Seidenzüchter; in demselben zahlenmäßigen Verhältnis standen die rund 4000 japanischen Spinnereien zu den italienischen Spinnereien der Zählung von 1911, und während in Japan sich außerdem noch etwa 391 000 Familien mit der Rohseidenproduktion in der Hausindustrie beschäftigten, stand dieser Art der Produktion in Italien nichts gegenüber[1]).

[1]) v. Jurascheck-Morgenroth, Seide und Seidenindustrie, im Handwb. d. Staatswiss. 3. Aufl. Bd. VII S. 417.

Die folgende Tabelle zeigt die Entwicklung der Rohseidenausfuhren aus China und Japan sowie aus Britisch-Indien; die Exportzahlen dieses letzteren Gebietes befinden sich in einem beständigen Rückgang, so daß ihr Einfluß auf den Weltmarkt immer mehr sinkt und eine genauere Erörterung desselben hier übergangen werden kann; ungünstige Produktionsbedingungen für die indische Raupenzucht, die eine der ältesten der Welt ist, und eine ständige Krisis in der indischen Seidenindustrie seit Beginn des vorigen Jahrhunderts lassen einen Umschwung in dieser rückläufigen Tendenz des indischen Exports für die nächste Zukunft nicht erwarten.

Rohseidenausfuhr Ostasiens in den Jahren 1871 bis 1915.
(in 1000 kg.)

Jahres-durchschnitt	China		Japan Yokohama	Indien (Bengalen, Kaschmir, Indochina)[3]	Gesamt-ausfuhr
	Shanghai	Kanton			
1871—1875[2]	2996	945	691	562	5 194
1876—1880	3288	887	1 033	532	5 740
1881—1885	2448	894	1 360	406	5 108
1886—1890	2758	1277	2 056	432	6 522
1891—1895	4030	1373	3 006	261	8 670
1896—1900	4508	2021	3 459	293	10 281
1901—1905	4227	2128	4 865	256	11 476
1906—1910	4887	2304	7 448	278	14 917
1911—1915	5548	2101	10 771	139	18 559
1911[4]	5940	1730	9 370	240	17 280
1912	6440	2260	10 867	183	19 750
1913	5800	2780	11 850	115	20 545[5]
1914	4135	1920	9 490	50	15 595
1915	5460	1845	12 005	100	19 410

[2]) nach der „Statistique de la production de la soie en France et à l'étranger", herausgegeben vom „Syndicat de l'Union des marchands de soie de Lyon", Lyon 1913—1923, annexe I (bei Woytinsky, Die Welt in Zahlen IV S. 304).

[3]) bis 1905 auch Kaschmirtücher.

[4]) Stat. Jahrb. f. d. D. R. 1915 S. 31*, 1921/22 S. 39*.

[5]) Stat. Jahrb. f. d. D. R. 1915 S. 31*, 1921/22 S. 39*, 1926 S. 40*. Bei den Sammelangaben des Jahrbuches 1921/22 für Ostasien ist zu beachten, daß in der Bearbeitung der deutschen Außenhandelsnebenstelle für Seide auch der (nur geschätzte) Inlandsverbrauch Japans und Chinas eingerechnet ist, während sich die Veröffentlichungen des Syndikats der Lyoner Seidenhändler nur auf die Feststellung der ostasiatischen Ausfuhren beschränken (vgl. das Stat. Jahrb. f. d. D. R. 1915 und 1926 a. a. O.). Das Jahrbuch 1926 gibt für

Bei der Betrachtung der ostasiatischen Gesamteinfuhr muß sofort auffallen, daß diese sich in der Zeit von 1870 bis 1900 um rund 5 Mill. kg gesteigert und damit verdoppelt hat, daß aber in dem neuen Jahrhundert schon in der Hälfte dieser Zeit eine weitere Steigerung von 8,3 Mill. kg eintrat und damit wiederum fast eine Verdoppelung der früheren Produktionsziffer. Es handelt sich bei diesen Zahlen um einen fünfjährigen Durchschnitt; berücksichtigt man dagegen die wirklichen Ausfuhrzahlen der Jahre 1911—1915, so ergibt sich für diese fünf Jahre folgende Entwicklungsreihe: 17,3 Mill., 19,8 Mill., 20,8 Mill.; 15,6 Mill., 19,4 Mill. kg Rohseide[5]). Die Verdoppelung der Ausfuhrmengen von 1900 trat also schon im Jahre 1913 ein; das folgende Jahr brachte infolge des Ausbruches des Weltkrieges einen Rückgang, der aber im Jahre 1915 schon wieder fast ausgeglichen war, und im Jahre 1916 setzte sich die Aufwärtsbewegung der ostasiatischen Gesamtausfuhr mit 22 Mill. kg Rohseide ungemindert weiter fort. Die Gründe für diese schnelle Überwindung der durch den Weltkrieg verursachten Depression werden wir erst im folgenden Abschnitt zu untersuchen haben.

Schon in den 70er Jahren war die Menge der aus Ostasien stammenden Rohseiden auf dem europäisch-amerikanischen Markte nicht gering, deckte hier aber vor allem nur die großen Ausfälle, die durch die wiederholten Kokonmißernten in Südeuropa eingetreten waren, und drückte den Preis der Kokons und Rohseide, der in den Jahren der Pebrina anormal gestiegen war, ungefähr auf die Durchschnittshöhe der vorangegangenen Zeit herab. Der mittlere Preis für 1 kg Kokons hatte auf dem Mailänder Markte in der Zeit von 1841 bis 1850, also vor Ausbruch der Fleckkrankheit, durchschnittlich auf 4,03 L. gestanden und war in den beiden folgenden Jahrzehnten auf 5,73 bzw. 5,68 L. gestiegen[6]). Die Senkung des Preises in den 60er Jahren weist schon auf den Einfluß der ostasiatischen Rohseidenzufuhren hin, der noch schärfer zutage tritt, wenn man die Jahrfünfte 1856 bis 1860 und 1866—1870 miteinander vergleicht; obwohl in dem ersteren nur die französische Seidenzucht unter der Seuche litt,

---

das Jahr 1913 nachträglich berichtigte Zahlen, nach denen sich die ostasiatische Gesamtausfuhr auf 20,8 Mill. kg, die Ausfuhr Japans auf 12,12 Mill. kg erhöht, diejenige Chinas auf 8,52 Mill. kg vermindert; da die Ausfuhr Chinas für Shanghai und Kanton nicht getrennt angegeben ist, so konnten diese berichtigten Zahlen für unsere Tabelle nicht benutzt werden.

[6]) Atti della commissione di indagine sulle industrie S. 31.

während diese sich in der zweiten Periode bereits über Italien und den nahen Osten ausdehnte, sank der Kokonpreis in den genannten Zeitabschnitten von 6,86 L. auf 5,81 L.; die Zufuhren aus Ostasien waren in den 60er Jahren schon in vollem Gange. Anfang der 70er Jahre ließ zwar der Druck der ostasiatischen Ausfuhr etwas nach, dafür stieg aber die europäische Produktion wesentlich an; der Kokonpreis fiel in den Jahren 1871—1875 auf 4,77 L. Die folgenden Jahre brachten Europa schwere Mißernten, die Rohseidenausfuhr Ostasiens nahm dafür zu, der Kokonpreis sank in den Jahren 1876—1880 auf 4,23 L. Erst in den 80er Jahren begann sich die ostasiatische Produktion auf dem Weltmarkte verhangnisvoll preisdrückend fühlbar zu machen; denn nun erholte sich nicht nur der europäische Seidenbau und wußte durch rationelle Aufzuchtmethoden seine Ernten immer ergiebiger zu gestalten, sondern auch in Ostasien hatte man durch Anpassung an die Bedürfnisse der westlichen Seidenindustrie den festen Anschluß an diese gefunden und sandte nun bei stets steigender Produktion auch standig wachsende Mengen an Rohseide nach Europa und Amerika. Die Kokonpreise fielen auf 3,80 L. in den Jahren 1881—1885, auf 3,58 L. für 1886—1890, auf 3,17 L. für 1891—1895, auf 2,71 L. für 1896—1900; das Jahr 1897 wies mit 2,23 L. den tiefsten Stand der letzten Epoche auf. Waren für den früher besprochenen Rückgang des italienischen Seidenbaues in den 70er und 80er Jahren des 19. Jahrhunderts auch andere Gründe in erster Linie maßgebend gewesen, so bietet doch diese Preisgestaltung auf dem Kokonmarkte die Erklärung dafür, daß auch in dem letzten Jahrzehnt des vorigen Jahrhunderts und in der ganzen Folgezeit trotz der infolge des Schutzzolles wieder zunehmenden Ausdehnung des Getreidebaues in Italien alle Bemühungen, auch der italienischen Seidenzucht wieder eine größere Ausbreitung zu geben, fast vollkommen fruchtlos blieben; die Preisentwicklung auf den Kokonmarkten bot nur sehr geringe Aussichten für einen lohnenden Gewinn, der Hauptanreiz für den Seidenzüchter fehlte.

Allerdings kam der Preissturz auf dem Kokonmarkt an der Jahrhundertwende zum Stillstand; die Jahre 1901—1905 und 1906—1910 zeigten in ihren Durchschnittspreisen von 3,04 und 3,32 L. wieder eine gewisse Steigerung, die aber keineswegs ausreichte, um die italienischen Landwirte von neuem der Seidenzucht zuzuführen. Die Grunde für diese Erhöhung der Kokonpreise sind auch nicht etwa in einer Verminderung der Rohseidenproduktion und -ausfuhr des fernen Ostens zu suchen; die oben wiedergegebene Tabelle zeigt im Gegenteil, daß die Leistungsfähigkeit Ostasiens und insbesondere Japans von Jahr zu Jahr in ganz unerwartetem Ausmaße stieg. Aber auch der Rohseidenverbrauch der Welt hatte sich in den 20 Jahren von 1890 bis 1910 fast verdoppelt. Sieht man von dem Inlandskonsum Chinas und Japans ab, der statistisch nicht festgestellt ist, sich aber ohne Zweifel ebenfalls gehoben hatte, so war der Rohseidenverbrauch der Welt um das Jahr 1890 auf 12,7 Mill. kg zu schätzen, in dem Geschäftsjahr 1908/09 aber auf 24,2 Mill. kg [7]). Fast alle Verbrauchsländer konnten in dieser Zeitspanne eine wesentliche Steigerung ihres Konsums verzeichnen, keines aber in einem auch nur annähernden Maße wie die Vereinigten Staaten von Amerika. In den Jahren 1889—1892 stand Amerika mit einem durchschnittlichen Verbrauch von 2,8 Mill. kg Rohseide an zweiter Stelle der Verbrauchsländer und wurde nur von Frankreich mit einem Verbrauch von 3,6 Mill. kg übertroffen, während es Deutschland mit 1,8 Mill. kg und die Schweiz mit 1,4 Mill. kg schon weit hinter sich ließ. Zwanzig Jahre später hatte sich dieses Bild ganz wesentlich verändert. Die Vereinigten Staaten hatten im Jahre 1908/09 ihren Konsum auf 9,3 Mill. kg Rohseide, d. h. um 232% gesteigert, während der Verbrauch Frankreichs nur auf 4,4 Mill. kg, d. h. um 21,3%, derjenige Deutschlands und der Schweiz auf 3,5 und 1,6 Mill. kg, d. h. um 95% bzw. 16,4%, angewachsen war. Bedeutendere Ausdehnung ihres Konsums an Rohseide zeigten noch Italien, Rußland und Österreich-Ungarn; England und Spanien wiesen dagegen eine Einschränkung auf. Ziehen wir noch das letzte Jahr vor dem Weltkriege in Betracht, so sehen wir, daß der Rohseidenverbrauch der Vereinigten Staaten von Amerika bis auf 12,5 Mill. kg gestiegen war, während der Konsum Frankreichs mit 4,9 Mill. kg, derjenige Deutschlands und der Schweiz mit 3,5 bzw. 1,9 Mill. kg berechnet wurde [8]).

Der Grund für diese gewaltige Steigerung des Rohseidenverbrauches der Welt ist natürlich nicht nur in der allgemeinen Bevölkerungszunahme zu suchen. Der Volkswohlstand hatte infolge der industriellen Entwicklung vieler Länder und vor allem Amerikas einen großen Aufschwung erlebt, der Kreis der wohl-

---

[7]) v. Jurascheck-Morgenroth a. a. O. S. 430 (nach den Veröffentlichungen der „L'industrie textile en France").

[8]) Raemisch, „Textilrohstoffe und Textilwirtschaft -- Seidenwirtschaft", im Handwb. d. Staatswiss. 4. Aufl. Bd. VIII S. 183.

habenden Schichten war weit ausgedehnter geworden. Hierzu kamen die Auswirkungen der Mode, die für einen Textilrohstoff, der wie die Seide in erster Linie dem Luxus dient, von besonderer Bedeutung ist. Gegenüber den umfangreichen Prachtgewändern aus wertvollster Seide und mit großem Stoffverbrauch, wie sie um die Mitte des vorigen Jahrhunderts getragen wurden, war die Kleidung um die Jahrhundertwende gewiß einfacher und schlichter geworden. Dafür setzte aber ein um so schnellerer Wechsel der jeweiligen Modeschöpfungen ein, dem die wohlhabenderen Klassen der Bevölkerung bedingungslos folgten, um ihrem Stande gemäß zu leben und sich von den unteren Schichten zu unterscheiden, während diese letzteren ebenso eifrig dieses Beispiel nachzuahmen suchten, soweit es ihre pekuniären Kräfte erlaubten. Dabei kam es zustatten, daß die Mode leichte Seidenstoffe und mit Wolle und Baumwolle gemischte Gewebe bevorzugte, die auch in geringerer Qualität unter Verwendung asiatischer Seiden und zu billigerem Preise herzustellen waren. So wurde der Verbrauch von Seide in Bevölkerungsschichten getragen, die früher diesen kaum kannten. Ein weiterer Grund für die Verbilligung der Seidengewebe lag auch in der technischen Vervollkommnung der Spinnerei und Weberei, die durch Verwendung mechanischer Kräfte die teure Handarbeit einschränkten und damit die Produktionsunkosten senkten, die wiederum bei der durch die Maschinen ermöglichten Massenproduktion den Kaufpreis des einzelnen Stückes noch weniger belasteten. Noch stärker wirkte aber auf die Verminderung der Preise der Seidengewebe die ungeheuere Produktionssteigerung an Rohseide und das wachsende Angebot auf dem Weltmarkte ein, das sich naturgemäß in einer Senkung der Rohseidenpreise auswirken mußte, die nur durch den zunehmenden Seidenverbrauch, d. h. durch die steigende Nachfrage ihre Begrenzung fand.

Die Weltproduktion an Rohseide[9]) betrug in den Jahren 1871—1875 durchschnittlich 9,5 Mill. kg, sank im folgenden Jahr-

[9]) In der Statistik der Weltproduktion an Rohseide sind für die Produktion Ostasiens stets nur die Mengen der Ausfuhr Chinas (über Shanghai und Kanton), Japans (über Yokohama) und Indiens berücksichtigt; es handelt sich also in dieser Statistik nicht sowohl um die tatsächliche gesamte Weltproduktion, sondern nur um denjenigen Teil derselben, der auf dem europäisch-amerikanischen Markte verfügbar und feststellbar wird. Die tatsächliche Gesamtproduktion Chinas, also einschließlich des Inlandsverbrauches, ist bis jetzt statistisch unerfaßbar; diesbezügliche Schätzungen gehen in ihren Ergebnissen weit auseinander. Aus Japan liegen erst neuerdings Zahlen über die gesamte Roh-

fünft infolge der Produktionsverminderung Europas, die nur teilweise durch erhöhte ostasiatische Exporte ausgeglichen wurde, auf 8,9 Mill. kg und stand in den Jahren 1881—1885 wieder auf 9,4 Mill. kg. Die Entwicklung in den folgenden Jahrzehnten ging dem schon behandelten Verlauf der ostasiatischen Ausfuhren fast parallel und wurde ja auch von diesen entscheidend beeinflußt. Die Produktionssteigerung in Italien war, wie schon wiederholt bemerkt, fast nur eine rein rechnerische auf Grund verbesserter Erhebungsmethoden für die italienische Kokonernte[10]); die Produktion Frankreichs ging zurück, diejenige Spaniens und Österreich-Ungarns war unbedeutend. Die Gesamtproduktion Westeuropas stellte sich in den Jahren 1891—1895 auf 5,52 Mill. kg, 1906—1910 auf 5,46 Mill. kg, 1911—1913 auf 4,43 Mill. kg; sie zeigte also eine sinkende Tendenz. Die Produktion der Levante und Zentralasiens war in den oben genannten Zeitabschnitten von 1,1 Mill. kg auf 2,8 Mill. kg angewachsen und infolge der Balkanwirren auf 2,6 Mill. kg wieder zurückgegangen. Die ostasiatischen Ausfuhren betrugen in denselben Perioden 8,7 Mill. kg, 14,9 Mill. kg und 19,3 Mill. kg; Ostasien wurde mit seiner gewaltigen Produktionssteigerung, die in diesen Exportzahlen zum Ausdrucke kommt, zum entscheidenden Faktor auf dem Weltseidenmarkte. Die gesamte Weltproduktion (in dem vorhin genannten Umfange) betrug in den Jahren 1886—1890 schon durchschnittlich 11,6 Mill. kg und brachte in den Jahren 1891—1895 15,3 Mill. kg, 1906 bis 1910 23,2 Mill. kg, 1911—1913 26,3 Mill. kg Rohseide auf den Markt[11]); die Anteilssätze Ostasiens an der Weltproduktion

---

seidenproduktion dieses Landes vor. Im Jahre 1914 wurde der Inlandsverbrauch Chinas auf 3 Mill. kg, seine Gesamtproduktion an Rohseide demnach auf 9,1 Mill. kg geschätzt; Japan soll in demselben Jahre 4 Mill. kg im Inlande verbraucht, also insgesamt 13,5 Mill. kg Rohseide produziert haben (Stat. Jahrb. f. d. D. R. 1921/22 S. 39*). — Die Zahlen für die Rohseidenproduktion der übrigen Länder geben nicht etwa die Menge der Rohseide an, die tatsächlich in den Haspeleien und Spinnereien dieser Länder hergestellt wird, sondern vielmehr die Höhe der Kokonernte dieser Länder, umgerechnet in Rohseide; es handelt sich also um die aus der jeweiligen Kokonernte erzeugbare Rohseide. In Italien fällt diese Produktionsmenge mit der in Italien selbst aus inländischen Kokons tatsächlich hergestellten Rohseidenmenge infolge der geringen italienischen Kokonausfuhr fast zusammen (vgl. Tabelle III im Anhang und Abschnitt I über die italienische Rohseidenstatistik).

[10]) Für den folgenden Vergleich ist daher auch nicht das Jahrfünft 1886—1890, sondern 1891—1895 gewählt worden, da in dem letzteren schon die neue Berechnungsmethode zum Ausdruck kommt.

[11]) Die obigen Zahlen sind den maßgebenden Veröffentlichungen des Syn-

waren von 56,9% auf 64,2% und 73,4% gestiegen, die Anteile Westeuropas von 36% auf 23,7% und 16,7% gefallen.

Die preisdrückende Wirkung der starken Steigerung der Weltproduktion an Rohseide war eine notwendige Folgeerscheinung, die wir schon an der Senkung der Kokonpreise bei der Betrachtung der wachsenden ostasiatischen Exporte, durch die ja die Zunahme der Rohseidenmengen auf dem Weltmarkte fast ausschließlich verursacht worden war, beobachten konnten. Setzt man die Kokonpreise in der ersten Hälfte der 80er Jahre, d. h. zu einer Zeit, in der sie ungefähr in gleicher Höhe wie unmittelbar vor dem Ausbruch der Pebrina standen (1846—1850: 3,75 L.), gleich 100, so ergibt sich für die folgenden 25 Jahre, in Jahrfünfte eingeteilt, die prozentuale Entwicklung der Durchschnittspreise: 94,2, 83,4, 71,3, 80,0, 87,4. Die Großhandelspreise für Rohseiden selbst zeigten eine ganz ähnliche Gestaltung. Nach den Krefelder Notierungen stellten sich die Preise für 1 kg Mailänder Organsin classique 18/20 in den Jahren 1881—1885 auf 57,6 Mk. (= 100); in den folgenden 25 Jahren auf 53,2 Mk. (= 92,4), 47,0 Mk. (= 81,6), 44,4 Mk. (= 77,1), 45,3 Mk. (= 78,6), 50,8 Mk. (= 88,2)[12]. Auf dem Londoner Markte betrug der Durchschnittspreis für Tsatlee[13]) in den Jahren 1848—1857 18 sh. pro lb.,

---

dikats der Lyoner Seidenhändler entnommen; vgl. Woytinsky a. a. O. S. 304; Stat. Jahrb. f. d. D. R. 1915 S. 31*, 1926 S. 40*.

[12]) Stat. Jahrbuch f. d. D. R. 1891 S. 121, 1900 S. 156, 1906 S. 231, 1915 S. 305. Die Großhandelspreise für einfache Rohseide (Grège) sind erst seit dem Jahre 1892 registriert, zeigen aber eine gleiche Entwicklung (Stat. Jahrb. f. d. D. R. 1902 S. 167, 1906 und 1915 a. a. O.). Die Veröffentlichungen der deutschen statistischen Jahrbücher beginnen erst mit dem Jahre 1879. Einen Vergleich mit den Rohseidenpreisen der vorangegangenen drei Jahrzehnte bietet Otto Schmitz (Die Bewegung der Warenpreise in Deutschland von 1851 bis 1902; Berlin [Franz Siemenroth] 1903, S. 206) unter Heranziehung der Hamburger Warenpreise für die Zeit von 1851 bis 1885; durch Angleichung der letzteren an die Krefelder Notierungen gewinnt er unter Zugrundelegung des 10 jährigen Durchschnittspreises von 1879 bis 1888 eine fortlaufende Reihe von Indexzahlen für die Rohseidenpreise von 1851 bis 1900; um eine vollständige Vergleichsmöglichkeit zu erzielen, müßte aber diese Indexreihe bis zum Jahre 1840 zurückgeführt werden, da nach dem Jahre 1850 die Pebrina bereits eine Preissteigerung hervorgerufen hatte, die auch in der Berechnung von Schmitz zum Ausdruck kommt. Das Bild der Preisgestaltung für 1880—1900 ist dasselbe, wie es oben im Text dargestellt ist.

[13]) Tsatlee ist die wichtigste Art unter den weißen chinesischen Rohseiden, die den größten Teil der chinesischen Rohseiden bilden und hauptsächlich aus dem Tal des Jantse-Kiang und den benachbarten Gegenden stammen (Ito a. a. O. S. 187).

stieg in den Jahren 1867—1877 auf 23 sh. und fiel dann in den Jahren 1878—1887 auf 15 sh., 1888—1897 auf 12 sh., 1900 bis 1903 auf 11,5 sh.[14]).

Wie sich aus einem einfachen Vergleich der Tabellen der italienischen Rohseidenproduktion und der ostasiatischen Rohseidenausfuhren ergibt, hatte Italien in der mengenmäßigen Produktion für den europäisch-amerikanischen Weltmarkt seinen Vorrang in den 80er Jahren noch behauptet; das letzte Jahrzehnt des 19. Jahrhunderts zeigte aber bereits ein beträchtliches Übergewicht der chinesischen Ausfuhren, und zu Beginn des neuen Jahrhunderts wurde Italien von Japan auf die dritte Stelle der Produktionsländer zurückgedrängt; wenige Jahre später wurde Japan zum Hauptproduzenten für den Weltrohseidenmarkt. Die folgende Tabelle zeigt die Veränderungen, die sich in den prozentualen Anteilsverhältnissen an der Weltproduktion der Rohseide (im engeren Sinne) seitens der drei bedeutendsten Produktionsländer in der Zeit von 1880 bis 1913 vollzogen haben[15]).

Anteile an der Weltrohseidenproduktion.
(in Prozenten.)

Durchschnitt	Italien	China	Japan
1881—1890	35,0	32,0	14,8
1891—1895	29,0	35,3	19,7
1896—1900	24,7	38,3	20,3
1901—1905	22,7	33,3	25,5
1906—1910	19,2	31,0	32,1
1911—1913	14,1	31,6	41,0

[14]) Ito a. a. O. S. 175. Inwieweit die Entwertung der Silbermünze, des damaligen ostasiatischen Währungsgeldes, infolge des sinkenden Silberkurses zur Steigerung der Rohseidenausfuhren aus Ostasien und zur Senkung des Rohseidenpreises auf dem Weltmarkt beigetragen hat, ist nicht genau festzustellen; ein gewisser Einfluß ist aber wohl trotz der gegenteiligen Meinung Itos nicht zu leugnen, wie aus den eignen Tabellen Itos (a. a. O. S. 176 f.) hervorgeht. Zur Zeit des größten Tiefstandes der Kokon- und Rohseidenpreise in der zweiten Hälfte der 90er Jahre ist in Japan — den Preisstand der Jahre 1886—1888 gleich 100 angenommen — der Preis der Goldmünze auf 148, derjenige der Rohseide dagegen nur auf 124 gestiegen; diese Differenz dürfte aber zweifellos in jenen Jahren auf eine gesteigerte Rohseidenausfuhr und eine starke Senkung der Rohseidenpreise auf dem Weltmarkte infolge der großen verfügbaren Mengen billiger ostasiatischer Seiden hingewirkt haben.

[15]) Für die italienische Rohseidenproduktion in den 80er Jahren ist die notwendige Erhöhung der amtlichen Produktionsziffer um durchschnittlich 1 Mill. kg in dieser Tabelle berücksichtigt worden (vgl. Abschnitt I über die italienische Rohseidenstatistik).

Bedeutete diese Entwicklung für den früheren maßgebenden Einfluß des italienischen Seidenhandels auf dem Weltmarkt schon eine schwere Erschütterung, so drohte eine noch ernstere Gefahr in der fortschreitenden Verbesserung der Qualität der ostasiatischen Rohseiden. Neben den am meisten geschätzten französischen Cévennes- und Ardècheseiden hatten sich die italienischen Rohseiden besonders aus der Provinz Piemont und der Gegend von Brianza als fast gleichwertig in der Qualität des Rohstoffes und der Verarbeitung behauptet; in beiden Beziehungen standen aber die ostasiatischen Seiden zunächst wesentlich zurück; selbst gute Rohseidenarten Chinas litten durch eine unzweckmäßige veraltete Behandlung in den chinesischen Züchtereien und Spinnereien. Diese Verhältnisse änderten sich aber allmählich unter dem Einfluß des amerikanischen Seidenhandels. Die nach moderner Haspelmethode verarbeiteten weißen chinesischen Rohseiden, die aus Shanghai unter dem Namen China-Filatures auf den Markt gebracht wurden, zeigten so vorzügliche Eigenschaften in schneeweißer Farbe, Dauerhaftigkeit und Feinheit, daß sie im Preise nicht nur an der Spitze der ostasiatischen Seidenarten standen, sondern auch den französischen Rohseiden ungefähr gleichgewertet wurden. Die folgende Tabelle zeigt den Preisstand der französischen und italienischen Rohseide und der China-Filatures zu Beginn des 20. Jahrhunderts.

Prix moyen des soies à Lyon[16]).

	Grèges.		
	France Frcs.	Italie et Piemont Frcs.	Chine filatures Frcs.
1900	50	50,50—51	50
1901	44	44,50—45	44
1902	47	47,50—48	48,50
1903	52,50	52 —52,50	51,50—52
1904	44,45	45 —45,50	45,50

Wenn auch die spezielle Eigenart der einzelnen Rohseidensorten sie für bestimmte Gewebearten besonders geeignet machte und einen einfachen Ersatz der einen Rohseidensorte durch eine andere nicht immer zuließ, so waren die verbesserten China-Filatures doch geeignet, auch den besten italienischen Rohseiden hinsichtlich ihrer Rohstoffqualität und Verarbeitung ernstliche Kon-

[16]) Bulletin des soies et des soieries 1900—1905 (bei Ito a. a. O. S. 189 f.).

kurrenz zu bereiten; die große Quantität ihrer Produktion war zudem noch von besonderem Werte für ihre Verwendung in den modernen mechanischen Webereien[17]).

2. Die amtliche Enquête vom Jahre 1906 und die Untersuchungen Brizis über die Lage des italienischen Seidenbaues und ihre Ergebnisse.

Die Gefahren, die der italienischen Seidenraupenzucht und Seidenindustrie aus der geschilderten Entwicklung auf dem Weltseidenmarkte drohten, waren den nächstbeteiligten Kreisen in Italien nicht verborgen geblieben; zu wiederholten Malen war von ihnen auf ihre bedrängte Lage hingewiesen worden, ohne daß aber die Öffentlichkeit ihren Klagen besonderes Gewicht beigemessen hätte; man vertraute mit vollkommener Ruhe auf die Jahrhunderte alte Vergangenheit des Seidengewerbes in Italien, das sich bisher ohne wesentliche staatliche Unterstützung behauptet und zumal in den letzten Jahrzehnten scheinbar glänzend fortentwickelt hatte. Um so überraschender wirkte es daher, als auf der großen Ausstellung in Mailand im Oktober 1906 die Vertreter der italienischen Seidenindustrie in aller Öffentlichkeit die verhängnisvolle Lage des einheimischen Seidenbaues und des Seidengewerbes zur Sprache brachten und durchgreifende Unterstützungsmaßnahmen, wie sie in anderen europäischen Ländern schon längst eingeführt waren, forderten. Eine amtliche Enquête über den Stand des italienischen Seidenbaues unter dem Vorsitz des Abgeordneten Luigi Luzzati war die erste Folge; ihre Ergebnisse sind in zwei Berichten von Moreschi und Cavasola niedergelegt. In der Beantwortung der Fragebogen, die in ausgedehntestem Maße an Körperschaften und Einzelpersonen in allen Provinzen gesandt worden waren, bestand über die technische Möglichkeit einer Steigerung der Produktion des Seidenbaues volle Einstimmigkeit, während vom wirtschaftlichen Standpunkte die Erklärungen weniger zuversichtlich lauteten[18]).

Die königliche Untersuchungskommission begnügte sich aber nicht mit dieser Umfrage, sondern ließ durch Unterkommissionen in der Zeit von 1907 bis 1909 sämtliche Landesteile besuchen, um in persönlicher Besprechung mit den zuständigen Behörden und

[17]) Über die wichtigsten Eigenschaften der Rohseide und deren Vorhandensein in den verschiedenen Rohseidenarten vgl. Ito a. a. O. S. 181 ff.; Silbermann a. a. O. I S. 401 ff.

[18]) Atti della commissione di indagine sulle industrie S. 12 ff.

Vertretern des Seidenbaues und der Seidenindustrie ein klares Bild der Lage und der notwendigen Hilfsmittel zu gewinnen. Die Beratungen ergaben zwar von neuem die Feststellung, daß sich im gesamten Königreiche keine Gegend fand, die nicht durch ihr Klima und die Beschaffenheit ihres Bodens für die Anpflanzung von Maulbeerbäumen und die Ausübung der Seidenzucht geeignet war und nicht auch schon in früheren Zeiten den Seidenbau betrieben hatte; doch traten auch die verschiedensten Hemmnisse für eine neuerliche Ausbreitung der Seidenzucht zutage. In vielen Gegenden fehlte die benötigte Zahl der Arbeiter; in den Industriezentren zogen die Fabriken die Arbeiterschaft an sich. In der extensiv betriebenen Landwirtschaft Mittelitaliens nahm die Heuernte die Arbeitskräfte zu der gleichen Zeit in Anspruch, in der auch die Seidenzucht vermehrte Arbeit erforderte; soweit aber die Landarbeiter nicht am eigenen Wohnsitz Beschäftigung fanden, wanderten sie in großer Zahl nach Oberitalien, wo zu dieser Zeit Arbeitskräfte für die Reisernte gesucht wurden. In Süditalien hatte die überseeische Auswanderung stark zugenommen und der Heimat sehr viele beste Arbeitskräfte entzogen[19]). Außerdem gab man in Mittelitalien der Viehzucht, in Süditalien dem Wein- und Olivenbau sowie den verschiedenen Gartenkulturen als ertragreicheren Agrarzweigen den Vorzug. Das Grundmotiv für die wachsende Abkehr von der traditionellen Seidenzucht war in allen diesen Fällen die stark gesunkene Rentabilität. Die Untersuchungskommission hatte ihr besonderes Augenmerk auch auf die Frage gerichtet, ob der Seidenbau in den süditalienischen Provinzen und auf den Inseln, die in der Ver-

---

[19]) Die Auswanderung hatte in Italien um die Jahrhundertwende außerordentlich zugenommen und zwar besonders in den süditalienischen Landesteilen. Auf 100000 Einwohner kamen im Durchschnitt der Jahre 1881 bis 1885 in Campanien erst 425 Auswanderer, in den Jahren 1901—1905 dagegen 2897 Auswanderer; in Calabrien stieg die entsprechende Zahl in derselben Zeit von 636 auf 3635 Personen, in Sizilien von 87 auf 2151 Personen. Das folgende Jahr industrieller Hochkonjunktur ließ diese Zahlen noch bedeutend ansteigen; erst mit dem Jahre 1907 trat eine gewisse Abschwächung ein. Die Auswanderer stammten zum weit überwiegenden Teile aus der Landwirtschaft. Während aber die ebenfalls nicht geringen Auswanderermassen Norditaliens (z. B. Venetiens) sich vor allem nach den benachbarten europäischen Ländern wandten, aus denen sie gewöhnlich nach einiger Zeit wieder in die Heimat zurückkehrten, richtete sich der Auswandererstrom Süditaliens fast ausschließlich nach den überseeischen Ländern und ging dadurch dem Mutterlande mit seiner Arbeitskraft zum großen Teil für immer verloren (Ann. Stat. 1905 bis 1907 S. 158 f., 1912 S. 27).

gangenheit blühende Seidenkulturen besessen hatten, wieder neu zu beleben sei. In dem Bericht über Sardinien wird der Rückgang der Seidenzucht mit den kurzen Worten erklärt: „è venuto meno il tornaconto“, und der Berichterstatter fügt hinzu: „è inutile produrre, anzi ciò può essere cagione di perdita, qualora il prodotto non possa toccare il giusto prezzo“[20]). Auch in Campanien, Calabrien und in Sizilien war der niedrige Erlös für die Kokons der Grund, weswegen der Bauer auf die Seidenzucht verzichtete, obwohl die Haspeleien in diesen Bezirken sogar aus anderen Provinzen und aus der Levante Kokons einführen mußten, um ihren Bedarf an Rohmaterial zu decken. Allerdings war in diesen Gebieten die Seidenzucht schon zu einer Zeit zurückgegangen, als die Preissenkungen infolge der steigenden ostasiatischen Produktion noch kaum in Frage kamen. Hier hatten vor allem die früher besprochene Entwicklung in der einheimischen Seidenindustrie und besondere lokale Umstände mitgewirkt. Die süditalienische Seidenweberei war ehemals durch Unterstüzungen und Privilegien weitgehend geschützt gewesen, nach deren Fortfall infolge der Einigung des italienischen Königreiches und der freihändlerischen Handelspolitik aber dem offenen Wettbewerb nicht gewachsen; ihr fehlte die schnelle Anpassungsfähigkeit an die veränderten Verhältnisse der Mode und der Verwendung des mechanischen Webstuhls. Ihr Rückgang wirkte auch auf die örtliche Halbfabrikation der Haspelei und Zwirnerei ein, die nicht mehr in der Lage war, die süditalienische Kokonproduktion voll aufzunehmen. Die Mangelhaftigkeit der Verkehrswege in Süditalien und das Fehlen der notwendigen Trocknungsvorrichtungen sowie einer guten Verkaufsorganisation für die Kokons machte ihren Transport in die nördlichen Provinzen unmöglich; das Überangebot auf den lokalen Kokonmärkten führte zu starken Preissenkungen und damit zur Unrentabilität der Seidenzucht. Ein ausgedehntes Zwischenhändlertum drückte den Erlös für den Bauer noch herab und verteuerte zugleich für die Industrie die Kokonpreise. So verloren die Bauern das Interesse am Seidenbau; die Aufzucht geschah mangelhaft und wurde daher in ihrem Ertrage immer minderwertiger. Krankheiten und Degeneration der Raupenrassen traten ein; zudem wurde auch der landwirtschaftliche Haupterwerbszweig, der Getreidebau, unrentabel. Schließlich stellte man mit dem Getreidebau auch die Seidenzucht

[20]) Atti etc. S. 18 u. 20.

ganz ein und wandte sich, dem Zuge der damaligen Zeit folgend, den neuen spezifisch-italienischen landwirtschaftlichen Kulturen zu. In Sardinien hatte dagegen die Zubereitung von Raupensamen in der Zeit der Pebrina, von der die Insel verschont geblieben war, Bedeutung gewonnen; mit der Erholung des Seidenbaues auf dem Festlande verlor jedoch diese Tätigkeit ihren Hauptzweck; für die Produktion von Kokons fehlte aber der Absatz bei einer örtlichen Industrie, während der Transport nach dem Festlande die Ware übermäßig verteuerte; man wandte sich der Viehzucht zu.

Daß bei diesem Stande der Dinge und der anhaltenden Depression auf den Kokonmärkten eine neue Belebung und Ausbreitung des Seidenbaues in Italien aus eigener Initiative der Landbevölkerung nicht zu erwarten war, unterlag keinem Zweifel. Die italienische Seidenindustrie fürchtete sogar nicht mit Unrecht, daß der augenblicklichen Stagnation in der einheimischen Kokonproduktion ein weiterer Rückgang folgen werde, so daß sich ihre inländische Rohstoffbasis immer enger gestalten und die Industrie gezwungen sein würde, noch in höherem Maße als bisher die ausländische Produktion in Anspruch zu nehmen. Notwendige Vorbedingung für eine neue Steigerung der einheimischen Kokonproduktion war daher eine weitgehende staatliche Unterstützung der Seidenzucht, um ihr wieder eine größere Ausdehnung zu geben, ihren Durchschnittsertrag, der in Italien erst 35—36 kg Kokons auf eine Unze Raupeneier betrug, durch verbesserte Methoden auf 50—70 kg zu erhöhen und auf diesem Wege wie auch durch anderweitige Maßnahmen vor allem die Rentabilität der Seidenzucht möglichst sicherzustellen. In diesem Sinne waren auch die Vorschläge der Kommission gehalten. Ein System von Prämien für die Anlage von Maulbeerpflanzungen und für gute Raupenzuchten sollte nach französischem Vorbilde eingeführt werden; ferner wurde die Verteilung von jungen Maulbeerbäumen und gutem Raupensamen angeregt, eine allgemeine Aufklärung und Anleitung der Bevölkerung durch Unterrichtskurse und Musteraufzuchten empfohlen, die Gründung staatlich subventionierter Trocknungsanstalten und die Schaffung von Verkaufsgenossenschaften verlangt, für die Fachinstitute eine größere staatliche Unterstützung gefordert[21]). In vielen Gegenden, vor allem Süditaliens und der Inseln, war freilich für die Wiedereinführung der Seidenzucht einfach alles von Grund auf erst neu zu schaffen,

[21]) Atti etc. S. 15 f.

aber die Berichte Moreschis und Cavasolas ließen trotz des Ernstes der Lage eine recht zuversichtliche Stimmung erkennen.

Am 14. Dezember 1910 legte der Minister für Landwirtschaft, Industrie und Handel im Kabinett Luzzati, Raineri, dem Parlament einen Gesetzentwurf über die Maßnahmen zugunsten des einheimischen Seidenbaues und der Seidenindustrie vor und wies in der Begründung auf die volkswirtschaftliche Bedeutung dieser Erwerbszweige für Italien und auf die Gefahren, die ihnen drohten, hin. Der Kernpunkt des Systems der vorgeschlagenen Unterstützungsaktion sollte entsprechend den Anträgen der Enquêtekommission ein „Istituto Serico Italiano" werden, das alle Vollmachten besaß, um die Maulbeerbaumkultur und den Seidenbau zu fördern und die seidenindustrielle Tätigkeit neu zu begründen oder sie zu unterstützen und zu organisieren. Dieses italienische Seideninstitut sollte zwar als selbständige juristische Person errichtet, vom Staate aber dreißig Jahre lang jährlich mit 1 Mill. L. dotiert und auch von öffentlichen Körperschaften und Privatpersonen finanziert werden [22]). Dadurch wäre ein einheitliches und leistungsfähiges System geschaffen worden, um in den Grenzen der Möglichkeit das italienische Seidengewerbe vor dem Verfall zu schützen und einer neuen Blüte entgegenzuführen; das Vorbild Ostasiens hatte hierbei seinen Einfluß geltend gemacht.

Das Parlament nahm das vorgeschlagene Gesetz mit einigen Änderungen an, lehnte aber die Errichtung jenes „Istituto Serico Italiano" ab. Man argwöhnte hinter diesem Vorschlag und seiner offiziellen Begründung allerlei unausgesprochene Handelsinteressen spekulativer Natur und begnügte sich damit, einen „Consiglio per gli interessi serici" mit rein beratendem Charakter einzurichten, der dem Minister bei der Durchführung des Gesetzes mit seinen Vorschlägen zur Seite stehen sollte, ohne aber selbständig handeln zu dürfen oder auch nur eine Gewißheit für die Annahme seiner Vorschläge zu besitzen. Infolge dieser grundlegenden Änderung war aber eine schnelle, wirksame und sachkundige Hilfsaktion für die betreffenden Wirtschaftszweige kaum zu erwarten; selbst bei bestem Willen konnte die staatliche Verwaltungsbehörde mit all ihren Schwächen eines starren Bürokratismus den Anforderungen des schnell wechselnden Wirtschaftslebens nicht gerecht werden und daher auch jene geplante

---

[22]) Atti etc. S. 28.

selbständige Wirtschaftsorganisation besonders in ihrer beweglichen Anpassungsfähigkeit an dringende Bedürfnisse vorübergehender Art, in ihrer freien Auswahl einzelner besonders unterstützungsbedürftiger Gebiete und in der wirksamen Schnelligkeit ihrer Entscheidungen und Maßnahmen auf Grund eigener genauer Sachkenntnis in keiner Weise ersetzen[23]).

Der vom Parlament erst im Jahre 1912 gesetzlich errichtete Beirat für die Interessen des Seidengewerbes konstituierte sich im Juli 1913 und beauftragte sofort eines seiner Mitglieder, Prof. Brizi, mit einer neuen genauen Untersuchung über die Ursachen des Rückganges im italienischen Seidenbau; auch diese Untersuchung sollte sich auf alle sechzehn Landschaften des Königreiches erstrecken.

Die Verhältnisse im italienischen Seidenbau hatten sich in den letzten Jahren ganz wesentlich verschlechtert. Die Jahre 1902, 1904 und 1907 hatten zwar recht günstige Kokonernten gebracht, der jährliche mittlere Ertrag, der in den Jahren 1891 bis 1895 noch auf 54,2 Mill. kg, in den Jahren 1896—1900 auf 53,9 Mill. kg Kokons gestanden hatte, betrug jedoch im ersten Jahrfünft des neuen Jahrhunderts nur 52,4 Mill. kg, im zweiten Jahrfünft 52,6 Mill. kg Kokons[24]). Seit dem Jahre 1909 zeigte aber die bis dahin noch als fast stationär zu bezeichnende italienische Kokonproduktion einen deutlichen Rückgang; die früher erwähnten Befürchtungen der italienischen Seidenindustriellen bewahrheiteten sich. Der durchschnittliche Jahresertrag der Jahre 1911 bis 1914, d. h. der letzten Jahre vor dem Weltkriege und somit auch der letzten Zeit einer wirtschaftlichen Entwicklung unter normalen Verhältnissen, verminderte sich auf 43,6 Mill. kg Kokons = 83 % der Kokonernte von 1906—1910 und 80,5 % der Ernte von 1891 bis 1895; zumal das Jahr 1913 erreichte mit

[23]) Für die Tätigkeit des genannten Ausschusses wurde dem Landwirtschaftsministerium ein jährlicher Betrag von 1,2 Mill. L. zur Verfügung gestellt und zur Förderung der Maulbeerbaum- und Seidenraupenkultur, für den statistischen Nachrichtendienst, zur Unterstützung der Seidenzuchtstationen Padua und Ascoli und der Lehrstühle für die Seidenzucht in Mailand, Perugia und Portici sowie der früheren und neubegründeten landwirtschaftlichen Wanderschulen u. a. verwandt (O. Bordiga, Die Krise des italienischen Seidenbaues und die Maßnahmen zu deren Bekämpfung, Internationale agrartechnische Rundschau 5. Jahrg. 1914 Heft 10 S. 1386).

[24]) Vgl. die Tabellen I und II im Anhang.

seiner Kokonproduktion von nur 38,5 Mill. kg einen Tiefstand, wie er — die notwendigen statistischen Korrekturen vorausgesetzt — seit mehr als dreißig Jahren nicht mehr vorgekommen war; wenn auch schwere Frostschäden im April dieses Jahres zu dem geringen Ertrage dieser Ernte viel beigetragen hatten, so ließ doch die ständige Verminderung der Ernteerträge auch in den vorangegangenen Jahren diese Mißernte als symptomatisch für den beginnenden Verfall des italienischen Seidenbaues erscheinen. Die Seidenzucht Frankreichs und Spaniens war schon früher fast bis zur Bedeutungslosigkeit herabgesunken; jetzt schien die italienische Seidenzucht denselben abwärtsführenden Weg einzuschlagen.

Um so wertvoller ist es, die umfassenden Untersuchungen Brizis und ihre Ergebnisse, die er im Juni 1914 veröffentlichte, kennen zu lernen, da sie uns ein klares Bild der Lage des italienischen Seidenbaues am Ende seiner normalen Entwicklungsperiode bieten und dadurch auch ein Urteil über die Aussichten, die dem Seidenbau in Italien unter normalen wirtschaftlichen Verhältnissen gegeben sind, ermöglichen[25]).

Es ist schon bezeichnend, daß Brizi in einem gewissen Gegensatz zu den Vorschlägen der königlichen Enquêtekommission nicht darauf ausging, mit großem Aufwand von Energie und Geld „eine amtliche Seidenkultur oder eine Seidenzucht um jeden Preis" zu schaffen, sondern die verfügbaren Mittel dort zu konzentrieren, wo sie den besten Erfolg versprachen. Diese Gegenden festzustellen und die geeignetsten Hilfsmittel zu finden, war die Grundtendenz seiner Umfrage. In den Antworten, die er erhielt, wurde fast allgemein der geringe Gewinn, den die Seidenzucht infolge der niedrigen Preise auf dem Markte erzielte, als Grund des Rückganges des Seidenbaues angeführt. Nach einer Aufstellung der durchschnittlichen Kokonpreise auf dem Mailänder Markte vom Jahre 1832 bis zum Jahre 1913 glaubte Brizi jedoch, dieser Preissenkung kein entscheidendes Gewicht beilegen zu sollen; ohne Zweifel hätten sich zwar die Preise gegenüber der Mitte des vorigen Jahrhunderts wesentlich gemindert, zumal wenn man den höheren Geldwert jener Zeit in Betracht ziehe; seit 25 Jahren seien sie aber im Durchschnitt fast stationär geblieben und hätten sogar in ihren Schwankungen in den einzelnen Jahren abgenommen, was wirtschaftlich von nicht geringer Be-

---

[25]) Atti etc. S. 29 ff.

deutung sei. Diese Feststellung ist dem genannten Berichterstatter sicher zuzugeben; es fragt sich aber, ob dieser konstante niedrige Preis nicht einen derartigen Tiefstand erreicht hatte, daß die aus ihm sich ergebende Vergütung der Arbeit des Seidenzüchters nicht mehr den Ansprüchen gerecht wurde, die dieser nach der allgemeinen Entwicklung der Erträge im landwirtschaftlichen Betriebe stellen konnte und nach der in derselben Zeitperiode auch bei der Landbevölkerung gestiegenen Lebenshaltung stellen mußte. In dieser Frage liegt ganz offenbar der Kernpunkt des gesamten Problems der Entwicklung des heutigen italienischen Seidenbaues; die Analyse der einzelnen Ursachen für den Rückgang der Seidenzucht in den verschiedenen Landesteilen Italiens führt auf sie immer wieder zurück.

Die schon früher erwähnten Hemmnisse für eine neue Ausbreitung der Seidenzucht in Italien traten auch in dem Bericht Brizis wieder auf. Der Seidenbau kann nur in Gegenden gedeihen, wo eine dichte Bevölkerung mit einem großen Angebot von Handarbeit diese auch gegen geringe Entlohnung und zu Zeiten gesteigerter Tätigkeit in anderen Agrarkulturen noch in genügendem Umfange zur Verfügung zu stellen vermag. Auf der Erfüllung dieser Vorbedingung basierte einst die allgemeine Verbreitung der Seidenzucht in Italien. Die Bevölkerung des Landes war inzwischen noch gewachsen, die Handarbeit hatte sich noch vermehrt, aber das Angebot auf dem inländischen Markte war trotzdem gesunken und ihr Preis daher gestiegen. Einen starken Abfluß wertvollster Arbeitskraft verursachte die Auswanderung nach den überseeischen Ländern, die sich vor allem aus der landwirtschaftlichen Bevölkerung Süditaliens rekrutierte und auch nach Brizis Auffassung eine Neubelebung des Seidenbaues in diesen Gebieten einfach in Frage stellte; die temporäre Auswanderung aus Nord- und Mittelitalien in vorwiegend europäische Länder war in ihrer Bedeutung für den Seidenbau gleichfalls nicht zu unterschätzen. Eine weitere Verschiebung von Arbeitskräften brachte die saisonmäßige Binnenwanderung zur Zeit der Heu- und Getreideernte in Mittelitalien und der Reisernte in Oberitalien mit sich; desgleichen die Abwanderung vom Lande in die oberitalienischen Industriestädte. Der Grund für diese beständige Entziehung der Arbeitskräfte vom örtlichen Arbeitsmarkte war die Möglichkeit, dieselben in anderen Gegenden zu höherem Preise zu verwerten und dadurch die eigene Lebenshaltung zu verbessern.

Soweit jedoch die Handarbeit am Orte verblieb, war bei der Wahl ihrer Verwendung das gleiche Bestreben festzustellen, sie möglichst rationell auszuwerten und ihre Entlohnung zu steigern. Die Seidenzucht mit ihrem stationär geringen Erlös, dem sogar noch das ständige Risiko eines vollkommenen Verlustes infolge Vernichtung oder wenigstens Schwächung der empfindlichen Aufzuchten durch Krankheiten anhaftete, konnte gegenüber der allgemeinen Preissteigerung der anderen Agrarprodukte hierfür keine günstige Gelegenheit bieten. In einer Monographie von Serpieri über den landwirtschaftlichen Kontrakt im obermailändischen Gebiet[26]), in dem die Seidenzucht noch eine größere Ausbreitung besaß, werden die Unkosten einer Aufzucht von einer Unze (= 30 g) Raupeneiern mit 29 L., der Wert des Produktes mit 173 L. berechnet; hierbei sind aber für Benutzung der notwendigen Räume, für Beleuchtung usw. keine Kosten in Betracht gezogen. Von dem Ertrage in Höhe von 144 L. ist die vom Eigentümer des Gutes gelieferte Menge des benötigten Futterlaubes (12 dz) und die Handarbeit des Bauern für die Aufzucht und die Blätterernte (durchschnittlich 350 Stunden) zu vergüten. Bei der üblichen Verteilung der Unkosten auf die beiden Kontrahenten würden auf den Eigentümer 75 L. entfallen, so daß der Doppelzentner Maulbeerblätter etwa mit 6,25 L. bezahlt wäre; der Bauer erhielte nur 69 L., der durchschnittliche Stundenlohn für seine Arbeit würde demnach 0,19 L. betragen. Es ist aber leicht festzustellen, daß in Gegenden mit hohen Löhnen die Ansprüche der saisonmäßigen Handarbeit seitens der Frauen nicht unter 0,25 L. für die Arbeitsstunde herabgehen. In diesem Beispiel, dessen Berechnungen kaum in Zweifel gezogen werden können, ist noch eine verhältnismäßig günstige Ernte von 50 kg Kokons zugrunde gelegt, wie sie aber häufig nicht eintritt. Reicht das Laub der Maulbeerbäume des Gutes nicht aus, so muß der Bauer das Fehlende anderweitig beschaffen, wobei die Unkosten beiden Kontrahenten zur Hälfte angerechnet werden; hierbei kann es sogar vorkommen, daß der Eigentümer aus diesem Umstande noch einen Vorteil zieht, während die Entschädigung des Bauern noch geringer wird, ohne dabei zu berücksichtigen, daß seine Arbeitsleistung durch die Ernte und den Transport des Laubes von einem entlegeneren Orte sich sogar noch vermehrt.

Erschwerend wirkt auch noch der Umstand, daß von den

---

[26]) Vgl. Atti etc. S. 36 f.

für die gesamte Aufzucht erforderlichen 350 Arbeitsstunden der größte Teil (ca. 260 Stunden) sich in den letzten Abschnitt der Aufzuchtperiode zusammendrängt, so daß in dieser Zeit eine anderweitige Beschäftigung der beteiligten Personen in der Landwirtschaft überhaupt nicht in Frage kommt. Bliebe diese Handarbeit sonst ungenützt, so fände sie in diesem Falle in der Raupenzucht eine nutzbringende Betätigung. So liegen die Verhältnisse im allgemeinen aber nicht. Eine Aufzucht wie die im Beispiel angegebene von knapper Durchschnittsgröße verlangt nicht nur die Arbeit von Kindern und Greisen, sondern auch von voll leistungsfähigen Personen; überflüssige Arbeitskraft der letzteren Art ist aber nicht vorhanden, da sich dem Bauer die Möglichkeit bietet, diese Arbeitskräfte in anderen nutzbringenden Kulturen zu verwenden, und seine Armut ihn auch zur Ausnützung dieser Gelegenheit zwingt. Auch der Bauer weiß die verschiedene Höhe des Ertrages seiner Arbeit in verschiedenen Kulturen und die jeweilige verhältnismäßige Sicherheit desselben recht gut abzuschätzen; er wendet der wenig ertragreichen, im Erfolg unsicheren, in der Ausnutzung seiner Arbeitskraft zeitlich beschränkten Seidenkultur den Rücken und pflegt andere Kulturen, die ihm größeren und sichereren Gewinn bei ständig gleichmäßiger Arbeitsleistung versprechen. Die zunehmende Anlage künstlicher Wiesen im Potale und in Mittelitalien, die Ausbreitung des Weinbaues in Venetien, Emilien und Toscana, der Obstkulturen in Piemont und in der Romagna, der Anbau von Zuckerrüben, Tabak und Tomaten sind derartige Möglichkeiten, um auch Frauen- und Kinderarbeit nutzbringender verwenden zu können; die genannten Kulturen nehmen aber gerade in den Monaten der Seidenzucht, Mai und Juni, die Arbeitskräfte voll in Anspruch. Auf den Teilbaugütern Mittelitaliens wird die Menge der verfügbaren Arbeitskraft in ein festes Verhältnis zu der in den verschiedenen Jahreszeiten jeweils zu leistenden Arbeit gebracht, so daß selbst Festtage im bäuerlichen Familienleben, wie Hochzeiten, dementsprechend gelegt werden; überschüssige Arbeitskraft trennt sich von der Familie und sucht auf anderen Gütern Verwendung; eine besondere unverhältnismäßige Arbeitsleistung im Mai und Juni ist daher gar nicht durchzuführen. Auf den kleinen Gütern im obermailändischen Gebiete gestattet zwar die Dichte der Bevölkerung und der ausgedehnte Bestand an Maulbeerbäumen auch eine intensive Seidenraupenzucht, und die in jener Gegend blühende Industrie bietet in dem größten Teile des übrigen Jahres dem Bauern eine weitere Beschäftigungsmöglichkeit; dennoch findet man auch hier das Bestreben, die Güter auf Kosten der Maulbeerpflanzungen und damit der Seidenzucht auszudehnen, um dadurch die Arbeiterzahl des Gutes zu vermindern und in ein richtiges Verhältnis zu den Anforderungen der landwirtschaftlichen Arbeit auf dem Gute selbst zu bringen, womit auch ein höherer Nutzen für den Bauer erreicht wird.

Einen besonderen Beweggrund zu dieser allmählichen Verschiebung in der landwirtschaftlichen Produktion boten aber auch die bestehenden Pachtverträge. So wurde in Calabrien dem Bauer oft nur ein Drittel des Erlöses für die gewonnenen Kokons zugestanden; alle Unkosten der Aufzucht, ausgenommen den Ankauf des nötigen Raupensames, hatte er zu tragen; der Eigentümer erhielt daher für die von ihm gelieferten Maulbeerblätter eine verhältnismäßig hohe Vergütung und konnte sich, da er den Verkauf der Kokons in der Hand behielt, auch für anderweitige Schulden des Bauern an ihn aus dessen Anteil leicht bezahlt machen. Wenn in den Pachtverträgen die Maulbeerbäume auf dem verpachteten Gute auch aus dem eigentlichen Pachtverhältnis ausgenommen waren, so stellte dennoch der Eigentümer den Laubertrag dieser Bäume gewöhnlich seinem Pächter zur Verfügung, um die Raupenzucht auszuüben; ließ er jedoch die Entlaubung der Bäume, die in langen Reihen auf den Feldern standen, durch andere Personen vornehmen, so war noch eine Schädigung des Bauern durch Zerstörungen auf seinen Feldern die Folge. In jedem Falle betrachtete der Bauer den Maulbeerbaum jetzt als seinen Feind; sein Schatten wurde den anderen Kulturen zum Schaden, während die Seidenzucht selbst viel Arbeit und wenig Gewinn brachte. So benutzte der Bauer sein Recht nach dem Pachtvertrage, die Krone der Bäume gegen Vergütung des gewonnenen Holzes an den Eigentümer zu beschneiden, gern in ausgiebiger Weise. Andere Pachtverträge bestimmten für einzelne Kulturen eine feste Pacht in Geld oder Früchten, für die übrigen den Teilbau; infolgedessen richtete der Pächter in seinem eigenen Interesse sein Hauptaugenmerk auf die ersteren, meist Gemüsekulturen, und vernachlässigte die letzteren, darunter auch die Seidenzucht. Wo der Teilbau sich in den Pachtverträgen auf den Weinbau und die Kokonproduktion bezog (so in der Provinz Padua), bevorzugte der Pächter den Weinbau als die gewinnbringendere Kultur. War aber im Pachtvertrage gar vom Teilbau völlig zum festen Pachtzins übergegangen, so war der Pächter selbständiger Herr in der Bestimmung der Produktion und gab die Seidenzucht vollkommen auf.

Faßt man alle diese Tatsachen zusammen, so muß man zu dem Ergebnis gelangen, daß die letzte Ursache des zunehmenden Rückganges der Seidenkultur in dem niedrigen Preise der Kokons lag. Dem ansteigenden Preisniveau der übrigen Agrarprodukte hätte auch eine mindestens gleiche Erhöhung der Kokonpreise folgen müssen, um der Seidenzucht mit ihren für den Bauer erschwerenden Umständen das Interesse zu erhalten; der niedrige Kokonpreis der Jahrhundertwende genügte aber auch dann, wenn er stationär blieb und nur noch geringe Schwankungen aufwies, keineswegs, um die Arbeit des Bauern in einer Weise zu entlohnen, wie es den Zeitverhältnissen entsprach. Italien hatte mit seiner wachsenden Industrialisierung auch an Wohlstand zugenommen; der Lebensstandard des Volkes hatte sich gehoben, und auch der bäuerlichen Bevölkerung war die Möglichkeit geboten, durch intensive Bewirtschaftung ihres Grund und Bodens ihr Einkommen zu erhöhen und ihre Lebenshaltung zu verbessern. Soweit aber für die überschüssige Bevölkerung diese Gelegenheit im Heimatlande nicht ausreichte, hatte sie den Weg ins Ausland gefunden; dort wurde ihre Arbeit höher entlohnt, und bei der bekannten Genügsamkeit des italienischen Arbeiters gelang es vielen, nach einigen Jahren mit reichlichen Ersparnissen in die Heimat zurückzukehren oder auch im Auslande selbst unter günstigen Verhältnissen zu leben. So war die Seidenzucht als ein Erwerbszweig, der einer dichten Bevölkerung mit überschüssigem Angebot an Handarbeit die Möglichkeit bot, diese mit einem wenn auch bescheidenen Gewinn zu verwerten, überflüssig, ja sogar für die aufsteigende Entwicklung zum Hemmnis geworden. Italien war seit zwei Jahrzehnten langsam über das wirtschaftliche Niveau eines Landes hinausgewachsen, in dem sich die Seidenzucht noch als rentabler Erwerbszweig für die Bevölkerung eignete[27]). Nur dort, wo neben genügendem Angebot an Handarbeit

[27]) Vgl. hierzu die treffenden Bemerkungen von Seitz (a. a. O. S. 23) über die Rentabilität der Seidenzucht: „Allgemein sei hier gesagt, daß die Beschäftigung mit der Seidenzucht unter keinen Umständen als ein besonders lohnender Verdienst hingestellt werden darf. Länder, die infolge Fruchtbarkeit des Bodens, durch Kostbarkeit ihres Ertrages oder auch nur infolge guter Bewertung der Arbeit unter günstigen wirtschaftlichen Verhältnissen existieren, scheiden hier von vornherein aus. Eine Tätigkeit, aus der China, das dichtbevölkertste und unter den schwersten Erwerbsbedingungen arbeitende Land, einen Nutzen zu ziehen vermag, ist durchaus darum nicht auch für andere,

sich auch ganz besonders günstige Verhältnisse für die Seidenzucht vorfanden, die ein besonders wertvolles Produkt garantierten, hatte der Seidenbau noch Aussicht, weiterhin zu bestehen, vorausgesetzt daß es gelänge, einerseits die Unkosten noch zu vermindern, andrerseits die Kokonausbeute noch zu steigern, mit anderen Worten: die Rentabilität der Zucht wesentlich zu heben.

Darauf gehen auch die Vorschläge hinaus, die Brizi auf Grund seiner Untersuchungen machte[28]). Während in jenen Landesteilen, in denen der Seidenbau sehr zurückgegangen oder fast verschwunden war, die Seidenzucht durch eine umfangreiche Propaganda, durch Verteilung von Maulbeerbäumen und Raupensamen und durch Aussetzung von Prämien erst neu zu beleben war, genügte in anderen Gegenden, in denen sich die Zucht noch gut erhalten hatte oder erst Ansätze des Verfalles zeigte, eine gute Belehrung der Züchter über eine rationelle Pflege der Raupen, um den Kokonertrag in kurzem bis auf 70 kg pro Unze zu steigern. Um aber auch die Kosten der Produktion möglichst zu senken, wurde auf die verschiedenen Verbesserungen technischer Art hingewiesen, die sich in einzelnen Gegenden bereits erprobt hatten, die nötige Handarbeit und auch die notwendige Futtermenge verminderten und deshalb auch in anderen Seidenbaugegenden einzuführen wären, freilich mit beständiger Berücksichtigung der lokalen Verhältnisse, da sich sonst leicht neue Schwierigkeiten und Enttäuschungen ergeben konnten[29]). Aus dem gleichen Grund der Unkostenverminderung beschäftigte man sich auch viel mit einer Änderung der Maulbeerbaumkultur. An die Stelle der hohen Maulbeerbäume, die auf den Feldern in langen Reihen standen und zur Blätterernte männliche Arbeitskräfte verlangten, sollten Maulbeerbäume treten, die in Zwergform mit niedrigen Stämmen oder gar als Gebüsch oder als Hecken gezogen wurden, eng zusammengepflanzt eine „Maulbeerwiese" möglichst in der Nähe des Bauernhauses bildeten und zur Blätterernte nur der Frauen- oder Kinderarbeit bedurften; dazu kamen noch

glücklicher veranlagte Staaten erstrebenswert ... Es wird nützlich sein, der Tatsache zu gedenken, daß von den vielen Ländern, die mit dem Seidenbau bekannt geworden sind, nur ganz wenige und fast durchweg nur Völker mit nach deutschen Begriffen bescheidener oder oft sogar dürftiger Lebenshaltung die Zucht selbst betreiben."

[28]) Atti etc. S. 42 ff.

[29]) Auf diese technischen Verbesserungen in der Seidenzucht hier im einzelnen einzugehen, würde über den Rahmen dieser Arbeit hinausführen. Es sei daher auf die diesbezügliche Fachliteratur verwiesen.

manche andere Vorteile, wie z. B. der bessere Schutz gegen die Verheerungen durch die Maulbeerbaumschildlaus (diaspis pentagona)[30]) und die Wurzelfäule, durch die der Baumbestand vor allem in den oberitalienischen Gebieten stark gelitten hatte und ein Rückgang der Seidenzucht verursacht worden war. Diese Art der Maulbeerbaumpflanzung sollte nach dem Vorbilde Japans, das sie schon lange pflegte, eingeführt werden[31]), doch war auch in diesem Falle mit mancherlei Schwierigkeiten zu rechnen, so daß sich auch hier Brizi veranlaßt sah, zur Vorsicht und klugen Berücksichtigung der jeweiligen Verhältnisse zu mahnen.

Vergleicht man den Bericht Brizis mit den früheren Ergebnissen der königlichen Entquêtekommission, so darf man sagen, daß das Bild der Lage des italienischen Seidenbaues durch die neuen Untersuchungen noch klarer und in den ursächlichen Zusammenhängen schärfer erfaßt wurde, die Aussichten auf eine günstige Lösung des Problems im Sinne der Wiederherstellung einer allgemeinen Verbreitung der Seidenzucht in Italien aber wesentlich geringer geworden waren. Der Ton des Berichtes Brizis war weniger zuversichtlich und optimistisch. Rein theoretisch schienen die Wege, die zur Belebung der Seidenzucht einzuschlagen waren, ohne weiteres gegeben zu sein, in der Praxis häuften sich aber Schwierigkeiten, die kaum zu überwinden waren. Der ständige Rückgang der italienischen Kokonproduktion in den letzten Jahren mahnte zu beschleunigter Durchführung praktischer Hilfsmaßnahmen, wenn der Seidenbau nicht unwiederbringliche Verluste erleiden sollte; bisher war man aber über jahrelange Beratungen nicht wesentlich hinausgekommen. Vielleicht fühlte man, daß man hier einer Entwicklung gegenüberstand, die auch mit Aufwendung großer Mittel in ihrem wirtschaftlich gesetzmäßigen Verlaufe auf die Dauer nicht aufzuhalten war. Der Grundsatz, den Brizi als Ergebnis seiner Untersuchungen und als Richtlinie für alle Hilfsmaßnahmen aufstellte, die verfügbaren Mittel nicht zu zersplittern, sondern auf jene Gegenden zu konzentrieren, in denen die natürlichen und wirtschaftlichen Bedingungen am günstigsten waren, um der Seidenzucht die notwen-

[30]) Über die Bekämpfung der Maulbeerbaumschildlaus in Italien vgl. den Aufsatz von Prof. A. Berlese in der Internationalen agrartechnischen Rundschau 4. Jahrg. 1913 Heft 5.

[31]) Vgl. Ito a. a. O. S. 222 ff.

dige Rentabilität zu sichern und sie, soweit es noch möglich war, dem italienischen Volke zu erhalten, ist gleichbedeutend mit einem Verzicht auf die Seidenzucht als nationales Gemeingut des italienischen Volkes, was sie doch ehedem gewesen war. Die wirtschaftliche Entwicklung hatte sich eben stärker erwiesen als eine alte stolze Tradition und viele gutgemeinte Wünsche, und eine klare Einsicht in die Gründe dieser Entwicklung, den wirtschaftlichen Aufstieg des Landes und die Hebung des Wohlstandes seiner Bevölkerung, konnte unmöglich wünschen, diese Entwicklung im rückläufigen Sinne zu korrigieren. Nur insoweit, als der Seidenbau auch in dem fortgeschritteneren Wirtschaftsleben Italiens noch eine wirklich rentable Quelle des Volkseinkommens blieb, konnte und durfte er erhalten bleiben; darüber hinaus wären alle staatlichen und privaten Aufwendungen nutzlos vergeudet, der natürliche wirtschaftliche Aufstieg des Landes nur gehemmt worden. Der italienische Seidenbau mußte auf dieselbe Stufe intensiver Bewirtschaftung gestellt werden, auf der die italienische Landwirtschaft in den meisten übrigen Agrarproduktionen bereits stand; damit war aber auch seine Beschränkung auf besonders günstige Gegenden und sein Betrieb in rationeller Weise notwendig gegeben. Diese Erkenntnis scheint das letzte Ergebnis der Untersuchungen Brizis gewesen zu sein; wie weit sie damals schon auch Gemeingut der interessierten Kreise geworden war, ist schwer zu sagen. Der Ausbruch des Weltkrieges unterbrach die natürliche Entwicklung, und auch die Nachkriegszeit hat bis auf den heutigen Tag, wie wir noch sehen werden, die normalen Verhältnisse der Weltproduktion und des Weltmarktes noch nicht wiederhergestellt. Sieht man jedoch von diesen Faktoren und ihrer deformierenden Einwirkung auf die natürliche Wirtschaftsentwicklung Italiens und der Welt ab, so weist die gesamte Entwicklung des Seidenbaues in Italien darauf hin, daß dieser Zweig der Agrarproduktion als rein natürlicher Erwerbszweig eines Volkes, nur gestützt auf die natürlichen günstigen geologischen und klimatischen Verhältnisse des Landes und die große Dichte der Bevölkerung mit ihrem überschüssigen Angebot an Arbeitskraft, für das italienische Volk kaum noch in Betracht kam. Mit der Weltproduktion an Seide war auch der Weltkonsum gestiegen, aber letzterer erst infolge des Wachstums der ersteren und der damit verbundenen Senkung der Seidenpreise. Die Seide war und blieb zwar ein Gegenstand des Luxus, ihre Produktion an sich war aber nicht mehr eine Quelle des Reichtums; die Steigerung der

Weltproduktion, die Wandlung der Mode, die Konkurrenz anderer Textilien hatten ihren Marktwert gemindert und ihre rein quantitative Erzeugung nur noch für Länder mit niedrigem Lebensstandard rentabel gemacht; in derselben Zeit dieser Entwicklung auf dem Seidenmarkte war aber Italien als wirtschaftliches Ganzes und im besonderen in seiner Landwirtschaft den umgekehrten Weg, den Weg wirtschaftlichen und sozialen Aufstiegs gegangen und damit in einen gewissen Gegensatz zum Seidenbau und seinen allgemeinen Vorbedingungen getreten. Sollte die Seidenzucht trotzdem in Italien nicht ganz aussterben, so mußte aus der reinen Mengenproduktion guter oder auch sehr guter Seide eine Qualitätserzeugung bester und doch möglichst billiger Art werden, ein Fortschritt im Sinne typischer Qualitätsproduktion mit ihrer naturgemäßen Beschränkung auf bestimmte Gegenden mit günstigsten Faktoren eintreten.

Es fragt sich, wieweit eine solche Fortentwicklung der Seidenzucht in Italien möglich war. Eine rationellere Aufzucht konnte die Kokonproduktion gewiß leicht steigern und ihre Qualität noch verbessern; sorgsamere Raupenpflege verlangte aber auch mehr Zeit und Arbeitsleistung, verbesserte technische Vorrichtungen auch einen größeren Kapitalaufwand; andrerseits konnte eine gesteigerte Produktion auf dem Weltseidenmarkte nur preisdrückend wirken und nur unter der Bedingung einer neuen Preissenkung ihren Absatz finden; eine Abschließung des Inlandsmarktes gegen die erdrückende ausländische Konkurrenz war bei dem Charakter der Seidenindustrie als Exportindustrie nicht möglich, das Übergewicht auf dem Weltmarkte in freier Konkurrenz war aber an Ostasien unwiederbringlich verloren gegangen. Einen Nutzen aus der gesteigerten Produktion zog zwar die gesamte italienische Volkswirtschaft, indem die Summe, die für den Ankauf ausländischer Rohseide jährlich außer Landes ging, sich verminderte; einen Nutzen aus einer verstärkten einheimischen Rohstoffbasis zog auch die einheimische Seidenindustrie; der privatwirtschaftliche Nutzen des landwirtschaftlichen Erzeugers blieb jedoch einigermaßen zweifelhaft.

Der andere Vorschlag betraf die Unkostenverminderung der Kokonproduktion. Den entscheidenden Faktor bildete hier die Handarbeit, die zwar durch technische Verbesserungen und fast völlige Ausschaltung männlicher Arbeitsleistung verbilligt werden konnte, dennoch aber in der Seidenzucht unentbehrlich war und mit ihrer Lohnhöhe jeder Unkostensenkung eine unübersteigbare

Grenze setzte. Was man an Verbesserungen einzuführen gedachte, war nichts absolut Neues, sondern vor allem Einrichtungen, die in Japan bereits in Gebrauch waren und dessen Überlegenheit über die südeuropäische Seidenzucht begründeten[32]). Sollten sich diese Einrichtungen auch in Italien verbreiten und bewähren, so war damit noch kein Vorsprung gegenüber den Konkurrenzländern erzielt. Der entscheidende Punkt blieb die durchschnittliche Lohnhöhe der Handarbeit in der Landwirtschaft; diese aber lag, gemessen an den tatsächlich gezahlten Löhnen für die Landarbeiter oder an dem durchschnittlichen Ertrage, den der Bauer durch seine Arbeit für seinen Unterhalt zu erzielen gewohnt war und nach den allgemeinen wirtschaftlichen und sozialen Verhältnissen im Lande auch beanspruchen durfte, in Italien zweifellos höher als in den ostasiatischen Ländern[33]); eine Senkung dieser Lohnhöhe war weder zu erwarten noch im Interesse der Lebenshaltung der Bevölkerung zu wünschen. Somit mußte der Versuch einer

---

[32]) Vgl. Ito a. a. O. S. 235.

[33]) Ito (a. a. O. S. 245 f.) gibt für das Jahr 1903 einen Vergleich der Löhne der Mädchen und Männer in den Züchtereien Chinas, Japans, Italiens und Frankreichs; danach betrugen diese Löhne einschließlich der vielerorts üblichen Beköstigung der Arbeiter durchschnittlich pro Tag in China 0,35 bzw. 0,50 Frcs., in Japan 0,50—0,60 bzw. 0,75—0,90 Frcs., in Italien 0,70—1,00 bzw. 1,00—1,50 Frcs., in Frankreich 1,00—1,50 bzw. 1,50—2,00 Frcs. Setzt man den Lohn in China gleich 100, so ergeben sich für die Löhne der Mädchen in Japan die Verhältniszahlen 145—185, in Italien 200—300, in Frankreich 300—445; für die Löhne der Männer in Japan 150—190, in Italien 200—300, in Frankreich 300—400. Wenn Ito diesen bedeutenden Unterschied zwischen den ostasiatischen und südeuropäischen Löhnen in der Seidenzucht glaubt mit der Bemerkung abschwächen zu können, es handele sich bei der europäischen Seidenzucht nur um einen Nebenerwerb der bäuerlichen Familie mit fast ausschließlicher Verwendung der eigenen Arbeitskraft, und zwar zu einer Zeit, in der keine anderen notwendigen Arbeiten in der Landwirtschaft zu verrichten seien und die Landleute daher froh wären, noch etwas verdienen zu können, so haben unsere früheren Darlegungen bewiesen, daß diese Auffassung für die italienischen Verhältnisse auf einem schweren Irrtum beruht. Selbst wenn der italienische Züchter in seiner Aufzucht nur Arbeitskräfte der eigenen Familie verwendete, so war ihm genügende Gelegenheit geboten, dieselben Kräfte auch in anderen landwirtschaftlichen Arbeiten mit größerem und sichererem Ertrage auszunützen, so daß auch in diesem Falle der präsumtive Ertrag der Seidenzucht von dem Züchter in Rechnung gestellt wurde. Die geringeren Ansprüche in Ostasien bezüglich der Lebenshaltung gibt auch Ito zu (a. a. O. S. 250); für die Berechnung der notwendigen Ertragshöhe einer Produktion ist aber die verschiedene Höhe der Lebenshaltungskosten in verschiedenen Ländern von ausschlaggebender Bedeutung, auch wo es sich um die Arbeitskraft der Familienmitglieder des Züchters handelt.

Unkostenverminderung der Seidenzucht in Italien mit halbem Erfolge endigen und mit fortschreitender Entwicklung des Landes immer aussichtsloser werden.

Wie weit schließlich eine Spezialisierung und Höherentwicklung der Seidenzucht im Sinne einer typischen Qualitätsproduktion möglich ist, kann nur der Fachmann beurteilen; und doch scheint von dieser Möglichkeit letzthin Bestehen und Untergehen des Seidenbaues in Italien abzuhängen, da nur auf diesem Wege sich der italienische Seidenbau eine gewisse Unanfechtbarkeit gegenüber der ausländischen Konkurrenz und damit auch eine genügende Rentabilität sichern könnte, so wie in Frankreich trotz des katastrophalen Rückganges der allgemeinen Seidenzucht bestimmte Seidenarten, z. B. die bekannten Cévennesseiden, ihren hervorragenden Platz auf dem Weltmarkte behaupten. Günstiges Klima, beste Bodenverhältnisse und billiges Angebot an Handarbeit müßten sich aber in diesem Falle mit vollkommenster Technik der Aufzucht, guter Organisation der Aufbewahrung und des Verkaufes der Kokons und vorteilhafter Lage der Produktionsorte in verkehrstechnischer Hinsicht vereinigen, um ein Produkt höchster Qualität bei niedrigem Marktpreise zu erzielen. Diese Möglichkeiten dürften sich noch in oberitalienischen Bezirken vereinigt finden beziehungsweise verwirklichen lassen, werden aber stets beschränkt bleiben.

Die Folgen, die sich aus dieser Entwicklungstendenz des italienischen Seidenbaues für die einheimische Seidenindustrie ergeben müssen, sind schwerwiegender Art. In dem Maße, wie sich ihre einheimische Rohstoffbasis verengt, ist die Seidenindustrie nicht nur auf ausländisches Rohmaterial angewiesen, sondern in den Zweigen ihrer Halbfabrikation geradezu in ihrer Existenz bedroht. Damit wird auch die gesamte Seidenindustrie in eine bestimmte Bahn der eigenen Fortentwicklung gedrängt, auf die wir nunmehr einzugehen haben.

3. Die Entwicklung der italienischen Seidenproduktion. Der amerikanische Markt. Entwicklungstendenzen in der italienischen Seidenindustrie.

Die Periode von 1900 bis 1913 war in ihrer ersten Hälfte eine Zeit allgemeinen Aufschwunges in der Weltwirtschaft. Mit dem Jahre 1904 setzte eine günstige Konjunktur ein, die sich bis zur Mitte des Jahres 1907 in schnell aufsteigender Linie bewegte und bei dem stets wachsenden Konsum zu einer gewaltigen Ausdehnung der Produktion auf allen Gebieten führte. Kennzeichen dieses wirtschaftlichen Aufstieges war auch das allmähliche Anziehen der Preise auf dem Weltmarkte, von dem auch die Preisentwicklung der Seide beeinflußt wurde. Obwohl die italienischen Kokonernten der Jahre 1904 und 1907 als sehr günstig, diejenigen von 1905 und 1906 als dem Durchschnitt entsprechend zu bezeichnen waren, gingen die Durchschnittspreise der Kokons auf dem Mailänder Markt von 2,485 L. im Jahre 1904 auf 4,094 L. im Jahre 1907 in die Höhe[34]). Gleichzeitig stiegen die Preise für erstklassige Rohseide mit einem Feinheitsgrad von 10/12 in Mailand von 45,90 L. pro kg im Durchschnitt der Jahre 1900—1904 auf 50,50 L. im Jahre 1907[35]). Der früher beobachtete starke Aufschwung der japanischen Seidenproduktion in dieser Zeit erhielt durch die ansteigenden Preise seinen Impuls; Japan arbeitete mit geringen Unkosten und um so größerem Gewinn. Für die italienische Seidenindustrie bedeuteten die gehobenen Preise noch nicht einmal den Stand derselben zu Beginn der 80er Jahre, wobei die gestiegenen Arbeitslöhne sogar noch die Produktionskosten wesentlich vermehrt hatten. Immerhin war die Lage verhältnismäßig recht günstig, und auch in der italienischen Seidenindustrie nahm die Produktion und Ausfuhr unter immer stärkerer Heranziehung ausländischer Rohstoffe stark zu. Vor allem schien der Verbrauch Nordamerikas einen unbeschränkten Absatz zu verbürgen.

Um so schwerer war die Rückwirkung, als im Oktober 1907 fast unerwartet die Wirtschaftskrisis in den Vereinigten Staaten ausbrach und sich auch auf die europäischen Länder ausdehnte. Durch radikale Maßnahmen zur Einschränkung der übermäßig gesteigerten Produktion suchte Amerika der Krisis Herr zu werden. Luxuswaren wie die Seide mußten unter diesem wirtschaftlichen Rückschlage am meisten leiden[36]). Seine Auswirkung traf vor allem Japan, aber auch China und Italien wurden stark in Mitleidenschaft gezogen. Ein jäher Preissturz folgte auf dem Mailänder Markte; der Kokonpreis fiel im Jahre 1908 auf 2,997 L., der Seidenpreis auf 43,50 L. Das folgende Jahr brachte

[34]) Atti etc. S. 31.

[35]) Bordiga a. a. O. S. 1383.

[36]) Der ausgedehnte amerikanische Seidentrust American Silk Company brach infolge der Krisis zusammen. Nähere Einzelheiten über die damalige Lage auf dem Seidenmarkt in Mov. Comm. 1908 I Einl. S. 28 f.

zwar nach Überwindung der ärgsten Depression eine wesentliche Erholung der Preise, die ungeheure Steigerung der japanischen Rohseidenproduktion, die schon jetzt den amerikanischen Markt mehr und mehr beherrschte, drückte jedoch die Preise bald noch tiefer herab. Zugleich trat als neuer Konkurrent auf dem Inlandsmarkte die Kunstseide in Erscheinung, deren Import von 69 903 kg im Jahre 1909 plötzlich auf 204 494 kg im Jahre 1910 und 357 344 kg im Jahre 1913 emporschnellte. Daß auch die inländische Kunstseidenproduktion rasch anwuchs, beweist die hohe Exportziffer des Jahres 1912 mit 268 207 kg[37]). Doch sollte sich dieser neue Faktor auf dem Textilmarkt erst in der Folgezeit stärker auswirken und ist daher auch erst im folgenden Abschnitt unserer Untersuchung eingehender zu behandeln. Vorübergehende Änderungen in der Mode der Frauenkleidung wie die Einführung der engen Röcke in den Jahren 1911 und 1912 konnten nur dazu dienen, den Seidenverbrauch einzuschränken und die schwere Krisis in der Seidenindustrie noch zu verstärken. Trotz des starken Rückganges der italienischen Kokonernte sanken die Preise für Kokons in Mailand im Jahre 1910 auf 2,68 L., im Jahre 1912 auf 2,43 L., womit der tiefste Stand der 90er Jahre fast wieder erreicht war; der Preis der Rohseide fiel in denselben Jahren auf 42,50 bzw. 41,00 L. Erst das Jahr 1913 brachte dem Mailänder Markt infolge der katastrophal schlechten Kokonernte in Italien eine erneute Preissteigerung. Die Wirkungen dieser langen Depression des Seidenmarktes auf die Entwicklung des italienischen Seidenbaues haben wir bereits beobachtet; wie die Produktion der Seidenindustrie und der italienische Seidenhandel von den wirtschaftlichen Wechselfällen dieses Jahrzehntes und noch mehr von dem Rückgange der einheimischen Seidenzucht in den letzten Jahren vor Ausbruch des Weltkrieges beeinflußt wurde, zeigt uns ein Blick in die Produktions- und Außenhandelsstatistik dieser Zeit.

Die italienische Rohseidenproduktion aus einheimischen Kokons hatte sich trotz der langsam sinkenden Kokonproduktion auch im ersten Jahrzehnt des 20. Jahrhunderts auf der früheren Höhe gehalten. Einer durchschnittlichen Erzeugung von 4,4 Mill. kg Rohseide in den Jahren 1891—1895 standen 4,3 Mill. kg Roh-

[37]) Movimento Commerciale 1911 I S. 160 bzw. S. 369, 1915 I S. 165 bzw. S. 376.

seide in den Jahren 1901—1905 und 4,5 Mill. kg Rohseide in den Jahren 1906—1910 gegenüber[38]). Das Ergiebigkeitsverhältnis der Kokons an Rohseide war durch weiterhin verbesserte Zucht von 12:1 auf 11:1 und sogar darüber hinaus gestiegen. In den letzten Jahren vor dem Weltkriege spiegelte sich aber der scharfe Rückgang der einheimischen Kokonerzeugung auch in den Zahlen der Rohseidenproduktion wider; die Jahre 1911—1914 brachten nur eine Durchschnittsproduktion von 3,8 Mill. kg Rohseide, so daß die Produktion zu Beginn der 80er Jahre — die notwendigen statistischen Korrekturen vorausgesetzt — kaum übertroffen, diejenige zu Beginn der 70er Jahre bei weitem nicht mehr erreicht wurde.

Einen vollen Ausgleich für diesen Verlust schuf aber bis zum Jahre 1910 der ständig steigende Import von ausländischen Kokons. Berechnet nach dem Gesamttrockengewicht betrug die Kokoneinfuhr nach Italien im Jahre 1900 erst 2,6 Mill. kg, wuchs dann aber schnell an auf 4,5 Mill. kg im Jahre 1903, 5,5 Mill. kg im Jahre 1906, 5,9 Mill. kg im Jahre 1909 und erreichte in dem letzteren Jahre fast 35% der einheimischen Kokonernte. Da die eingeführten Kokons zum großen Teile aus der Levante kamen, mußten sich die Kriegswirren auf dem Balkan in den folgenden Jahren auch in der Einfuhr bemerkbar machen; der Import sank im Jahre 1912 auf 4,6 Mill. kg Kokons; der Ausbruch des Weltkrieges im Jahre 1914 drückte ihn bis auf 1,8 Mill. kg herab[39]). Wertmäßig war der Höhepunkt der Ausgaben Italiens für die Kokoneinfuhr im Jahre 1907 mit 73,7 Mill. L. erreicht; die Beseitigung oder wenigstens Verminderung dieses recht erheblichen Passivpostens in der italienischen Handelsbilanz war eines der Ziele, die der Minister Raineri in seiner Begründung des Gesetzentwurfs von 1910 anführte. Der Kokoneinfuhr entsprechend stieg auch der Umfang der italienischen Rohseidenproduktion aus importierten Kokons von 0,38 Mill. kg im Durchschnitt der Jahre 1891—1895 auf 0,65 Mill. kg im folgenden Jahrfünft und auf 0,94 und 1,2 Mill. kg in den Jahren 1901—1905 bzw. 1906—1910. Auch in den Jahren 1911—1913 erreichte diese Produktion noch eine Höhe von 1,2 Mill. kg, um sich dann im Jahre des Kriegsausbruches auf 0,4 Mill. kg plötzlich zu senken[40]). Die Gesamterzeu-

[38]) Vgl. Tabelle III u. IV im Anhang.

[39]) Mov. Comm. 1907 I Einl. S. 92 u. S. 194, 1911 I S. 158, 1915 I S. 164.

[40]) Die entsprechende Angabe für das Jahr 1914 in Tabelle III (im Anhang) weicht von den obengenannten Ziffern ab; vgl. darüber die Darlegungen auf S. 270 Anm. 47.

gung der italienischen Haspeleien an Rohseide zeigte infolgedessen im Gegensatz zur Kokonproduktion im ersten Jahrzehnt des neuen Jahrhunderts eine beständige Steigerung; von 4,8 Mill. kg im Durchschnitt der 90er Jahre war sie auf 5,3 Mill. kg in den Jahren 1901—1905 und auf 5,7 Mill. kg in den Jahren 1906 bis 1910 angewachsen; in der Zeit von 1911 bis 1913 zeigte sich aber auch hier ein Rückgang auf 4,9 Mill. kg.

Wichtig ist in diesem Zusammenhange das prozentuale Verhältnis der Produktion aus importierten Kokons zur Produktion aus einheimischen Kokons; in den vier Jahrfünften der Zeit von 1891 bis 1910 stieg der Prozentsatz der Erzeugung aus den importierten Kokons von 8% auf 13,4%, 17,8% und 21,3% der Gesamterzeugung; in der Zeit von 1911 bis 1913 betrug er schließlich 23,9%, in den Jahren 1909 und 1911 waren mit 25% bzw. 26% die höchsten Prozentsatze erreicht. Die Entwicklung, die wir in ihren Anfängen schon früher beobachtet haben, setzte sich unter dem Zwange der Verhältnisse demnach ununterbrochen fort: die italienische Haspelei sah ihre einheimische Rohstoffquelle, die sie einst voll versorgt hatte, immer schwächer werden, während sie selbst durch Vervollkommnung ihrer industriellen Betriebe an Leistungsfähigkeit zunahm; sie löste sich daher immer mehr vom einheimischen Seidenbau, zog in wachsendem Umfange ausländische Rohstoffe heran und gewann dadurch auch noch in stärkerem Maße an rein industriellem Charakter, wurde aber zugleich auch vom Auslande in ihrem Rohstoffbezug mehr und mehr abhängig. Dieser letztere Umstand brachte schwere Gefahren mit sich; sehen wir selbst von den unmittelbaren Folgen kriegerischer Unruhen ab, so mußte die italienische Haspelei in jenem Augenblick in große Schwierigkeiten geraten, in dem jene Lieferungsländer zu eigener industrieller Entwicklung gelangten und die erste Verarbeitung ihres einheimischen Rohstoffes selbst übernahmen. Die eingeführten Kokons stammten im Jahre 1909 zu 40% aus der europäischen Türkei; weitere 11,6% lieferten die Gebiete der asiatischen Türkei, 11,4% stellte Österreich-Ungarn und 10,8% Rußland zur Verfügung; auch die übrigen Staaten des Balkans sandten nicht unbedeutende Mengen. Diese Tatsachen lassen schon vermuten, wie der Weltkrieg und seine wirtschaftspolitischen Folgen auf die Tätigkeit der italienischen Seidenhaspelei einwirken mußten.

Mit der Produktion der Haspeleien wuchs auch die Ausfuhr Italiens an einfacher Rohseide. Hatte sie schon im letzten Jahrzehnt des 19. Jahrhunderts eine Steigerung von 1,8 Mill. kg im Jahre 1889 auf 3,5 Mill. kg im Jahre 1900 erfahren, so betrug sie im Jahre 1902 bereits 4,4 Mill. kg, 1905 5,2 Mill. kg, 1906 6,3 Mill. kg; die folgenden Jahre abgeschwächter Konjunktur brachten wieder eine Senkung der Exportziffer. Der Durchschnitt der Jahre 1901—1905 stand auf 4,3 Mill. kg, 1906—1910 auf 5,1 Mill. kg; die Jahre 1911—1913 zeigten wieder einen durch die stark verminderte Kokonproduktion und die ostasiatische Konkurrenz verursachten Rückgang auf 4,2 Mill. kg Rohseide[41]).

Von der Gesamtausfuhr im Jahre 1909 — also kurz vor ihrem Rückgange — in einer Höhe von 5,2 Mill. kg empfingen die Vereinigten Staaten von Amerika allein 40,4%; 15,7% gingen nach Deutschland, 14,5% nach der Schweiz, 13,5% nach Frankreich, 7,8% nach Rußland. Für die Rückwirkungen des Weltkrieges auf den italienischen Export von einfacher Rohseide sollte diese Zusammensetzung der Bestimmungsländer von besonderer Bedeutung werden.

Wie wir schon früher gesehen hatten, war der Rohseidenverbrauch der Vereinigten Staaten von Amerika in den letzten 25 Jahren vor Ausbruch des Weltkrieges in ungeahnter Weise gestiegen und hatte den Verbrauch der europäischen Länder weit übertroffen. Für den italienischen Rohseidenexport schien sich in Amerika ein bedeutendes Absatzgebiet zu eröffnen. Es war aber zu erwarten, daß die gewaltig anwachsende ostasiatische Produktion sich vor allem diesen Markt zu erobern suchen würde, um ihrer Produktion auch den entsprechenden Absatz zu sichern. Da die italienische Rohseidenerzeugung dem gesteigerten amerikanischen Bedarf neben ihren europäischen Exporten nicht gerecht werden konnte, andrerseits Ostasien eine schier unerschöpfliche Rohstoffquelle den amerikanischen Fabrikanten bot, so wurde eine enge Verbindung zwischen dem ostasiatischen Produktions- und dem amerikanischen Konsumtionsgebiete von beiden Seiten erstrebt und von Jahr zu Jahr mehr verwirklicht zum Schaden des italienischen Rohseidenhandels, der in Amerika langsam seinen wichtigsten Markt einbüßen sollte. Diese Entwicklung trat schon in den letzten Jahren vor dem Ausbruch des Weltkrieges klar zutage.

Die Bedeutung des amerikanischen Marktes für den Verkauf italienischer einfacher Rohseide ging schon aus der genannten

[41]) Mov. Comm. 1907 I Einl. S. 93 u. S. 452, 1911 I S. 368, 1915 I S. 375.

Tatsache hervor, daß 40,4% der gesamten italienischen Rohseidenausfuhr des Jahres 1909 von Amerika aufgenommen wurde. In diesem Jahre war aber auch der Höhepunkt dieser Ausfuhr erreicht. Nach der amerikanischen Einfuhrstatistik[42]) war die Rohseideneinfuhr Italiens nach Amerika von 2,4 Mill. lbb. im Durchschnitt der Jahre 1899—1903 auf 4 Mill. lbb. in den Jahren 1904—1908 und auf 4,6 Mill. lbb. im Jahre 1909 gestiegen; gleichzeitig stieg aber die Einfuhr Japans von 5,6 Mill. lbb. auf 9 bzw. 12,2 Mill. lbb., diejenige Chinas von 3 Mill. lbb. auf 3,2 bzw. 4,5 Mill. lbb. Der bisherige Rückstand Italiens erklärte sich aus seiner geringeren Produktion; das Sinken der prozentualen Anteilziffer Italiens an der amerikanischen Gesamteinfuhr von 22,16% in den Jahren 1904—1908 auf 20,67% im Jahre 1909 zeigte aber auch bereits an, daß die italienische Einfuhr mit dem Anwachsen des amerikanischen Verbrauchs nicht mehr Schritt hielt. Die Jahre 1910 und 1911 brachten aber eine katastrophale Wendung. Die amerikanische Rohseideneinfuhr verminderte sich in diesen Jahren von 22,2 Mill. lbb. auf 21,6 und 20,9 Mill. lbb.; jedoch die Einfuhren Japans und Chinas stiegen weiterhin auf 13,3 und 13,6 Mill. lbb. bzw. auf 4,8 und 4,9 Mill. lbb.; der italienische Import fiel dagegen auf 2,96 und 1,99 Mill. lbb. Der Anteil Italiens an der Gesamteinfuhr sank von 20,67% auf 13,71 und 9,53%, der Anteil Japans stieg von 54,94% auf 61,73 und 65,24%, der Anteil Chinas von 20,20% auf 22,03 und 23,61%. Innerhalb von 2 Jahren hatte Italien 57% seiner Ausfuhr nach Amerika eingebüßt; dabei war die Einfuhr einfacher Rohseide nach den Vereinigten Staaten zollfrei, während gezwirnte Seide einem Zoll unterlag; die schon sehr geringe Einfuhr Italiens an gezwirnter Seide ging fast gänzlich verloren. Gewiß spielten bei diesem Vorgange Modeänderungen und die gesamte Wirtschaftslage, die die billigeren Seiden Ostasiens zur Herstellung baumwoll- und wollgemischter Gewebe bevorzugte, eine gewisse Rolle[43]); auch brachte das Jahr 1912 wieder eine Steigerung der italienischen Einfuhr nach Amerika, ohne aber auch nur die Einfuhrziffer des Jahres 1910 zu erreichen. Es konnte nicht zweifelhaft sein, daß der Kampf um den amerikanischen Markt aufs

[42]) Vgl. Mov. Comm. 1911 I Einl. S. 113.

[43]) Der Durchschnittswert der in die Vereinigten Staaten im Jahre 1911 eingeführten Rohseiden betrug für italienische Rohseide 3,77 Dollar, für japanische Rohseide 3,36 Dollar, für chinesische Rohseide 2,44 Dollar pro lbb. (Mov. Comm. 1911 I Einl. S. 113).

heftigste entbrannt war und vor allem Japan die Vorteile seiner umfangreichen und billigen Produktion restlos ausnützen würde, um dieses große Absatzgebiet völlig an sich zu reißen und zu beherrschen. Der Verlust des amerikanischen Marktes oder auch nur die Behauptung eines gewissen Absatzes auf ihm unter dieser preisdrückenden Konkurrenz mußte der italienischen Seidenindustrie neue Schwierigkeiten und Opfer aufbürden. Hier trat die Gefahr der übermächtigen ostasiatischen Produktion zum zweiten Male in Erscheinung: Unter ihrem Preisdruck ging der italienische Seidenbau, die unersetzliche einheimische Rohstoffquelle, zurück; unter demselben Preisdruck schwanden auch die Absatzmärkte für die italienische Seidenindustrie; denn auch in Europa wurde die ostasiatische Konkurrenz immer fühlbarer. Durch den Verlust eines gewinnbringenden Absatzes wurde aber auch die Rentabilität und in dieser die Existenz der italienischen Rohseidenproduktion bedroht.

Der andere Zweig der Halbfabrikation in der italienischen Seidenindustrie, die Zwirnerei, hatte bekanntlich schon früher begonnen, seine Tätigkeit auch auf ausländisches Rohmaterial auszudehnen. Bereits in den 90er Jahren war die Menge der importierten einfachen Rohseide[44]) auf durchschnittlich ungefähr 2 Mill. kg angewachsen und hielt sich unter manchen konjunkturellen Schwankungen in der Zeit von 1901 bis 1913 auf einer mittleren Höhe von 2,4 Mill. kg[45]). Diese Tatsache deutet schon auf einen gewissen Stillstand in der Entwicklung der Produktion in der Zwirnerei hin. Die einheimische Erzeugung von einfacher Rohseide hatte zwar in derselben Zeit zugenommen, noch stärker aber die Ausfuhr derselben. Die gesteigerte Einfuhr von einfacher Rohseide konnte also nur den Mangel ausgleichen, der sich an dem an sich schon in recht geringem Umfange zur Verfügung stehenden inländischen Rohmaterial für die Zwirnerei fühlbar machte. Dementsprechend blieb auch die Ausfuhr Italiens an gedoppelter und gezwirnter Rohseide im ersten Jahrzehnt des neuen Jahrhunderts fast stationär; sie betrug schon um die Jahrhundertwende durchschnittlich 3 Mill. kg und stieg auch im Durchschnitt

---

[44]) Die Einfuhr an gedoppelter und gezwirnter Rohseide nach Italien war verhältnismäßig unbedeutend und betrug in ihrem höchsten Stande im Jahre 1909 nur 0,3 Mill. kg (Mov. Comm. 1911 I S. 159).

[45]) Mov. Comm. 1907 I Einl. S. 93 u. S. 194, 1911 I S. 159, 1915 I S. 164.

des folgenden Jahrzehnts nur auf 3,5 Mill. kg; in den Jahren 1911—1913 sank sie sogar wieder auf 3,2 Mill. kg[46]).

Auch in diesem Falle sind die Lieferungsländer der benötigten einfachen Rohseide für die italienischen Zwirnereien sowie die Bestimmungsländer für das fertige Fabrikat von Bedeutung. In der italienischen Handelsstatistik wird beim Import der einfachen Rohseide die europäische von der asiatischen Rohseide unterschieden. Bei einem Gesamtimport von 2,6 Mill. kg im Jahre 1910 entfielen auf die erstere nur 27,7%, auf die letztere dagegen 72,3%; bis zum Jahre 1913 hatte sich dieses prozentuale Verhältnis noch weiter zugunsten Ostasiens verschoben (11,7 : 88,3%). Von der Menge der europäischen Rohseide sandte Frankreich stets den weit überwiegenden Teil (1910: 65,4%); bedeutende Importe kamen noch aus Österreich-Ungarn (17,6%) und der europäischen Türkei (11,2%). Die asiatischen Rohseiden stammten zum größten Teile aus China (1910: 71,9%), in zweiter Linie aus Japan (26,3%); in den folgenden Jahren ging jedoch der Import aus China zurück, während die Zufuhren Japans zunahmen. Diese starke Abhängigkeit der italienischen Zwirnerei von dem ostasiatischen Rohmaterial hatte ihre großen Bedenken, da zu erwarten war, daß früher oder später die Seidenindustrie jener Länder, vor allem unter dem Einfluß Amerikas, sich soweit vervollkommnen würde, daß sie ihr Rohseidenerzeugnis selbst verspinnen und zwirnen würde. Vorläufig waren freilich die ostasiatischen Seiden, besonders die chinesischen, meist so unvollkommen gehaspelt, daß sie in europäischen Spinnereien umgehaspelt werden mußten, um weiter verarbeitet werden zu können; teilweise geschah diese Umhaspelung aber schon jetzt in den modernen Haspeleien, die die Amerikaner in Shanghai und Kanton angelegt und mit genauen Fabrikationsanweisungen versehen hatten; in gleicher Weise suchte man auch auf die Erzeugung der japanischen Betriebe einzuwirken.

Unter den Bestimmungsländern für den italienischen Export an gezwirnter Rohseide standen Deutschland und die Schweiz

---

[46]) Mov. Comm. 1907 I Einl. S. 94 u. S. 452, 1911 I S. 368, 1915 I S. 375. Die obigen Exportmengen schließen die nur vorübergehend zur Färbung ausgeführte italienische Rohseide nicht ein; letztere (einfache und gezwirnte Rohseide) betrug in den Jahren 1901—1905 durchschnittlich 0,42 Mill. kg, in den Jahren 1906—1910 0,35 Mill. kg (Mov. Comm. 1907 Einl. S. 94, 1910 Einl. S. 149). Der Rückgang weist auf eine gesteigerte Leistungsfähigkeit der inländischen Färbereien hin.

im Vordergrunde; von dem bezüglichen Export im Jahre 1910, der sich auf fast 4 Mill. kg belief, erhielt Deutschland 46,2%, die Schweiz 40,1%; verhältnismäßig kleine Posten gingen nach Frankreich und Österreich-Ungarn. Wieweit es sich bei diesen Ausfuhren um verarbeitete europäische oder asiatische Seiden handelte, ist aus der Statistik leider nicht zu ersehen. Im Gegensatz zu seinen hohen Einfuhren an einfacher Rohseide aus Italien bezog Amerika nur verschwindend geringe Mengen an italienischer gezwirnter Seide. Die Vereinigten Staaten suchten sich eine eigene leistungsfähige Zwirnindustrie zu schaffen, indem sie die einfache Rohseide zollfrei importierten und die ausländische Konkurrenz in gezwirnter Seide durch hohe Einfuhrzölle fernhielten. Ähnlich lagen die Verhältnisse in Rußland und auch in Frankreich. Infolgedessen verloren die italienischen Zwirnereien nicht nur Absatzmärkte für ihre gezwirnten einheimischen Seiden; sie mußten auch damit rechnen, daß ihre ausgedehnte Verarbeitung asiatischer Seiden für den europäisch-amerikanischen Markt immer stärker eingeschränkt und eine direkte Verbindung zwischen den ostasiatischen Rohseidenproduzenten und den neu entstehenden Zwirnindustrien jener Länder hergestellt werden würde. Auch die italienische Zwirnerei hatte demnach wie die Haspelei mit zunehmenden Schwierigkeiten zu kämpfen, doch lagen deren Ursachen nicht so sehr in der preisdrückenden Konkurrenz der ostasiatischen Rohseidenproduktion, da die Zwirnerei italienische u n d ostasiatische Rohseide verarbeitete, als vielmehr in dem Entstehen gleichgearteter Industrien in den wichtigsten Seidenverbrauchsländern und in den Absatzhemmungen, die durch die Schutzzollmaßnahmen jener Länder im Interesse ihrer nationalen Industrie den Erzeugnissen Italiens bereitet wurden. Die Verschiedenheit dieser Ursachen ist von Bedeutung und bei Beurteilung der zukünftigen Entwicklung der beiden Zweige der seidenindustriellen Halbfabrikation in Italien wohl zu beachten.

Einen Fortschritt hatte die italienische Seidenindustrie in der Herstellung gefärbter Seiden zu verzeichnen. Der Import derselben sank von 40200 kg im Jahre 1903 bis auf 20425 kg im Jahre 1911[47]), um sich dann langsam wieder zu heben. Der Ex-

[47]) ausschließlich der Wiedereinfuhr vorübergehend zur Färbung exportierter italienischer Seide, deren Mengen bedeutend höher waren, z. B. im Jahre 1907: 678700 kg (Mov. Comm. 1907 Einl. S. 95).

port zeigt ganz beträchtliche Schwankungen von Jahr zu Jahr, die ihre Erklärung in den Wechselfällen der italienischen Färberei in diesen Jahren finden. Im Jahre 1903 betrug die Ausfuhr nur 11 434 kg, im Jahre 1907 war bei günstigster Konjunktur der Höhepunkt mit 284 113 kg erreicht; die folgenden Jahre brachten wieder eine starke Senkung der Exportziffer, doch hatte das Jahr 1913 noch eine Ausfuhr von 139 759 kg zu verzeichnen [48]). Es unterliegt keinem Zweifel, daß die italienische Seidenindustrie in dieser Zeit nicht nur den Inlandsbedarf an gefärbten Seiden in größerem Umfange zu decken vermochte, sondern auch auf den Auslandsmärkten mit ihrem Fabrikat stärker in Erscheinung trat. Für die Beurteilung der Entwicklungstendenz in der italienischen Seidenindustrie ist diese Feststellung von Bedeutung. Im ganzen blieb aber dieser Industriezweig doch noch recht unbedeutend, wenn man ihn in Vergleich zur Haspelei und Zwirnerei stellte.

Die Ausfuhr von Seidenabfällen war trotz des Ausfuhrzolles in ungefähr gleicher Höhe bestehen geblieben; es wurden aber vorwiegend bessere Qualitäten ausgeführt, während umgekehrt in der Einfuhr von Abfällen die geringeren Qualitäten bei weitem überwogen, um zu billigen Seidengeweben für den Inlandsmarkt verarbeitet zu werden. Der Export von gesponnener Abfallseide war von 0,7 Mill. kg im Jahre 1903 auf 1,2 Mill. kg in den Jahren 1910—1913 angewachsen [49]) und wies damit schon auf eine größere Verarbeitung des einheimischen Rohstoffes und eine weitere Ausdehnung der Florettindustrie in Italien hin. Durch die Herstellung gewöhnlicher Gewebe aus Florettseide im Inlande konnte auch die ausländische Konkurrenz, die früher diese Stoffe aus exportierten italienischen Rohabfällen erzeugte und sie dann nach Italien wieder importierte, wirksam bekämpft werden; der entsprechende Import ging wesentlich zurück [50]). Ihren

[48]) Mov. Comm. 1907 I S. 195 bzw. S. 452, 1911 I S. 159 bzw. S. 368, 1915 I S. 164 bzw. S. 375. Die im Verhältnis zu den vorangegangenen und folgenden Jahren ausnahmsweise hohe Ausfuhrziffer von 1913 ist allerdings zum großen Teil darauf zurückzuführen, daß in diesem Jahre die deutschen und schweizerischen Färbereien durch Streiks monatelang lahmgelegt waren (Mov. Comm. 1914 I Einl. S. 134).

[49]) Mov. Comm. 1907 I S. 453, 1911 I S. 368, 1915 I S. 376.

[50]) Mov. Comm. 1907 I S. 199, 1911 I S. 163, 1915 I S. 168; Fraschetti a. a. O. Bd. 53 S. 235.

eigentlichen Aufschwung verdankte aber die italienische Florettindustrie der vorübergehenden Einfuhr von Rohabfällen, um sie zu bearbeiten und gekämmt wieder auszuführen; diese Ausfuhr war zollfrei. Der vorübergehende Import stammte hauptsächlich aus Frankreich, China, Österreich-Ungarn und der europäischen Türkei; die Wiederausfuhr der gekämmten Abfälle richtete sich fast ausschließlich nach Frankreich und nach der Schweiz. Diese zeitweise Einfuhr von Rohabfällen stieg bis zum Jahre 1907 auf 3,4 Mill. kg, zeigte in den nächsten beiden Jahren infolge der amerikanischen Krisis eine starke Abschwächung, um aber schon im Jahre 1910 wieder die frühere Höhe zu erreichen. Die entsprechende Ausfuhr war dagegen bedeutend geringer; sie betrug im Jahre 1910 nur 0,5 Mill. kg, im Jahre 1911 0,6 Mill. kg[51]); der Verlust bei der Krempelung der Rohabfälle beträgt ungefähr die Hälfte der zu verarbeitenden Menge; außerdem wurden auch nach Gutdünken beträchtliche Teile der gekämmten Abfälle zur weiteren Verarbeitung im Lande zurückgehalten, so daß die tatsächliche Einfuhr von Seidenabfällen für die einheimische Florettindustrie wesentlich höher war, als sie von der Handelsstatistik angegeben wurde. Zur Steigerung der Einfuhr der Rohabfälle trug zudem noch das Bestreben der einheimischen Spinner bei, die Preise des inländischen Rohstoffes möglichst hochzuhalten, so daß die Florettindustrie in größerem Umfange ausländisches Material heranzuziehen suchte[52]). Freilich konnte sich auch jetzt noch dieser Industriezweig mit der gleichartigen ausländischen Industrie nicht messen, aber er bedeutete dennoch in der italienischen Seidenindustrie einen wesentlichen Fortschritt im Sinne einer vollkommeneren industriellen Ausnutzung des Rohstoffes und in der Versorgung des Inlandsmarktes mit den benötigten Fertigfabrikaten.

Einen sehr bedeutenden Aufschwung erlebte im ersten Jahrzehnt des neuen Jahrhunderts die italienische Seidenweberei. Schon in den 90er Jahren hatte, wie wir früher sahen, der Wert des italienischen Exportes an Seidengeweben und anderen Manufakturen aus Seide und Florettseide den entsprechenden Import übertroffen. Diese Entwicklung setzte sich nach 1900 in verstärktem Maße fort. Zwar stieg auch der Import wieder von

[51]) Mov. Comm. 1908 Einl. S. 119, 1910 Einl. S. 152, 1911 Einl. S. 115.
[52]) Mov. Comm. 1907 Einl. S. 96.

19 Mill. L. im Jahre 1900 auf 51 Mill. L. im Jahre 1910, zugleich hob sich aber der Export von 67 Mill. L. auf 105 Mill. L.[53]). Im einzelnen nahm vor allem die Ausfuhr von glatten schwarzen Seidenstoffen zu; im Jahre 1903 betrug sie 131 884 kg, im Jahre 1910 378 095 kg, ließ aber in den folgenden Jahren wieder etwas nach. Die Ausfuhr glatter farbiger Stoffe hatte schon im Jahre 1903 auf 480 464 kg gestanden und zeigte bis zum Jahre 1908 eine Steigerung auf 699 360 kg; auch hier brachten die folgenden Jahre einen Rückgang bis auf 534 017 kg im Jahre 1913; die Einfuhr an diesen Geweben stieg dagegen beständig, hielt sich aber weit unter den entsprechenden Exportziffern. Im Import gab es noch eine Reihe von Spezialartikeln, auf deren Bezug aus dem Auslande der italienische Konsum völlig angewiesen war. Außer den reinen Seidengeweben exportierte Italien aber noch in wachsendem Umfange gemischte Gewebe[54]); ein Teil derselben — im Jahre 1907 54 274 kg — wurde mit Baumwollgarn hergestellt, das nur zu diesem Zwecke aus Deutschland und Frankreich eingeführt wurde; die fertigen Gewebe gingen dann hauptsächlich nach den Vereinigten Staaten von Amerika und nach Großbritannien[55]). Unter den gemischten Stoffen waren die glatten farbigen Stoffe für die italienische Ausfuhr von besonderer Bedeutung; der Export stieg von 185 461 kg im Jahre 1903 auf 421 325 kg im Jahre 1911, um sich dann wieder etwas zu senken. Auch in den gemusterten farbigen Seidengeweben, in glatten schwarzen gemischten Stoffen und in genähten Fabrikaten war die Ausfuhr nicht gering, doch traten diese Erzeugnisse sowie alle eigentlichen Spezialartikel hinter den vorher genannten Gewebearten in der Ausfuhr weit zurück[56]).

Als Rohmaterial diente der Seidenweberei vor allem der einheimische Rohstoff, doch nahm auch die Einfuhr gezwirnter Seide aus dem Auslande beträchtlich zu. Im Jahre 1909 war diese Einfuhr bis auf 3054 dz gestiegen; sie stammte zum überwiegenden Teile aus Frankreich und China[57]). Wieweit auch die gesteigerte

[53]) Ann. Stat. 1904 S. 431, 1912 S. 152 bzw. S. 159.

[54]) Unter gemischten Geweben sind jene zu verstehen, die 12—50% Seide enthalten.

[55]) Mov. Comm. 1907 I Einl. S. 101. Die an dieser Stelle angegebene Produktionszahl ist falsch; vgl. a. a. O. S. 455.

[56]) Über Einfuhr und Ausfuhr an Seidengeweben und an anderen Manufakturen aus Seide vgl. Movimento Commerciale 1907 I S. 196 ff. bzw. S. 453 ff., 1911 I S. 160 ff. bzw. S. 369 ff., 1915 I S. 166 ff. bzw. S. 377 ff.

[57]) Mov. Comm. 1909 I S. 199.

Einfuhr einfacher Rohseide, die erst in italienischen Zwirnereien weiter verarbeitet wurde, für den größeren Verbrauch der italienischen Webereien bestimmt war, läßt sich nicht feststellen.

Die hohen Exportziffern für die Erzeugnisse der italienischen Seidenweberei dürfen aber nicht über die Tatsache hinwegtäuschen, daß auch dieser Industriezweig von der allgemeinen Krisis in der Seidenindustrie schwer betroffen wurde. Der Rückgang der Ausfuhrzahlen nach 1910 weist schon darauf hin. Daß die Ausfuhr immerhin recht bedeutend blieb, war die Folge der großen Anstrengungen der Fabrikanten, im Auslande auch unter schweren Opfern eine möglichst große Menge ihrer Erzeugnisse abzusetzen. Der innere Markt wurde auf diese Weise von dem überschüssigen Teil der einheimischen Produktion befreit; aber dieser Vorteil wurde dadurch stark abgeschwächt, daß die durch den Verkauf nach dem Auslande erzielten Gewinne äußerst gering waren, wenn der Verkauf sich nicht sogar für den Fabrikanten zu einem Verlustgeschäfte gestaltete, indem die Verkaufspreise stark herabgesetzt werden mußten, um die Ware überhaupt abstoßen zu können [58]).

Man darf wohl über die Entwicklung der italienischen Seidenweberei und ihren Stand kurz vor dem Ausbruch des Weltkrieges sagen, daß sie in den letzten zwei Jahrzehnten bedeutende Fortschritte gemacht hatte, mit ihrer Produktion den Inlandsmarkt besser versorgte und in immer weiterem Umfange sich auch die Auslandsmärkte zu erobern suchte, daß aber ihre Produktion sich doch noch meist auf einfachere Gewebe mittlerer und geringerer Qualität beschränkte, während hochwertige Stoffe und alle Spezialartikel mannigfaltigster Art noch weiterhin aus dem Auslande importiert werden mußten. Die verhältnismäßig noch junge Neubelebung der Seidenweberei in Italien als Industrie mag als Ursache hierfür anzusehen sein. Es ist aber auch zu beachten, daß der Inlandsmarkt bei dem durchschnittlich noch beschränkten Wohlstande der Bevölkerung keine so großen Absatzmöglichkeiten für wertvolle Seidenmanufakturen, die nun einmal zu den Luxuswaren gehören, bot, daß sich auf diesem Absatz allein eine größere Industrie hätte aufbauen und gegenüber der ausländischen Konkurrenz mit ihren alten Erfahrungen und bei umfangreicherer Produktion billigeren Preisen hätte erfolgreich durchsetzen können. Gerade in den Kreisen der Konsumenten hochwertiger

---

[58]) Mov. Comm. 1911 I Einl. S. 120.

Luxusartikel spielt zudem der alte Ruf der Firma, von der man die Ware bezieht, und noch mehr die Vorliebe für die Erzeugnisse des Auslandes in der Auswahl eine nicht zu unterschätzende Rolle, in Italien ebenso wie anderswo. Um aber auf den großen Auslandsmärkten erfolgreich konkurrieren zu können, fehlte der italienischen Seidenweberei doch noch die höchste technische Vollendung; die alten Industrieländer besaßen einen Vorsprung, der nicht so schnell einzuholen war, und ihre Stellung auf den Märkten war kaum zu erschüttern. So mußte sich Italien mit Auslandsmärkten zweiter Ordnung begnügen und paßte seine Produktion den Bedürfnissen derselben an.

Von der Ausfuhr an schwarzen glatten Geweben im Jahre 1910 in einer Gesamtmenge von 378 095 kg gingen 72% nach Großbritannien, 18% nach Frankreich; der Rest verteilte sich in kleinen Posten auf zahlreiche andere Länder. Wenn man auch die schwarzen Seidenstoffe als ein besonderes Erzeugnis der italienischen Weberei seit altersher betrachten darf, so unterliegt es doch wohl kaum einem Zweifel, daß Großbritannien und wohl auch Frankreich für diesen Export vor allem als Durchfuhrländer in Frage kamen; der Export ging in Wirklichkeit in außereuropäische Gebiete, mit denen Italien keine direkten Schiffahrtsverbindungen besaß [59]). Ähnlich dürfte es sich auch mit der Ausfuhr glatter farbiger Seidenstoffe verhalten, von deren Gesamtausfuhr von 535 517 kg Großbritannien wiederum fast die Hälfte erhielt. In dieser Statistik zeigt sich auch deutlich, daß das angegebene Bestimmungsland nicht das endgültige Ziel des Exports war. Im Jahre 1908 erhielt von der Gesamtausfuhr an glatten farbigen Seidenstoffen von 699 860 kg die Schweiz 40,2%, Großbritannien nur 5,1%; im Jahre 1910 war derselbe Export nach der Schweiz auf 16% gesunken, nach Großbritannien auf 47,7% gestiegen; zugleich zeigte sich auch ein Sinken der Exportziffer für Frankreich und Deutschland [60]). Auch gemischte Seidenstoffe gingen von Italien in großen Mengen über England. Guten Absatz fanden die italienischen Waren in den Ländern der Levante, besonders in der Türkei und in Ägypten. Weitere bedeutende Mengen wurden von Südamerika, vor allem von Argentinien, aufgenommen. Bei diesem letzteren Absatzgebiet spielte die italie-

---

[59]) Mov. Comm. 1911 I Einl. S. 121.

[60]) Durch Dekret vom 7. Januar 1909 waren Vorkehrungen getroffen, um in der Außenhandelsstatistik möglichst das wirkliche Bestimmungsland der Exporte anzugeben (Mov. Comm. 1909 I Einl. S. 77 Anm.).

nische Auswanderung eine wesentliche Rolle. Der Italiener wahrt auch im Ausland seine heimischen Sitten und Gewohnheiten und seine Liebe zum Mutterlande, in das er oft nach Jahren der Arbeit und sparsamen Genügsamkeit mit seinem erworbenen Wohlstande wieder zurückkehrt. Diese Anhänglichkeit an die Heimat macht den italienischen Auswanderer zum Pionier für die Heimat. So hat die starke Auswanderung nach Südamerika den italienischen Handel nach sich gezogen und der italienischen Industrie weite Absatzgebiete in den südamerikanischen Kolonien der Italiener und darüber hinaus geschaffen [61]).

Faßt man das Gesamtbild der italienischen Seidenindustrie kurz vor Ausbruch des Weltkrieges ins Auge und sucht man aus ihrem Stande und ihrer Entwicklung im vorangegangenen Jahrzehnt sich ein Urteil über die gesamte Entwicklungstendenz der Seidenindustrie in Italien zu bilden, so kommt man zu dem Ergebnis, daß sich auch in diesem ältesten Gewerbezweig des indu- riellen Italien deutlich die Kennzeichen fortgeschrittener Industrialisierung finden. War einst der Seidenbau und die mit ihm in engster Verbindung stehende Gewinnung und erste Verarbeitung des Seidenfadens der Kern des ganzen Gewerbes in Italien, während schon die Färbung der Garne und erst recht ihre Verarbeitung zum fertigen Gewebe und zu anderen Manufakturen vornehmlich im Ausland vollzogen wurde, so hatte sich allmählich eine Fortentwicklung gezeigt, die seit der Jahrhundertwende sich immer mehr beschleunigte.

Die Haspelei hatte sich vom Seidenbau losgelöst und bei der schwindenden einheimischen Rohstoffbasis in zunehmendem Umfange auf ausländisches Rohmaterial gestützt; dadurch war eine weitere Ausdehnung ihrer Tätigkeit zwar zunächst gesichert, jedoch für die Zukunft auch von der industriellen Entwicklung der Lieferungsländer in gewissem Grade abhängig gemacht. Die Hauptstütze mußte der einheimische Rohstoff bleiben; mit seiner Verminderung ging daher auch ein Rückgang der Produktion der Haspeleien Hand in Hand. Sollte der Seidenbau in Italien tat-

[61]) Nach einer Berechnung des italienischen Kommissariats für die Auswanderung befanden sich im Jahre 1910 2 638 952 Italiener in Südamerika, d. h. 47,48% aller im Auslande lebenden Italiener; davon hielten sich 1 Mill. Personen in Argentinien, 1,5 Mill. Personen in Brasilien auf (Ann. Stat. 1912 S. 32).

sächlich den fortgeschrittenen wirtschaftlichen Verhältnissen dieses Landes nicht mehr entsprechen und auf ein Mindestmaß zurückgehen, so wäre auch mit einem gleichzeitigen Rückgang der Haspelei in Italien zu rechnen, da ihr ihre natürliche Grundlage genommen wäre. Hinzu kommt der Druck der wachsenden ostasiatischen Produktion auf die Seidenpreise[62]), die bei den höheren Kosten der italienischen Produktion infolge teurerer Handarbeit entsprechend dem wirtschaftlichen und sozialen Stande Italiens die Produktion der italienischen Haspeleien immer unrentabler gestalten würden; eine Kostensenkung kommt bei der geringen Verwendbarkeit von Maschinen, eine hohe Qualität der zu gewinnenden Rohseide vorausgesetzt, nicht in Frage. Die Haspelei würde sich sodann auf dieselbe hohe Qualitätserzeugung geringeren Umfanges beschränken müssen wie der italienische Seidenbau.

Für die italienische Zwirnerei zeigt die vorangegangene Entwicklung ähnliche Merkmale. Noch früher als die Haspelei hatte sie sich zur selbständigen Industrie entwickelt, der Prozentsatz des ausländischen Rohstoffes in dem von ihr verarbeiteten Rohmaterial war noch höher als bei der Haspelei. Aber der wirtschaftliche Fortschritt in ihren Lieferungsländern ist nur eine Frage der Zeit; Japans industrieller Aufschwung in den letzten Jahrzehnten läßt darüber keinen Zweifel aufkommen. Die einheimische Rohstoffbasis muß sich mit dem Rückgang der Haspelei in Italien verengen und hat sich auch bereits verengt. Außerdem kommt noch als weiteres besorgniserregendes Moment das Bestreben einzelner Länder in Betracht, sich gegen die Einfuhr gezwirnter Rohseide möglichst abzuschließen und eine eigene Zwirnindustrie unter direkter Verbindung mit den Seide erzeugenden Gebieten zu schaffen. Daß der amerikanische Hauptabsatzmarkt für Rohseide sich unter diesen Ländern befindet, läßt diesen Umstand besonders schwerwiegend erscheinen. Der italienischen Zwirnerei steht gegenüber der Konkurrenz in Europa und Ame-

[62]) Von anderen Faktoren, die auf eine stete Senkung der Seidenpreise hinwirken, wie vor allem die Kunstseide, die wie ehemals die baumwollgemischten Gewebe die ganze Struktur der Mode in der Kleidung geändert hat, sehen wir hier vorläufig noch ab und behandeln sie im nächsten Abschnitt eingehender, da ihre Wirksamkeit erst in die folgende Epoche fällt. Vorübergehende Wechsel der Modenschöpfungen von Jahr zu Jahr sind gewiß von Bedeutung für die Rentabilität des einzelnen Unternehmens und seines Spezialerzeugnisses, haben aber auf die Gesamtentwicklung der Seidenindustrie, die hier zu behandeln ist, keinen entscheidenden Einfluß.

rika die in diesem Falle verhältnismäßig billigere Handarbeit zur Verfügung[63]), jedoch tritt in der Zwirnerei die technische Leistung der Maschinen viel stärker in den Vordergrund als in der Haspelei. Auch der italienischen Zwirnerei bleibt ihre Existenz für die Zukunft nur in fortschreitender Qualitätsleistung gewahrt.

Bewegt sich somit die Halbfabrikation in der italienischen Seidenindustrie in ihrem Umfange in rückläufiger Tendenz, in ihrer qualitativen Leistung aber infolge der Konzentrierung und Modernisierung ihrer Betriebe — vergleiche auch die zunehmende Produktion gefärbter Seide als Stadium fortgeschrittenerer Verarbeitung der Seide — auf aufsteigender Linie, so bietet der Aufschwung der italienischen Seidenweberei die gerade Fortsetzung dieser Linie. Gewiß steht die Weberei Italiens noch keineswegs auf dem Höhepunkt ihrer Entwicklung, nach dem Umfange ihrer Produktion wie nach der Qualität ihrer Erzeugnisse. Immer weiter dehnt sich aber der Absatz derselben über den Inlandsmarkt hinaus auf das Ausland aus, und die Fortschritte in der Seidenbandindustrie, die Ansätze in manchen Spezialartikeln zeigen deutlich das Bestreben, über den bisherigen Rahmen der Produktion einfacher Gewebe zu qualitativ höher stehenden Leistungen zu gelangen. Auch die Seidenweberei ist in Italien längst aus dem Stadium des hausgewerblichen Betriebes herausgewachsen und hat den Charakter einer modernen Industrie angenommen. Kann sie sich auch noch nicht mit den Webereien der alten Industrieländer messen, so steht ihr doch mit dem allgemeinen industriellen Aufschwung Italiens ein immer kaufkräftigerer Inlandsmarkt zur Verfügung, und auch das Ausland bietet ihren Erzeugnissen hinreichende Absatzmöglichkeiten.

Das Seidengewerbe Italiens stand somit am Ende seiner normalen Entwicklungsperiode kurz vor dem Ausbruche des Weltkrieges schon auf hoher Stufe, nachdem es in schnellem Aufstieg seit der Mitte des vorigen Jahrhunderts von der Produktion des Rohstoffes und Halbfabrikates zur Fertigfabrikation fortgeschritten und von der handwerksmäßigen zur industriellen Erzeugung übergegangen war, um sich schließlich von der reinen Massenproduktion zur Qualitätsproduktion in jedem Stadium der Erzeugung zu wenden, das Spiegelbild der fortschreitenden allgemeinen Industrialisierung Italiens in einem seiner Hauptgewerbe.

[63]) also der umgekehrte Fall wie in der italienischen Haspelei, die gegenüber ihrer ausländischen (ostasiatischen) Konkurrenz mit verhältnismäßig teurerer Handarbeit produzieren muß und gerade durch diese im Nachteil ist.

4. Der Stand der italienischen Seidenindustrie vor Ausbruch des Weltkrieges.

a) Die Lage in der Gesamtindustrie und in den einzelnen Industriezweigen.

Am 10. Juni 1911 wurde in Italien in Verbindung mit einer Volkszählung die erste allgemeine Betriebszählung vorgenommen. Sie erstreckte sich auf die Feststellung der Zahl der Betriebe aller Erwerbszweige, auf die Dauer ihrer Tätigkeit im Jahre, auf Umfang und Art der verwendeten motorischen Kraft und auf die Zahl und Zusammensetzung der beschäftigten Arbeitskräfte. Bei einer Trennung der Betriebe, die bis zu 10 Personen beschäftigten, von denjenigen mit einer höheren Anzahl von Arbeitskräften wurde bei ersteren noch die Art der Auftragserteilung für ihre Tätigkeit (von anderen Industriellen, Händlern oder Verbrauchern), bei letzteren die Unternehmungsform (Kapitalgesellschaften mit und ohne Aktienausgabe, Privatfirmen, Staats-, Provinzial-, Kommunalbetrieb, Stiftungen) festgestellt. Die Veröffentlichung der Ergebnisse erfolgte in vier Bänden im Jahre 1913 und 1914[64]).

Diese Industriestatistik bietet uns auch den Stand der italienischen Seidenindustrie kurz vor dem Weltkriege. Ein Vergleich mit der Statistik des Jahres 1903 ist dadurch wesentlich erschwert, daß die neuen Erhebungen eine völlig geänderte Gruppierung und Zusammenfassung der Zweige der Seidenindustrie aufweisen. Die bakologischen Betriebe sind nicht mitgezählt worden; die Betriebe für Lagerung, Auswahl und Trocknung der Kokons, für die Herrichtung der Seidenabfälle, für Lagerung, Prüfung und Konditionierung der Seide sind in eine Gruppe zusammengefaßt. Ebenso bilden Haspelei, Zwirnerei und das Verspinnen der Seidenabfälle eine gemeinsame Gruppe. Dann wird die Seidenweberei gesondert erfaßt und schließlich noch eine Gruppe derjenigen Betriebe, in denen die Seide gebleicht, gefärbt und bedruckt wird, neu hinzugefügt. Schließen wir in der Statistik von 1903 die bakologischen Unternehmungen, in der Statistik von 1911 die Betriebe der letzten Gruppe aus, so stehen sich in der gesamten übrigen Seidenindustrie Italiens 1993 Betriebe im Jahre 1903 und 2008 Betriebe im Jahre 1911 gegenüber[65]). Die Zahl der Be-

---

[64]) Censimento degli opifici e delle imprese industriali al 10 giugno 1911.
[65]) Stat. industr. 1903 III S. 74 f., II S. 2 ff.; Censimento 1911 IV S. 514 f.

triebe ist im ganzen also stationär geblieben. Die Leistungsfähigkeit der verwendeten Motoren ist von 12 057 PS auf 14 869 PS gestiegen, die Zahl der Arbeitskräfte von 184 790 Personen auf 172 560 Personen gesunken [66]). Die Mechanisierung der industriellen Tätigkeit bei weiterer Verminderung der teueren Handarbeit ist demnach fortgeschritten. Auch in der Art der verwendeten Motore zeigt sich das Bestreben der Unkostensenkung. Von der Gesamtleistung entfielen auf die Wasserkraftmotoren im Jahre 1903 53,3%, im Jahre 1911 53,1%; der Anteil der kostspieligeren Dampfmotoren ist von 46,1% auf 41,5% zurückgegangen, derjenige der anderweitig betriebenen Motore (durch Gas, Alkohol, Benzin, Petroleum usw.) von 0,6% auf 5,4% gestiegen. Die neuen Erfindungen in der Krafterzeugung sowie die Verwendung der Elektrizität hatten jetzt auch in der Seidenindustrie in größerem Umfange Eingang gefunden. Die Verschiebungen in der Zusammensetzung der Arbeiterschaft bilden ein weiteres Kennzeichen für die Verbilligung des Produktionsprozesses. Der Ausdehnung der Kinderarbeit war durch gesetzliche Vorschriften eine Grenze gezogen worden; die Zahl der beschäftigten Kinder, fast ausnahmslos Mädchen, sank von 37 691 im Jahre 1903 auf 35 730 im Jahre 1911. Auch die Zahl der Frauen ging von 128 231 auf 126 955 Personen zurück; bemerkenswert ist aber vor allem die Verminderung der Männerarbeit; die Zahl der erwachsenen männlichen Arbeiter betrug im Jahre 1903 noch 18 868 Personen, im Jahre 1911 nur noch 9875 Personen. Das prozentuale Verhältnis für Männer-, Frauen- und Kinderarbeit in der Seiden-

---

[66]) In den angegebenen Mengen der Motorenkraft sind die elektrischen Motore nicht einbegriffen, da ihre Energie von den übrigen Motoren erst abgeleitet ist; aus diesem Grunde sind sie auch in der Statistik von 1911 von den anderen Motorenarten getrennt aufgeführt (vgl. Cens. 1911 Vol. II S. 4 f.). Dennoch zeigt auch die stark zunehmende Verwendung elektrischer Motore die fortschreitende Mechanisierung der Arbeit in der italienischen Seidenindustrie. Im Jahre 1903 waren erst 60 elektrische Motore mit einer Gesamtleistung von 179 PS im Gebrauch; im Jahre 1911 waren es bereits 3500 Motore mit einer Gesamtleistung von 5617 PS; ferner wurden noch 226 Dynamomaschinen mit einer Gesamtleistung von 4373 PS verwendet. — In der oben genannten Zahl der beschäftigten Arbeitskräfte im Jahre 1911 sind nur die Arbeiter enthalten, da auch für das Jahr 1903 sich die statistischen Angaben auf die Zahl der „lavoranti“ beschränken. Berücksichtigt man auch die Anzahl der Prinzipale, Direktoren, Angestellten und Familienmitglieder des Prinzipals, die in den Betrieben tätig waren und in der Statistik von 1911 besonders erfaßt wurden, so erhöht sich die Gesamtzahl der beschäftigten Personen in diesem Jahre auf 179 620 Personen.

industrie (in dem oben angegebenen Umfange) stellte sich früher auf 10,2:69,4:20,4%, jetzt auf 5,7:73,6:20,7%. Es ist auch nicht anzunehmen, daß die veränderte Zählungsmethode der Statistik von 1911 eine bedeutende Anzahl männlicher Arbeitskräfte, die früher unter den „lavoranti" mitgezählt wurden, jetzt unter den Angestellten aufführt, da die Zahl der letzteren verhältnismäßig gering ist. Somit geht aus diesen Zahlen deutlich hervor, daß man in der italienischen Seidenindustrie die Lohnunkosten, die sich in Italien viel höher stellten als bei den ostasiatischen Konkurrenten, möglichst zu vermindern suchte, indem an die Stelle der teueren Männerarbeit die wohlfeilere Frauenarbeit gesetzt wurde; die steigende Verwendung motorischer Kraft bot auch die Möglichkeit, schwere Arbeit maschinell zu verrichten und die Männerarbeit in den Betrieben abzubauen; andrerseits war über das Gesetz vom 19. Juni 1902 hinaus, das die Arbeit der Frauen und Jugendlichen regelte und für erwachsene Arbeiterinnen eine tägliche Arbeitszeit von 12 Stunden zuließ, nur noch ein Verbot der Nachtarbeit der Frauen am 29. Juli 1909 erfolgt[67]), so daß der Beschäftigung der Frauen in der Seidenindustrie keine allzu schweren Einschränkungen entgegenstanden.

In der ersten Gruppe der seidenindustriellen Betriebe faßt die Statistik von 1911 alle jene zusammen, die sich mit der Behandlung der Kokons, der ersten Herrichtung der Seidenabfälle und der Konditionierung der Seide befassen; sie zählt 184 derartige Betriebe, von denen aber nur 79 mehr als 10 Personen beschäftigten; die Mehrzahl hatte also nur einen sehr geringen Umfang. 160 Betriebe, und zwar darunter die größten fast ausschließlich, befanden sich in Oberitalien, vorwiegend in der Lombardei und Venetien. Die Gesamtzahl der beschäftigten Personen belief sich auf 6520. Nur 36 Betriebe dieser Gruppe arbeiteten während des ganzen Jahres, 119 Betriebe dagegen weniger als ein halbes Jahr, d. h. nur während der eigentlichen Saison; es dürfte sich bei diesen letzteren also um die Betriebe zur Auswahl und Trocknung der Kokons handeln, die gegenüber einer Anzahl von 34 gleichartigen Betrieben im Jahre 1903 demnach an Ausbreitung sehr gewonnen hätten, vielleicht schon ein Erfolg der früher besprochenen Anregungen zur Unterstützung des Seiden-

[67]) Handwb. der Staatswiss. 4. Aufl. Bd. I S. 580.

baues. Im übrigen ist aber ein Vergleich mit den Verhältnissen vom Jahre 1903 bei der etwas willkürlichen Zusammenfassung dieser Gruppe von Betrieben nicht möglich.

Die Halbfabrikation in der Seidenindustrie, zu der die Haspelei und Zwirnerei gehören, ist in der letzten Industriestatistik ebenfalls zusammengefaßt; außerdem zählen zu dieser zweiten Gruppe noch diejenigen Betriebe, in denen die Seidenabfälle versponnen werden[68]). Es wurden insgesamt 1619 Betriebe in dieser Gruppe festgestellt, denen im Jahre 1903 1720 Betriebe für Haspelei und Zwirnerei und 30 Betriebe für Krempeln, Spinnen und Verweben von Seidenabfällen gegenüberstanden. Da die Florettindustrie in Italien in der behandelten Zeit sich weiter ausgedehnt hatte, so ging der Verlust völlig zu Lasten der Haspeleien und Zwirnereien. Nach Angabe des Präsidenten der Associazione serica italiana, Angelo Ferrario, bestanden im Jahre 1910 nur 328 Zwirnereibetriebe[69]). Für das Jahr 1903 waren noch 523 Betriebe für Zwirnerei und Herstellung von Nähseide und 39 Betriebe, in denen die Haspelei und die Zwirnerei gemeinsam ausgeübt wurden, angegeben worden. Demnach wären in der Zwirnerei allein 234 Betriebe = 42% in dieser Zeit eingegangen.

Die Leistungsfähigkeit der in der Gruppe der Halbfabrikation verwendeten Motore — die elektrischen Motore ausgenommen — war von 9669 PS auf 11413 PS gestiegen. Auffallend ist die Zunahme der Verwendung elektrischer Motore; im Jahre 1903 betrug ihre Gesamtstärke erst 84 PS, im Jahre 1911 waren 884 Motore mit 3874 PS im Gebrauch (die Dynamomaschinen nicht mitgerechnet). Sämtliche Betriebe der seidenindustriellen Halbfabrikation einschließlich der Florettindustrie beschäftigten im Jahre 1903 147072 Arbeitskräfte, im Jahre 1911 war die Zahl der Arbeiter auf 148881 Personen gestiegen, zu denen noch 4827 Arbeitgeber und Angestellte sowie 649 in den Betrieben tätige Mitglieder aus der Familie des Arbeitgebers kamen. Eine genaue Beurteilung dieser Zahlen wird dadurch erschwert, daß aus der Statistik nicht hervorgeht, in welchem Umfange die Florettindustrie gewachsen ist; da aber für die Nach-

---

[68]) Hierzu gehört auch das Krempeln und Kämmen der Seidenabfälle; vgl. Cens. 1911 Vol. II S. 24.

[69]) Atti etc. S. 61. Die Angabe Ferrarios stützt sich auf eine Statistik des Ministers Raineri.

kriegszeit ungefähr 550 Betriebe der Schappespinnerei angegeben werden[70]), so dürfte die Zahl dieser Betriebe im Jahre 1910, d. h. am Ende einer recht günstigen Konjunkturzeit, schon ganz bedeutend über die für das Jahr 1903 angegebenen 30 Betriebe hinausgewachsen sein. Die Florettindustrie verbraucht aber verhältnismäßig mehr motorische Kraft und beschäftigt mehr Arbeitskräfte als die Haspelei und Zwirnerei[71]). Mithin dürfte auch die Vermehrung der verwendeten motorischen Kraft[72]) und die hohe Zahl der Arbeiterschaft in der Halbfabrikation des Jahres 1911 vor allem der größeren Ausdehnung der Florettindustrie zuzuschreiben sein. Somit hatte sich in der Haspelei und Zwirnerei mit dem Rückgang der Betriebe auch die Arbeiterschaft wesentlich vermindert, während die zunehmende Verwendung motorischer Kraft sicher auch teilweise auf diese Industriezweige zurückging.

Nach Ferrario befanden sich in Italien im Jahre 1910 ungefähr 62 000 Haspelbecken, von denen aber nur 55 000 aktiv waren; ferner betrug die Zahl der vorhandenen Zwirnspindeln 750 000, doch ist die Zahl der aktiven Spindeln nicht angegeben[73]). Die Statistik von 1903 zählte dagegen in Italien noch 61 250 aktive Haspelbecken und 705 262 aktive Zwirnspindeln[74]). Die aktiven Haspelbecken hatten sich also um mehr als 10% vermindert; der Rückgang der Zahl der aktiven Zwirnspindeln ist zwar nicht festzustellen, dürfte aber mit Rücksicht auf die früher erwähnte

[70]) Handwb. der Staatswiss. 4. Aufl. Bd. VIII S. 174.

[71]) Nach der Statistik von 1903 entfielen durchschnittlich auf einen Haspeleibetrieb 3,2 PS motorischer Kraft und 81,7 Arbeitskräfte, auf einen Zwirnereibetrieb 5,6 PS und 91,1 Arbeiter, auf einen Betrieb der Abfallverarbeitung dagegen 103 PS und 160 Arbeiter.

[72]) Auch die hohe Zahl der nach der Industriestatistik von 1911 in der zweiten Gruppe verwendeten 184 Dynamomaschinen mit einer Gesamtleistung von 2665 PS weist auf ein starkes Anwachsen der Florettindustrie mit ihrem großen Maschinenpark zum Krempeln und Kämmen der Seidenabfälle hin.

[73]) Atti etc. S. 61. Ferrario schätzt die Zahl der Zwirnspindeln im Jahre 1904 auf 950 000; diese Zahl liegt aber um etwa 245 000 Spindeln höher als die in der Statistik von 1903 angegebene Zahl der aktiven Zwirnspindeln; mithin dürfte auch die Zahl der aktiven Zwirnspindeln im Jahre 1910 ganz wesentlich niedriger gewesen sein als die obengenannte Zahl. Auch Mortara (Prospettive economiche 1922 S. 96) berichtet, daß die Haspelei und Zwirnerei im Jahre 1914 über 63 000 Haspelbecken, 1 200 000 Filierspindeln und 700 000 Zwirnspindeln „verfügte". Es handelt sich also auch hier um die vorhandenen, nicht aber um die aktiven Becken und Spindeln.

[74]) Stat. industr. 1903 I S. 154. Außerdem wurden noch 961 575 aktive Filierspindeln gezählt.

starke Verringerung der Zwirnereibetriebe eher noch größer gewesen sein. In der Betrachtung der Produktions- und Handelsstatistik hatten wir schon gesehen, daß auf die günstigen Produktionsjahre des ersten Jahrzehntes eine scharfe Senkung der Produktion und des Exportes von gehaspelter und gezwirnter Rohseide um das Jahr 1910 einsetzte. Die Weltwirtschaftskrise war der äußere Anlaß, die übermächtige ostasiatische Rohseidenproduktion und der von ihr ausgehende Preisdruck auf dem Markte die tiefere Ursache, die die italienische Seidenindustrie wie den Seidenbau in eine schwere Krisis führten und zur teilweisen Aufgabe ihrer miteinander eng verbundenen Tätigkeit zwangen, da sie sich unter den gegebenen Verhältnissen nicht mehr rentierte. Daß diese Verminderung der Produktion nicht nur die an sich schon industriell schwachen Gebiete Mittel- und Süditaliens, sondern vielleicht noch stärker die auf den Export vor allem eingestellte oberitalienische Industrie traf, geht aus einer Schätzung Ferrarios hervor, der die Zahl der in der Lombardei vorhandenen Zwirnspindeln im Jahre 1904 auf 786000, im Jahre 1913 nur noch auf 574000 Spindeln berechnet. Wie der italienische Seidenbau, so wurde auch die italienische Seidenindustrie von dieser Krisis in ihren Hauptzentren getroffen. Die Jahre 1912 und 1913 bedeuteten für die Weltwirtschaft wieder Zeiten neuen wirtschaftlichen Aufstiegs; die Krisis in der Seidenindustrie blieb aber bestehen, da ihre genannte tiefere Ursache nicht beseitigt wurde, sondern sich noch vergrößerte und auch in der Zukunft nie mehr schwinden dürfte. Damit ist aber auch der italienischen Seidenindustrie der Weg ihrer Entwicklung zur intensiven Qualitätsarbeit bei rationeller Produktion vorgeschrieben. Daß ein Teil der stärkeren Verwendung motorischer Kraft in der seidenindustriellen Halbfabrikation den eigentlichen Haspelei- und Zwirnereibetrieben zuzuschreiben ist, haben wir bereits bemerkt. Aus der Statistik von 1911 geht aber auch hervor, daß von den 1619 Betrieben der zweiten Gruppe nur 147 Betriebe mit 10 oder weniger Personen arbeiteten; sie lagen vor allem in Mittel- und Süditalien, verwendeten größtenteils keine motorische Kraft und waren meist nur während einiger Monate im Jahre tätig. Die übrigen 1472 Betriebe besaßen einen größeren Umfang und verwendeten fast ausschließlich motorische Kraft; 1033 Betriebe arbeiteten während des ganzen Jahres, 363 Betriebe wenigstens während 9 Monaten im Jahre; 89% dieser Betriebe lagen in Oberitalien, 68% allein in der Lombardei. Wenn auch eine klare Scheidung der Haspelei, Zwirnerei und Florettindustrie hier nicht gegeben ist und eine entsprechende Statistik für die vorangegangene Zeit zum Vergleiche fehlt, so scheint aus diesen Zahlen doch eine weitere Konzentration der Produktion auf größere und technisch vervollkommnetere Betriebe hervorzugehen; die Krisis hatte wiederum eine Reihe rückständiger und schwacher Unternehmungen beseitigt.

In der Zusammensetzung der Arbeiterschaft in den Betrieben der Halbfabrikation lassen sich die Veränderungen gegenüber der früheren Zeit nicht feststellen, da die Zusammenfassung der verschiedenen Industriezweige jeden Vergleich unmöglich macht. Das prozentuale Verhältnis der Männer-, Frauen- und Kinderarbeit stellte sich auf 4,7:74,0:21,3%; nur in Süditalien stieg die Kinderarbeit auf 27,6% bei gleichzeitiger Verminderung der Frauenarbeit. Wichtiger ist die Frage der Höhe der Löhne in der Haspelei und Zwirnerei. Wie wir im vorhergehenden Abschnitt gesehen haben, betrugen die Tageslöhne der Filatrici provette, die den größten Teil der Arbeiterinnen in den Haspeleien ausmachten, um die Jahrhundertwende 1,20 L. und sanken im Jahre 1903 auf 1,00 L. herab; entsprechend standen die Tageslöhne der Torcitrici in den Zwirnereien auf 1,30 L. bzw. im Jahre 1903 auf 1,10 L. Mit dem allgemeinen wirtschaftlichen Aufschwung begannen auch seit 1904 die Arbeitslöhne zu steigen; während aber die Löhne der Baumwollspinnerinnen schon im Jahre 1905 1,70 L. betrugen, standen die Höchstlöhne der Seidenhasplerinnen in den Jahren 1907—1912 erst auf 1,30 L., in den Jahren 1912—1914 auf 1,35 L.; die Löhne der Zwirnerinnen unterschieden sich nur wenig von den Haspellöhnen[75]). Unter diesen Umständen war es nicht zu verhindern, daß sich die Arbeiterschaft der Baumwollspinnerei und anderen Textilindustrien zuwandte und die Seidenindustrie ihre besten Arbeiterinnen verlor. Ferrario, von dem diese Mitteilungen stammen, verwahrt sich aber entschieden gegen den Vorwurf, als ob engherzige Sparsamkeit und Kurzsichtigkeit der Seidenindustriellen die Ursache dieser niedrigen Lohnsätze gewesen seien; die Seidenhaspelei und und -zwirnerei habe nie frei über die Bemessung der Arbeiterlöhne verfügen können, sondern sich stets in einer Zwangslage befunden. Während andere Industriezweige Italiens höhere Löhne zahlen konnten als die Seidenindustrie und dadurch die beste Ar-

[75]) Atti etc. S. 110.

beiterschaft an sich zogen, andrerseits aber mit ihren Lohnsätzen immer noch unter der Höhe der Lohnzahlungen ihrer ausländischen Konkurrenten verblieben, lagen die Verhältnisse für die italienische Seidenindustrie umgekehrt; ihre Löhne waren niedriger als die durchschnittlich in der italienischen Textilindustrie gezahlten Löhne, weswegen ihr viele gute Arbeitskräfte verloren gingen; an eine Erhöhung der Löhne war aber im Hinblick auf die ausländische Konkurrenz nicht zu denken; soweit diese höhere Löhne zahlte, wurden ihre größeren Aufwendungen durch staatliche Prämien und Unterstützungen oder durch besonderen Zollschutz ausgeglichen (so in Frankreich, Österreich und Rußland); die ostasiatische Konkurrenz aber — und diese war die gefährlichste — arbeitete stets mit viel niedrigeren Löhnen [76]). Berücksichtigt man den krisenhaften Tiefstand der Seidenpreise und die angestrengten Bemühungen der Industrie, durch Konzentration und technische Vervollkommnung die Produktionsunkosten zu senken, so darf man wohl glauben, daß auch die niedrigen Arbeiterlöhne in der Seidenindustrie nicht der Willkür der Arbeitgeber, sondern dem allgemeinen schweren Druck, der auf diesem Industriezweig lastete, zuzuschreiben waren. In diesen Tatsachen lag aber auch eine neue große Gefahr für die seidenindustrielle Halbfabrikation, die derjenigen glich, von der der italienische Seidenbau bedroht wurde und zum Teil schon vernichtet worden war: die Gefahr der abnehmenden Rentabilität der Produktion. Solange Italien noch einen großen Überschuß an Arbeitskräften

---

[76]) In seinem schon erwähnten Vergleich der Löhne in China, Japan, Italien und Frankreich gibt Ito (a. a. O. S. 245 f.) auch Angaben über die Entlohnung der Haspelmädchen in den genannten Ländern im Jahre 1903. In den mechanischen Haspeleien Chinas erhielten die Arbeiterinnen 0,70 Frc. Tageslohn; in Japan stellte sich die Entlohnung durchschnittlich auf 0,50—0,70 Frc., in Italien auf 1,00 Frc., in Frankreich auf 1,30 Frc. Den Lohn in China gleich 100 gesetzt, ergeben sich folgende Verhältniszahlen: Japan 70—100, Italien 140, Frankreich 180. Die Unterschiede sind nicht so bedeutend wie bei den Löhnen der Arbeiter in den Züchtereien, da die chinesischen mechanischen Haspeleien — die Löhne in der chinesischen Handhaspelei sind etwa um 25—40% niedriger als die japanischen — in der Nähe der großen Hafenstädte liegen und deswegen auch höhere Lohnsätze zahlen müssen, als sie im Inneren des Landes üblich sind; umgekehrt verteilen sich die Haspeleien Japans auch über das Innere des Landes, so daß die japanischen Spinner billigere Arbeitskräfte zur Verfügung haben als selbst die Chinesen. Der Lohnunterschied Ostasiens zu Südeuropa ist aber groß genug, um die Unkosten der europäischen Produktion wesentlich zu vermehren und den Konkurrenzkampf für die europäischen Seiden zu erschweren.

besaß, fanden sich auch noch Möglichkeiten, den Bedarf an billiger Handarbeit, wie er in der Seidenindustrie herrschte, zu decken. Die bedeutende Auswanderung aus Italien betraf aber vor allem die landwirtschaftliche Bevölkerung, aus der auch die Mehrzahl der Arbeiterschaft in der Haspelei und Zwirnerei stammte. Die wachsende Industrialisierung Italiens saugte immer größere Arbeitermassen auf. Der Arbeitsmarkt mußte sich also bei normaler Entwicklung trotz des starken Wachstums der Bevölkerung immer enger gestalten. Der wirtschaftliche Aufstieg des Landes hob zudem die allgemeine Lebenshaltung und ihre Kosten auch in den Arbeiterkreisen und führte zwangsläufig zu Lohnsteigerungen. Es war nicht möglich, wertvolle Handarbeit, wie sie die Tätigkeit der Spinnerinnen darstellte, auf der die ganze Qualität des Erzeugnisses gerade in der Seidenindustrie beruhte und die durch keine Maschine zu ersetzen war, in ihrer Entlohnung ständig weit unter dem Durchschnitt der Industrielöhne des Landes zu halten. Die Preise der Seide wurden aber nicht in Italien, sondern auf dem Weltmarkt, und zwar in erster Linie von Japan diktiert, dessen Produktionssteigerung in ständig verbesserter Qualität und bei geringen Unkosten sich unaufhörlich fortsetzte. Eine wesentliche Steigerung der Rohseidenpreise war also nicht zu erwarten. Der Kampf um den Hauptabsatzmarkt der Welt, um Amerika, neigte sich schon zugunsten der billigen Produktion Ostasiens. Sollte auch für die Haspelei und Zwirnerei[77]) mit ihrem vorwiegenden Bedarf an billiger Handarbeit die Stunde kommen, in der sich diese wirtschaftliche Tätigkeit für Italien im allgemeinen nicht mehr rentierte, weil die Bevölkerung dieses Landes über das entsprechende, notwendig niedrige Niveau der allgemeinen Lebenshaltung tatsächlich hinausgewachsen war? Das diesbezügliche entschiedene Urteil von Seitz hinsichtlich des Seidenbaues, das wir früher erwähnten, könnte auch hier seine entsprechende Anwendung finden. Dann stände auch der italienischen Haspelei und Zwirnerei wie dem italienischen Seidenbau nur noch der Weg höchster Qualitätsleistung bei rationellster Produktionsweise offen, ein Weg, auf dem sie sich schon zu befinden scheint.

---

[77]) Für die italienische Zwirnerei ist die billige Handarbeit in Italien eine ihrer wertvollsten Stützen im Wettbewerb mit der konkurrierenden Zwirnindustrie in den Verbrauchsländern Europas und Amerikas, die durch hohe Schutzzölle unterstützt wird.

Die dritte Gruppe in dem Abschnitt der Seidenindustrie in der Statistik von 1911 umfaßt nur die Seidenweberei. Wie aus den Zahlen der Handelsstatistik schon zu erwarten war, hatte die Weberei einen wenn auch geringen Zuwachs an Betrieben zu verzeichnen; ihre Zahl war von 197 auf 205 Betriebe gestiegen. Bemerkenswert ist jedoch, daß 94 Webereien nur bis 10 Personen beschäftigten und fast durchweg auch ohne motorische Kraft arbeiteten; es handelte sich um jene Betriebe, die noch mit Handwebstühlen arbeiteten und besondere Spezialartikel wie gemusterte Kleider- und Krawattenstoffe, Damast- und Brokatgewebe, gold- und silberdurchwirkte Seidenstoffe herstellten. Fast alle Webereien Mittel- und Süditaliens gehörten zu diesen kleinen Betrieben, die auch meist direkt für die Verbraucher arbeiteten. Doch finden wir auch in der Lombardei 56 dieser kleinen Handwebereien, die aber hier zum größten Teile ihre Aufträge von anderen Fabrikanten erhielten. Zu diesen kleinen Webereien zählten auch die Betriebe, in denen reine oder gemischte Seidensamt- und Plüschstoffe hergestellt wurden. Die italienische Samtindustrie war früher ganz auf Ligurien beschränkt gewesen und wurde dort als Hausindustrie betrieben, hatte aber in späteren Jahren diese Gegend fast ausnahmslos verlassen und sich in der Lombardei angesiedelt, um in besserer Verbindung mit den Produktionszentren ihres Rohmaterials und mit ihren Absatzmärkten zu stehen[78]).

Von den übrigen 111 Webereien größeren Umfanges befanden sich allein 82% in der Lombardei; sie arbeiteten meist mit motorischer Kraft; es handelte sich vor allem also um die mechanischen Webereien. Die Leistungsfähigkeit der in der gesamten Seidenweberei verwendeten Motore — ausschließlich der elektrischen Motore — war von 1663 PS auf 2485 PS gestiegen; außerdem waren auch 2529 elektrische Motore mit einer Gesamtleistung von 1422 PS gegenüber 89 PS im Jahre 1903 im Gebrauch. Die Zahl der im Jahre 1911 verwendeten Dynamomaschinen belief sich auf 35 mit einer Leistung von 1155 PS.

Die Gesamtzahl der Webstühle in Italien scheint sich ungefähr auf gleicher Höhe gehalten zu haben. Im Jahre 1903 wurden 18 817 aktive Webstühle gezählt, zu denen noch 1942 Webstühle der Hausindustrie, vornehmlich in der Samtindustrie Liguriens beschäftigt, hinzukamen[79]). Für die Zeit unmittelbar vor

[78]) Mov. Comm. 1914 I Einl. S. 138.

[79]) Stat. industr. 1903 I S. 154, II S. 400.

dem Weltkriege gibt Mortara die Zahl der vorhandenen Webstühle mit 19000 an[80]). In der Art der verwendeten Webstühle hatte sich aber der schon früher bemerkbare Übergang zur mechanischen Weberei in schnellem Tempo fortgesetzt. Die Zahl der Handwebstühle war von 11201 auf 5000 gesunken, diejenige der mechanischen Webstühle von 7616 auf 14000 gestiegen; der Anteil der mechanischen Webstühle an der Gesamtzahl hatte sich also von 40,5% auf 73,7% erhöht. Berücksichtigt man jedoch die Tatsache, daß die Produktionsleistung des mechanischen Webstuhles die dreifache des Handwebstuhls ist, so ergibt sich trotz der gleichen Gesamtzahl der italienischen Webstühle in den Vergleichsjahren 1903 und 1911 infolge der zunehmenden Umstellung auf die mechanische Weberei eine Leistungssteigerung um 38%; der Anteil der mechanischen Webstühle an der Gesamtleistung war zugleich von 67% auf 89,4% gestiegen. Für den qualitativen Wert der Produktion in der italienischen Seidenweberei war freilich dieser Übergang zur Massenproduktion zunächst kein Vorteil; die Qualität der Erzeugnisse auf dem mechanischen Webstuhle kam den früheren wertvollen Geweben der italienischen Handweberei nicht gleich. Hierin hatte sich aber die Seidenindustrie dem veränderten Zeitgeschmack der Mode angepaßt und fand auch für ihre Produktion nicht nur im Inlande, sondern auch, wie wir in der Behandlung der Handelsstatistik sahen, auf vielen Auslandsmärkten gesteigerten Absatz.

Die fortschreitende Mechanisierung der italienischen Seidenweberei kam auch in der Zahl der von ihr beschäftigten Arbeiterschaft zum Ausdruck; diese sank in dem behandelten Zeitabschnitt von 29913 auf 17729 Personen; rechnet man selbst die Arbeitgeber und tätigen Familienmitglieder in den kleineren Betrieben hinzu, so erhöht sich die Zahl nur auf 17895 Personen. Ebenso auffällig ist auch die Veränderung in der Zusammensetzung der Arbeiterschaft. Im Jahre 1903 waren von 100 Arbeitern noch 33,1% Männer, 52,8% Frauen und 14,1% Kinder; im Jahre 1911 war die Männerarbeit in den Webereien außerordentlich zurückgegangen, während die Frauenarbeit und im geringeren Maße auch die Kinderarbeit zugenommen hatte; das prozentuale Verhältnis stellte sich auf 9,7 :71,8:18,5. Daß für diese Umstellung die Einführung des mecha-

[80]) Mortara a.a.O. 1922 S.103. Aus der Angabe Mortaras geht leider nicht hervor, ob es sich nur um die wirklich tätigen Webstühle handelt und ob die Webstühle der Hausindustrie einbegriffen sind.

nischen Webstuhls die Ursache war, geht aus einer Prüfung der Arbeitsverhältnisse in den kleineren Betrieben mit Arbeitskräften bis zu 10 Personen hervor, in denen bei einer Verteilung der Arbeit im Verhältnis von 34,6:53,7:11,7 die frühere Zusammensetzung noch beibehalten war. Doch mag auch das Bestreben der Industriellen, die Arbeitsunkosten möglichst zu senken, um durch Verbilligung der Produktion die herrschende Absatzkrisis zu überwinden, zur Verminderung der Männerarbeit beigetragen haben. In der Lombardei und in Piemont war der Prozentsatz der beschäftigten Männer sogar auf 8,7 bzw. 4,3% gesunken bei entsprechender Steigerung der Frauenarbeit. In der Industrie Süditaliens hatte sich dagegen ein entgegengesetzter Vorgang vollzogen. Campanien, das die Mehrzahl der süditalienischen Webereien in seinem Gebiet vereinigte, hatte sogar eine Steigerung der Männerarbeit von 34,1% auf 50,6% und eine Senkung der Frauen- und Kinderarbeit von 43,9 bzw. 22,0% auf 32,3 bzw. 17,1% zu verzeichnen. Der Grund für diese Abweichung mag vor allem darin gelegen haben, daß es sich vorwiegend um kleine Betriebe mit handwerksmäßigem Charakter handelte und die Entlohnung der Arbeiter in diesen Gegenden auch nicht mit derjenigen des oberitalienischen Industriegebietes zu vergleichen war.

Über die Löhne in der Seidenweberei kurz vor dem Weltkriege macht Rosasco einige Angaben[81]). Der durchschnittliche Stundenlohn der Weberinnen, die den größten Teil der Arbeiterinnen ausmachten, betrug 0,24 L.; die Löhne der übrigen Arbeiterinnen lagen noch niedriger. Nimmt man eine 10—11stündige Arbeitszeit an, so hätte sich der Tageslohn auf ungefähr 2,50 L. belaufen. Vergleichszahlen für die Zeit um 1903 fehlen leider; aber schon in den 70er Jahren wurden, wie wir früher sahen, in der Gegend von Como den Frauen Tageslöhne von 2 L. gezahlt. Auch in der Seidenweberei war also die Lohnentwicklung unter den Auswirkungen der allgemeinen Krise in der Seidenindustrie stark zurückgeblieben.

Der Gesamteindruck, den die Seidenweberei gegenüber der italienischen Haspelei und Zwirnerei bietet, ist aber der eines langsam emporstrebenden Industriezweiges, der sich planvoll den Erfordernissen der Mode anzupassen und die Mittel moderner Technik sich dienstbar zu machen suchte; auch er hatte mit dem schweren Druck der Krise zu kämpfen, aber er schritt trotzdem

---

[81]) Atti etc. S. 140.

voran; seine Leistungen standen noch auf mittlerer Stufe, aber auch hierin war eine weitere Vervollkommnung zu erwarten. Während die Haspelei und Zwirnerei in Italien den Höhepunkt ihrer Entwicklung überschritten hatten, bot die Seidenweberei Italiens noch große Aussichten.

Die vierte Gruppe der Seidenindustrie in der Statistik von 1911 umfaßt die Betriebe für Bleichung, Färbung und Druck der Seide. Es wurden im ganzen 28 derartige Betriebe gezählt. Soweit dieselben außerhalb der Lombardei lagen, waren es durchweg kleine Handwerksbetriebe, in denen meist nur der Arbeitgeber und Mitglieder seiner Familie tätig waren; diese kleinen Betriebe arbeiteten auch fast ausnahmslos ohne motorische Kraft und nur teilweise während des ganzen Jahres, waren also von keiner besonderen Bedeutung. In der Lombardei befanden sich jedoch 16 größere Betriebe, von denen 12 zur Provinz Como und 4 zur Provinz Mailand gehörten, also im Zentrum der Seidenproduktion lagen. Diese Betriebe arbeiteten sämtlich mit motorischer Kraft und während des ganzen Jahres. Die Zahl der beschäftigten Arbeiter betrug 1862 Personen, zu 76% Männer; außerdem waren noch 145 Personen in leitender Stellung oder als Angestellte tätig. Vergleichszahlen für die frühere Zeit sind nicht vorhanden. Es handelt sich hier um einen für Italien jungen Industriezweig, der aber nach Ausweis der Außenhandelsstatistik gute Fortschritte machte. Für unsere Untersuchung ist vor allem die Feststellung von Bedeutung, daß die italienische Seidenindustrie im Begriffe stand, auch die Veredelung des von ihr produzierten Seidenfadens und Seidengewebes in größerem Umfange in die eigene Hand zu nehmen, ihre bisherige Abhängigkeit vom Auslande zu beseitigen und damit die industrielle Verarbeitung des eigenen Rohstoffes bis zur letzten Vollendung im eigenen Lande durchzuführen. Gewiß lag vorläufig mehr die Absicht als die praktische Verwirklichung vor; die technische Vollkommenheit der Färbereien Frankreichs und der Schweiz wurde auch noch nicht annähernd erreicht, so daß zur Veredelung wertvoller Seidenprodukte die Hilfe des Auslandes nach wie vor herangezogen werden mußte. Ausschlaggebend ist jedoch das zielbewußte Streben zur Fertigfabrikation bis zum letzten Stadium der Verarbeitung, das der Industrie eines Landes das Gepräge einer weit fortgeschrittenen Entwicklung verleiht. In dieser Hinsicht ist die

Statistik dieser letzten Gruppe für das Gesamtbild des Standes der italienischen Seidenindustrie am Ende ihrer normalen Entwicklung vor Beginn des Weltkrieges von wesentlicher Bedeutung.

b) Der Standort der Industrie.

Über den Standort der italienischen Seidenindustrie ist den früheren ausführlichen Darlegungen nichts wesentlich Neues auf Grund der Statistik von 1911 hinzuzufügen; zudem hat die Übersichtlichkeit der Statistik in dieser Hinsicht durch die Zusammenfassungen in der ersten und zweiten Gruppe sehr gelitten; ferner liegen auch keine detaillierten Angaben über Haspelbecken, Zwirnspindeln und Webstühle in den einzelnen Bezirken Italiens vor.

In der Gruppe für die erste Behandlung der Kokons und Seidenabfälle wie für die Konditionierung der Seide fanden sich die kleineren Betriebe mit einer Arbeiterzahl bis zu 10 Personen, die auch größtenteils nur während der Saison tätig waren, in allen Seidenbaudistrikten Italiens verstreut, in den Hauptzentren natürlich in erhöhter Anzahl. So entfielen auf die Lombardei 38% dieser Betriebe, auf Venetien 16,2%, auf Piemont 15,2%; Oberitalien allein umfaßte 80% derselben, während in Mittel- und Süditalien nur 8,6 bzw. 11,4% der Betriebe lagen. Von den 79 größeren Unternehmungen mit einer Arbeiterzahl über 10 Personen befanden sich 76 Betriebe in Oberitalien; in der Lombardei 28, in Venetien 30; doch standen die Betriebe der Lombardei nach Arbeiterzahl und Maschinenkraft gegenüber den venetianischen weit voran; den Ausschlag gaben hier sicher die großen Konditionierungsanstalten Mailands.

Die Gruppe der seidenindustriellen Halbfabrikation zeigte das gleiche Bild, nur mit dem Unterschied, daß in ihr die größeren Betriebe bei weitem überwogen und daher die Konzentration dieser Industriezweige auf Oberitalien und insbesondere auf die Lombardei eine weit größere war. Von den wenigen kleinen Betrieben mit vorwiegend saisonmäßiger Arbeit entfielen auf Oberitalien 38,8%, auf Mittelitalien 38,1%, auf Süditalien 23,1%; sie lagen hauptsächlich in der Lombardei, in den Marken und Campanien. Die größeren Betriebe befanden sich dagegen zu 89,4% in Oberitalien, zu 8,5% in Mittelitalien (Toscana, Marken) und nur zu 2,1% in Süditalien (Calabrien). In Oberitalien selbst konzentrierte sich diese Industrie zu 76,9% auf die Lombardei; 11,9% gehörten zu Venetien, 9,8% zu Piemont. Der verhältnismäßig höhere Prozentsatz an Arbeitskräften und noch mehr an motorischer Kraft, der auf Piemont und Venetien gegenüber der Lombardei entfiel, scheint aber darauf hinzudeuten, daß sich in diesen beiden Provinzen vor allem die Florettindustrie angesiedelt hatte, wie auch schon im Jahre 1903 sich in Piemont und Venetien nur wenige, aber große Betriebe der Abfallverarbeitung vorfanden, während die Betriebe der Lombardei durchschnittlich nur geringeren Umfang besaßen [82]; andererseits gibt Ferrario an, daß im Jahre 1910 58% aller in Italien vorhandenen Haspelbecken und 83% aller vorhandenen Zwirnspindeln sich in der Lombardei befanden [83], womit die Konzentration der industriellen Haspelei und Zwirnerei auf diesen Bezirk hinreichend zum Ausdruck gebracht ist. Die Zahl der Betriebe der Halbfabrikation hatte seit dem Jahre 1903 nur in der Lombardei, in Emilien und Campanien zugenommen, in allen übrigen Bezirken war sie zurückgegangen, in Umbrien sogar ganz verschwunden; die Zahl der beschäftigten Arbeitskräfte war dagegen vielfach sogar gestiegen, vor allem in Venetien und Piemont; auch diese Erscheinung dürfte auf die Ausdehnung der Florettindustrie bei gleichzeitigem Rückgang der kleineren Haspeleien und Zwirnereien zurückzuführen sein. Genauere Einzelheiten lassen sich jedoch bei den großen Verschiedenheiten in der Anlage der in Frage kommenden Statistiken nicht feststellen.

Die Seidenweberei hatte im Jahre 1911, wie schon früher bemerkt, ihr Hauptzentrum in der Lombardei, die allein 91 größere Betriebe umfaßte, von denen jeder durchschnittlich 164 Arbeiter beschäftigte. Zehn Betriebe gleichen Umfanges fanden sich noch in Piemont, drei Betriebe in Campanien; die wenigen Webereien Venetiens hatten dagegen eine geringere durchschnittliche Arbeiterzahl. Diejenigen Webereien, die nur bis zu 10 Personen beschäftigten, befanden sich vor allem in der Lombardei und Campanien. Der Standort der Seidenweberei war schon im Jahre 1903 scharf umgrenzt gewesen und hatte auch seitdem keinerlei Veränderungen erfahren; von Bedeutung war allein die schon erwähnte Übersiedlung der gesamten Samt- und Plüschindustrie von Ligurien ins lombardische Gebiet. Die Gesamtzahl der Webereien hatte vor allem in der Lombardei zugenommen, in Piemont sich

[82]) Stat. industr. 1903 II S. 2 ff.

[83]) Atti etc. S. 61. Soweit ein Vergleich mit dem Jahre 1903 möglich ist, hat nach dieser Angabe keine Veränderung in diesem Zeitabschnitt stattgefunden.

vermindert; während aber in der Lombardei die Zahl der Arbeitskräfte, besonders der männlichen Arbeiter, infolge der Ausbreitung der mechanischen Weberei stark zurückgegangen war, war die Arbeiterschaft Piemonts gewachsen; an die Stelle kleinerer Betriebe waren einige größere mit höherer Belegschaft getreten. Auch in Campanien weist der Rückgang der Arbeiterzahl auf den Übergang zur mechanischen Weberei in den größeren Betrieben hin.

Soweit die Industrie für Färbung und Druck der Seidengewebe größere Bedeutung besaß, waren ihre Betriebe auf die Lombardei beschränkt; dieser Standort war für sie natürlich gegeben, da die Lombardei als Mittelpunkt der Halb- und Fertigfabrikation in der Seidenindustrie, andrerseits wiederum als reiches Absatzgebiet und als Ausgangspunkt des gesamten italienischen Seidenhandels auch der Veredelungsindustrie größte Arbeitsmöglichkeiten bot. Die kleineren handwerksmäßigen Betriebe verteilten sich über die übrigen Bezirke Italiens.

5. Die Unternehmungsformen in der italienischen Seidenindustrie.

Mit der fortschreitenden Entwicklung eines Gewerbes aus kleinsten Anfängen handwerklichen Betriebes heraus bis zur Industrie von weltwirtschaftlicher Bedeutung ändern sich auch die Formen, in denen die einzelnen Unternehmungen ihre wirtschaftliche Tätigkeit ausüben. Die Grundlage der wirtschaftlichen Tätigkeit ist das zur Verfügung stehende Kapital; die Vorbedingung für eine erweiterte industrielle Tätigkeit ist die Möglichkeit, die Kapitalsbasis des Unternehmens zu verbreitern. Verlangt die Art des Unternehmens die Investierung eines hohen Anlagekapitals oder ist die Produktionstätigkeit und damit, abgesehen von dem notwendigen Anlagekapital, auch der Bedarf an Betriebskapital in ständigem Wachstum begriffen, so können in einem Unternehmen, das in den Anfängen aus einem kleinen Familienbesitz erwachsen ist, die Anforderungen bald über den Rahmen der Leistungsfähigkeit dieses Privatvermögens hinausgreifen; soll in diesem Falle kein Stillstand eintreten, so ist die Heranziehung fremder Kapitalkräfte eine Notwendigkeit; damit ist der Weg zur Bildung von Kapitalgesellschaften gegeben. In welchem Maße dieser Weg fortgeschrittener Finanzierung industrieller Produktion bereits beschritten ist, kann für die Beurteilung der Entwicklung einer Industrie und ihres Standes von großer Bedeutung sein.

Die italienische Seidenindustrie war, wie wir gesehen haben, aus kleinen und kleinsten Anfängen landwirtschaftlicher Nebenbetriebe und beschränkten Handwerks erwachsen und hatte diese Formen nur allmählich abgestreift; noch in allen ihren Zweigen fanden wir Reste dieser Entwicklungsperiode, die aber für die Gesamtproduktion fast bedeutungslos geworden waren. Um so mehr muß es interessieren, die Unternehmungsformen kennen zu lernen, in denen die Seidenindustrie Italiens kurz vor dem Weltkriege, als sie sich bereits zur Industrie im eigentlichen Sinne voll entwickelt und in den Zweigen der Halbfabrikation ihren Höhepunkt erreicht, wenn nicht schon überschritten hatte, in der Fertigfabrikation sich auf stets aufsteigender Linie befand, ihre Tätigkeit vollzog. Die Industriestatistik des Jahres 1911 gibt uns darüber einige Aufschlüsse, soweit es sich um Unternehmungen handelt, die im Jahre 1910 in ihren Betrieben außer dem Arbeitgeber oder Direktor mehr als zehn Personen beschäftigten[84]); diese werden in vier Gruppen eingeteilt, je nachdem sie Kapitalgesellschaften mit oder ohne Aktienkapital, andere private Firmen oder Unternehmungen des Staates, der Provinzen, der Kommunen und Stiftungen waren.

Von 1678 hier in Betracht kommenden Unternehmungen der Seidenindustrie waren 64% Einzelunternehmungen[85]); auf die Gesellschaftsunternehmungen entfielen 35,7%, und zwar 8,3% Aktiengesellschaften und 27,4% andere Kapitalgesellschaften; außerdem bestanden nur 5 öffentliche Unternehmungen (3 Betriebe der Halbfabrikation und eine Weberei in der Lombardei, ein Betrieb der Halbfabrikation in Toscana). Fast zwei Drittel der seidenindustriellen Unternehmungen arbeiteten also nur mit dem Eigenkapital ihrer Eigentümer; die Heranziehung fremden Kapitals in Form der Aktienausgabe hielt sich noch in sehr engen Grenzen.

Faßt man die einzelnen Gruppen der Seidenindustrie ins Auge, so tritt das Übergewicht der Einzelunternehmungen vor allem in der Halbfabrikation zutage. Von 1472 Unternehmungen

---

[84]) Cens. 1911 Vol. III avv. S. 3.

[85]) Unter den in der Statistik genannten „anderen privaten Firmen“ (altre ditte private) sind wohl Einzelunternehmungen (und Offene Handelsgesellschaften) zu verstehen. Eine nähere Erklärung dieser Bezeichnung fehlt in den Anmerkungen der Statistik.

dieser Gruppe waren 66% Einzelunternehmungen; 6,9% waren Aktiengesellschaften, 26,8% Kapitalgesellschaften anderer Form. Eine nicht unwesentliche Verschiebung dieser Anteilsverhältnisse zeigt sich dagegen schon bei den Unternehmungen der ersten Gruppe (Dörren der Kokons, Herrichtung der Abfälle, Konditionierung). Der Anteil der Einzelunternehmungen sank auf 63,3%, derjenige der Aktiengesellschaften stieg auf 13,9%; die anderen Kapitalgesellschaften umfaßten 22,8% der Unternehmungen. In der Seidenweberei kehrte sich das Verhältnis zwischen Einzel- und Gesellschaftsunternehmungen allmählich um; die ersteren machten nur noch 44,1% der Gesamtzahl aus; von den übrigen Unternehmungen entfielen 18,9% auf Gesellschaften mit Aktienkapital, 36% auf solche ohne Aktienkapital. In den wenigen Betrieben der Veredelungsindustrie schließlich war der Anteil der Einzelunternehmungen auf 18,7% gesunken; die Aktiengesellschaften machten 31,3%, die anderen Kapitalgesellschaften 50% aus.

Der Grund für diese verschiedene Anwendung der einzelnen Unternehmungsformen in den genannten vier Gruppen der Seidenindustrie dürfte in erster Linie in der verschiedenen Größe des notwendigen Anlagekapitals in den verschiedenen Industriezweigen gelegen haben. Die Haspelei und Zwirnerei arbeitete mit sehr wenigen und einfachen maschinellen Vorrichtungen; vor allem galt dies von der Haspelei, die in dieser Gruppe der Halbfabrikation wohl allein ungefähr zwei Drittel der Unternehmungen umfaßte. Soweit auch fremdes Kapital in den Betrieben dieser Gruppe tätig war, dürfte es sich besonders um die Betriebe der Florettindustrie mit ihrem größeren Maschinenpark und wohl auch um Zwirnereien gehandelt haben. In der ersten seidenindustriellen Gruppe kamen vor allem die Konditionieranstalten als Gesellschaftsunternehmungen in Frage; in der Weberei hatte sicher die fortschreitende Mechanisierung dieses Industriezweiges zur Bildung von Kapitalgesellschaften geführt; für die Veredelungsindustrie kam ein großer Aufwand von Anlagekapital noch stärker in Betracht.

Vergleichsmöglichkeiten mit früheren Jahren bestehen leider nicht; doch bietet ein Vergleich mit der verwandten und damals in Italien schon hochentwickelten Baumwollindustrie nach derselben Statistik einiges Interesse. Die Gesamtzahl ihrer Unternehmungen betrug mit 711 Betrieben kaum die Hälfte der Zahl der seidenindustriellen Unternehmungen; die Einzelunternehmungen standen aber in der Baumwollindustrie mit 40,3% hinter den Gesellschaftsunternehmungen wesentlich zurück. In der Halbfabrikation (Spinnerei und Zwirnerei) umfaßten die Aktiengesellschaften 44,7% der Unternehmungen; 26,9% entfielen auf andere Kapitalgesellschaften, 27,9% waren Einzelunternehmungen. In der Baumwollweberei stellten sich die Anteile der einzelnen Unternehmungsformen in der genannten Reihenfolge wie 22,6:28,7:47,0%, in der Veredelungsindustrie wie 25,6:35,4:37,8%. Der Anteil der öffentlichen Unternehmungen beschränkte sich auf 9 Betriebe. Wir finden also in der Baumwollindustrie eine weit stärkere Heranziehung fremden Kapitals und damit auch vorherrschend die Form der Kapitalgesellschaft infolge des in dieser Industrie und besonders in ihrer Halbfabrikation benötigten größeren Anlagekapitals.

Innerhalb der einzelnen Landesteile trat die Gesellschaftsbildung in der Seidenindustrie in dem industriell hochentwickelten Oberitalien und hier wiederum in den Bezirken Piemont und Lombardei am stärksten in Erscheinung; doch blieb selbst in diesen beiden Bezirken die Einzelunternehmung die vorherrschende Form; die Aktiengesellschaften bildeten durchschnittlich nur 10% aller seidenindustriellen Unternehmungen.

So kann es auch nicht überraschen, daß das Kapital, das in der italienischen Seidenindustrie investiert war, aber nur in den Aktiengesellschaften für die Öffentlichkeit sichtbar wurde, gegenüber den Kapitalien der anderen italienischen Industrien einen recht geringen Umfang aufwies. Nach einer Aufstellung des Credito italiano[86]) vom Jahre 1914 betrug das gesamte Aktienkapital in der Seidenindustrie nur 40,6 Mill. L., zu denen noch 6 Mill. L. Reserven hinzukamen. Dagegen bestand das Kapital der Baumwollindustrie in 280 Mill. L. Aktien, 24,4 Mill. L. Obligationen, 8,5 Mill. L. Reserven; auch die Wollindustrie wies mit 55,3 Mill. L. Aktien, 5,5 Mill. L. Obligationen und 2,8 Mill. L. Reserven ein höheres Aktienkapital auf als die Seidenindustrie. Zieht man noch andere italienische Industrien wie die Eisen- und Maschinenindustrie, die chemische Industrie, die Elektrizitätsindustrie, die Lebensmittelindustrie usw. in Betracht, deren Kapi-

---

[86]) Credito italiano, Società Italiane per azioni. Dati Statistici 1914 (bei Fraschetti a. a. O. Bd. 53 S. 243 Anm. 1).

talien dem Kapital der Baumwollindustrie nahe kamen oder es noch übertrafen, so mag der Eindruck entstehen, als ob der Seidenindustrie tatsächlich nicht die große Bedeutung für die Volkswirtschaft Italiens zukam, die ihr im allgemeinen beigemessen wurde. Man darf aber nicht übersehen, daß in der angegebenen Summe des in der Seidenindustrie investierten Kapitals nur ein Bruchteil der Gesamtsumme desjenigen Kapitals, das tatsächlich in dieser Industrie arbeitete, zu sehen ist[87]); die Feststellung der verschiedenen Unternehmungsformen in der Seidenindustrie und ihr prozentuales Verhältnis zueinander gibt darüber genügenden Aufschluß. Ferner will die Tatsache allein, daß in einer Industrie das Einzelunternehmen, die Kapitalgesellschaft ohne Aktien oder die Aktiengesellschaft als Unternehmungsform vorherrscht, an sich noch nichts über die Größe und Bedeutung dieser Industrie besagen, zumal wenn diese Industrie in erster Linie sich aus ihrer Produktionstechnik heraus auf Handarbeit stützt und stützen muß. Allerdings steht zu erwarten, daß mit weiteren Fortschritten der italienischen Seidenindustrie in der Fertigfabrikation und Veredelung auch das Investitionskapital seidenindustrieller Kapitalgesellschaften wachsen wird; ein bleibender Unterschied liegt aber z. B. zwischen der Seiden- und Baumwollindustrie in der gänzlich anders gearteten Technik der Halbfabrikation in der letzteren, die ihr Gegenstück auf dem Gebiete der Seide nur in der Florettindustrie findet; die hohen Anlagekapitalien, die diese Fabrikationszweige erfordern, lassen auch die vorwiegende Bildung von Kapitalgesellschaften mit hohem Anlagekapital durchaus erklärlich erscheinen.

6. Das Seidengewerbe und die Volkswirtschaft Italiens.

Bei der Betrachtung der Bedeutung des Seidengewerbes für die Volkswirtschaft Italiens sei zunächst wieder auf den Wert der Erzeugnisse des Seidenbaues eingegangen. Eine Berechnung nach der Gesamtproduktion an Kokons und dem jeweiligen Durchschnittspreis am Mailänder Kokonmarkt[88]) bietet zwar nur die

[87]) Im Gegensatz hierzu bestand z. B. die Elektrizitätsindustrie mit einem Kapital von 453,4 Mill. L. Aktien, 146 Mill. L. Obligationen und 32,5 Mill. L. Reserven fast ausschließlich aus Aktiengesellschaften; die Zusammensetzung der Unternehmungen der Baumwollindustrie hinsichtlich der angewendeten Unternehmungsformen haben wir früher bereits angeführt.

[88]) Atti etc. S. 31.

Höhe des Rohgewinnes; die Produktionsunkosten sind aber in den einzelnen Aufzuchten so verschieden, daß sie in ihrer Gesamtheit nur annähernd geschätzt werden können. Schon die Höhe des Rohgewinnes an sich läßt aber eine Feststellung der zu- oder abnehmenden volkswirtschaftlichen Bedeutung des Seidenbaues Italiens zu. Trotz des Produktionsrückganges zu Beginn des neuen Jahrhunderts hatte sich infolge der Preissteigerung am Kokonmarkt der Wert der italienischen Kokonproduktion von 146 Mill. L. im Durchschnitt der Jahre 1896—1900 auf 159 Mill. L. in den Jahren 1901—1905 gehoben. Da die Preissteigerung auch in den nächsten günstigen Konjunkturjahren 1906 und 1907 anhielt, so stellte sich bei stationärer Kokonproduktion der durchschnittliche Wert auf 175 Mill. L. in den Jahren 1906—1910. Tatsächlich ist aber dieser hohe Durchschnittswert vor allem dem Jahre 1907 mit seiner Rekordernte von 57 Mill. kg Kokons und seinem hohen Preisstande von 4,094 L. pro kg und demnach mit einem Gesamtwert seiner Produktion von 234 Mill. L. zuzuschreiben. Schon in den folgenden Jahren macht sich die neue Preissenkung bei normaler Produktionshöhe in einer Verminderung des Wertes der Gesamtproduktion auf 159 bzw. 177 Mill. L. in den Jahren 1908 und 1909 bemerkbar. Mit dem Jahre 1910 beginnen aber Produktions- und Preisrückgang gemeinsam den Wert der italienischen Kokonerzeugung herabzudrücken; er fällt auf 129 Mill. L. im Jahre 1910, 119 Mill. L. im Jahre 1911, 115 Mill. L. im Jahre 1912; das Jahr 1913 bringt bei stark steigendem Preise infolge der schweren Mißernte wieder eine leichte Steigerung auf 121 Mill. L. Zieht man nun in Betracht, daß die Zahl der im italienischen Seidenbau beschäftigten Arbeitskräfte sich durch seinen Rückgang stark vermindert hatte, daß andrerseits dort, wo er noch betrieben wurde, die Unkosten durch Steigerung der Arbeitslöhne gewachsen waren und somit der Reingewinn der Produktion noch mehr gesunken war, so ergibt sich hieraus die Tatsache, daß die volkswirtschaftliche Bedeutung des Seidenbaues für Italien immer geringer wurde. In den Jahren 1871—1875 hatte die italienische Kokonproduktion einen Rohgewinn von 292 Mill. L. erzielt bei relativ geringeren Produktionsunkosten und bei größerer Ausdehnung des Personenkreises, der in der Seidenzucht Beschäftigung und Unterhalt fand. Dieser einfache Vergleich zeigt den Verlust, den die italienische Volkswirtschaft in den letzten 40 Jahren erlitten hatte; der Hauptgrund lag, wie wir gesehen haben, in der wachsenden Weltproduktion durch die ungehemmte ostasiatische Produktionssteigerung und war durch keinerlei Maßnahmen Italiens wirksam zu beseitigen.

Die volkswirtschaftliche Bedeutung der italienischen Seidenindustrie geht aus ihrem jährlichen Exportüberschuß sowie aus dem Anteil, den ihr Export an der Gesamtausfuhr des Landes hatte, hervor. Im Jahre 1902 betrug der italienische Export an Seidenwaren jeder Art 533,1 Mill. L., der entsprechende Import 182,3 Mill. L., der Exportüberschuß mithin 350,8 Mill. L.[89]). Der Wert des Seidenexportes erreichte seinen Höhepunkt im Jahre 1906 mit 695,5 Mill. L.; zugleich betrug der Exportüberschuß 472,9 Mill. L. Die Weltwirtschaftskrise, die im Oktober 1907 ausbrach, die Absatzstockung und scharfe Preissenkung, schließlich auch eine ungünstige Konjunktur in der Mode der Frauenkleidung ließ aber den italienischen Seidenexport in den folgenden Jahren schnell sinken; seinen tiefsten Stand erreichte er im Jahre 1911, in dem er nur 477,6 Mill. L., der Exportüberschuß nur 270,7 Mill. Lire betrug. Die letzten Jahre vor dem Weltkriege brachten wieder eine leichte Steigerung des Exports auf 517,3 und 530,0 Mill. L.; der Exportüberschuß betrug 328,4 Mill. L. im Jahre 1912, 307,4 Mill. L. im Jahre 1913. Der große Aufschwung im ersten Jahrzehnt des neuen Jahrhunderts war vor allem der starken Entwicklung der italienischen Seidenweberei zuzuschreiben, die bei steigendem Export auch die Einfuhr an Seidengeweben und anderen Manufakturen aus Seide und Florettseide

---

[89]) Die Begriffsbestimmung des Imports und Exports im Spezialaußenhandel wurde in der italienischen Handelsstatistik im Jahre 1907 geändert. Nach der neuen Bestimmung sind im Import alle ausländischen Rohstoffe einbegriffen, die zur Herstellung von Exportgütern im Inlande dienen, auch wenn sie nach den bestehenden Vorschriften nur vorübergehend eingeführt werden; ausgeschlossen sind dagegen alle ausländischen Waren, die nur zum Zwecke der Veredelung eingeführt werden; in gleicher Weise sind vom Export ausgeschlossen jene inländischen Waren, die nur zum Zwecke der Veredelung ausgeführt werden. Demgegenüber wurden früher nur einige Rohstoffe bzw. Waren der genannten Arten zum Import bzw. Export des Spezialhandels gerechnet (vgl. Mov. Comm. 1907 I Einl. S. 9 Anm. 1). Da diese Änderung auch die Kategorie der Seidenwaren betrifft, so ist ein genauer Vergleich mit früheren Jahren nur soweit möglich, als die Angaben derselben nach der neuen Begriffsbestimmung berichtigt sind; dies ist bis zum Jahre 1902 einschließlich geschehen. Ein Vergleich mit den entsprechenden Zahlen der früheren Methode zeigt aber keine allzu starken Abweichungen, so daß sich trotzdem ein Bild der Gesamtentwicklung gewinnen läßt. Für die im Text mitgeteilten Zahlen vgl. Mov. Comm. 1907 I S. 5, 1912 I S. 5, 1917 I S. 5.

durch bessere Versorgung des Inlandsmarktes zurückzudrängen wußte, in der Folgezeit aber ebenfalls unter der allgemeinen Wirtschaftskrisis und der ungünstigen Konjunktur in der Mode zu leiden hatte.

Der Gesamtaußenhandel Italiens war mit der zunehmenden Industrialisierung des Landes und seinem wachsenden Wohlstande in schnellem Ansteigen begriffen. Der Import des Spezialhandels betrug im Jahre 1902 1723,7 Mill. L., im Jahre 1907 2880,7 Mill. Lire, im Jahre 1910 3246,0 Mill. L., im Jahre 1913 3645,6 Mill. L., hatte sich also innerhalb eines Jahrzehntes mehr als verdoppelt. Da der Seidenimport zu gleicher Zeit, abgesehen von der zunehmenden Einfuhr von Rohseide durch den Aufschwung der italienischen Seidenweberei, starke Hemmungen fand und sich nur von 182,3 Mill. L. im Jahre 1902 auf 249,1 Mill. L. im Jahre 1907 hob, um dann wieder auf 222,6 Mill. L. im Jahre 1913 zu sinken, so ging auch sein prozentualer Anteil an der Gesamteinfuhr von 10,6 auf 8,6 und 6,1% in den genannten Jahren zurück. Wichtiger ist jedoch die Stellung des Seidenexportes zum Gesamtexport Italiens. Auch dieser letztere hatte sich, abgesehen von einem vorübergehenden Rückschlage in den Jahren 1908 und 1909, beständig auf aufsteigender Linie bewegt; er betrug im Jahre 1902 1444,0 Mill. L., im Jahre 1907 1948,9 Mill. L., im Jahre 1910 2080,0 Mill. L., im Jahre 1913 2511,6 Mill. L. Mehr als ein Drittel der italienischen Gesamtausfuhr war um die Jahrhundertwende allein durch den Export von Seidenwaren jeder Art gedeckt worden. Die Seidenausfuhr hielt aber mit der Entwicklung der Gesamtausfuhr nicht gleichen Schritt; hatte sie im Jahre 1902 mit 533,1 Mill. L. noch 36,9% der Gesamtausfuhr gestellt, so zeigten schon die folgenden Jahre trotz der Steigerung der Seidenpreise eine Verminderung dieses prozentualen Anteils. Mit dem Jahre 1907 (673,4 Mill. L. = 34,6%) begann ein ständiger Abstieg. Im Jahre 1910 betrug der Seidenexport 555,4 Mill. L., stand also noch infolge der erhöhten Ausfuhr von Fertigfabrikaten über dem Exportwert von 1902; der Anteil an der Gesamtausfuhr Italiens war aber auf 26,7% herabgesunken; das Jahr 1913 stellte mit einem Seidenexport von 530,0 Mill. L. nur noch 21,1% der italienischen Gesamtausfuhr. Vergleicht man diese letztere Ziffer mit den Anteilen anderer italienischer Industrien an der Gesamtausfuhr, so blieb dem Seidenexport seine vorherrschende Stellung infolge des hohen Wertes dieses Luxuserzeugnisses immer noch gewahrt. Der Export an Baumwollprodukten jeder Art betrug im

Jahre 1913 256,4 Mill. L. = 10,2% der Gesamtausfuhr, der Export von Hanf-, Leinen- und Jutewaren nur 109,2 Mill. L. = 4,3% der Gesamtausfuhr, der Export an Wollwaren nur 56,9 Mill. L. = 2,3% der Gesamtausfuhr. Selbst der Export an Getreide und Getreideprodukten, die nächstgrößte Ausfuhrkategorie in der italienischen Ausfuhrstatistik, stand mit 473,3 Mill. L. = 18,8% der Gesamtausfuhr hinter dem Seidenexport nicht unbeträchtlich zurück. Dazu hatten Baumwolle, Wolle und Getreide gleichzeitige Importwerte aufzuweisen, die den Export bei weitem überstiegen[90]). Die Bedeutung der seidenindustriellen Produktion blieb also für die Volkswirtschaft Italiens von hervorragender Bedeutung; immerhin hatte sie durch die Schwierigkeiten in der Halbfabrikation ebenso gelitten wie in der Rohstoffproduktion im Seidenbau, ohne daß bei normaler Fortentwicklung eine Wendung zu neuem Aufstieg auf diesen Gebieten zu erwarten gewesen wäre, während der Fortschritt der Fertigfabrikation in der italienischen Seidenindustrie nach Überwindung einer vorübergehenden Depression auf dem Seidenmarkte sogar eine zunehmende Bedeutung der Seidenindustrie für die Volkswirtschaft Italiens erwarten ließ.

In einem Lande mit so hohem Angebot an Handarbeit, wie es Italien mit seiner schnell wachsenden Bevölkerung ist[91]), gewinnt aber auch jede Industrie an volkswirtschaftlicher Bedeutung, je mehr Arbeitskräfte sie in ihren Betrieben zu verwenden und dadurch produktiver Arbeit im Inlande zu erhalten vermag. Unter diesem Gesichtspunkt ist die Seidenindustrie von jeher für Italien von außerordentlicher Bedeutung gewesen, und wenn auch die fortschreitende Entwicklung nicht nur durch die stärkere Betonung der Fertigfabrikation in den Webereien, sondern auch durch zunehmende Mechanisierung der Erzeugung in allen Zweigen dieser Industrie zu einer Verminderung der Gesamtzahl der beschäftigten Arbeitskräfte geführt hatte, so blieb doch nach der Produktionstechnik der seidenindustriellen Halbfabrikation die Handarbeit stets ein ausschlaggebender Faktor in dieser Industrie; die vorwiegende Beschäftigung von Frauen und Kindern bot zudem gerade dem schwächeren Teile der arbeitsfähigen Bevölkerung die Möglichkeit zum eigenen Erwerb des Lebensunterhaltes. Nach der Zählung vom 10. Juni 1911 waren in der gesamten

[90]) Vgl. für die obigen Angaben Mov. Comm. 1917 I S. 5.

[91]) Vgl. die Tabelle des Bevölkerungswachstums in Italien im Ann. Stat. 1912 S. 13.

italienischen Seidenindustrie 181 656 Personen beschäftigt[92]); nur die Holzindustrie konnte eine wesentlich höhere Zahl von Arbeitskräften aufweisen; berücksichtigt man jedoch, daß auch im Seidenbau, der teilweise schon einen mehr industriellen Charakter trug, eine mindestens gleich hohe Zahl von Personen Beschäftigung fand, so blieb das Seidengewerbe in seiner gesamten Ausdehnung doch der stärkste Verbraucher auf dem Arbeitsmarkte. Von der Gesamtzahl der durch die Zählung von 1911 erfaßten beschäftigten Personen, die 2 304 438 betrug, entfielen auf die Seidenindustrie 7,9%, gegenüber dem Anteil an der industriellen Arbeiterschaft Italiens im Jahre 1903 in Höhe von 13,6% ein starker Rückgang. Tatsächlich war ja auch die Zahl der in der Seidenindustrie beschäftigten Personen seit jener Zeit zurückgegangen (1903: 191 654 Arbeitskräfte), während sich die Gesamtzahl der industriellen Arbeitskräfte infolge schneller Ausbreitung anderer Industrien in Italien und vollständigerer Erfassung der Arbeiterschaft durch die neue Zählung um 64% vermehrt hatte (1903: 1 408 394 Personen[93]). Bringt man schließlich noch die Zahl der beschäftigten Personen in Beziehung zur Gesamtbevölkerung Italiens[94]), so zeigt sich auch hier eine entsprechende Verminderung des Anteils der Seidenindustrie, da auf 1000 Einwohner im Königreiche am 10. Juni 1911 nur 5,2 in dieser Industrie tätige Personen entfielen (1903: 5,81 Personen); in der Lombardei stieg dieser Verhältnissatz freilich auf 25,2 Personen.

Auch hinsichtlich der Entlastung des großen inländischen Arbeitsmarktes hatte demnach die Seidenindustrie in Italien ihre große volkswirtschaftliche Bedeutung noch immer bewahrt, obwohl durch die fortschreitende Industrialisierung des Landes auch in anderen Industriezweigen die Möglichkeit der Unterbringung weiterer Arbeitskräfte zunahm und dadurch die Auswanderung und der damit verbundene Verlust wertvoller Kräfte für das Heimatland eingedämmt wurde.

[92]) Cens. 1911 Vol. IV S. 523. Die Angabe des Ministers Raineri, der die Zahl der in der Seidenindustrie beschäftigten Arbeiter auf 232 549 Personen berechnete (Atti etc. S. 26), ist sicher zu hoch gegriffen. Die Höhe der jährlich ausgezahlten Löhne in der Seidenindustrie schätzte Raineri auf 73 Mill. L.

[93]) Stat. industr. 1903 III S. 122 ff. — Auch in der Baumwollindustrie war die Zahl der Arbeitskräfte von 138 880 auf 121 759 Personen gesunken, der prozentuale Anteil an der gesamten industriellen Arbeiterschaft Italiens von 9,9 auf 5,3% gefallen.

[94]) Nach der Volkszählung vom 10. Juni 1911 betrug die Gesamtbevölkerung Italiens 34 671 377 Personen (Ann. Stat. 1912 S. 17).

V. Der Einfluß des Weltkrieges und der wirtschaftlichen Lage in der Nachkriegszeit auf die Entwicklung des Seidenbaues und der Seidenindustrie in Italien (1914—1925).

1. Die ersten Folgen des Kriegsausbruches im Jahre 1914.

Mit dem Ausbruche des Weltkrieges im August 1914 begann auch für das Wirtschaftsleben Italiens eine Epoche, die nicht mehr als direkte Fortsetzung der bisherigen wirtschaftlichen Entwicklung betrachtet werden kann, sondern in der Anormalität der treibenden Kräfte, der politischen Zwecksetzungen und wirtschaftlichen Hemmungen auf dem eigenen inländischen Produktions- und Absatzgebiet wie in den weltwirtschaftlichen Beziehungen der Völker die bisherige normale Entwicklung sprunghaft und über das den allgemeinen Wirtschaftsverhältnissen entsprechende Maß hinaus beschleunigte oder umgekehrt den nach wirtschaftlichen Gesetzen notwendigen Entwicklungsgang künstlich aufhielt oder sogar in sein Gegenteil zu verkehren schien. Diesen doppelten Vorgang im Wirtschaftsleben der Kriegs- und Nachkriegszeit können wir auch in der italienischen Seidenindustrie beobachten, und da bis zu jenem Zeitpunkt, mit dem unsere Untersuchung abschließen soll, diese anormalen wirtschaftlichen Auswirkungen des Weltkrieges noch keineswegs völlig beseitigt waren — es sei hier nur auf die noch immer fehlende Stabilisierung der italienischen Währung hingewiesen, die für die Entwicklung der Seidenindustrie in Italien von entscheidender Bedeutung sein wird —, so kann auch in diesem Abschnitt kein abschließendes Bild dieser Epoche gegeben und kein endgültiges Urteil über ihren Einfluß auf die Entwicklung der italienischen Seidenindustrie gefällt werden. Doch läßt sich bereits zeigen, wie manche überstürzte Entwicklung im negativen oder positiven Sinne (im Seidenbau bzw. in der Seidenweberei) bereits zum Stillstand gekommen oder sogar einer rückläufigen Bewegung gewichen ist, um jenen Stand einzunehmen, der der normalen Entwicklungsstufe unter den gegebenen Voraussetzungen entspricht.

In anderen Fällen, in denen die normale Entwicklung gehemmt oder sogar umgekehrt wurde (in der Halbfabrikation der Seidenindustrie), sind die Momente aufzuzeigen, die bei Wiederherstellung normaler Wirtschaftsverhältnisse die bisher gehemmte Entwicklung in beschleunigtem Tempo zu jenem Punkte führen müssen, auf dem sie bei gesetzmäßigem Verlaufe heute schon stehen würde; jene Momente sind aber selbst teilweise Ergebnisse dieser anormalen Zeitepoche, die ihr Auftreten vielleicht beschleunigte und verstärkte, aber nicht etwa in ihnen nur vorübergehende Erscheinungen schuf, sondern Faktoren von dauernder Bedeutung für die weitere Entwicklung der italienischen Seidenindustrie, wenn sie auch zum Teil eine gemäßigtere Form im Laufe der Zeit annehmen sollten (Arbeitszeit und Lohnhöhe; Verlust wichtiger Absatzmärkte). Somit bietet die Untersuchung dieses Zeitabschnittes trotz ihrer notwendigerweise noch unvollendet bleibenden Ausgestaltung — hierzu gehört auch der Mangel einer neuen Industriestatistik über den Stand der Nachkriegszeit — dennoch wertvolle Gesichtspunkte, um ein Urteil über Stand und Entwicklungsaussichten der italienischen Seidenindustrie in der letzten Vergangenheit mit einiger Sicherheit zu gewinnen.

Erst seit der Kriegserklärung an Österreich-Ungarn im Mai des Jahres 1915 nahm das Königreich Italien aktiv an den Kriegshandlungen teil; der Weltkrieg hatte jedoch sofort nach seinem Ausbruch im August 1914 eine so große Ausdehnung angenommen, daß von ihm das Wirtschaftsleben aller Länder, die mit der Weltwirtschaft enger verbunden waren, tiefgehend beeinflußt wurde. Für eine Industrie, die wie die Seidenindustrie Luxusgüter für den internationalen Handelsverkehr erzeugte, mußte der Kriegszustand in Europa, die Unterbrechung der überseeischen Transportwege, die allgemeine Unsicherheit im Wirtschaftsleben und die damit verbundene Einschränkung der Lebenshaltung und die hieraus sich ergebende Absatzstockung besonders schwerwiegende Folgen zeitigen. Das Wirtschaftsleben hatte im Jahre 1913 in allen Ländern unter einer gewissen Depression gelitten, die sich auch noch im Anfang des folgenden Jahres fühlbar machte; trotzdem stand die wirtschaftliche Lage in Italien im allgemeinen nicht ungünstig, wie aus einem Vergleich des italienischen Außenhandels in den ersten sieben Monaten der Jahre 1913 und 1914 zu entnehmen ist. Der Import hatte in diesem Abschnitt des Jahres 1914 gegenüber dem Vorjahre um 10,1 Mill. L. (=0,5%) abgenommen, der Export war dagegen um 61,7 Mill. L. (=4,0%)

gestiegen. Mit dem Ausbruch des Weltkrieges trat ein plötzlicher Umschwung ein; im August 1914 sank die italienische Einfuhr sofort um 67,5 Mill. L., die Ausfuhr um 114,5 Mill. L. gegenüber dem Vorjahre. Die folgenden Monate brachten eine allmähliche Anpassung an die neuen Verhältnisse mit dem Ergebnis, daß der Außenhandel zwar wieder zunahm, aber die Höhe der entsprechenden Monate des Jahres 1913 bei weitem nicht erreichte, im Import sogar vergleichsweise noch weiter zurückging. Die italienische Einfuhr verminderte sich in diesem zweiten Abschnitt des Jahres 1914 gegenüber der gleichen Periode des Vorjahres um 712,2 Mill. L. (= 47%), die Ausfuhr um 362,9 Mill. L. (= 32%). Im gesamten Jahre 1914 hatte die Wirtschaft Italiens in ihrer Einfuhr einen Rückgang von 722,3 Mill. L. (= 20%), in ihrer Ausfuhr eine Verminderung um 301,2 Mill. L. (= 12%) gegenüber dem Jahre 1913 zu verzeichnen[1]).

Diese wenigen Zahlen beweisen, wie schwer das Wirtschaftsleben Italiens von den Wirkungen des Krieges getroffen wurde, ohne daß dieses Land vorläufig selbst am Kriege beteiligt war; sie lassen aber auch schon vermuten, daß die Lage der italienischen Seidenindustrie nach der ganzen Art ihres Erzeugnisses und dem Umfange, in dem sie an dem europäischen und überseeischen Handel interessiert war, eine besonders bedrängte werden mußte. Der italienische Seidenimport sank von 222,6 Mill. L. im Jahre 1913 auf 140,6 Mill. L. im Jahre 1914, d. h. um 82,0 Mill. L. = 36,8%, der Seidenexport von 530,0 Mill. L. auf 433,2 Mill. L., d. h. um 96,8 Mill. L. = 18,3%[2]). Diese Prozentsätze liegen wesentlich höher als die oben genannten durchschnittlichen Rückgänge der italienischen Gesamteinfuhr und -ausfuhr; die Seidenausfuhr hatte auch unter allen Exportkategorien den schwersten Verlust zu erleiden, während der Seidenimport in dieser Hinsicht an dritter Stelle stand. Es ist dabei zu bemerken, daß diese Senkung der Ein- und Ausfuhrwerte für Seide nur zu 1,6% in beiden Fällen auf eine gleichzeitige Senkung der Seidenpreise zurückzuführen und demnach fast vollständig der Verminderung der ein- und ausgeführten M e n g e n an Seidenwaren zuzuschreiben war. Auch im Seidenhandel war der Weltkrieg die einzige Ursache des Rückganges. In den Friedensmonaten des Jahres 1914 lagen die Verhältnisse für die Seidenindustrie im

[1]) Mov. Comm. 1914 I Einl. S. 40 f.
[2]) Mov. Comm. 1914 I Einl. S. 44.

ganzen genommen günstig; die Mode wandte sich den seidenen Stoffen zu, die Frauenkleidung nahm wieder weitere Formen an, die Verwendung von Taft und Bändern wurde allgemeiner. Der Seidenimport nach Italien stieg in dieser Zeit um 2,9 Mill. L. (= 3%), der Export sank nur um 2,6 Mill. L. (= 0,8%) gegenüber dem gleichen Abschnitt des Vorjahres. In den folgenden fünf Kriegsmonaten ging jedoch der Seidenimport um 84,9 Mill. L. (= 68,1%), der Seidenexport um 94,1 Mill. L. (= 42,6%) gegenüber den entsprechenden Werten in den gleichen Monaten des Jahres 1913 zurück[3]).

Am schwersten wurde durch diese Vorgänge die seidenindustrielle Halbfabrikation getroffen, die schon in der ersten Hälfte des Jahres 1914 mit erheblichen Schwierigkeiten zu kämpfen gehabt hatte. Die italienische Kokonernte des Jahres 1913 war mit 38,5 Mill. kg weit hinter dem Durchschnitt der früheren Jahre zurückgeblieben; die Kokonpreise auf dem Mailänder Markt zogen bei der Knappheit des Materials, das aber eine sehr gute Qualität aufwies, an und stiegen im Durchschnitt von 2,43 L. im Jahre 1912 auf 3,14 L. im Jahre 1913[4]); am Ende dieses Jahres wurden für bozzoli classici Italia bereits 3,92 L. pro kg bezahlt[5]). Da infolge der günstigen Einstellung der Mode der Seidenverbrauch beständig zunahm, so mangelte schon in den ersten Monaten des Jahres 1914 das nötige Rohmaterial, und die verfügbaren Bestände von Kokons und Seide wurden allmählich erschöpft. Die Kokonpreise stiegen bis zum Mai auf 4 L. pro kg; sehr viele Haspeleien mußten ihre Tätigkeit einstellen, da die Höhe der Kokonpreise dem Ertrage des Garnes nicht mehr entsprach. Die hierdurch veranlaßte Verminderung der Nachfrage und die Aussichten auf eine umfangreiche neue Kokonernte führten vorübergehend zu einer Senkung der Kokonpreise, die aber bald wieder durch Nachrichten aus China über einen wesentlichen Rückgang des Ertrages der zweiten Jahresernte und durch die starke Nachfrage der amerikanischen Industrie auf dem japanischen Markte ausgeglichen wurde; die Spekulation nützte diese Momente aus und trieb die Kokonpreise von neuem in die Höhe. So mußten bei hohem Preisstande die Kaufabschlüsse für Kokons der neuen

[3]) Mov. Comm. 1914 I Einl. S. 131.

[4]) Atti etc. S. 31.

[5]) Mov. Comm. 1914 I Einl. S. 33. Die an dieser Stelle angegebenen Kokonpreise beziehen sich auf das Trockengewicht und sind demnach durch 3 zu dividieren.

Ernte von den italienischen Spinnern getätigt werden; gleichzeitig näherten sich aber die Preise der italienischen Rohseide immer mehr denjenigen der japanischen Rohseide, die in den italienischen Webereien in immer größerem Umfange zur direkten Verwendung auf den Webstühlen herangezogen wurde und den einheimischen Rohseiden Konkurrenz machte. Die Kokonernte Italiens im Jahre 1914 hatte einen Ertrag von 46,7 Mill. kg, doch wurde bald ersichtlich, daß ihre Qualität nicht derjenigen der vorjährigen Ernte entsprach; die Ergiebigkeit der Kokons an Rohseide war durchschnittlich von 10,8:1 auf 11,4:1 gesunken; die Menge der Kokons war um 8,2 Mill. kg gegenüber dem Vorjahre gestiegen, die gewonnene Rohseidenmenge aber nicht in entsprechender Weise um 0,74 Mill. kg, sondern nur um 0,52 Mill. kg[6]). Den Schaden des geringeren Rohseidenertrages hatten die Spinner zu tragen, die diese Kokons auf der Grundlage der besseren vorjährigen Qualität zu übermäßig hohen Preisen hatten einkaufen müssen[7]). Somit hatte sich die Lage der italienischen Halbfabrikation schon zu Beginn des zweiten Halbjahres 1914 recht ungünstig gestaltet, als der Weltkrieg ausbrach.

Die Rohseidenernte Europas ausschließlich der Levante war im Jahre 1914 gegenüber dem Vorjahre um 0,6 Mill. kg gestiegen, diejenige der Levante und Zentralasiens hatte um 0,5 Mill. kg, die Ausfuhr Ostasiens um 5,2 Mill. kg abgenommen; die Weltrohseidenernte war von 27,3 auf 22,2 Mill. kg zurückgegangen[8]). Diese Verminderung des Angebotes auf dem Weltseidenmarkt um fast ein Fünftel der vorjährigen Produktion hätte in Verbindung mit dem zunehmenden Seidenverbrauch eine starke Steigerung der Seidenpreise hervorrufen müssen, wie ja auch die Kokonpreise aus diesen Umständen schon Vorteile gezogen hatten; dadurch wäre

---

6) Vgl. Tabelle I und III im Anhang. Über die behandelten Vorgänge vgl. Mov. Comm. 1914 I Einl. S. 129 f. Die daselbst wiedergegebenen Zahlen über die zu erwartende und tatsächliche Steigerung der Rohseidenproduktion beruhen auf einem offensichtlichen Versehen; vgl. die Tabelle a. a. O. S. 128.

7) Über den starken Einfluß des spekulativen Kokonhandels auf den geschäftlichen Erfolg der Seidenhaspelei soll später noch eingehender gesprochen werden.

8) Stat. Jahrb. f. d. D. R. 1921/22 S. 39*, 1926 S. 40*. An der letztgenannten Stelle sind die Rohseidenerträge Österreich-Ungarns im Jahre 1913 (273 000 kg) zur Produktion der Levante gerechnet worden, so daß die Ernteziffer für Europa zu gering, diejenige der Levante und Zentralasiens zu hoch erscheint. Bei entsprechender Umrechnung ergeben sich die im Text wiedergegebenen Mengen der Ernteunterschiede in den beiden Vergleichsjahren.

auch die kritische Lage der Spinnereien wesentlich gebessert worden. Der Ausbruch des Weltkrieges hatte jedoch die entgegengesetzte Wirkung. Die Unterbrechung des Handelsverkehrs, die Gefährdung der überseeischen Transporte, Schwierigkeiten im Kreditwesen, mangelnde Nachfrage in den kriegführenden Ländern führten zu schweren Absatzstockungen und scharfen Preissenkungen.

Die Rohseidenexporte Ostasiens nach Europa waren für einige Zeit völlig unterbunden; in der gesamten Kampagne 1914 bis 1915 verminderten sie sich gegenüber der vorangegangenen Kampagne um 38% über Kanton, um 61% über Shanghai und um 23% über Yokohama. Die Ausfuhren nach Amerika, das 70% seines Seidenbedarfes mit japanischen Seiden deckte, gingen seit dem September 1914 ebenfalls nicht unbeträchtlich zurück. Trotz der ungünstigen Ernte des Jahres 1914 drohte der Preis der japanischen Rohseide, der im Jahre 1913 auf 810 Yen im Durchschnitt für den Ballen gestanden hatte, auf 600 Yen herabzusinken. Die Seidenhändler von Yokohama schlossen sich daher in einem Syndikat zusammen, nahmen mit eigenen Mitteln eine hinreichende Menge von Seidenballen aus dem Markte, veranlaßten eine vorzeitige Schließung der Haspeleien und erreichten auf diese Weise, daß der Preis der japanischen Rohseide auf 750 Yen pro Ballen stehen blieb[9]).

In Italien hatten sich die Seidenpreise nach dem außerordentlichen Tiefstande des Jahres 1912 infolge der sehr geringen Ernte des folgenden Jahres wesentlich aufgebessert und im September 1913 den Höhepunkt erreicht. Gegen Ende dieses Jahres wirkte sich die allgemeine wirtschaftliche Depression auch in einer Preissenkung auf dem Seidenmarkte aus[10]), die aber im ersten Halbjahr 1914 einer neuen Aufwärtsbewegung wich. Im Juni 1914 stellten sich nach Angaben des „Sole" die Preise für Organzino classico 17/19 auf 58 L., für Greggia extra classica 12/20 auf 51 L., für Greggia sublime 13/15 auf 48 L. pro kg. Der unerwartete Kriegsausbruch hatte eine vollständige Verwirrung auf dem Seidenmarkte zur Folge. Für einige Zeit wurden überhaupt keine Preislisten mehr veröffentlicht; dann sanken die Preise am Mailänder Platze, obwohl die Sendungen von Rohseide aus Ostasien und von Kokons aus der Levante und Zentralasien ausblieben, von

9) Mov. Comm. 1914 I Einl. S. 34 u. 129.

10) Vgl. die Preislisten des Jahres 1913 in den Atti etc. S. 66 f.

Monat zu Monat tiefer, da die Aufträge fehlten. Im Dezember 1914 hatten die Preise der soeben genannten drei Seidensorten einen Tiefstand von 43,50, 38 und 36 L. pro kg erreicht; der Verlust von 25% der früheren Höhe lastete fast ganz auf den Schultern der Spinner und Importeure; gleichzeitig ging mit dem Verbrauch auch die Produktionstätigkeit zurück[11]).

Auch den Seidenindustriellen Italiens hätte es unter diesen Umständen naheliegen müssen, durch eine Vereinigung sich gegenseitig zu unterstützen, Produktion und Angebot auf dem Seidenmarkte nach Maßgabe der bestehenden Nachfrage zu regeln und dadurch den katastrophalen Preissturz der italienischen Rohseide aufzuhalten, wie es in ähnlicher Weise den japanischen Seidenhändlern in Yokohama gelungen war. Der früher erwähnte, durch das Gesetz von 1912 eingesetzte amtliche Beirat für die Interessen des Seidengewerbes (Consiglio per gli interessi serici) hatte auch zu Beginn des Krieges diese Frage eingehend untersucht und im Anfang des Jahres 1915 einen diesbezüglichen Plan vorgelegt. Es sollte eine „Cassa Serica" gegründet werden, die den kapitalschwachen Seidenspinnern ihre entwerteten Erzeugnisse zu einem etwas höheren Preise abnehmen und sie in Lagerhäusern unterbringen sollte, um sie später, wenn sich die Preise wieder gehoben hätten, auf den Markt zu bringen und zu veräußern. Ein Risiko war bei dem hohen Wert der Seide nicht zu befürchten; der große Gewinn aber, der diesem Institut sicher zugeflossen wäre, hätte dazu dienen können, in späteren Notständen helfend einzugreifen. Andrerseits wäre hierdurch der Gefahr vorgebeugt worden, daß viele Spinner, die mangels anderweitiger Mittel dazu gezwungen waren, ihre Erzeugnisse zu verkaufen, unter dem verwirrenden Eindruck des Preissturzes ihre Ware um jeden Preis zu veräußern suchten und dadurch die preisdrückende Tendenz auf dem Markte noch verschärften. Ferner hoffte man auch, auf diesem Wege zu einem schon lange erstrebten Zusammenschluß der italienischen Seidenindustrie zur Wahrung ihrer geschäftlichen Interessen zu gelangen. Der Plan der „Cassa Serica" wurde jedoch aus den eigenen Reihen der Seidenindustriellen, ähnlich wie das früher geplante Istituto Serico Italiano, scharf bekämpft; man brachte seinen Vertretern starkes Mißtrauen entgegen und zog die Aufrichtigkeit ihrer dargelegten Absichten in Zweifel. So kam dieser Plan nicht zur Ausführung. Die Spinner verschleuderten

---

[11]) Mov. Comm. 1914 I Einl. S. 34.

ihre Erzeugnisse vielfach zu Preisen, wie man sie bisher nie gehört hatte; für 1 kg Rohseide wurden kaum 35 L. gezahlt; dem kaufenden Auslande wurden in dieser Weise Millionen verschenkt [12]).

2. Der italienische Seidenbau in der Kriegs- und Nachkriegszeit. Die Untersuchungen Marenghis.

Die Rückwirkung dieses Sturzes der Rohseidenpreise auf den Preisstand der Kokons konnte nicht ausbleiben. Hatte der durchschnittliche Kokonpreis im Jahre 1914 noch 3,17 L. pro kg betragen, so fiel er im Jahre 1915 auf 2,55 L. In diesem Jahre, in dem Italien sich aktiv am Weltkriege zu beteiligen begann, setzte auch die allmahliche Wertminderung des italienischen Papiergeldes gegenüber der Goldlire und damit ein entsprechendes Ansteigen der allgemeinen Handelspreise ein. Setzt man den Preisstand für das Jahr 1913, der auch in den Kokonpreisen (Durchschnitt: 3,14 L.) ein ganz normaler war, gleich 100 und berücksichtigt man, daß der Kokonpreis des Jahres 1915, in Papiergeld gezahlt, nur 2,82 L. betrug, die Ziffer des Großhandelsindex aber bereits auf 133 stand, so zeigt sich, daß der Kokonpreis schon im Jahre 1915 weit unter der Höhe einer normalen Preissteigerung zurückgeblieben war, ja sogar nicht einmal die normale Höhe in vollwertigem Währungsgelde erreichte. Die folgenden Jahre brachten allerdings auch dem Kokonmarkte ganz erhebliche Preiserhöhungen, doch blieben diese bis zum Jahre 1920 stets beträchtlich hinter der allgemeinen Preissteigerung im Inlande zurück. Die italienische Seide mußte als Luxuserzeugnis infolge der Verminderung der Kaufkraft in allen Ländern und als Exportgut infolge der unterbrochenen oder wenigstens stark behinderten Handelsbeziehungen mit dem Auslande in den Kriegsjahren notwendigerweise einen großen Teil ihres Absatzgebietes verlieren; mit dieser Absatzverminderung war aber auch eine Hemmung der Preisentwicklung auf dem Kokonmarkt unvermeidlich verbunden.

Schon in den vorangegangenen Friedensjahren hatte sich die Seidenzucht wegen der niedrigen Kokonpreise als wenig rentabel gegenüber anderen landwirtschaftlichen Kulturen erwiesen; dieses Mißverhältnis verstärkte sich noch in den Kriegsjahren ganz bedeutend, da die Preise vieler Agrarprodukte sich in dieser Zeit

---

12) Atti etc. S. 78.

mehr als verzehnfachten. Es kam noch hinzu, daß die Zahl der verfügbaren Arbeitskräfte auf dem Lande durch die Einziehung der Männer vom 18. bis zum 43. Lebensjahre zum Heeresdienst und durch die gesteigerte industrielle Tätigkeit besonders in den oberitalienischen Bezirken sich sehr vermindert hatte und die Arbeitslöhne in entsprechender Weise gestiegen waren; außerdem verlangten die wirtschaftlichen Verhältnisse des Landes infolge des Krieges, der Produktion von Lebensmitteln in erster Linie alle Kraft und Sorgfalt zuzuwenden. Somit konnte der weitere Rückgang der italienischen Kokonproduktion in den Kriegsjahren nicht überraschen.

	Durchschnittliche Kokonpreise auf dem Mailänder Markt [13])		Großhandels-indexziffern in Italien (Bachi) [14])	Nach dem Großhandelsindex berechneter Preisstand
Jahr	Goldlire	Papierlire		Papierlire
1913	3,14	—	100	3,14
1914	3,17	3,18	95	2,98
1915	2,55	2,82	133	4,18
1916	4,52	5,34	201	6,31
1917	5,76	7,79	299	9,39
1918	6,23	10,83	409	12,84
1919	6,81	9,70	366	11,49
1920	17,13	23,05	624	19,59

Die italienische Kokonproduktion des Jahres 1914 hatte unter dem Anreiz der hohen spekulativen Preise zu Beginn dieses Jahres gestanden und war, wenn auch in der Qualität geringwertiger, so doch in ihrer Menge mit einem Ergebnis von 46,7 Mill. kg verhältnismäßig recht bedeutend gewesen. Die folgenden Jahre wiesen aber außerordentliche Verminderungen auf. Im Jahre 1915 stellte sich die Kokonernte Italiens auf 33,9 Mill. kg, im Jahre 1917 auf 30,8 Mill. kg, im Jahre 1919, also schon nach Beendigung des Krieges, auf 20,6 Mill. kg [15]). Damit war ein Tiefstand

[13]) Atti etc. S. 48.

[14]) Stat. Jahrb. f. d. D. R. 1926 S. 106*.

[15]) Vgl. Tabelle I im Anhang. Nach einem Bericht der Züricher Seidenindustrie-Gesellschaft ist der scharfe Rückgang der italienischen Kokonernte im Jahre 1915 auf die niedrigen Kokonpreise zurückzuführen, die den Züchtern von den Spinnern von vornherein in Aussicht gestellt wurden und bei dem durch die fortschreitende Mobilisation schon bestehenden Mangel an Arbeitskräften keinen Anreiz zu besonderer Ausdehnung der Aufzuchten boten. Schlechte Witterungsverhältnisse in den kritischen Tagen vor dem Einspinnen der Raupen drückten Ertrag und Qualität der Ernte noch weiter herab. Der

erreicht, wie ihn die Geschichte des italienischen Seidenbaues nicht einmal in den Jahren der schweren Mißernten von 1876 und 1879 zu verzeichnen hatte. Vor dem Kriege hatten sich die Vorschläge zur Unterstützung des Seidenbaues vornehmlich mit einer größeren Ausbreitung der Maulbeerbaumkultur beschäftigt, da in manchen Gegenden der Mangel an Raupenfutter die Seidenzucht stark eingeschränkt oder ihre Unkosten so erhöht hatte, daß sie unrentabel wurde. Jetzt mußte man feststellen, daß die Produktion an Maulbeerblättern den Verbrauch bei weitem überstieg. Im Jahre 1919 wurden sogar nur 52,6% der vorhandenen Futtermenge in Anspruch genommen[16]). So konnte es auch geschehen, daß sich die Bauern vielerorts dazu verleiten ließen, wegen der hohen Holzpreise während des Krieges die überflüssig gewordenen Maulbeerbäume zu fällen und als Brennholz zu verwenden; der Schaden, der dadurch der Seidenzucht zugefügt wurde, war bedeutend und schwer wieder zu ersetzen; behördliche Verbote blieben fast wirkungslos.

Wie im Jahre 1913 kurz vor Ausbruch des Krieges, so wurde auch nach seiner Beendigung von dem Consiglio per gli interessi serici eine Untersuchung der Verhältnisse im italienischen Seidenbau vorgenommen; ihre Ergebnisse finden sich in einem Bericht des Professors an der landwirtschaftlichen Hochschule zu Mailand, Marenghi, zusammengefaßt[17]). Auch in diesem Bericht wie in dem früheren Brizis wird in den bestehenden landwirtschaftlichen Pachtverträgen eine wesentliche Ursache für den Rückgang des Seidenbaues gesehen. Teilweise bestanden noch immer jene schon erwähnten kontraktlichen Abmachungen, die dem Eigentümer den größeren Teil des Gewinnes aus der Seidenzucht oder die Maulbeerbäume des Gutes vorbehielten, wodurch

Bericht fügt hinzu: „Der Gang der diesjährigen Ernte scheint als sicher voraussehen zu lassen, daß bei tiefen Preisen Italien kaum mehr große Ernten liefern wird.“ (Bericht über Handel und Industrie der Schweiz im Jahre 1915 S. 25.)

[16]) Vgl. die Tabelle über Produktion und Verbrauch von Maulbeerblättern in Italien in den Jahren 1909—1920 in den Atti etc. S. 47. Wenn auch die diesbezüglichen Erhebungen keinen Anspruch auf absolute Genauigkeit machen können, so ergibt sich doch aus ihnen die Gesamttendenz der Entwicklung mit hinreichender Sicherheit.

[17]) Auszüge aus diesem Bericht, auf die sich auch unsere obigen Angaben stützen, in den Atti etc. S. 46 ff.

das Interesse des Bauern an der Raupenzucht und an der Erhaltung der Bäume gemindert wurde. Wo aber hierin eine Abänderung der Verträge erfolgt war, hatte jetzt der Eigentümer selbst ein Interesse an anderen Agrarkulturen, die ihm größeren Gewinn versprachen. Vielfach war aber das System des Teilbaues überhaupt im Schwinden begriffen und wurde allmählich durch die reine Geldpacht ersetzt; so vor allem in den Seidenbaugebieten der Lombardei. Gerade diese Veränderung führte jedoch zu neuen schweren Beeinträchtigungen der Seidenzucht. Der Bauer hatte nunmehr einen festen jährlichen Pachtzins zu zahlen, war in der Wahl der Art seiner Produktion unabhängig und bevorzugte daher Agrarkulturen mit höherem Gewinn und geringerem Risiko, da jeder Verlust jetzt allein auf seinen Schultern lastete. Zudem fehlte ihm auch die frühere sachkundige Anleitung in der Seidenzucht durch den Eigentümer; die Verwendung von billigerem, aber auch minderwertigerem Samen, ungenügende Kenntnis der Aufzuchtsmethoden, mangelnde Sorgfalt in der Desinfektion der Zuchträume drückten den Ernteertrag herab. Einem Zusammenschluß zu gemeinsamem Einkauf des Samens, gemeinsamer Aufzucht der Raupen und gemeinsamem Verkauf der Kokons widerstrebte der individualistische Sinn der Bauern. Doch selbst in jenen Gegenden, wo sich derartige Vereinigungen bildeten, z. B. in der Provinz Bergamo, war ein Rückgang der Ernteerträge infolge mangelhafter Aufzucht festzustellen.

Die Untersuchungen Marenghis erstreckten sich auch noch auf die ersten Nachkriegsjahre 1919 und 1920. In diesen wirkte sich die Unruhe im wirtschaftlichen und sozialen Leben, die sich in Italien wie in anderen Ländern zeigte und sich aus der langen Dauer des Krieges und aus der ganzen seelischen Einstellung der in die Heimat zurückkehrenden Soldaten ergab, auch in der Landwirtschaft aus. An die Stelle des früheren Mangels an Arbeitskräften trat mit der Demobilisation des Heeres und der Beschränkung der Tätigkeit der Kriegsindustrie ein Überangebot auf dem Arbeitsmarkt und damit eine große Arbeitslosigkeit. Die überschüssigen Arbeitskräfte hatten vor dem Kriege einen Abfluß ins Ausland gefunden; in den Jahren 1907—1912 wanderten durchschnittlich 618496 Personen jährlich aus Italien aus; mehr als die Hälfte von ihnen ging nach überseeischen Ländern, wo sie wenigstens für einige Jahre blieben. In den Jahren 1919—1925 betrug dagegen die durchschnittliche Zahl der italienischen Auswanderer erst 340721 Personen, von denen sich nur 167084

Personen nach überseeischen Ländern wandten. Die Zahl der Auswanderer aus den landwirtschaftlichen Berufen war von 175 288 auf 77 765 Personen gesunken [18]). Auch die Auswanderung in die europäischen Länder aus den oberitalienischen Bezirken hatte stark abgenommen. So blieben die Arbeitslosen im Lande; politische und soziale Unruhen flammten auf; die Agitation der unzufriedenen Elemente pflanzte sich von den Städten auf das flache Land fort. In der Lombardei fanden noch im Jahre 1921 39 Streiks unter der Landarbeiterschaft statt [19]). Die Arbeitsverträge wurden willkürlich gebrochen; eine Herabsetzung der hohen Kriegslöhne war bei dem Widerstande der Arbeiterorganisationen und der Stimmung im Volke nicht zu erreichen. Diese Zustände konnten nicht ohne Einfluß auf die Seidenzucht bleiben, die vor allem auf billige und geregelte sorgfältige Handarbeit angewiesen war. Die italienische Kokonproduktion sank im Jahre 1919 auf ihren tiefsten Stand mit 20,6 Mill. kg herab; die folgenden Jahre 1920 und 1921 brachten zwar größere Ernten von 38,3 bzw. 37,1 Mill. kg, doch war die Ergiebigkeit der Kokons an Rohseide geringer, und auch in dem Umfang der Ernte wurde nicht einmal das Ernteergebnis des Jahres 1913 erreicht, das als eine schwere Mißernte trotz seiner guten Kokonqualität zu betrachten war.

Die Schlüsse, die Marenghi aus seinen Untersuchungsergebnissen zog, unterschieden sich wesentlich von den Hoffnungen, die noch Brizi gehegt hatte. War dieser auch nicht mehr der Meinung gewesen wie die Berichterstatter der früheren königlichen Untersuchungskommission, daß der Seidenzucht in Italien ihre ehemalige allgemeine Verbreitung wiedergegeben werden könnte, so hatte er doch an die Möglichkeit geglaubt, den Seidenbau in besonders geeigneten Bezirken des Landes durch rationelle Methoden und staatliche Unterstützungen wieder zu hoher Blüte zu bringen. Die Ausführungen Marenghis klingen dagegen fast hoffnungslos. Eine einfache Beantwortung der allgemeinen Frage, ob der Seidenbau in Italien noch rentabel betrieben werden könne, stoße auf teilweise unüberwindliche Schwierigkeiten, da die Beurteilung der Höhe der Unkosten und des wirklichen Gewinnes in der Seidenzucht von vielen Umständen abhängen, die in den einzelnen Fallen sehr verschieden liegen

[18]) Ann. Stat. 1912 S. 26 f., 1919—1921 S. 50, 1922—1925 S. 29. Die erste Zahl der Auswanderer aus landwirtschaftlichen Berufen bezieht sich auf den Durchschnitt der Jahre 1907—1911.

[19]) Ann. Stat. 1922—1925 S. 290.

können. Hierzu gehöre die Möglichkeit, andere Agrarkulturen an Stelle des Seidenbaues zu betreiben; ferner die Berechnung des Lohnes für die benötigte Handarbeit, soweit diese aus dem Erlös der Seidenzucht ihre volle Entlohnung zu entnehmen habe, wobei wiederum zu unterscheiden sei, ob es sich um die Arbeit von Männern, Frauen oder Kindern handele und ob diese andernfalls eine lohnende Beschäftigung finden könne oder nicht; auch hinsichtlich des Gewinnes für den Eigentümer des Gutes sei in Betracht zu ziehen, daß die Maulbeerbaumkulturen wesentlicher Verbesserungen bedürften. Schließlich hänge die Seidenzucht doch von Bedingungen ab, auf deren Gestaltung oder Änderung kaum ein Einfluß auszuüben sei. Die Preise auf dem Kokonmarkte, die Löhne auf dem Arbeitsmarkte und die übrigen Unkosten der Seidenzucht könnten gewiß durch agrar- und zollpolitische Maßnahmen, durch technische und organisatorische Verbesserungen in bestimmten Grenzen modifiziert werden, aber es handele sich hierbei doch nur um verhältnismäßig kleine und praktisch wenig wirksame Aktionen. So sei z. B. eine Regelung der Arbeitsverträge in einem der Ausübung der Seidenzucht günstigen Sinne möglich; entscheidend bleibe aber doch die jeweilige Dichte der Bevölkerung einer Gegend im Verhältnis zur Nachfrage an Arbeitskraft. Wo das Angebot an Handarbeit verhältnismäßig gering sei, werde sich diese stets den ertragreicheren Kulturen zuwenden, und nur dort, wo die Handarbeit sich im Überfluß finde und teilweise beschäftigungslos sei, werde sie in der Seidenzucht einen Erwerbsbehelf für die Arbeitslosen oder für die schwachen Kräfte der Frauen, Kinder und Greise suchen. Bei der wirtschaftlichen und sozialen Bedeutung des Seidenbaues für Italien dürfe man freilich die Dinge nicht einfach ihren Weg gehen lassen; man müsse die Seidenzucht unterstützen und anregen, aber ohne sich einer Täuschung darüber hinzugeben, daß man nicht über jene Grenze hinauskommen werde, die leider durch unerbittliche ökonomische Gesetze gezogen sei; man könne sich wie ein guter Arzt vornehmen, die Natur zu unterstützen, aber nicht etwa märchenhafte Wunder zu wirken. Die beste Unterstützung sei aber in diesem Falle eine Reform des Systems der Maulbeerbaumkultur und der Aufzuchtsmethoden, um die Seidenzucht wirtschaftlicher zu gestalten [20]).

Spricht man klar und offen aus, was Marenghi seinen

---

[20]) Atti etc. S. 52 f.

Landsleuten nur mit vorsichtig gewählten Worten zu eröffnen wagte, so konnte es nach seinen Untersuchungen keinem Zweifel mehr unterliegen, daß die Hoffnung auf eine neue Ausbreitung und Blüte des italienischen Seidenbaues endgültig zu begraben sei. Er sieht die Hemmnisse ökonomischer Natur, die sich entgegenstellen, ohne sie aber in knapper präziser Form zu nennen, da sonst die Unmöglichkeit ihrer Überwindung, ja sogar die Widersinnigkeit eines solchen Wunsches offen zutage getreten wäre. So begnügt er sich damit, die interessierten Kreise auf den weiteren unvermeidlichen Rückgang des italienischen Seidenbaues vorzubereiten, und beschrankt sich in seinen Empfehlungen darauf, den maßgebenden Stellen nahezulegen, die Seidenzucht als aushilfsweisen Erwerb für die Arbeitslosen zu unterstützen und sie durch Verbesserung der Methoden und andere Hilfsmaßnahmen möglichst gewinnbringend zu gestalten, soweit dies unter den bestehenden Verhältnissen überhaupt noch möglich sei.

Ferrario, der die Ausführungen Marenghis in seiner Denkschrift über die Lage des Seidenbaues und der Seidenindustrie in Italien im Jahre 1921 wiedergibt, möchte diese Resignation des genannten Referenten nicht teilen, erkennt aber die Berechtigung seiner Besorgnisse an und beklagt seinerseits, daß man in Italien aus dem Stadium der Untersuchungen und Experimente nicht herauskomme, während man in Japan glänzende Erfolge in der Seidenzucht zu verzeichnen habe. Auch er verlangt eine Reform des italienischen Seidenbaues und zwar nach dem Muster des japanischen Systems [21]; wenn auch dieses System nicht überall einzuführen sei, so wären doch in vielen Gegenden Italiens mit ihm gute Erfolge zu erzielen. An Stelle der hohen, auf den Feldern zerstreut stehenden Maulbeerbäume seien zusammenhängende Maulbeerpflanzungen in Strauchform in der Nähe der Bauernhäuser anzulegen, um dadurch die Arbeit der Männer bei der Blätterernte zu erübrigen und die Frauen- und Kinderarbeit auszunützen. Die Bauern müßten ferner von den Unbequemlichkeiten der Zucht in den eigenen Wohnräumen befreit werden; besondere Aufzuchträume seien in der Nähe der Bauernhäuser zu errichten, wodurch auch eine mehrmalige Aufzucht und Kokonernte im Jahre und damit eine längere Beschäftigung der beteiligten Arbeitskräfte und ihre bessere Ausbildung erreicht werden könnte [22]. Die Pläne Ferrarios konzentrieren sich darauf, aus der

[21]) Über die japanischen Methoden vgl. Ito a. a. O. S. 222 ff.

[22]) An einer anderen Stelle seiner Denkschrift spricht Ferrario auch

Seidenzucht einen selbständigen Erwerbszweig, „un' industria a sè", zu machen, der die Produktion bzw. den Ankauf der Maulbeerblätter, die Aufzucht der Raupen, den Verkauf der Ernte und die Lagerung der Kokons umfaßt. Vor allem verlangt er aber,

---

von der Notwendigkeit, die Produktion und Einfuhr des Raupensamens gesetzlich zu regeln, um einer Verschlechterung der italienischen Rassen wirksam vorzubeugen (Atti etc. S. 114 ff.). Der Bauer sieht nur darauf, möglichst kräftige Raupen zu züchten, die Krankheitseinflüssen gut widerstehen und einen möglichst hohen Ertrag an Kokons liefern; unter diesem Gesichtspunkt wählt er den Samen aus. Die kräftige Entwicklung der Raupen und ihrer Kokons steht jedoch gewöhnlich im vollen Gegensatz zur Feinheit des erzeugten Seidenfadens; in der letzteren liegt aber gerade der Vorzug der italienischen Seide und ihr Vorrang auf dem Seidenmarkt. Die Hersteller des Raupensamens wissen dies, müssen sich aber dem Wunsch der Bauern anpassen, um sie bei der zunehmenden Abneigung gegen die Seidenzucht überhaupt zur Züchtung bewegen zu können. Die Spinner haben keinen Einfluß; infolge des Rückganges der einheimischen Kokonproduktion müssen sie sich bemühen, das benötigte Rohmaterial überhaupt nur zu erhalten; die besseren Qualitäten auf dem Kokonmarkte sind schnell verkauft, und da die Spekulation alle Sorten wahllos aufnimmt, um die Preise später in die Höhe zu treiben, kommt es vor, daß die minderwertigeren Kokonsorten schließlich noch höhere Preise erzielen als die besseren Qualitäten. Daß solche Vorgänge nicht dazu dienen können, den Züchtern größere Sorgfalt in der Auswahl des Samens und höhere Aufwendungen für die besseren Qualitäten nahezulegen, ist selbstverständlich. Die Folge dieser Nachlässigkeit ist aber eine Verschlechterung der italienischen Kokonqualität, so daß die feinen Titer 8/10 und 9/10 überhaupt nicht mehr gesponnen werden können und mit Mühe der Titer 9/11 noch erreicht wird. Eine gesetzliche Regelung und Überwachung der Herstellung des Raupensamens konnte infolge der widerstrebenden Interessen der Beteiligten nicht erreicht werden. Ein königliches Dekret vom 9. Mai 1918 über die Produktion und den Handel mit Raupensamen hat sich als völlig ungenügend erwiesen und ist außerdem noch durch die Konvention von Nizza vom 27. August 1920, die die Einfuhr des minderwertigen sogenannten „industriellen" Samens aus Frankreich gestattet, in seinem wichtigsten Teile unwirksam gemacht worden. Ferrario fordert demgegenüber mit Recht, daß durch gesetzliche Maßnahmen die frühere hohe Qualität der gezüchteten Raupen und ihrer Kokons wieder eingeführt und sichergestellt werde, um der Seidenspinnerei Italiens eine ihrer wichtigsten Grundlagen im Kampfe mit der ausländischen Konkurrenz zu erhalten. Wie wir schon früher bemerkten, wächst aber mit der Feinheit der Kokons und des Seidenfadens auch die physische Schwäche der Raupen, so daß man die qualitative Steigerung des Erzeugnisses mit Degenerationserscheinungen der Rassen in Verbindung gebracht hat. Hiermit nimmt aber auch das Risiko von Mißernten zu, was den Bauer nur von neuem von der Seidenzucht abschrecken kann. — Am 1. Juli 1919 bestanden in Italien 210 Betriebe zur Herstellung des Raupensamens, die sich ungefähr je zur Hälfte auf Ober- und Mittelitalien verteilten; die Lombardei mit 60 Betrieben und die Marken mit 64 Betrieben bildeten die Zentren dieser Tätigkeit (Ann. Stat. 1919—1921 S. 249).

daß ohne weiteres Zögern gehandelt und zu diesem Zwecke ein selbständiges Institut zur Förderung des italienischen Seidenbaues errichtet werde im Sinne jenes Istituto Serico Italiano, das im Jahre 1910 bereits in dem Gesetzentwurf des Ministers Raineri geplant war, da der durch das Gesetz von 1912 eingesetzte Consiglio per gli interessi serici als rein beratende amtliche Instanz sich trotz allem guten Willen seiner Mitglieder und der zuständigen Minister als zu kraftlos erwiesen habe. Bei allem Optimismus verkennt aber auch Ferrario nicht die Schwierigkeit der gestellten Aufgabe und den tieferen Grund dieser Schwierigkeit. „Das Problem ist schwierig, da es sich unzweifelhaft darum handeln kann, Vorgängen zu begegnen, die fast Unabwendbares fürchten lassen, die Anzeichen dafür erkennen lassen, daß sich die Maulbeerbaumkultur und die Seidenraupenzucht unvermeidlich auf dem Wege zum Verfall bis zu ihrem Untergange befinden in einem Lande, das nicht mehr jenes ‚arme Land' im eigentlichen Sinne des Wortes ist, für das sich eine solche Kultur allein eignen würde."[23]) Der Krieg habe dem Bauern einen gewissen Wohlstand und eine bessere Lebenshaltung gegeben, so daß der Bauer die Unbequemlichkeiten der Seidenzucht als zu lästig empfinde; andere Kulturen seien ertragreicher, und die Handarbeit sei teurer geworden.

Mit dieser Feststellung hat allerdings Ferrario den tiefsten Kern des Problems des italienischen Seidenbaues berührt, aus dem sich die gesamte Entwicklung der Seidenzucht in Italien seit Jahrzehnten erklärt. Der Weltkrieg hatte aber diese Entwicklung zum Verfall nicht erst gebracht, sondern nur beschleunigt. Schon als in den 70er und 80er Jahren des vorigen Jahrhunderts die Verwendung japanischen Samens zur Kokonproduktion infolge der Fleckkrankheit eine Verschlechterung der Kokonqualität herbeiführte und sich die Preise senkten, war die Rentabilität der Seidenzucht zweifelhaft geworden, zumal gleichzeitig auch der Haupterwerb des Bauern aus dem Getreidebau eine starke Einschränkung erfahren hatte; schon damals suchten die Bauern vielfach andere Agrarkulturen, die ihnen einen höheren und sichereren Gewinn abwarfen. Andere Einflüsse wie Rück-

---

[23]) „(il problema) è arduo, perchè indubbiamente può trattarsi di andare incontro a fenomeni che fanno temere quasi l'ineluttabile, che tradiscono sintomi di un fatale avviarsi alla consunzione della gelsicoltura e della bachicoltura, fino al loro esaurirsi, in un paese che non è più quel ‚paese povero' per eccellenza a cui soltanto può addirsi simile coltura" (Atti etc. S. 58).

gang der Nachfrage auf dem Seidenmarkt infolge tiefgreifender Änderungen in der Mode (gemischte Gewebe), mangelhafte Organisation der Produktion und des Verkaufs der Kokons konnten die preisdrückende Tendenz und damit den Rückgang des Seidenbaues nur verstärken. Gewiß setzte in den 90er Jahren wieder eine gewisse Steigerung der Kokonernten ein, die aber nur einer Verbesserung der Aufzuchten bei gleichzeitigem Stillstand der Umstellung in der Landwirtschaft infolge besseren Zollschutzes des Getreidebaues und wiederholter Rückschläge in den neuen Agrarkulturen zuzuschreiben war; eine neue bedeutendere Ausbreitung des Seidenbaues in Italien war nicht eingetreten. Die hohen statistischen Zahlen dieser Jahre beruhten auf veränderten statistischen Zählungsmethoden und spiegelten eine besondere Blüte des italienischen Seidenbaues vor, die in der Tat nicht bestand. Die Höhe seiner Kokonernte zu Beginn der 70er Jahre oder sogar in der Zeit vor dem Ausbruch der Pebrina hat Italien nie wieder erreicht. Zugleich machten sich nun aber zwei Faktoren geltend, die langsam, aber mit Sicherheit zu einem weiteren Rückgang der italienischen Seidenzucht führen mußten: Die neue preisdrückende Konkurrenz der ostasiatischen Produktion und der wachsende wirtschaftliche Aufschwung Italiens infolge seiner zunehmenden Industrialisierung, der notwendigerweise zu einer besseren Lebenshaltung des italienischen Volkes und zur Steigerung seiner Bedürfnisse führen mußte. Während durch die anschwellende ostasiatische Rohseidenproduktion die Rentabilität der Seidenzucht gemindert und dadurch die Lebenshaltung der in ihr beschäftigten Personen herabgedrückt wurde, mußte der wirtschaftliche Aufstieg in Italien um so schneller zu dem Stadium führen, in dem die Seidenkultur für italienische Wirtschaftsverhältnisse sich als unrentabel erweisen würde; nur ein Stillstand oder Rückschritt in der wirtschaftlichen Entwicklung des Landes konnte den Eintritt dieses Zustandes fernhalten. Hieraus erklärte sich auch der Rückgang des italienischen Seidenbaues vor dem Kriege, über den einzelne besonders günstige Erntejahre nicht hinwegtäuschen konnten; die gute Konjunktur der Jahre 1905—1907 hatte diese Entwicklung nur vorübergehend aufgehalten; in den letzten Jahren vor dem Weltkriege schritt sie um so schneller voran. In den Kriegsjahren stand der Seidenbau Italiens unter besonders ungünstigen, anormalen Bedingungen, so daß mit einer Überwindung des außerordentlichen Tiefstandes seiner Kokonernten in den folgenden Jahren zu rechnen war.

Noch steht die Bevölkerung Italiens nicht auf jener Stufe der Lebenshaltung, auf der — wie z. B. in Deutschland — der Seidenbau als rentabler Erwerbszweig undenkbar ist. Zweifellos hat aber der Krieg den Fortschritt in dieser Richtung in Italien wesentlich beschleunigt und diesen entscheidenden Gesichtspunkt so deutlich zutage treten lassen, daß er nicht mehr übersehen werden kann; eine Täuschung über die Zukunft des Seidenbaues in Italien ist heute kaum mehr möglich. Dafür zeugen auch die Untersuchungen Marenghis und die Auffassung Ferrarios. Wenn letzterer in einer Umgestaltung des italienischen Seidenbaues im Sinne seiner Verselbständigung und Rationalisierung glaubt einen Ausweg finden zu können, so kann es sich hierbei doch nur um eine sehr beschränkte, aber qualitativ sehr hochstehende Seidenzucht handeln; diese wäre aber nur der folgerichtige natürliche Abschluß der bisher festgestellten Entwicklung, wie wir schon bei der Besprechung des Standes des italienischen Seidenbaues am Ende seiner normalen Entwicklungsperiode ausführten. Zu beurteilen, wie weit der Gedanke Ferrarios zu verwirklichen sei, ist nicht unsere Aufgabe, da es sich hierbei mehr um technisch-organisatorische Fragen handelt. Diese „industrielle" Seidenzucht findet sich auch in Japan, wenn auch nur in beschränktem Umfange[24]). Auf den Seidenbau als einen allgemeinen landwirtschaftlichen Nebenerwerbszweig, wie er in Italien in früheren Zeiten tatsächlich bestanden hat und worin auch damals seine besondere volkswirtschaftliche Bedeutung für das ganze Land lag, ist aber mit diesem Plane Ferrarios in Wirklichkeit schon Verzicht geleistet.

Der Seidenbau ist infolge der Entwicklung der Weltproduktion heute nicht mehr in der Lage, einem wirtschaftlich fortgeschrittenen Volke mit gesteigerten Lebensbedürfnissen einen genügenden Erwerb und Unterhalt zu bieten, soweit nicht besondere Umstände ihm diese Fähigkeit erhalten. Dabei sehen wir vollkommen ab von der Konkurrenz anderer Textilien, insonderheit von der Kunstseide, deren Einwirkung auf Konsum und Preisbildung der Naturseide strittig ist. Die Tatsache der zunehmenden Unrentabilität des Seidenbaues, die durch den wirtschaftlichen Aufschwung eines Landes noch gefördert wird, gilt schon heute in weitgehendem Maße für Italien und wird vielleicht in nicht allzu ferner Zeit auch in Japan wirksam werden; das Seidenbauland der Zukunft heißt China.

[24]) Vgl. Ito a. a. O. S. 231.

Ein Blick auf die Statistik der Kokonernten Italiens in den Jahren 1923—1925 scheint jedoch dieser Feststellung offensichtlich zu widersprechen. Schon das Jahr 1922 brachte eine neue Steigerung der Ernteziffer auf 41,7 Mill. kg; die Jahre 1923 und 1924 hatten mit 55,6 und 57 Mill. kg Rekordernten zu verzeichnen, wie sie in den günstigsten Jahren seit der Jahrhundertwende kaum höher erzielt wurden. Das Jahr 1925 ließ allerdings die Ernte Italiens wieder auf 48,2 Mill. kg sinken[25]). Wie in allen Rekordjahren sprachen auch bei den Ernten von 1923 und 1924 besonders günstige Umstände in der Produktion der Maulbeerblätter und in der Raupenzucht mit. Auch ist die Steigerung der italienischen Kokonernten durch die Anteile der ehemals österreichischen Provinzen Venezia Tridentina und Venezia Giulia e Zara zu berücksichtigen, die im Jahre 1923 allein 2,5 Mill. kg Kokons produzierten. Es ist aber nicht zu übersehen, daß selbst in dem weniger guten Erntejahr 1925 fast alle Bezirke Italiens gegenüber dem Durchschnitt der Jahre 1917—1921 eine beträchtliche Erhöhung ihrer Kokonproduktion zu verzeichnen hatten. In Venetien hatte sich die Kokonernte mehr als verdoppelt, in Piemont, Emilien und in den Marken betrug der Zuwachs mehr als 50%. Die Lombardei hatte ihre Produktion im Jahre 1924 um 50% gesteigert, diesen Gewinn aber im folgenden Jahre wieder vollkommen eingebüßt. Im gesamten Königreich (ausschließlich der neu erworbenen Landesteile) war die Kokonproduktion in den Jahren 1922—1925 gegenüber der Produktion der Jahre 1917—1921 durchschnittlich um 41,4% gestiegen[26]). Diese bedeutende Steigerung ist natürlich nicht nur mit zufälligen, besonders günstigen Ernteergebnissen zu erklären. Die Aufzucht

---

[25]) Vgl. Tabelle I im Anhang.

[26]) Ann. Stat. 1922—1925 S. 154. Die an dieser Stelle wiedergegebene Tabelle der Kokonproduktion enthält die Zahlen der neuen amtlichen italienischen Statistik, die zweifellos als absolute Zahlen zu niedrig sind (vgl. Abschnitt I), aber dennoch ein Bild der Entwicklung der letzten Jahre zu geben vermögen. Auf eine Angabe der absoluten Produktionsmengen wurde daher im Text verzichtet, da keine genaueren Zahlen zur Verfügung standen, und nur das prozentuale Verhältnis berechnet. Nach den Angaben der Associazione Serica Italiana betrug die durchschnittliche Kokonernte Italiens (einschließlich der neu erworbenen Provinzen) in den Jahren 1917—1921 31,3 Mill. kg, in den Jahren 1922—1925 50,6 Mill. kg (vgl. Tabelle I im Anhang); die Gesamternte hatte demnach sogar um 61,7% zugenommen und auch die durchschnittliche Erntehöhe der letzten Vorkriegsjahre (1910—1914: 44,5 Mill. kg) beträchtlich übertroffen.

der Raupen war wieder eine sorgfältigere geworden; der verwendete Samen wurde gewissenhafter ausgewählt, die Zuchträume wurden besser desinfiziert und dem Umfang der jeweiligen Aufzucht angepaßt; häufig wurden auch besondere Zuchträume angelegt. Die verbesserten Methoden führten zu einer größeren Ergiebigkeit des verwendeten Samens an Kokons, so daß mit ca. 166 kg Kokons auf 100 g Raupeneier die hohe Ergiebigkeit der japanischen Aufzucht annähernd erreicht wurde[27]). Diese Rationalisierung der Aufzucht ist vor allem in den oberitalienischen Bezirken durchgeführt worden, in denen sich nach wie vor der italienische Seidenbau hauptsächlich konzentriert. Nach den Mitteilungen der Associazione Serica Italiana entfielen auch im Jahre 1923 von der Gesamternte von 55,6 Mill. kg Kokons 49,4 Mill. kg (= 88,9%) allein auf den Norden Italiens, während Mittelitalien nur 4,4 Mill. kg (= 7,9%) und Süditalien und die Inseln nur 1,8 Mill. kg (= 3,2%) lieferten. Die Lombardei mit 20,5 Mill. kg, Venetien mit 17,6 Mill. kg und Piemont mit 8,5 Mill. kg sind auch heute noch die Hauptproduzenten der Seidenkokons[28]).

Ohne Zweifel hatte die große Arbeitslosigkeit in Italien dazu geführt, daß man sich wieder eifriger der Seidenzucht widmete. Die Auswanderung hatte zwar in den letzten Jahren wieder wesentlich zugenommen, aber die Zahlen der Vorkriegszeit noch bei weitem nicht erreicht; die wirtschaftliche Lage in den europäischen Ländern und Einwanderungserschwerungen in den überseeischen Gebieten hemmten den Auswandererstrom. So suchte man sich, nachdem die ersten Unruhen der Nachkriegszeit überwunden waren, im Seidenbau wieder einigen Erwerb zu sichern. Einen starken Anreiz hierzu bildete aber vor allem die veränderte Preislage auf dem Kokonmarkte, und in dieser Tatsache haben

---

[27]) Mortara a. a. O. 1925 S. 123 f. Mortara schätzt die Ergiebigkeit des Samens durchschnittlich auf 180 kg, in den Hauptbezirken der Seidenzucht sogar auf über 200 kg. Ein Vergleich mit früheren Zahlen ist kaum möglich, da der Samen vor dem Kriege nach Unzen berechnet wurde und diese Gewichtseinheit im praktischen Handelsverkehr so wesentliche Schwankungen aufwies, daß selbst die statistische Feststellung des verwendeten Samens in seiner Gesamtheit wegen zu großer Unzuverlässigkeit der ermittelten Mengen eingestellt werden mußte; doch kann es keinem Zweifel unterliegen, daß sich die Ergiebigkeit des Raupensamens auch in Italien gegenüber der Vorkriegszeit stark gehoben hatte.

[28]) Mortara a. a. O. 1925 S. 122. In der Kokonproduktion Oberitaliens sind 2,5 Mill. kg aus den neu erworbenen Provinzen eingerechnet.

wir nicht nur den Grund für die verbesserten und sorgfältigeren Aufzuchtsmethoden, die größere Ausbreitung der Seidenzucht und die hohen Ernteerträge zu suchen, sondern zugleich auch die erneute Bestätigung für unsere Feststellung gefunden, daß die Existenz des Seidenbaues in Italien eine Frage der Kokonpreise und der Rentabilität ist.

In einer früheren Tabelle[29]) hatten wir gesehen, daß die Steigerung der Kokonpreise in den Jahren 1915—1919 stets hinter der allgemeinen Preissteigerung der Waren, wie sie der Großhandelsindex widerspiegelt, wesentlich zurückgeblieben war. Im Jahre 1920 setzte hierin eine vollkommene Wandlung ein, wie aus nachstehender Tabelle hervorgeht[30]).

Jahr	Durchschnittliche Kokonpreise in Italien		Großhandelsindexziffern in Italien (Bachi)[33])	Nach dem Großhandelsindex berechneter Preisstand
	Papierlire[31])	Goldlire[32])		Papierlire
1913	11	11	100	11
1920	97,0	24,79	624	68,64
1921	61,25	13,60	578	63,58
1922	82,25	20,21	563	61,93
1923	93,25	22,23	575	63,25
1924	77,5	17,50	582	64,02

Bei der Erhöhung der Kokonpreise seit dem Jahre 1920 handelte es sich nicht nur um einen Ausgleich gegenüber der in demselben Jahre eintretenden starken Entwertung der italienischen Valuta, wie aus der Entwicklung der Kokonpreise in Goldlire hervorgeht; andererseits überstieg mit Ausnahme des Jahres 1921 der Preisstand der Kokons bei weitem den durchschnittlichen Stand der Verteuerung der Waren; hierin lag aber gerade der Anreiz für den Bauern, die Seidenzucht neuerdings wiederaufzunehmen und mit größerer Sorgfalt zu pflegen. Der Grund für die Steigerung der Kokonpreise auf dem Weltmarkte

---

29) Siehe oben S. 252.

30) Ein einfacher Vergleich beider Tabellen ist leider nicht möglich, da die Preisberechnungen stark voneinander abweichen und offenbar auf ganz verschiedenen Grundlagen beruhen.

31) nach Mortara a. a. O. 1925 S. 133. Es handelt sich hier um das Trockengewicht der Kokons.

32) berechnet mit dem entsprechenden Jahresdurchschnitt des Goldwertes der italienischen Valuta (Stat. Jahrb. f. d. D. R. 1926 S. 158*).

33) Stat. Jahrb. f. d. D. R. 1926 S. 106*.

war in der außerordentlichen Nachfrage des amerikanischen Marktes nach Rohseide und Seidengeweben bald nach Beendigung des Weltkrieges zu suchen. Der Verbrauch der Vereinigten Staaten von Amerika belief sich in den letzten Friedensjahren auf 10 bis 12 Mill. kg Rohseide und ist in den folgenden 10 Jahren auf 22 bis 24 Mill. kg angewachsen. Als im Anfang des Jahres 1920 die Produktion dem schnell steigenden Konsum nicht mehr entsprechen zu können schien, erreichten die Rohseiden- und Kokonpreise auf dem Mailänder Markt ihren höchsten Stand; klassische Kokons wurden mit 120 L. pro kg bezahlt. Eine schwere Krisis in der nordamerikanischen Industrie führte jedoch dazu, daß große Lagerbestände an Rohseide sich sowohl in Amerika wie in Japan ansammelten; zudem hatte Japan in diesen Jahren außerordentlich hohe Kokonernten zu verzeichnen; während es im Durchschnitt der Jahre 1909—1913 150,1 Mill. kg Kokons produziert hatte, war seine Kokonernte im Jahre 1919 auf 270,8 Mill. kg gestiegen und hielt sich in den folgenden fünf Jahren auf einer durchschnittlichen Höhe von 245,3 Mill. kg[34]). Die erwähnte Absatzstockung auf dem nordamerikanischen Markte blieb aber nicht ohne Rückwirkungen auf die Produktionsgebiete; der japanische Rohseidenmarkt erlitt schwere Erschütterungen[35]); die Kokonproduktion ging zurück. Auch in den Mailänder Kokonpreisen kamen diese Vorgange zum Ausdruck; die Preise sanken bis zum 2. Vierteljahr 1921 auf 46 L. pro kg, d. h. fast auf ein Drittel der früheren Höhe. Der italienische Seidenbau, der sich von den schwersten Kriegsschäden noch nicht erholt hatte, zeigte in demselben Jahre wieder mit 37,1 Mill. kg Kokons eine leichte Produktionsminderung. Die Depression hielt aber nicht lange an; der Rohseidenverbrauch wuchs von neuem, auch in den europäischen Ländern; mit ihm erfuhren auch die Preise eine erneute Steigerung[36]). Einen vorübergehenden starken Auftrieb erhielten

---

[34]) Mortara a. a. O. 1925 S. 112.

[35]) Vgl. über diese Vorgänge und die Gegenmaßnahmen den „Bericht über Handel und Industrie der Schweiz im Jahre 1920“ S. 37 f.

[36]) Mortara (a. a. O. 1924 S. 122) zeigt in einer nach den Preislisten der Mailänder Handelskammer berechneten und zusammengestellten Preistabelle für Kokons und Rohseide einerseits, für verschiedene Produkte des Ackerbaues und der Viehzucht in Italien andrerseits, daß die Preise für die erstere Gruppe in ihrer Höhe im Mai 1921 gegenüber dem Jahre 1913 hinter der Preissteigerung der zweiten Gruppe weit zurückstanden; in der folgenden Zeit bis zum Mai 1923 trat aber eine umgekehrte Entwicklung ein: die Preise für Kokons und Rohseide stiegen sehr stark, während diejenigen der übrigen land-

sie im September und Oktober des Jahres 1923 durch die ersten Nachrichten von dem großen Erdbeben in Japan und der Zerstörung des Ausfuhrhafens Yokohama; doch stellten sich diese Mitteilungen bald als übertrieben heraus. Der japanische Seidenbau war nur in sehr geringem Maße betroffen worden; die in Yokohama aufgestapelten Rohseidenballen waren zwar zugrunde gegangen, doch war auch dieser Schaden im Verhältnis zur japanischen Gesamtproduktion relativ gering; die Rohseidenausfuhr Japans wurde sofort über Kobe geleitet und der Wiederaufbau Yokohamas unverzüglich in Angriff genommen. Die japanische Kokonproduktion belief sich in diesem Jahre sogar auf 260,8 Mill. kg. So konnte auch ein Rückgang der übermäßig hohen Preise auf dem Kokonmarkt nicht ausbleiben; der Anreiz auf die italienische Landwirtschaft war aber stark genug gewesen, um in den Jahren 1923 und 1924 zu hohen italienischen Kokonernten zu führen. Infolge des großen Umfanges der Ernte Italiens und eines Nachlassens der nordamerikanischen Nachfrage nach Rohseide sanken aber auch die Preise der Kokons schon seit der Mitte des Jahres 1924. Wieweit diesem Preisrückgang auch die Senkung des Ergebnisses der italienischen Kokonernte des Jahres 1925 auf 48,2 Mill. kg zuzuschreiben ist, läßt sich nicht bestimmt sagen; der durchschnittliche Kokonpreis stand in den letzten drei Monaten des Jahres 1924 auf 71 L. und hätte nach dem Großhandelsindex derselben Zeit berechnet auf 67,21 L. stehen müssen; die Spannung zwischen beiden Werten war also schon sehr gering geworden. Für eine weitere Verfolgung dieser Entwicklung fehlen uns leider noch die notwendigen genauen Unterlagen.

Daß der Preisentwicklung auf dem Kokonmarkte eine ausschlaggebende Bedeutung für den neuen Aufschwung der italienischen Seidenzucht zukam, ist nicht zu bezweifeln. Bei der noch ständig steigenden Rohseidenproduktion Japans, das im Jahre 1925 mit einer Ausfuhr von 25,5 Mill. kg Rohseide 65,3% der gesamten Weltproduktion an Rohseide (im engeren Sinne) stellte, während Italien gleichzeitig mit 4,5 Mill. kg nur 17,5% des japanischen Anteils und 11,4% der Weltproduktion erzeugte[37]), und

---

wirtschaftlichen Produkte teils nur geringere Steigerungen, zum Teil sogar erhebliche Abschläge erfuhren. Es liegt auf der Hand, daß hierdurch dem italienischen Bauern eine starke Anregung zur erhöhten Ausübung der Seidenzucht gegeben wurde.

[37]) Stat. Jahrb. f. d. D. R. 1926 S. 40*. Die Weltproduktion an Rohseide (ohne den Selbstverbrauch Ostasiens) betrug im Jahre 1925 39,1 Mill. kg.

bei der zunehmenden Verwendung von Kunstseide und ihrer beständigen Verbesserung ist aber mit einer neuen Preissteigerung für Naturseide bzw. Kokons bei normaler Entwicklung nicht zu rechnen. Für die augenblickliche Preishöhe der italienischen Kokons dürften sogar zwei Momente nicht unwesentlich sein, die aber nur vorübergehender Natur sein können.

Die inländische Kokonproduktion genügte schon seit Jahrzehnten nicht mehr, um der italienischen Haspelei das erforderliche Rohmaterial zu liefern; die Einfuhr ausländischer Kokons hatte im Jahre 1909 5,9 Mill. kg betragen und war infolge der Balkankriege schon im Jahre 1913 auf 4,9 Mill. kg zurückgegangen[38]). Der Weltkrieg brachte nicht nur eine Unterbrechung der Handelsbeziehungen mit den Staaten der Levante und mit Rußland, die die bisherigen Hauptlieferanten waren, sondern vernichtete zum großen Teil auch diese Produktionsgebiete. Die italienische Einfuhr sank schon im Jahre 1914 auf 1,8 Mill. kg und erreichte ihren tiefsten Stand im Jahre 1918 mit nur 72 700 kg. Mit dem Friedensschluß steigerte sich auch wieder der Kokonimport, blieb aber hinter den früheren Mengen weit zurück; die kriegerischen Unruhen in der asiatischen Türkei schädigten den Seidenbau in diesen Gegenden besonders. Der Kokonimport betrug im Jahre 1920 erst 1,4 Mill. kg, im Jahre 1925 2,9 Mill. kg[39]). Durch diese Hemmung der Einfuhr ausländischer Kokons mußte aber naturgemäß die Nachfrage nach dem Inlandsprodukt um so dringender werden und eine Preissteigerung hervorrufen, die mit der Rückkehr normaler wirtschaftlicher Verhältnisse in der Levante und normaler Handelsbeziehungen wieder schwinden wird.

Aber nicht nur die Kokoneinfuhr hatte abgenommen, sondern auch die Einfuhr von Rohseide, die zum großen Teil in den italienischen Zwirnereien weiterverarbeitet und wiederausgeführt wurde, zum Teil aber auch den italienischen Webereien als Material diente. Im Jahre 1913 betrug die italienische Gesamteinfuhr an einfacher Rohseide 2,6 Mill. kg, wovon 2,3 Mill. kg aus asiatischer Rohseide bestanden, der Rest aus europäischen Ländern stammte[40]). Schon im Jahre 1914 war diese Gesamt-

[38]) Mov. Comm. 1911 I S. 158, 1915 I S. 164.

[39]) Mov. Comm. 1915 I S. 164, 1920 I S. 165; Ann. Stat. 1922—1925 S. 210.

[40]) Mov. Comm. 1915 I S. 164. Im Jahre 1912 — die genaueren Angaben für 1913 stehen mir nicht zur Verfügung — entfielen von dem Gesamtimport

einfuhr auf 1,7 Mill. kg gesunken, der Anteil der asiatischen Rohseide auf 1,5 Mill. kg[41]). Der tiefste Stand war im Jahre 1918 mit 0,7 Mill. kg in der Gesamteinfuhr, mit 0,6 Mill. kg an asiatischer Rohseide erreicht. Die ersten Friedensjahre brachten zwar wieder eine Steigerung der Rohseideneinfuhr bis zu 1,1 Mill. kg in der Gesamtmenge bzw. 1 Mill. kg an asiatischer Rohseide im Jahre 1920[42]), in den folgenden Jahren zeigte sich jedoch eine neue Verminderung bis auf 0,4 Mill. kg im Jahre 1925[43]). Diese außerordentliche Senkung der Rohseideneinfuhr hatte teilweise ihren Grund darin, daß die ostasiatischen Spinnereien sich wesentlich vervollkommnet hatten und ihre Seiden ohne Vermittlung der italienischen Industrie und des italienischen Marktes unmittelbar nach dem amerikanischen Hauptabsatzgebiet brachten. Insoweit war diese Rohseideneinfuhr der italienischen Seidenindustrie für immer verloren gegangen[44]). Aber auch die starke Entwertung der italienischen Valuta, die, gemessen am Dollar der Vereinigten Staaten von Amerika, schon im Jahre 1920 nur noch einen Goldwert von 25,56 besaß und bis zum Jahre 1925 auf 20,61 weiterhin sank[45]), hatte dazu geführt, die Seiden der hochvalutarischen ostasiatischen Länder vom italienischen Markte fernzuhalten; die Entwertung der italienischen Währung wirkte wie ein Schutzzoll gegen den ostasiatischen Konkurrenten. So mußte die Nachfrage nach einheimischer Rohseide bzw. einheimischen Kokons auch durch diesen Umstand steigen, der Preis sich erhöhen, und da erfahrungsgemäß die Löhne mit dem Anziehen der Warenpreise nicht gleichen Schritt zu halten pflegen, der Gewinn für den Seidenzüchter bei verhältnismäßig geringeren Unkosten wachsen. Doch auch in diesem Falle haben wir es nur mit einer vorübergehenden Erscheinung zu tun; in dem Augenblick, in dem die italienische Währung durch Stabilisierung

---

von 2,1 Mill. kg asiatischer Rohseide 1,1 Mill. kg auf den Import aus China, 0,9 Mill. kg auf den Import aus Japan (Mov. Comm. 1912 I S. 159).

[41]) Mov. Comm. 1914 I S. 170. Die Einfuhr aus Japan war auf 0,9 Mill. kg stehen geblieben, diejenige aus China auf 0,5 Mill. kg gesunken.

[42]) Mov. Comm. 1920 I S. 165. Im Jahre 1920 sandte China nur noch 0,4 Mill. kg, Japan nur 0,6 Mill. kg Rohseide.

[43]) Ann. Stat. 1922—1925 S. 210. Die Einfuhr aus China betrug nur noch 0,1 Mill. kg Rohseide; Japan ist in dieser Statistik nicht besonders aufgeführt.

[44]) Die Konditionierungen in den italienischen Konditionieranstalten waren von 10,5 Mill. kg im Jahre 1913 auf 6,8 Mill. kg im Jahre 1922 zurückgegangen (Mortara a. a. O. 1924 S. 140).

[45]) Stat. Jahrb. f. d. D. R. 1926 S. 158*.

wieder zur Goldwährung wird oder auf dem Wege der Deflation allmählich zur Höhe der vollen Goldparität zurückkehrt, muß der bisherige Vorteil ins Gegenteil umschlagen; bei gesteigerten Unkosten im Inlande wird die ostasiatische Konkurrenz den Warenpreis der Kokons und Rohseide Italiens auf ein Niveau herabdrücken, das einen rentablen Betrieb des italienischen Seidenbaues nur noch unter besonderen, früher dargelegten Verhältnissen ermöglichen wird. Somit bleibt unsere frühere Feststellung auch angesichts der scheinbar widersprechenden Entwicklung in Italien in den Jahren 1923—1925 bestehen, daß in der Gegenwart der Seidenbau nicht mehr in der Lage ist, einem wirtschaftlich fortgeschrittenen Volke mit gesteigerten Lebensbedürfnissen einen genügenden Erwerb zu bieten, soweit nicht besondere Umstände ihm diese Fahigkeit erhalten. Arbeitslosigkeit und Entwertung der Valuta sind diese Umstände, die in den letzten Jahren dem italienischen Seidenbau eine größere Ausdehnung verschafften und seine Rentabilität sicherten; schwinden diese Nachwirkungen der Kriegszeit, um wieder normalen wirtschaftlichen Verhältnissen Platz zu machen, so wird auch die frühere absteigende Entwicklung im italienischen Seidenbau nach kurzem scheinbaren Aufschwung wieder von neuem einsetzen und ihren gesetzmäßigen Weg gehen, wie ihn die Kokonernten Italiens im Jahre 1925 (48,2 Mill. kg) und 1926 (43,1 Mill. kg) bereits anzudeuten scheinen[46]).

3. Die italienische Rohseidenindustrie in der Kriegs- und Nachkriegszeit.

a) Die Entwicklung der italienischen Rohseidenproduktion und des italienischen Rohseidenhandels; das Ufficio Centrale di acquisto delle sete.

Wie unheilvoll der Kriegsausbruch schon im Jahre 1914 auf die seidenindustrielle Halbfabrikation eingewirkt hatte, haben wir bereits gesehen. Das schnelle Sinken der Kokonpreise und der katastrophale Rückgang der einheimischen Kokonernten mußte sich auch in der Produktionsstatistik der italienischen Haspeleien widerspiegeln. Hatte das Jahr 1914 noch eine Roh-

---

[46]) Leipziger Wochenschrift für Textil-Industrie 42. Jahrg. 1927 Nr. 24 S. 528. Die italienische Kokonernte hat im Jahre 1926 die durchschnittliche Höhe der Ernten in den Vorkriegsjahren 1910—1914 (44,5 Mill. kg) nicht mehr erreicht.

seidenproduktion aus inländischen Kokons von 4,1 Mill. kg aufzuweisen, so sank diese Ziffer im folgenden Jahre schon auf 2,9 Mill. kg und erreichte ihren tiefsten Stand im Jahre 1919 mit 1,8 Mill. kg, die geringste Jahresproduktion an Rohseide in der ganzen, von uns betrachteten Periode des italienischen Seidengewerbes. Gleichzeitig fehlte aber auch der Ausgleich aus der Produktion aus importierten Kokons, die sich schon im Jahre 1914 auf nur 0,4 Mill. kg stellte und bis zum Jahre 1918 auf 16 000 kg noch verminderte; im ersten Nachkriegsjahre hob sie sich wieder auf 0,3 Mill. kg gegenüber 1,2 Mill. kg im Jahre 1913. Die Gesamtproduktion der italienischen Haspeleien betrug demnach im Jahre 1914 noch 4,5 Mill. kg, im Jahre 1919 nur noch 2,1 Mill. kg Rohseide[47]).

Als in den Jahren 1922—1925 die italienische Seidenzucht wieder eine größere Ausdehnung gewann und auch die Ergiebigkeit der Kokons an Rohseide, die von 10,76:1 im Jahre 1913 auf 11,44:1 im Jahre 1921 gesunken war, sich wieder besserte, stieg auch die Rohseidenproduktion der italienischen Haspeleien und näherte sich in ihrer Gesamterzeugung in den beiden Rekordjahren 1923 und 1924 den höchsten Produktionsziffern der Zeit vor dem Kriege[48]). Die Rohseidenerzeugung aus inländischen

[47]) In der italienischen Erntestatistik des „Berichtes über Handel und Industrie der Schweiz im Jahre 1921“ (S. 39) wird die italienische Rohseidenerzeugung aus importierten Kokons im Jahre 1914 mit 1,1 Mill. kg angegeben (vgl. Tabelle III im Anhang). Diese Angabe beruht wohl auf einem Irrtum. Nach der italienischen Handelsstatistik fiel der Kokonimport, im Trockengewicht berechnet, von 4,9 Mill. kg im Jahre 1913, einer Menge, die auch dem Durchschnitt der Jahre 1909—1913 entsprach, auf 1,8 Mill. kg im Jahre 1914 und auf 0,8 Mill. kg im Jahre 1915 (Mov. Comm. 1915 I S. 164). Eine Rohseidenproduktion aus importierten Kokons in einer Höhe von 1,1 Mill. kg im Jahre 1914, die demnach fast die entsprechende Produktion der Vorjahre erreicht hätte, ist also völlig unwahrscheinlich, während sich die Produktionszahl für das Jahr 1915 in dem schweizerischen Bericht mit 0,2 Mill. kg dem Entwicklungsverlauf gemäß der italienischen Kokoneinfuhrstatistik wieder vollkommen eingliedert. Unserer Darlegung im obigen Text ist daher für das Jahr 1914 eine Rohseidenproduktionsmenge aus importierten Kokons von nur 0,4 Mill. kg zugrunde gelegt, wie sie auch in einem Bericht von Mountney nach dem Manchester Guardian Commercial (wiedergegeben in dem Fachblatt „Die Seide“ 1922 Nr. 32 S. 249) angegeben ist. Demnach verringert sich auch die italienische Gesamterzeugung an Rohseide im Jahre 1914 von 5,1 Mill. kg (nach dem schweizerischen Bericht) auf 4,5 Mill. kg. Vgl. auch Ann. Stat. 1919—1921 S. 498.

[48]) Die obigen Angaben für das durchschnittliche Ergiebigkeitsverhältnis der italienischen Kokons an Rohseide sind nach den Tabellen I und III (im Anhang) berechnet.

Kokons übertraf sogar im Jahre 1924 diejenige des Jahres 1907 bei gleich hoher Kokonernte um 0,5 Mill. kg, da sich die Ergiebigkeit der geernteten Kokons von 11,72:1 auf 10,74:1 gehoben hatte; die durchschnittliche Jahresproduktion von 4,6 Mill. kg Rohseide in den Jahren 1922—1925 stand nicht unbeträchtlich höher als die entsprechende Produktion der Zeit von 1906 bis 1910[49]). Gewiß waren für diese Ergebnisse die günstigen Aufzuchtsverhältnisse in den Jahren 1923 und 1924 von großer Bedeutung, doch darf man in ihnen auch erfreuliche Erfolge der angestrengten Bemühungen von behördlicher und privater Seite erblicken, die Aufzuchtsmethoden im italienischen Seidenbau zu reformieren und die Qualität der Kokons zu verbessern. Mit dem Rückgange der einheimischen Kokonernte in den Jahren 1925 und 1926 war auch ein erneutes Sinken der Rohseidenproduktionsziffer festzustellen; die Produktion des Jahres 1925 blieb mit 4,5 Mill. kg Rohseide bereits unter dem Durchschnitt der Jahre 1922—1925; im Jahre 1926 wurden sogar nur 3,86 Mill. kg Rohseide aus einheimischen Kokons gewonnen, was ungefähr der durchschnittlichen Produktion der Jahre 1910—1914 (3,83 Mill. kg) entsprach[50]).

Gegenüber dem Aufschwung der Rohseidenproduktion aus einheimischen Kokons blieb aber die Erzeugung aus importierten Kokons in den Jahren 1922—1924 mit etwa 0,3 Mill. kg weit hinter den entsprechenden Produktionsmengen der Vorkriegszeit zurück, so daß auch die Gesamterzeugung der italienischen Haspeleien in den Jahren 1922—1924 mit durchschnittlich 4,9 Mill. kg Rohseide die durchschnittliche Produktionsziffer der Jahre 1906 bis 1910 und selbst des vorangegangenen Jahrfünftes nicht mehr erreichte[51]).

Im vorhergehenden Abschnitt unserer Untersuchung war schon darauf hingewiesen worden, daß der Rückgang des italienischen Seidenbaues und die industrielle Entwicklung der italie-

---

[49]) Vgl. Tabelle IV im Anhang.

[50]) Leipziger Wochenschrift für Textil-Industrie 42. Jahrg. 1927 Nr. 24 S. 528.

[51]) Die Höhe der Rohseidenproduktion aus importierten Kokons im Jahre 1925 ist mir nicht bekannt. Der Kokonimport hatte sich in diesem Jahre gegenüber den Vorjahren mehr als verdoppelt (Ann. Stat. 1922—1925 S. 210); andrerseits war aber auch die Menge der im Inland geernteten Kokons und der aus ihnen gewonnenen Rohseide wieder so beträchtlich gesunken, daß die Gesamterzeugung des Jahres 1925 den oben angegebenen Durchschnitt der Jahre 1922—1924 nur wenig überschritten haben dürfte.

nischen Haspelei dazu geführt hatten, daß die letztere ihre Gesamterzeugung an Rohseide bis zu 26% im Jahre 1911 und 23,9% im Durchschnitt der Jahre 1911—1913 aus importierten Kokons gewann und somit eine Abhängigkeit vom ausländischen Rohmaterial eingetreten war, die im Falle einer Störung der wirtschaftlichen Beziehungen zu den Lieferungsländern schwere Rückschläge für die italienische Seidenindustrie bringen mußte. Mit dem Ausbruche des Weltkrieges im Jahre 1914 sank auch der Anteil der aus importierten Kokons erzeugten Rohseide an der Gesamterzeugung in Italien sofort auf 9,2% und betrug im Jahre 1917 nur noch 1,6%, im Jahre 1918 0,6%. Die neue Steigerung des Kokonimportes in den folgenden zwei Jahren und die gleichzeitige geringe einheimische Kokonernte erhöhte zwar den genannten Anteilssatz vorübergehend auf 14,1 bzw. 12,1%; da der Kokonimport aber nur langsam zunahm und die hohen Einfuhrziffern der Vorkriegszeit auch nicht im entferntesten erreichte, während der italienische Seidenbau einen schnellen Aufschwung erlebte, so sank der prozentuale Anteil der Rohseide aus importierten Kokons wieder auf 7,8% im Jahre 1921 und 5,6% im Jahre 1924 herab. Bei einem Vergleich der Vor- und Nachkriegszeit ist freilich zu berücksichtigen, daß die frühere Kokoneinfuhr aus Österreich-Ungarn (im Jahre 1912 800000 kg Kokons im Trockengewicht[52])) in der Nachkriegszeit fortfiel, da die seidenbautreibenden österreichischen Provinzen dem Königreich Italien angegliedert worden waren und seine einheimische Kokonernte vergrößerten. Von wesentlicher Bedeutung war der Rückgang der Kokoneinfuhr aus Rußland, die im Jahre 1912 noch 1,3 Mill. kg betragen hatte und im Jahre 1925 auf 0,6 Mill. kg (aus Georgien) gesunken war[53]). In diesem Falle zwang das Bestreben Rußlands, sich im Kaukasus eine eigene Seidenindustrie zu schaffen, die italienische Industrie, auf diese bisherige Rohstoffquelle mehr oder weniger zu verzichten. Auch der Kokonimport aus den Balkanländern wies eine Verminderung auf, wenn auch der Rückgang der hohen Einfuhrziffer aus der europäischen Türkei von 1,6 Mill. kg im Jahre 1911 (also vor den Balkankriegen) auf 0,3 Mill. kg im Jahre 1925 vor allem der politischen Umgestaltung auf dem Balkan zuzuschreiben war; die gleichzeitigen Einfuhren aus Bulgarien und Griechenland zeigten dafür

[52]) Mov. Comm. 1912 I S. 158.
[53]) Ann. Stat. 1922—1925 S. 210.

erhebliche Steigerungen, doch blieb die Gesamteinfuhr aus diesen drei Ländern mit 1,4 Mill. kg im Jahre 1925 gegenüber 1,8 Mill. kg im Jahre 1911 nicht unwesentlich zurück[54]). Wieweit hierbei ein Rückgang des Seidenbaues auf dem Balkan oder wiederum eine Belebung der einheimischen industriellen Verarbeitung der Kokons die entscheidende Rolle spielte, ist schwer zu sagen; ein hemmender Einfluß auf den Import durch die Entwertung der italienischen Valuta, wie er sich bei der Rohseideneinfuhr aus Ostasien bemerkbar machte, kam im Hinblick auf die schlechten Währungsverhältnisse der Balkanländer nicht in Frage, wohl aber liegt die Möglichkeit eines Aufstrebens der einheimischen Seidenindustrie in diesen Ländern vor. Die entscheidende Tatsache blieb aber, daß die italienischen Haspeleien in ihrem Rohstoffbezug aus dem Auslande sich nach dem Weltkriege wesentlich geschwächt fanden und auf den einheimischen Seidenbau wieder in stärkerem Maße angewiesen waren.

Eine Betrachtung des Rohseidenhandels läßt die unmittelbare Einwirkung des Krieges auf die Entwicklung der Seidenindustrie in Italien noch schärfer in Erscheinung treten. Den starken Rückgang des gesamten italienischen Seidenexportes in den fünf Kriegsmonaten des Jahres 1914 um 42,6% gegenüber den Ausfuhrwerten der entsprechenden Monate des Vorjahres hatten wir schon früher erwähnt. Die Ausfuhr einfacher Rohseide aus Italien fiel von 4,5 Mill. kg im Jahre 1913 auf 3,3 Mill. kg im Jahre 1914 und erreichte auch im folgenden Jahre nur eine Höhe von 3,6 Mill. kg[55]). Dabei begünstigte die Konfektion wieder die Seidenstoffe, die Mode verlangte unbekümmert um die Knappheit des vorhandenen Materials infolge der schlechten Kokonernten eine weite, faltenreiche Kleidung, die für Kriegszwecke ausgegebenen Milliarden stärkten die Kaufkraft der Bevölkerung und führten dazu, daß selbst in Arbeiterkreisen ein gewisser Luxus mit Seidenwaren getrieben wurde. Durch die Teilnahme Italiens am Kriege seit dem Mai 1915 war aber der unmittelbare Handel mit Deutschland und Österreich unterbrochen — die Ausfuhr nach der Schweiz zeigte allerdings eine beträchtliche Steigerung —, und das Geschäft mit Rußland war vollkommen verloren gegangen. Amerika kaufte dagegen in Aus-

[54]) Mov. Comm. 1911 I S. 158.
[55]) Mov. Comm. 1915 I S. 375.

nützung des günstigen italienischen Wechselkurses erhöhte Mengen italienischer Rohseide, und auch Befürchtungen wegen eines kommenden Ausfuhrverbotes ließen die Nachfrage gegen Ende des Jahres 1915 steigen, so daß der Gesamtexport dieses Jahres noch eine immerhin beträchtliche Höhe zeigte. Die Lage verschlechterte sich aber schon im nächsten Jahre, als die italienische Regierung Anfang Oktober ein allgemeines Ausfuhrverbot für einfache Rohseide erließ und die Ausfuhr bestimmter Kontingente nur unter scharfer Kontrolle einer besonderen Kommission der Entente erfolgen durfte. Der Rohseidenexport Italiens sank auf 2,3 Mill. kg im Jahre 1916, 1,1 Mill. kg im Jahre 1917 und 0,8 Mill. kg im Jahre 1918[56]). Die gesamte Rohseidenproduktion Italiens war in der Zeit von 1913 bis 1918 um 42,3% zurückgegangen, der Export an einfacher Rohseide dagegen um 81,9%. In diesen Zahlen kommt der Einfluß des Krieges klar zum Ausdruck. In denselben Jahren ging der amerikanische Markt für die italienische Seidenindustrie verloren; Amerika vermochte sich aus der hohen Produktion der japanischen Seidenzucht und -industrie, auf die es zugleich auch einen wachsenden Einfluß ausübte, vollkommener und sicherer zu versorgen als aus Europa. Die Eroberung des amerikanischen Marktes durch die ostasiatischen Seiden war einer der wichtigsten Vorgänge im Weltseidenhandel während des Krieges und hat ihre Rückwirkungen auf die italienische Seidenindustrie auch in der Nachkriegszeit noch weiter ausgeübt[57]).

---

[56]) Mov. Comm. 1918 S. 315.

[57]) Über die Veränderungen in der Verschiffung von Rohseide über Yokohama gibt die folgende Tabelle ein anschauliches Bild („Bericht über Handel und Industrie der Schweiz" 1922 S. 38, 1924 S. 40).

	Nach Europa	Nach den Vereinigten Staaten	Insgesamt
	Ballen	Ballen	Ballen
1913	65 900	135 500	201 400
1914	28 700	142 900	171 600
1915	31 500	145 700	177 200
1916	37 800	183 600	221 400
1917	35 700	219 700	255 400
1918	32 300	203 500	235 800
1919	9 800	274 600	284 400
1920	26 700	145 300	172 000
1921	13 900	244 800	258 700
1922	31 900	313 700	345 600
1923	6 500	253 900	260 400
1924	35 400	347 500	382 900

Die Ausfuhr gezwirnter Seiden aus Italien hatte schon in früheren Jahren an dem Aufschwung des Exportes einfacher Rohseide nicht teilgenommen und war von einem Höchststande von 4 Mill. kg im Jahre 1910 bereits auf 2,8 Mill. kg im Jahre 1913 herabgesunken. Der Ausbruch des Krieges brachte zunächst eine weitere Exportminderung auf 2,5 Mill. kg, der aber in den folgenden drei Jahren wiederum eine Steigerung der Ausfuhr auf durchschnittlich 3,1 Mill. kg folgte; ein Hauptabsatzmarkt ging zwar in Deutschland verloren, wofür sich aber die Ausfuhr nach der Schweiz mehr als verdoppelte und damit den vollen Ausgleich schuf. Am 26. Juni 1917 erließ die italienische Regierung das schon lange gefürchtete Ausfuhrverbot auch für gezwirnte Seiden; die nach der Schweiz bewilligten Ausfuhrkontingente unterstanden der Kontrolle einer Überwachungskommission der Entente. Das Jahr 1918 zeigte infolgedessen einen Rückgang der Ausfuhr auf 1,7 Mill. kg[58]).

Unter dem Einfluß der erwähnten Handelsbeschränkungen litt die italienische Seidenindustrie außerordentlich, da der Inlandsmarkt gar nicht in der Lage war, die überschüssigen Rohseidenmengen aufzunehmen, und die Industrie selbst nicht über die nötige Kapitalkraft verfügte, um diesen krisenhaften Zustand für längere Zeit zu ertragen. Man hoffte aber allgemein, daß sich mit der Einstellung der Feindseligkeiten die Nachfrage um so stärker erweisen würde, da alle Vorräte und Lagerbestände im Auslande erschöpft sein mußten und auch die bisherigen Hemmnisse und Schranken im Handel und Verkehr sofort beseitigt werden würden. Der Waffenstillstand brachte jedoch neue schwere Enttäuschungen; hatten die politischen Umwälzungen in Rußland dieses Land wirtschaftlich schon zur Ohnmacht verurteilt, so

Der Anteil Europas an der japanischen Gesamtausfuhr an Rohseide sank demnach von 32,7% im Jahre 1913 auf 13,7% im Jahre 1918 bei gleichzeitiger Senkung der absoluten Höhe des Exports um 51%; der Verbrauch Amerikas absorbierte dagegen immer größere Mengen der japanischen Seidenproduktion, deren Wachstum aus den Zahlen der Gesamtausfuhr ersichtlich ist. Der Höhepunkt dieser Entwicklung wurde im Jahre 1923 erreicht, in dem Amerika fast die gesamte japanische Rohseidenausfuhr (97,5%) allein aufnahm; aber auch schon in den vorangegangenen Jahren wurden große Bestände asiatischer Seide, die nach Europa importiert worden waren, nachträglich nach Amerika abgeschoben, da sie infolge ihrer durch den hohen Yenkurs bedingten teuren Preislage in den wirtschaftlich notleidenden europäischen Ländern keinen Absatz finden konnten.

[58]) Mov. Comm. 1914 I S. 400, 1918 S. 315.

drohte jetzt der Zerfall der österreichischen Monarchie und die Revolution in Deutschland noch wichtigere Wirtschaftsgebiete Europas in das Chaos hineinzuziehen. Andererseits hofften die Käufer in allen Ländern, daß mit dem Friedensschluß auch sofort eine Senkung der Preise eintreten würde, und hielten mit ihren Bestellungen zurück; der Absatz stockte vollkommen; nicht Warenmangel, sondern Warenüberschuß trat vielerorts überraschenderweise zutage[59]). Dazu wurde auf Grund internationaler Abmachungen der italienische Wechselkurs künstlich hoch gehalten. Ein Preissturz auf dem Seidenmarkte war die unausbleibliche Folge dieser Vorgänge.

Um den schlimmsten Schäden vorzubeugen und den Preis der italienischen Seide auf einer noch erträglichen Höhe zu halten, wurde von der italienischen Regierung mit Unterstützung der Banca d'Italia das Ufficio Centrale di acquisto delle sete geschaffen. Jede Menge an einfacher und gezwirnter Rohseide aus italienischen Kokons, die diesem Zentralamt für den Ankauf von Seide angeboten wurde, übernahm dasselbe zu einem nach der jeweiligen Qualität festgesetzten Preise, der wesentlich höher lag als der allgemeine Marktpreis. Die angekaufte Seide wurde in den Magazinen der Banca d'Italia aufbewahrt und blieb Eigentum der italienischen Regierung, die sich verpflichtete, diese Seide vor Ablauf des Abkommens, das bis zum 31. Mai 1919 dauerte, nicht zu verkaufen, es sei denn zu einem Preise, der 20 L. pro kg über den an sich schon hohen Übernahmepreisen läge. Die Tätigkeit dieser Ankaufsstelle begann im November 1918 und dauerte ununterbrochen bis zum Juni des folgenden Jahres; bei der allgemeinen Geschäftsstille war das Zentralamt fast der einzige Käufer von Seide in Italien; über 2 Mill. kg Seide wurden von ihm aufgekauft. Die Aktion war in Anbetracht der gewaltigen Größe der angekauften Seidenmenge gewagt, da dieser bedeutende Vorrat notwendigerweise auf die Preise des offenen Marktes drücken mußte; andrerseits war freilich mit dem Eintritt normaler Wirtschaftsverhältnisse auch auf eine erhebliche Steigerung der Seidenpreise zu rechnen. Tatsächlich hatte diese Regierungsmaßnahme einen vollen Erfolg. Die italienische Kokonernte und Rohseidenproduktion des Jahres 1919 zeigte mit 20,6 bzw. 1,8 Mill. kg einen außerordentlichen Tiefstand, so daß die großen

[59]) Vgl. Bericht über Handel und Industrie der Schweiz im Jahre 1918 S. 30.

Lagerbestände der Regierung sehr erwünscht waren, zumal da der riesig ansteigende Konsum Amerikas nicht nur fast die gesamte japanische Rohseidenausfuhr absorbierte, sondern auch noch in Europa als Käufer auftrat. Die Zufuhren aus China nach Europa waren in diesem Jahre mäßig, die Lieferungen aus der Levante unbedeutend. So konnten, als sich in der zweiten Hälfte des Jahres 1919 der Seidenmarkt wieder belebte, große Posten der italienischen Bestände nach Amerika abgestoßen werden, und auch der verbleibende Rest wurde schnell verkauft; der Staatsschatz hatte einen Gewinn von vielen Millionen Lire[60]).

Eine weitere Maßnahme der italienischen Regierung, eine Kurs-Rückvergütung (rimborso sul cambio) auf gewisse Verkäufe italienischer Rohseide nach dem Auslande zu gewähren, um solche Verkäufe zu fördern und dadurch das genannte Zentralamt zu entlasten, hatte nur geringen Erfolg.

Die Ausfuhr Italiens an einfacher Rohseide stieg infolge der geschilderten Vorgänge im Jahre 1919 wieder auf 2 Mill. kg, der Export an gezwirnter Seide erreichte sogar mit 2,8 Mill. kg die Höhe des Jahres 1913. Während sich der letztere auch in den Jahren 1920 und 1921 mit 2,76 und 2,7 Mill. kg fast auf gleicher Höhe hielt, sank die Ausfuhr von einfacher Rohseide zunächst auf 1,4 Mill. kg wieder zurück und steigerte sich im Jahre 1921 auf 2,6 Mill. kg, ohne damit aber die Exportziffer der Vorkriegszeit auch nur annähernd zu erreichen[61]). Der Gesamtexport an (einfacher und gezwirnter) Rohseide zeigte in den folgenden zwei Jahren mit 4,4 und 5,2 Mill. kg eine neue Senkung, um dann im Jahre 1924 auf 5,4 Mill. kg, im Jahre 1925 auf 6,4 Mill. kg zu steigen (1913: 7,4 Mill. kg)[62]). Dieser Rückgang des italienischen Exportes hatte seine Ursache teilweise in der schon behandelten Verminderung der einheimischen Kokonproduktion und der Einfuhr ausländischer Kokons und der hiermit notwendig zusammenhängenden Einschränkung der italienischen Rohseidenproduktion. Ein wesentlicher Grund lag aber auch vor allem in den Veränderungen, die sich auf den früheren Absatzmärkten der italienischen Rohseiden in der Zwischenzeit vollzogen hatten.

---

[60]) Atti etc. S. 78 f.; Bericht über Handel und Industrie der Schweiz im Jahre 1918 S. 38 f., 1919 S. 36 u. S. 42 f.

[61]) Mov. Comm. 1920 I S. 399; Atti etc. S. 94.

[62]) Ann. Stat. 1922—1925 S. 217. Getrennte Angaben über die Ausfuhrhöhe der beiden Rohseidenarten stehen mir nicht zur Verfügung.

b) Die Lage auf den Absatzmärkten. Arbeitslohn und Arbeitszeit. Die Spekulation im Kokon- und Rohseidenhandel und die Notwendigkeit einer wirtschaftlichen Organisation in der italienischen Seidenindustrie.

Es war schon darauf hingewiesen worden, daß die amerikanische Seidenindustrie sich während des Krieges vorwiegend dem Verbrauch ostasiatischer Seiden zugewandt hatte, da der Transport über den Stillen Ozean ungefährlicher war und die steigende ostasiatische Rohseidenproduktion auch dem beständig zunehmenden Bedarf Amerikas die erforderlichen großen und zugleich einheitlichen Rohseidenmengen zur Verfügung zu stellen vermochte. Diese Verschiebung in den Handelsbeziehungen blieb auch in der Nachkriegszeit bestehen. Die Käufe Amerikas in Italien galten entweder nur ganz besonderen Qualitäten unter den italienischen Seiden oder beruhten auf der Ausnützung günstiger Kaufgelegenheiten oder dienten zur Ergänzung der ostasiatischen Lieferungen. So hatte Amerika größere Mengen italienischer Rohseide im Jahre 1919 aus den Lagerbeständen des Ufficio Centrale entnommen; als die Japanseiden im Jahre 1921 und 1922 sehr hohe Preise aufwiesen, tätigte Amerika von neuem größere Käufe in den verhältnismäßig billigeren italienischen Seiden, die aber mit der Senkung der Seidenpreise in Japan sofort wieder aufhörten[63]). Es kam aber auch noch ein rein technisches Moment für die Abkehr Amerikas von der italienischen Rohseidenproduktion in Frage. Die hohen Löhne der amerikanischen Zwirnerinnen verlangten auch eine hohe Produktionsleistung, die dadurch erreicht wurde, daß die Zwirnerinnen eine größere Zahl von Zwirnspindeln mit größerer Umdrehungsgeschwindigkeit beaufsichtigen mußten, als es in Europa der Fall war. Unter diesen Umständen blieb aber den Arbeiterinnen keine Zeit, aus den Rohseidensträhnen den richtigen Anfang des Fadens erst herauszusuchen, um eine regelmäßige Abhaspelung der Strähne zu erreichen. Nach den Richtlinien der amerikanischen Industriellen hatten sich die japanischen und chinesischen Haspeleien durch eine besondere Art der Haspelung auf die Bedürfnisse der amerikanischen Zwirnereien eingestellt; die Zusammenarbeit beider Industrien war da-

[63]) Bericht über Handel und Industrie der Schweiz im Jahre 1921 S. 38, 1922 S. 42.

durch noch enger geworden, und die Amerikaner zeigten wenig Neigung, sich nach Beendigung des Krieges auf die für sie ungeeignetere italienische Methode von neuem umzustellen. Eine Anpassung der italienischen Haspeleien an die amerikanischen Erfordernisse war aber nur schwer in Gang zu bringen. Zudem war es den Japanern auch gelungen, gelbe Kokonrassen in ihrem Lande mit gutem Erfolge zu züchten; die besseren Japanseiden standen in Qualität der Seide und in der Technik der Verarbeitung auf sehr hoher Stufe und waren den italienischen Seiden ebenbürtig; nur die einfacheren Qualitäten zeigten noch wesentliche Mängel. So konnte der italienische Rohseidenexport trotz billiger Preise auf dem amerikanischen Hauptabsatzmarkte kaum mehr Fuß fassen.

Auf den europäischen Märkten war dagegen die Konkurrenz Ostasiens durch die hohen Preise seiner Rohseiden infolge des hohen Währungsstandes der Produktionsländer stark gemindert; hier konnte Italien mit Erfolg einen größeren Absatz finden, soweit die wirtschaftliche Notlage Europas einen Verbrauch von Luxuswaren überhaupt zuließ. Der Verbrauch Rußlands hatte vollkommen aufgehört; auf die Tätigkeit der Seidenindustrie Frankreichs und Deutschlands wirkten die politischen Spannungen lähmend ein; die Schweiz, ein Hauptkonsument, war durch ihren hohen Valutastand in dem Absatz ihrer Erzeugnisse und damit auch in ihrer Produktion stark gehemmt. Die Neigung aller Staaten, durch eine übermäßige Schutzzollpolitik sich gegen ausländische Luxusimporte abzuschließen oder die inländische Industrie zu schützen, mußte die italienische Seidenindustrie als Exportindustrie besonders schwer treffen. Diese Tatsachen waren wenig geeignet, die Zukunft der italienischen Seidenindustrie in günstigem Lichte zu sehen[64]). Immerhin blieb aber dem Rohseidenhandel Italiens der europäische Absatzmarkt gewahrt, solange die erdrückende ostasiatische Konkurrenz durch den hohen Wechselkurs Japans und die durch ihn bedingte hohe Preislage der japanischen Seiden gedämpft war und der italienische Export aus der geschwächten Valuta Italiens auch gegenüber allen Schutzzollmauern Vorteile zu ziehen vermochte. Die Lage wird sich aber vollkommen ändern und die italienische Seidenindustrie muß in schwere Bedrängnis geraten in dem Augenblick, in dem wieder normale Geld- und Wirtschaftsverhältnisse eintreten werden, wenn Italien zur Goldwährung zurückkehren wird.

[64]) Vgl. die Ausführungen Ferrarios in den Atti etc. S. 95 ff.

In diesem Falle wird sich aber auch noch eine andere Entwicklung, die sich inzwischen in Italien vollzogen hat, für die Seidenindustrie verhängnisvoll auswirken. Eine der wichtigsten Fragen in der Seidenindustrie ist und bleibt die Frage der Handarbeit, da die Seidenindustrie mehr als jeder andere Industriezweig auf umfangreiche und gute Handarbeit in ihrer Produktion angewiesen ist. Wir hatten schon früher darauf hingewiesen, daß die Arbeitslöhne und infolgedessen auch die Produktionsunkosten in Japan und China wesentlich geringer waren als in Italien, obwohl die Löhne in den italienischen Haspeleien und Zwirnereien unter dem Druck der Verhältnisse sich bedeutend niedriger stellten als in den verwandten Industrien Italiens. Jede weitere Lohnsteigerung mußte demnach die Lage der italienischen Seidenindustrie auf dem Weltmarkte noch erschweren. Der durchschnittliche Tageslohn für die filatrici provette war aber inzwischen von 1,20 L. in den Jahren 1912—1914 auf 3,50 L. im Jahre 1919 und 9,10 L. im Jahre 1922 gestiegen[65]). Diese Lohnsteigerung bedeutete nicht nur eine Anpassung an den gesunkenen Wert des italienischen Papiergeldes und an die verteuerte Lebenshaltung, sondern darüber hinaus eine wesentliche Erhöhung der effektiven Entlohnung, wie sie aus den sozialen Bestrebungen der Nachkriegszeit bezüglich der Besserstellung der Arbeiterklasse allgemein sich vollzog und bei den Seidenspinnerinnen auch besonders am Platze war. Berichte aus Japan besagen freilich, daß auch dort die Löhne der Spinnerinnen eine Steigerung erfahren haben. Mit der Erhöhung der Löhne ging aber in Italien zugleich auch eine Verminderung der täglichen Arbeitszeit von 10 auf 8 Stunden Hand in Hand. Ohne über die Notwendigkeit und Zweckmäßigkeit dieser Kürzung der Arbeitszeit ein Urteil fällen zu wollen, geben wir die Mitteilung Ferrarios wieder, daß mit der Verminderung der Arbeitszeit auch ein Rückgang der Arbeitsleistung um 10—20% eintrat[66]). Daß mit diesem

[65]) Atti etc. S. 110. Die Löhne der Zwirnerinnen unterschieden sich nur wenig von den obengenannten Lohnsätzen.

[66]) Atti etc. S. 112. — Anläßlich der Lohnstreitigkeiten in der italienischen Metallindustrie im Jahre 1921, die auf eine Herabsetzung der hohen Kriegslöhne mit Rücksicht auf die damals herrschende Produktionskrisis abzielten, setzte die Regierung eine Untersuchungskommission ein, um die wirtschaftliche Lage der einheimischen Industrie eingehend zu studieren. Die von uns schon wiederholt zitierte Denkschrift Ferrarios über die Lage des italienischen Seidenbaues und der italienischen Rohseidenindustrie bildet einen Teil der Akten dieser Untersuchungskommission.

Vorgang eine neue Unkostensteigerung für die italienische Produktion verbunden war, die um so schwerwiegender war, als die japanische Industrie weiterhin an der langen Arbeitszeit von 10 Stunden und darüber hinaus festhielt, ist ohne weiteres einleuchtend[67]). Gegenwärtig kann die italienische Industrie diese erhöhten Unkosten noch tragen, da sie durch den niedrigen Wechselkurs Italiens effektiv geringer sind, obwohl sie auch effektiv sicher höher stehen als in Japan und China; doch ist die italienische Industrie aus demselben Grunde heute noch vor der vollen Wirkung der Konkurrenz Ostasiens geschützt. Schwindet jedoch einmal dieser Schutz — und dieser Zeitpunkt dürfte nicht mehr allzu fern liegen —, so wird der ostasiatische Wettbewerb schwerer denn je zuvor auf der italienischen Rohseidenindustrie lasten und ihren Rückgang beschleunigen, soweit sie sich nicht durch hohe Qualitätsleistung ihre Existenzberechtigung und ihre Rentabilität noch zu wahren wissen wird.

Noch eine andere Frage ist für die Zukunft der Rohseidenindustrie Italiens von größter Bedeutung: die Gewinnung eines stärkeren Einflusses auf den Kokon- und Rohseidenmarkt durch eine umfassende wirtschaftliche Organisation. Mehr als in jeder anderen Industrie spielt das spekulative Moment der Wahl des günstigen Zeitpunktes für den Ankauf des notwendigen Rohmaterials in der Rohseidenindustrie eine entscheidende Rolle. Weder vor noch nach dem Kriege war es möglich, einen wesentlichen Produktionsgewinn ohne geschickte spekulative Ausnützung einer günstigen Konjunktur auf dem Kokonmarkte zu erzielen, da die jeweiligen Aufwendungen für die Kokons zuzüglich der industriellen Unkosten durch den gleichzeitigen Marktwert des fertigen Erzeugnisses nicht einmal gedeckt wurden[68]).

[67]) Ferrario betont überdies, daß die gewonnene freie Zeit von den Arbeiterinnen nicht zur Ruhe und zur Fortbildung, sondern, da die Spinnerinnen zumeist aus Landarbeiterfamilien stammen, oft zu schweren Feldarbeiten benutzt wurde, womit eine Beeinträchtigung des feinen Gefühls in ihren Fingern und dadurch auch der Feinheit ihrer Arbeit in der Haspelei verbunden war. Unter all diesen Umständen ist es begreiflich, daß die italienische Industrie in erhöhtem Maße ihr Interesse der Frage der automatischen Haspelei nach dem System Fioruzzi zuwendet, über deren Brauchbarkeit und vor allem über deren Leistungen hinsichtlich der Qualität des Erzeugnisses noch nichts Abschließendes gesagt werden kann.

[68]) Vgl. die ausführlichen Tabellen für die Preise der Kokons, der einfachen und gezwirnten Rohseide sowie die Unkostenberechnungen in der

Ein fehlerhafter Einkauf des Rohmaterials in frischen Kokons konnte früher, als die Gewohnheit bestand, sich zur Zeit der Kokonernte sofort für das ganze Jahr einzudecken, für einen Verlustabschluß des ganzen Geschäftsjahres entscheidend sein. Die hohen Preise der Kokons in den späteren Jahren, die von den Spinnern bedeutende Kapitalien für die Rohstoffbeschaffung forderten und sie einem um so größeren Risiko aussetzen, führten die Industriellen dazu, in der Kokonernte nur einen Teil ihres Jahresbedarfes zu decken und den Rest zu späterer Zeit in trockenen Kokons zu erwerben. Diese waren aber inzwischen in die Hände von Aufkäufern übergegangen, die zum Teil Leute aus dem Seidengewerbe, teilweise aber auch Personen ohne jede Beziehung zur Seidenindustrie waren und mit den Kokons wie mit Börsenpapieren spekulierten und ihre Preise in die Höhe trieben, um Differenzgeschäfte zu machen. Ähnlich lagen die Verhältnisse auf dem Rohseidenmarkt. Da zudem in der Haspelei die Kosten der industriellen Einrichtung gegenüber denjenigen des Rohmaterials sehr gering waren und die Eigentümer der Haspeleien und Zwirnereien häufig ihre Betriebe nicht selbst benutzten, sondern sogar für kürzere Zeiten verpachteten, so geschah es nicht selten, daß jene Spekulanten in der Hoffnung, aus dem verarbeiteten Rohmaterial mehr Gewinn herauszuschlagen als aus dem einfachen Wiederverkauf der Kokons, vorübergehend eine Haspelei mieteten und durch ihre improvisierte Produktion den Fachindustriellen erhebliche Schwierigkeiten und Konkurrenz bereiteten, ohne zugleich die dauernden Lasten und die Verantwortung derselben zu tragen. Es ist selbstverständlich, daß bei so starkem Einfluß reiner Spekulation auf dem Kokon- und Rohseidenmarkt die Preisentwicklung außerordentlichen Schwankungen nicht nur von Jahr zu Jahr, sondern sogar von Monat zu Monat ausgesetzt war, wie sie in den Tabellen der durchschnittlichen Jahrespreise überhaupt

Haspelei und Zwirnerei in den Jahren 1913 und 1921 nach den Aufstellungen Ferrarios in den Atti etc. S. 65 ff. Auch der Bericht für Handel und Industrie der Schweiz im Jahre 1913 (S. 22) weist darauf hin, daß die Industrie als solche als mitbestimmender Faktor bei der Preisgestaltung auf dem Seidenmarkte immer mehr an Gewicht verliere; soweit die Spinner und Zwirner einen Gewinn zu verzeichnen hätten, stehe es außer Zweifel, daß dieser auf rein spekulative Operationen zurückzuführen sei; der rein industrielle Gewinn sei in diesem Jahre überhaupt nicht vorhanden, und eine Reihe von erprobten Spinnern und Zwirnern habe in dieser schwülen Atmosphäre von unkontrollierbaren Hausse- und Baissespekulationen mit empfindlichem Verlust abschließen müssen.

nicht zum Ausdruck kamen. Mochte daher auch der durchschnittliche Jahrespreis vielleicht nicht ungünstig gewesen sein, so war damit an sich über eine erfolgreiche Tätigkeit der Industrie noch wenig gesagt; die Ausnützung eines vorübergehenden Tiefstandes der Kokonpreise zum Ankauf des Rohmaterials und einer günstigen Preislage der Rohseiden zum Verkauf des fertigen Erzeugnisses war Vorbedingung für den gewinnbringenden Erfolg der Jahresarbeit; ein Versehen in der einen oder anderen Hinsicht konnte unausbleiblich zum Verlustabschluß führen; das tatsächliche Ergebnis in ein und demselben Jahre war oft zwischen zwei Unternehmen gleicher Leistungsfähigkeit vollkommen verschieden und bei den hohen Kapitalien, die in Frage kamen, für das verlierende Unternehmen von schwerwiegendster Bedeutung. In derselben Kampagne stieg der Seidenpreis von einem tiefsten Stande von 200 L. pro kg auf über 500 L. pro kg, um dann wieder auf den Ausgangspunkt zurückzusinken. Von großem Einfluß auf die Höhe der Unkosten in der Haspelei war auch der Erlös, den das Unternehmen aus dem Verkauf der im Betriebe sich ergebenden Seidenabfälle erzielte. Der Preis einer bestimmten Art der Abfälle (strusa) schwankte aber innerhalb derselben Kampagne zwischen 150 und 30 L. pro kg. „Es ist daher fast absurd, mit den gewöhnlichen Mitteln, die bei anderen Industrien angewendet werden, die Unterlagen geben zu wollen, aus denen Gewinn und Verlust der Seidenindustrie in einer bestimmten Periode festzustellen wären.“ [69]) Der Grund lag in dem außerordentlichen Einfluß, den die Spekulation auf Erfolg und Mißerfolg der seidenindustriellen Tätigkeit ausübte, demgegenüber der Einfluß der rein industriellen Leistung völlig zurücktrat [70]).

Gewiß war die Spekulation vom Kokon- und Rohseidenmarkte nicht völlig auszuschalten, aber durch einen festen wirtschaftlichen Zusammenschluß der beteiligten industriellen Unternehmungen konnten ihrem Einfluß Schranken gesetzt und damit auch der industriellen Tätigkeit sicherere Grundlagen gegeben werden. An eine Beherrschung des Marktes durch die Industrie war dabei nicht zu denken; die Rohseide war ein internationales

[69]) Ferrario, auf den sich auch die übrigen oben gemachten Angaben stützen, in seiner Denkschrift in den Atti etc. S. 6.

[70]) Vgl. auch die frühere Darlegung der Verhältnisse in Italien im Jahre 1914, in dem die Spinner die Kokons der neuen Ernte zu hohen Preisen auf der Grundlage der guten Qualität des Vorjahres zu kaufen gezwungen waren und den Schaden der geringeren Ergiebigkeit an Rohseide allein zu tragen hatten.

Erzeugnis, und mit dem Sinken der italienischen Produktion und der Verminderung ihres prozentualen Anteils an der Weltproduktion war auch der Einfluß der italienischen Industrie auf den Weltseidenmarkt und seine Preisgestaltung gesunken. Heute wird der bestimmende Einfluß in Yokohama und New York ausgeübt, und jede Preisänderung auf dem Weltmarkt wird sich auch unvermeidlich auf den italienischen Rohseiden- und Kokonmärkten auswirken; Preisschwankungen auch in größerem Ausmaße werden nie fehlen. Dennoch würde durch eine festere wirtschaftliche Organisation die italienische Seidenindustrie unter den Rückschlägen auf dem Markte weniger zu leiden haben und vielen Auswüchsen der Spekulation erfolgreich entgegentreten können. Hier mangelt es aber den italienischen Industriellen ebenso wie den italienischen Seidenzüchtern an dem notwendigen Solidaritätsgefühl. Wir haben früher schon gesehen, wie solche Pläne wirtschaftlichen Zusammenschlusses aus den eigenen Reihen bekämpft wurden, und auch die günstigen Erfolge des Ufficio Centrale di acquisto delle sete haben diesen individualistischen Geist nicht zu überwinden vermocht. Die Unternehmungen der Seidenindustrie in Italien waren aus Familiengründungen erwachsen und bestehen noch heute größtenteils als Kommanditgesellschaften oder Offene Handelsgesellschaften; die Aktiengesellschaften bilden die Ausnahme[71]). Man könnte vielleicht schon in dieser Tatsache das Bestreben der italienischen Seidenindustriellen erkennen, ihre Freiheit und Selbständigkeit möglichst unbeschränkt zu wahren. Jedenfalls haben auch die angestrengtesten Bemühungen weitblickender Männer und die schwersten wirtschaftlichen Rückschläge die Seidenindustriellen noch nicht dazu bewegen können, zur Wahrung ihrer gemeinsamen geschäftlichen Interessen eine wirtschaftliche Organisation zu gründen oder die bestehenden Vereinigungen in der Seidenbranche mit der Wahrnehmung dieser Interessen zu betrauen, wie es in Japan schon seit langer Zeit in der Silk Association of Japan geschehen ist. Die bestehenden italienischen Verbände vertreten nur die allgemeinen Interessen der Seidenindustrie vor der Öffentlichkeit und beschäftigen sich erst seit einigen Jahren auch mit der Regelung der Arbeitsverhältnisse in der Industrie. Bedeutende Ver-

---

[71]) Atti etc. S. 83. Vgl. auch unsere früheren Ausführungen über die Unternehmungsformen in der italienischen Seidenindustrie im Gegensatz zu anderen Industrien Italiens.

bände dieser Art sind die Associazione Serica Italiana, Sitz Mailand; Associazione fra i fabbricanti di Seterie, Sitz Como; Federazione Italiana Produttori Semi Bachi, Sitz Mailand.

c) Der industrielle Stand der italienischen Haspelei und Zwirnerei.

Die starke Verminderung des zur Verfügung stehenden in- und ausländischen Rohmaterials und die daraus sich ergebende Einschränkung der Produktion, die schweren Absatzstockungen und gedrückten Preise in der Kriegszeit und die ständige Unsicherheit, die auch noch nach dem Abschluß des Krieges andauerte, hatten einen weiteren Rückgang der Zahl der industriellen Betriebe bzw. der aktiven Haspelbecken und Zwirnspindeln zur Folge. Die italienischen Spinner verloren vielfach angesichts der krisenhaften Zustände, die ihnen große Verluste brachten und in ihrer weiteren Entwicklung auch für die Zukunft nichts Gutes erhoffen ließen, das Vertrauen auf eine Besserung ihrer Lage und zogen es vor, die Einrichtung ihrer teilweise schon veralteten Betriebe unter Ausnützung der augenblicklichen hohen Preise für Kupfer und Eisen zu verkaufen und sich nur dem Handel zu widmen, anstatt zur technischen Verbesserung und Modernisierung ihrer Haspeleien neue Kapitalien aufzuwenden, deren rentable Anlage in diesem Falle doch recht zweifelhaft zu sein schien. Vor dem Kriege wurde die Zahl der in Italien vorhandenen Haspelbecken auf 62000 geschätzt, von denen 55000 aktiv waren. Für das Jahr 1923 gibt Mortara nur noch 48000 vorhandene Haspelbecken an, von denen sich 28000 in der Lombardei, 9000 in Venetien und 5000 in Piemont befanden; der Rückgang in der Gesamtzahl der vorhandenen Haspelbecken betrug demnach mehr als ein Fünftel[72]).

[72]) Mortara a. a. O. 1925 S. 125. Im Jahre 1914 verfügte nach Mortara (a. a. O. 1922 S. 96) die Lombardei noch über 37000, Venetien über 11000 und Piemont über 8000 Haspelbecken, so daß der Rückgang in diesen drei Hauptgebieten der italienischen Haspelei sich auf 24,3 bzw. 18,2 bzw. 37,5% belief. — Nach einer Aufstellung des Annuario dell' industria bacologica e serica (Ann. Stat. 1919—1921 S. 249) befanden sich in Italien am 1. Juli 1919 851 Haspeleien mit 48749 Haspelbecken; davon arbeiteten 691 Haspeleien (= 81,2%) mit 47533 Dampfhaspelbecken (= 97,5% der Gesamtzahl der Becken); ob es sich bei dieser Zählung nur um die aktiven Betriebe und Becken handelte oder um den Gesamtbestand, ist leider nicht ersichtlich. Die Dampfhaspeleien verteilten sich auf die Lombardei (55%), Venetien (16,5%),

Einen genaueren Vergleich ermöglicht eine Aufstellung, die Ferrario in seiner Denkschrift über den Bestand und die Aktivität von Haspeleien und Haspelbecken in den Hauptbezirken der italienischen Haspelei im Oktober 1913 und 1920 gibt[73]). Nach dieser Tabelle, die die Haspeleien der Lombardei, Venetiens, Piemonts und der Umgegend von Rom umfaßt, ist die Zahl der vorhandenen Betriebe und Haspelbecken um 28 %, der aktiven Betriebe und Haspelbecken sogar um 35 % in dem genannten Zeitraum zurückgegangen. Im Jahre 1913 waren von 781 Haspeleien 669 (= 85,7 %), von 56 894 Haspelbecken 50 660 (= 89 %) in Betrieb; im Jahre 1920 war die Zahl der Haspeleien auf 559 gesunken, von denen aber nur 433 (= 77,5 %) in Tätigkeit waren; von der verminderten Zahl der vorhandenen Haspelbecken, die nur noch 40 897 betrug, waren nur 32 805 (= 80,2 %) aktiv. Diese wenigen Zahlen zeigen, daß nicht nur die Anzahl der Haspeleien und Becken beträchtlich gesunken war, sondern auch die verhältnismäßige Aktivität sich verringert hatte. Von diesem doppelten Rückgange waren die Haspeleien Venetiens und Piemonts am stärksten getroffen worden, während die Betriebe der Lombardei sich besser behauptet hatten. Vergleicht man ferner die Zahl der vorhandenen Haspelbecken im Jahre 1919 mit der Zahl, die Mortara für das Jahr 1923, in dem die erste Rekordernte an Kokons in der Nachkriegszeit zu verzeichnen war, angibt, so hatte sich auch unter dem Eindruck der steigenden Kokonproduktion des Inlandes offenbar keine neue Ausdehnung der Seidenspinnerei in Italien vollzogen; sicher war aber die Aktivität der vorhandenen Betriebe und Haspelbecken gesteigert worden.

Das erneute Sinken der italienischen Kokonproduktion läßt jedoch ein Stocken dieser Aufwärtsbewegung und einen neuen Rückgang erwarten, wenn es nicht gelingen sollte, durch die Zufuhr ausländischer Kokons den Bedarf an Rohmaterial zu decken. Doch auch in diesem Falle hängt die Entscheidung über die Zukunft der italienischen Haspelei von dem Augenblick der Rück-

---

Piemont (10,3 %) und Mittelitalien (Toscana und Marken 13 %); die Beckenzahl eines Betriebes schwankte gewöhnlich zwischen 25 und 100 Becken; an größeren Betrieben mit 100—150 Becken bestanden 82, mit über 150 Becken nur 26. Die Haspeleien mit offener Feuerung fanden sich vor allem noch in Mittelitalien (Toscana und Marken). Außerdem bestanden noch 15 Haspeleien mit 808 Haspelbecken zur Verarbeitung von Doppelkokons.

[73]) Atti etc. S. 85.

kehr normaler Wirtschaftsverhältnisse und dem Auftreten der ostasiatischen Konkurrenz auf den europäischen Absatzmärkten Italiens ab. Nach unseren früheren Darlegungen dürfte dieser Zeitpunkt einen weiteren Rückgang der italienischen Haspelei bringen, da sie durch die Steigerung der Löhne und die gleichzeitige Verkürzung der Arbeitszeit in ihrer Konkurrenzfähigkeit ernstlich geschwächt ist und, soweit sie nicht Erzeugnisse einer Qualität liefert, die außerhalb jeder Konkurrenz steht, gezwungen sein wird, auch auf dem eigenen Inlandsmarkte ihre Erzeugnisse zu Preisen zu verkaufen, die ihr keine genügende Rentabilität mehr bieten und sie in erhöhtem Maße dem Glücksspiel der Spekulation in die Arme werfen, das wir oben geschildert haben. Dieser Zustand ist aber auf längere Dauer untragbar und muß zum Untergang führen. Nicht mit Unrecht dürfte daher auch Ferrario ein Schwinden der Seidenspinnerei in Italien befürchten[74]); ob aber diese Entwicklung durch protektionistische Maßnahmen, wie Ferrario sie fordert, verhindert oder auch nur wirksam gehemmt werden kann, dürfte doch recht fraglich sein. Das Beispiel Frankreichs spricht dagegen. Auch hier dürfte die Entwicklung wie in der Frage der Rentabilität und Existenz des italienischen Seidenbaues zu beurteilen sein: die steigende Weltproduktion an Rohseide hat ein Angebot gezeitigt, das in seinem Preisniveau nur noch denjenigen Ländern in der Seidenspinnerei eine rentable Industrie beläßt, deren Bevölkerung auf einer gewissen niedrigeren Stufe der Lebenshaltung steht; ist ihre Bevölkerung jedoch über diese Stufe emporgestiegen, so wird die Seidenspinnerei nur als hochwertige Qualitätsindustrie noch weiteren Bestand in beschränktem Umfange haben können. Der Grund liegt in dem Überwiegen der Handarbeit in diesem Industriezweige, die durch maschinelle Arbeit in gleicher Qualität vorläufig nicht und vielleicht auch nie ersetzt werden kann. Dieser Entwicklung wäre nur zu begegnen durch eine umfassende Organisation der gesamten Weltproduktion, um sie in Anpassung an den Weltkonsum zu regeln und gegebenenfalls zu beschränken; die Frage, ob eine solche monopolistische Organisation möglich ist, unterliegt nicht unserer Untersuchung. Im freien Spiel der Kräfte wird aber, soweit die bisherige Entwicklung uns den Weg in die Zukunft weist, auch für Italien die Zeit kommen und vielleicht schon bald, in der die Seidenhaspelei aufgehört hat, eine der be-

---

[74]) Atti etc. S. 87.

deutendsten und umfangreichsten Industriezweige des Landes zu sein.

Die zweite Stufe der seidenindustriellen Halbfabrikation, die Zwirnerei, hatte ebenfalls in dem behandelten Zeitabschnitt schwere Verluste zu verzeichnen. Die Zahl der in Italien vorhandenen Filierspindeln war in der Zeit von 1914 bis 1923 von 1,2 Mill. auf 923 000 (= 77 %), die Zahl der vorhandenen Zwirnspindeln von 700 000 auf 543 000 (= 77,6 %) zurückgegangen[75]; die Einschränkung der Zahl der Spindeln entsprach demnach der Verminderung der Haspelbecken. In den letzten Jahren sind dagegen einige neue Fabriken mit moderner Einrichtung und hoher Leistungsfähigkeit entstanden, so daß die Tätigkeit der italienischen Zwirnerei in Wirklichkeit nicht eine so starke Einschränkung erfahren hat, wie sie aus den genannten Zahlen hervorzugehen scheint. Auch in der Zwirnerei zeigte sich vielfach der gleiche Vorgang wie in der Haspelei, daß die Zwirner unter dem Druck ihrer schwierigen Lage im Kriege und aus mangelnder Zuversicht für die Zukunft die Einrichtung ihrer schon veralteten Betriebe veräußerten und sich von der Produktion zurückzogen. Nicht nur das einheimische Material mangelte, sondern auch die Zufuhren ausländischer einfacher Rohseide, die zumeist aus Ostasien kamen und etwa die Hälfte des gesamten, von den italienischen Zwirnereien bisher verarbeiteten Materials ausmachten, wurden durch die Gefährdung der Transporte oder durch die starke Verteuerung der Seide infolge der hohen Risikoprämien während des Krieges unmöglich gemacht. Wir haben aber bereits gesehen, daß auch nach Abschluß des Krieges bis in die letzten

[75]) Mortara a. a. O. 1922 S. 96, 1925 S. 125. Zieht man noch die Hauptgebiete der italienischen Zwirnerei gesondert in Betracht, so zeigt sich bezüglich der Filierspindeln eine Verminderung ihrer Zahl von 900 000 auf 748 000 (= 83,1 %) in der Lombardei und von 250 000 auf 167 000 (= 66,8 %) in Piemont, bezüglich der Zwirnspindeln eine Verminderung von 550 000 auf 434 000 (= 78,9 %) in der Lombardei und eine kleine Steigerung von 100 000 auf 103 000 in Piemont. — Nach der Aufstellung des Annuario dell' industria bacologica e serica (Ann. Stat. 1919—1921 S. 249) bestanden am 1. Juli 1919 in Italien 366 Zwirnereibetriebe, fast ausschließlich in der Lombardei und in Piemont gelegen, mit 1 082 606 Filierspindeln und 627 993 Zwirnspindeln. Demnach wäre auch noch für die Zeit von 1919 bis 1923 ein Rückgang der Zahl der vorhandenen Spindeln festzustellen. Über die Aktivität der Spindeln ist in den Statistiken nichts vermerkt.

Jahre der Import Italiens an einfacher Rohseide sich in äußerst engen Grenzen hielt und mit der Einfuhr der Vorkriegszeit gar nicht zu vergleichen war. Teilweise war die Tatsache in dem hohen Preise der ostasiatischen Seiden begründet, der einen Absatz in den wirtschaftlich geschwächten europäischen Ländern nicht gestattete. Die Hauptursache lag aber in dem Bestreben vieler Länder, ihrer Seidenweberei auch eine größere Seidenzwirnerei anzugliedern und die einfache Rohseide direkt aus den ostasiatischen Produktionsländern unter Ausschaltung ihrer weiteren Verarbeitung in Italien zu beziehen.

Schon in der Zeit vor dem Kriege war festzustellen, daß der italienische Export an einfacher Rohseide einen gewaltigen Aufschwung nahm, während die Ausfuhr von gezwirnter Rohseide, die im Jahre 1901 dem vorgenannten Export noch fast gleichstand, stationär blieb oder sogar Verminderungen erfuhr. Hauptkonsumenten an einfacher Rohseide, wie die Vereinigten Staaten von Amerika und Rußland, hielten die italienische gezwirnte Seide durch hohe Einfuhrzölle fern, um die Zwirnerei des eigenen Landes zu schützen oder stärker zu entwickeln. So war es Amerika gelungen, eine eigene Seidenzwirnerei zu erhalten, die den Bedarf der amerikanischen Weberei vollkommen zu decken vermochte und, da der Konsum Amerikas sich fast ausschließlich den ostasiatischen Seiden zugewendet hatte und die japanischen und chinesischen Spinnereien unter der Anleitung der amerikanischen Interessenten sich in ihrem Verfahren vervollkommnet und den amerikanischen Forderungen angepaßt hatten, das erforderliche Rohmaterial auf direktem Wege aus Japan und China bezog. Italien hatte mit dieser Entwicklung, die sich während des Krieges vollzog, nicht nur seinen Absatzmarkt für die einheimische Seide, sondern auch einen großen Teil der bisherigen Beschäftigung für seine Seidenzwirnereien eingebüßt. In Europa schützte außer Rußland auch Frankreich seine eigene Zwirnerei durch hohe Einfuhrzölle, so daß also auch in diesen Ländern die asiatische Seide, soweit sie verwendet wurde, und die italienische Seide als einfache Rohseide eingeführt wurden; die französische Zwirnerei hatte sich mit ihrer überschüssigen Produktion sogar zur Konkurrentin der italienischen Zwirnerei auf den gemeinsamen Auslandsmärkten entwickelt.

Unter diesen Umständen war also die italienische Seidenzwirnerei im Gegensatz zur Haspelei nicht nur für die Zeit der wirtschaftlichen Depression in Europa gehindert. Andrerseits brachte der Zeitpunkt, in dem Italien zur Goldwährung und damit zu normalen wirtschaftlichen Verhältnissen zurückkehren würde und die italienische Haspelei einen schweren Existenzkampf gegen die ostasiatische Konkurrenz würde bestehen müssen, für die italienische Zwirnerei keine neue Erschwerung ihrer Lage; soweit das Ausland noch gezwirnte Seide einführte, konnte die italienische Zwirnerei auch asiatische Seide wieder verarbeiten und exportieren; auf dem Inlandsmarkte aber hatte die Zwirnerei von der übermächtigen Konkurrenz der asiatischen Seide, die als einfache Rohseide importiert wurde, nichts zu fürchten. Nicht Ostasien mit seiner billigeren Rohseide bildete hier die Gefahr der Zukunft, sondern die zollpolitisch geschützte Zwirnerei der Verbrauchsländer; nicht in der teueren Handarbeit beruhte die Unterlegenheit der italienischen Zwirnerei — ihre Löhne waren trotz der Steigerung in der Nachkriegszeit noch geringer als in den konkurrierenden europäischen und amerikanischen Industrien —, sondern die Schutzzollmauern der Verbrauchsländer und vielleicht auch eine technische und organisatorische Überlegenheit ihrer Zwirnereien waren Hemmnisse des italienischen Exportes. Soweit höhere Produktionsunkosten und damit höhere Preise des italienischen Produktes vorliegen würden, wäre ihre Ursache nicht in verhältnismäßig zu hohen Lohnunkosten zu suchen, die unter Herabdrückung der Lebenshaltung der beschäftigten Arbeitskräfte vermindert werden müßten; in der Zwirnerei spielt die Handarbeit nicht mehr die maßgebende Rolle wie in der Haspelei; ihr Betrieb ist heute in ganz anderem Maße von der Maschine und ihrer technischen Vervollkommnung und produktiven Leistungsfähigkeit bestimmt. In der größeren und besseren und damit billigeren Produktionsleistung ihrer Maschinen läge die eventuelle Überlegenheit einer konkurrierenden ausländischen Zwirnerei begründet, nicht in der billigeren Handarbeit. Somit fordert auch die Zwirnerei keinen niedrigen Lebensstandard für das Land, in dem sie bestehen und sich rentieren soll. Sie ist eine Industrie, die sich auch in Ländern mit hoher Lebenshaltung, wie in Amerika und Frankreich, erfolgreich zu behaupten weiß; ihr Fortschritt ist nicht durch die Notwendigkeit unersetzlicher umfangreicher Handarbeit gehemmt, wie es bei der Haspelei der Fall zu sein scheint; ein Hemmnis für sie sind nur technische Unterlegenheit oder zollpolitische Hindernisse.

Demnach sind auch die Aussichten der italienischen Zwirnerei trotz ihres gleichzeitigen und gleichmäßigen industriellen

Rückganges anders zu beurteilen als diejenigen der italienischen Haspelei. Eine technische Unterlegenheit der Seidenzwirnerei ist durch Verbesserungen auszugleichen; der Vorteil verhältnismäßig billigerer Handarbeit verbleibt ihr. Zollpolitische Hindernisse können durch Handelsverträge beseitigt oder wenigstens gemildert werden. Der innere Markt wird ihr aber, sofern sie selbst technisch auf der Höhe steht, durch keine Konkurrenz entrissen werden können, und ihre Produktion wird mit der weiteren Entwicklung der italienischen Seidenweberei und dem wachsenden Konsum des wirtschaftlich aufsteigenden italienischen Volkes wieder zunehmen. Während die Entwicklung der italienischen Haspelei, sofern sie nicht noch zur mechanischen Industrie in größerem Maße als bisher wird, abwärts geht und gehen muß und nur vorübergehend durch die gegenwärtigen anormalen Wirtschaftsverhältnisse auf einer Höhe gehalten wird, die ihr normalerweise nicht mehr zukommt, hat die italienische Zwirnerei schwere Hindernisse zu überwinden, ohne daß aber durch sie ihre weitere Entwicklung für immer unterbunden oder gar ihre Existenz bedroht würde. Solange auf der Welt noch Rohseide produziert wird und wenigstens in dem Maße, in dem Italien Seide konsumiert, wird auch die italienische Zwirnerei weiterhin bestehen können. Diese soeben genannten Voraussetzungen weisen aber schon auf eine neue Frage hin, die seit zwei Jahrzehnten die gesamte Seidenproduktion und -verarbeitung berührt und deswegen auch für die italienische Seidenindustrie von Wichtigkeit ist: die Einwirkung der Kunstseide auf Produktion und Konsum der Naturseide.

d) Naturseide und Kunstseide.

Die Versuche der Produktion eines neuen Textilstoffes aus vegetabilischen Grundstoffen in enger Anlehnung an den technischen Vorgang der Erzeugung der Seidenfaser durch die Seidenraupe gehen zwar schon in das vorige Jahrhundert zurück, haben aber erst eine größere wirtschaftliche Bedeutung erlangt, als es gelungen war, das gewonnene Produkt von seinen größten Schwächen der leichten Entzündbarkeit und geringen Widerstandsfähigkeit gegen Feuchtigkeit zu befreien und es zu einem wirklich brauchbaren Textilstoff zu machen [76]). Kunstseide wurde

[76]) Für alle chemischen und technischen Einzelheiten der Kunstseidenproduktion muß hier auf die diesbezügliche umfangreiche Literatur verwiesen werden.

zuerst in der Besatz- und Posamentenindustrie, ferner für Spitzen und Stickereien mit Erfolg verwendet. Weitere Verbesserungen verschafften ihr Eingang in die Krawattenstoff- und Bandindustrie; die Wirkwarenindustrie benutzte sie in reiner oder mit Baumwolle, Wolle und Naturseide gemischter Form; auch in der Weberei diente sie bald als Schuß mit naturseidener Kette. Schließlich wurde sie auch in der Weberei in reiner Form als Kette und Schuß für leichtere Kleiderstoffe, Futterstoffe und besonders für Dekorationsstoffe verwendet. Ebenso dient sie auch zur Herstellung von Samt- und Plüschstoffen. Wenn die Kunstseide auch in der Eigenart des Glanzes, in der Feinheit und Elastizität des Fadens, in der Dauerhaftigkeit und Wärmewirkung keineswegs der Naturseide ebenbürtig ist, so bietet sie doch die Möglichkeit, durch ihren hohen Glanz wirksame Effekte zu erzielen, und hat durch weitere Fortschritte in der Produktionstechnik allmählich an Feinheit, Weichheit und Festigkeit wie an äußerem Ansehen so sehr gewonnen, daß sie in ihren besten Qualitäten oft nur noch schwer von der Naturseide zu unterscheiden ist. Vor allem besitzt sie aber den Vorzug der Billigkeit und einer fast unbeschränkten Produktionsmöglichkeit. Während der Preis von 1 kg Organsin im Jahre 1925 sich auf etwa 70—75 Mk. stellte, kostete 1 kg Kunstseide vom Titer 120 den. in Kettdrehung etwa 20 Mk.[77]). So war es zu erwarten, daß sich auch die Mode diesem neuen Textilstoff schnell zuwenden würde, und kunstseidene Krawatten, Bänder, Handschuhe, Strümpfe, Wäsche und selbst Kleider sind heute zur Alltäglichkeit geworden. Die Weltproduktion an Kunstseide erreichte schon vor dem Kriege im Jahre 1913 eine Höhe von 13,2 Mill. kg, übertraf im Jahre 1922 mit 36,2 Mill. kg zum ersten Male die Weltproduktion an Naturseide (abzüglich des Selbstverbrauchs der ostasiatischen Länder) und betrug im Jahre 1925 mit 89,4 Mill. kg mehr als das doppelte der Naturseidenproduktion[78]). Die Erzeugung von Kunstseide ist heute zum Gemeingut fast aller Länder geworden.

In Italien hatte sich diese Produktion erst während des Weltkrieges zu größerer Bedeutung entwickelt, um dann aber um so schneller anzusteigen; im Jahre 1922 erzeugte Italien erst 2,9 Mill. kg Kunstseide, im Jahre 1925 stand es mit 12,7 Mill. kg bereits

---

[77]) „Spinner und Weber“ 1925 Nr. 73 S. 5 ff.

[78]) Stat. Jahrb. f. d. D. R. 1926 S. 40* (nach einer Zusammenstellung im Manchester Guardian Commercial „Artificial Silk“, special number, April 1926).

an dritter Stelle unter den Produktionsländern der Welt. Das bedeutendste italienische Unternehmen ist die Snia Viscosa (Società Nazionale Industria Applicazione Viscosa), die sich in mehrfacher Wandlung von einer Reederei zur Handelsgesellschaft und seit 1917 zu einem der größten Kunstseidenproduzenten entwickelt hat; ihr Sitz ist in Turin, ihre Fabriken stehen in Turin, Pavia, Cesano-Maderno und in Venaria Reale, doch ist sie in ständiger Ausdehnung begriffen. Ihr Aktienkapital beträgt 1 Milliarde L., ihre Produktion im Jahre 1925 8 Mill. kg, ihre Belegschaft etwa 25 000 Arbeiter[79]). Sie produziert nach dem Viskoseverfahren. Andere Produktionsgesellschaften sind Soie de Châtillon in Mailand, Seta artificiale Varedo in Mailand, Società Generale Italiana della Viscosa in Rom.

Mit der Steigerung der Produktion wuchs auch die Ausfuhr Italiens an Kunstseide, so daß sich der ehemalige Importüberschuß nach dem Kriege in einen gewaltigen Exportüberschuß verwandelte. Im Jahre 1913 betrug die Einfuhr an Kunstseide 0,36 Mill. kg, die Ausfuhr nur 0,15 Mill. kg[80]); unter den Einwirkungen des Krieges nahm der Außenhandel sehr stark ab. Nach dem Kriege stand aber einem Export von 1,5 Mill. kg Kunstseide im Jahre 1922 nur ein Import von 0,4 Mill. kg gegenüber; im Jahre 1925 war der Export auf 7,3 Mill. kg, der Import nur auf 0,6 Mill. kg gestiegen[81]). Soweit Kunstseide überhaupt noch in Italien eingeführt wird, handelt es sich um das Erzeugnis anderer technischer Verfahren oder besonders feiner Qualitäten. Die italienische Ausfuhr von Kunstseide richtete sich im Jahre 1925 zu 27,8% nach Großbritannien, zu 20,4% nach den Vereinigten Staaten von Amerika, zu 10% nach Deutschland; Italien zieht bei seiner Ausfuhr in hochvalutarische Länder großen Nutzen aus seiner geschwächten Valuta. Für den Export nach dem fernen Osten, der schon jetzt bedeutende Mengen umfaßt, ist die Società Italo-Orientale Seta Artificiale in Rom gegründet worden, die als Verkaufsorganisation der Società Generale Italiana della Viscosa in Rom gilt[82]).

Für unsere Untersuchung ist vor allem die Frage von Bedeutung, in welchem Maße die Produktion und der Konsum an Kunst-

[79]) „Spinner und Weber" 1926 Nr. 25 S. 18.
[80]) Mov. Comm. 1915 I S. 165 bzw. S. 376.
[81]) Ann. Stat. 1922—1925 S. 210 bzw. S. 218.
[82]) „Spinner und Weber" 1925 Nr. 3 S. 20.

seide auf die Erzeugung und den Verbrauch der Naturseide einen Einfluß auszuüben geeignet ist. Dieser Einfluß ist zahlenmäßig kaum festzustellen. Die Tatsache, daß die steigende Weltproduktion von Naturseide bisher vom Konsum, abgesehen von einigen Konjunkturschwankungen, restlos aufgenommen worden ist, weist darauf hin, daß von einer Verdrängung der Naturseide durch die Kunstseide im allgemeinen keine Rede sein kann. Wohl aber dürfte die Kunstseide einen preisdrückenden Einfluß auf die Naturseide ausüben, da die Kunstseide in ihren besten Qualitäten der Naturseide schon recht nahe kommt und damit zur wahren Konkurrentin wird[83]). Es ist auch eine bekannte Tatsache, daß in einzelnen Industriezweigen die Kunstseide tatsächlich ihre Gegnerin zum großen Teil verdrängt hat; so in der Posamenten-, Krawattenstoff-, Band- und Wirkwarenindustrie. Ebenso ersetzt sie die Naturseide schon in weitem Maße als Schuß, so daß die Tramezwirnerei darunter schwer zu leiden hat. In Italien wurde Trame meist aus ostasiatischen Seiden hergestellt; die Folge der äußerst schwierigen Lage, in die sich die italienische Tramezwirnerei durch den Rückgang des Imports aus Ostasien und die erfolgreiche Konkurrenz der Kunstseide versetzt sah, war, daß sich viele bisherige Seidenzwirner der Verarbeitung von Kunstseide zuwandten und dadurch gewissermaßen in das Lager des Gegners übergingen[84]). In den gemischten Seidenwaren tritt die Kunstseide aber auch zugleich als Gegnerin der Baumwolle und Wolle auf. Für die Herstellung kunstseidener Kleiderstoffe in Kette und Schuß als Ersatz echter Seidenstoffe dürfte die Kunstseide gegenwärtig wohl nur in beschränktem Maße in Betracht kommen; ein vollgültiger Ersatz für die Naturseide ist die Kunstseide auch in ihren besten Qualitäten nicht; was freilich die zukünftige Entwicklung der Produktionstechnik der Kunstseide noch bringen und ob die Überbrückung des tiefgreifendsten Unterschiedes zwischen der Kunstseide als vegetabilischem und der Naturseide als animalischem Produkt möglich sein wird, kann niemand sagen.

Neben den Nachteilen, die die Kunstseide dem Verbrauch der Naturseide gebracht hat, dürfen aber auch die weitgehenden Vorteile nicht übersehen werden. Durch die Verwendung von Kunstseide sind die gemischten Seidenstoffe in ihrem Preise gegenüber

---

[83]) Bericht über Handel und Industrie der Schweiz im Jahre 1922 S. 38.

[84]) Bericht über Handel und Industrie der Schweiz 1922 S. 37, 1923 S. 45; Atti etc. S. 92.

den reinen oder mit Baumwolle und Wolle gemischten Seidenstoffen außerordentlich gesunken und damit einer Verbraucherschicht zugänglich geworden, in der man den Konsum von Seide früher gar nicht oder nur in sehr beschränktem Umfange kannte. Auf diesem Wege hat aber der Verbrauch von Naturseide eine bedeutende Ausdehnung erfahren, so daß man wohl zweifeln kann, ob der Verbrauch von Naturseide im ganzen genommen durch die Kunstseide nicht eher gewachsen als gesunken ist. Auch dort, wo die Kunstseide ganz an die Stelle der Naturseide getreten ist, hat der Verbrauch dieser Erzeugnisse erst durch den billigen Preis der Kunstseide den gegenwärtigen gewaltigen Umfang angenommen, den er bei einer Herstellung aus Naturseide niemals hätte erreichen können; der Verlust des Konsumentenkreises ist in diesem Falle also für die Naturseide nicht so groß, als er äußerlich erscheint. Ein weiteres Sinken der Naturseiden- oder Kunstseidenpreise kann nur dazu dienen, den Verbrauch der Naturseide in neue, ständig umfangreichere Bevölkerungsschichten einzuführen. Eine große Gefahr für die italienische Seidenzucht und Rohseidenindustrie liegt allerdings, wie wir gesehen haben, gerade in dem Preisdruck, den die Kunstseide auf die Naturseide ausübt. Sollte es aber technisch gelingen, die Kunstseide bis zu einem vollwertigen Ersatz der Naturseide zu vervollkommnen, dann werden der Seidenbau und die Seidenindustrie in ihrer Existenzfähigkeit bis zur Vernichtung getroffen werden, aber nicht nur in Italien, sondern auf der ganzen Welt.

e) Der Außenhandel mit gefarbten Seiden Die Florettindustrie.

Für die Entwicklung der Färberei und Druckerei in der italienischen Seidenindustrie liegen neuere Zahlen seit der Betriebszählung vom Jahre 1911 nicht vor. Der Außenhandel in gefärbter Seide, der im Jahre 1913 einen Ausfuhrüberschuß von 106 165 kg zu verzeichnen hatte, wurde unter der Einwirkung des Krieges wieder stark passiv; die Ausfuhr sank unter bedeutenden Schwankungen bis auf 31 731 kg im Jahre 1918, während die Einfuhr allmählich auf 78 626 kg anwuchs[85]). Dieses Mißverhältnis blieb auch noch in den folgenden Jahren bestehen. Erst im Jahre 1923 übertraf der Export wieder den Import, doch

---

85) Mov. Comm. 1918 S. 150 bzw. S. 315.

nahm der gesamte Außenhandel in gefärbten Seiden ab. Im Jahre 1925 wurden 20 429 kg nach Italien eingeführt, zu 89,4% aus Frankreich; die Ausfuhr betrug nur 17 287 kg, die zu 67,7% nach Brasilien gingen[86]). Die wirtschaftlichen Schwierigkeiten der Kriegs- und Nachkriegszeiten, verbunden mit hochschutzzöllnerischen Maßnahmen vieler Länder, scheinen diesen an sich schon schwachen Zweig der italienischen Seidenindustrie besonders hart getroffen zu haben.

Die italienische Florettindustrie hatte vor dem Kriege eine zunehmende Ausdehnung erfahren, die auch während des Krieges weiterhin angehalten zu haben scheint. In der Nachkriegszeit wurden ungefähr 550 Betriebe dieses Industriezweiges gezählt[87]). Der Import von Seidenabfällen stieg während des Krieges von 0,5 Mill. kg im Jahre 1913 bis auf 1,2 Mill. kg im Jahre 1918 und wandte sich auch bemerkenswerterweise in höherem Maße den besseren Abfallsorten zu; der Export sank dagegen nach dem Ausbruch des Krieges sofort von 2,8 auf 1,7 Mill. kg in den Jahren 1913 bzw. 1914. Wohl infolge der drohenden Ausfuhrverbote stieg der Export im Jahre 1916 plötzlich auf 5,6 Mill. kg, um im folgenden Jahre auf 0,7 Mill. kg zu sinken und erst in der Nachkriegszeit seine frühere Höhe wieder zu erreichen. Das Jahr 1925 wies den Import mit 4,4 Mill. kg und den Export mit 4,3 Mill. kg fast in gleicher Höhe auf; die eingeführten Abfälle lieferten vor allem China und Japan, die Ausfuhr ging vorwiegend nach Frankreich und der Schweiz[88]). Wenn auch der Rohstoff demnach in größerem Umfange in Italien verblieb, so machte sich der Rückgang der Kokonernte auch hier bemerkbar; andrerseits wirkten auch die Kriegszustände auf eine Verminderung der Ausfuhr an gekämmter und gesponnener Florettseide hin; sie sank für gesponnene Abfallseide von 1,2 Mill. kg im Jahre 1913 auf 0,6 Mill. kg im Jahre 1920; die Ausfuhr gekämmter Rohseide war vor dem Kriege verschwindend klein und hob sich erst nach dem Kriege auf 0,2 Mill. kg[89]). Auch soweit die Florettseide verarbeitet und als Gewebe

---

86) Ann. Stat. 1922—1925 S. 210 bzw. S. 217.

87) Handw. d. Staatsw. 4. Aufl. Bd. VIII S. 174. Die genaue Zahl der Betriebe im Jahre 1911 ist aus der Statistik der Betriebszählung in diesem Jahre nicht ersichtlich.

88) Mov. Comm. 1914 I S. 170 f. bzw. S. 401, 1918 S. 150 bzw. S. 315; Ann. Stat. 1922—1925 S. 210 bzw. S. 217.

89) Mov. Comm. 1914 I S. 401, 1920 I S. 399 f.

ausgeführt wurde, war der Einfluß des Krieges zu fühlen. Die Statistik zeigt ein sehr unregelmäßiges Bild. Die Ausfuhr gewöhnlicher glatter Schappegewebe stand im Jahre 1913 auf 14 882 kg, sank in den folgenden zwei Jahren auf 9332 und 1705 kg, schnellte dann offenbar infolge der drohenden Ausfuhrverbote im Jahre 1916 auf 44 506 kg empor, um im nächsten Jahre wieder auf 15 369 kg zu sinken und im Jahre 1918 sogar ganz zu verschwinden; ebenso erging es der an sich schon ganz unbedeutenden Ausfuhr an gemusterten Schappegeweben. Außer der allgemeinen Kontingentierung der Ausfuhr von Seidenstoffen aus Italien wirkte zu diesen Erscheinungen wohl auch das gerichtliche Verfahren mit, das in den ersten Monaten des Jahres 1918 gegen die „Società per la filatura dei cascami di seta" eröffnet wurde und zur Verhaftung angesehenster Männer der Seidenbranche und zur Aufstellung schwarzer Listen mit italienischen und schweizerischen Firmen führte. Die italienische Grenze war wochenlang für den Seidenverkehr überhaupt geschlossen. Erst nach Beendigung des Krieges konnte sich die Ausfuhr von Schappegeweben wieder auf 11 257 kg im Jahre 1920 heben[90]). Die Einfuhr ist dagegen seit der Vorkriegszeit auf ein Mindestmaß herabgesunken. Aus diesen Tatsachen ist zu entnehmen, daß die italienische Florettindustrie für den Außenhandel auch heute noch eine sehr geringe Bedeutung besitzt; ihre Aufgabe besteht vor allem darin, die Seidenabfälle der einheimischen Seidenzucht und Halbfabrikation im Lande zurückzuhalten und zu verarbeiten, um dem früher üblichen Vorgang, daß die Abfalle ausgeführt wurden und als Gewebe nach Italien wieder zurückkehrten, vorzubeugen, den vorhandenen einheimischen Konsum durch eigene Arbeit zu befriedigen und dadurch den vollen Rohstoff- und Arbeitsgewinn der Volkswirtschaft Italiens zu erhalten. Dieses Ziel scheint die Florettindustrie in Italien schon größtenteils erreicht zu haben.

4. Die italienische Seidenweberei in der Kriegs- und Nachkriegszeit.

a) Die Entwicklung des italienischen Außenhandels in Seidengeweben; die Absatzmärkte der italienischen Seidenweberei.

Wesentlich anders als für die italienische Rohseidenindustrie gestaltete sich die Lage während des Krieges für die italienische

[90]) Mov. Comm. 1915 I S. 380, 1920 I S. 403.

Seidenweberei. Die schweren Absatzstockungen und Preissenkungen auf dem italienischen Rohseidenmarkt boten der Weberei ein reiches Rohmaterial zu niedrigen Preisen, das auf eine Steigerung ihrer Produktion hinwirken mußte, da zugleich die Verhältnisse auf dem Absatzmarkte für sie äußerst günstig lagen. Zwar war der Konsum im Inlande durch den Krieg zurückgegangen; die deutsche Konkurrenz war aber völlig ausgeschaltet, die französische durch die Kriegslage sehr geschwächt, die schweizerische durch den Valutastand ihres Landes stark behindert. Andrerseits eröffnete sich der italienischen Industrie in Großbritannien ein weites Absatzgebiet, das bisher von Krefeld und Lyon aus versorgt worden war. Diese Veränderungen kommen in der Handelsstatistik deutlich zum Ausdruck. Die Einfuhr von reinen Seidengeweben nach Italien sank von 136 027 kg im Jahre 1913 auf 48 062 kg im Jahre 1918, die Einfuhr von gemischten Geweben in demselben Zeitraum von 55 399 kg auf 1695 kg. Demgegenüber stieg die Ausfuhr von reinen Seidengeweben von 908 451 kg im Jahre 1913 zunächst auf 1,3 Mill. kg im Jahre 1915, um sich dann wieder auf 973 590 kg im Jahre 1918 zu senken; doch blieb sie mit dieser Menge wesentlich über der durchschnittlichen Höhe der Ausfuhr der letzten Vorkriegsjahre. Die Ausfuhr von gemischten Geweben betrug im Jahre 1913 543 566 kg, steigerte sich bis zum Jahre 1916 auf 1,1 Mill. kg und stand noch im Jahre 1918 auf einer Höhe von 928 377 kg, hatte also um 71% gegenüber der Vorkriegszeit zugenommen[91]). Bei diesen Exporten handelte es sich wie früher vorwiegend um glatte schwarze oder gefärbte Gewebe in reiner Seide und um dieselben Arten in gemischtem Gewebe, doch konnte sich auch die Ausfuhr von gefärbten gemusterten Stoffen mit gemischtem Gewebe mehr als verdreifachen.

In der Einfuhrstatistik für reine Seidengewebe hatte Deutschland im Jahre 1914 noch mit 28 606 kg gestanden und war dann nach dem Eintritt Italiens in den Weltkrieg aus der Reihe der Lieferungsländer verschwunden. Der Import aus Frankreich ging in der Zeit von 1914 bis 1918 von 36 158 kg auf 28 747 kg zurück, der Import aus der Schweiz von 21 648 kg auf 258 kg, derjenige Japans von 26 121 kg auf 15 682 kg. Ähnlich lagen die Dinge in der Einfuhr von gemischten Geweben; der Hauptlieferant Deutschland mit 24 374 kg im Jahre 1914 wurde völlig aus-

[91]) Mov. Comm. 1914 I S. 173 f. bzw. S. 403 f., 1918 S. 152 bzw. S. 316 ff.

geschaltet, der Import Frankreichs wurde von 20121 kg auf 1183 kg herabgedrückt[92]). Gewiß bot der innere Markt Italiens nicht mehr die gleichen Absatzmöglichkeiten wie vor dem Kriege; die außerordentliche Steigerung der italienischen Ausfuhr an gemischten Geweben beweist aber in Verbindung mit dem fast völligen Schwinden des Importes, daß die italienische Seidenweberei die Gelegenheit zu nützen verstanden hatte, den einheimischen Markt fast ganz für sich zu erobern.

Von besonderer Bedeutung waren aber die Bemühungen der italienischen Weberei, auf den Auslandsmärkten den durch den Krieg freigewordenen Platz Deutschlands zu besetzen und auch die teilweise Ausschaltung Frankreichs zu benutzen, um den eigenen Absatz möglichst zu fördern. Der Vorstoß richtete sich vor allem auf den englischen Markt. Die Ausfuhr von reinen Seidengeweben nach Großbritannien hatte im Jahre 1914 618795 kg betragen und stieg schon im folgenden Jahre auf mehr als 1 Mill. kg; die nachsten Jahre brachten zwar wieder Abschwächungen, doch wurden noch im Jahre 1918 745847 kg nach England ausgeführt. Auch die Ausfuhr nach Frankreich wies eine Steigerung von 72892 kg auf 97167 kg in der Zeit von 1914 bis 1918 auf. Der Export nach der Schweiz, der vorwiegend aus gefärbten glatten Seidenstoffen bestand, sank im Jahre 1914 mit 36763 kg fast auf ein Drittel der vorangegangenen Exporte, hob sich dann aber in den beiden folgenden Jahren wieder auf 62334 bzw. 66781 kg; infolge der Kontingentierung der Ausfuhr durch die interalliierte Kommission fiel er sofort auf 27039 kg im Jahre 1917 und 4800 kg im Jahre 1918. Die Ausfuhr nach den Vereinigten Staaten hatte sich zwar im Jahre 1914 mit 59905 kg gegenüber den Vorjahren mehr als verdoppelt, sank aber dann wieder auf 17995 kg im Jahre 1918 allmählich zurück; die Gefährdung der Transporte über den Atlantischen Ozean, das Anwachsen der amerikanischen Seidenweberei und die Konkurrenz Japans ließen hier keinen dauernden Erfolg reifen. Die Ausfuhr nach der Levante mußte unter den Kriegszuständen naturgemaß sehr leiden; auch die Exporte nach Südamerika gingen zurück.

Nicht weniger bemerkenswert waren die Bemühungen Italiens in der Ausfuhr seiner gemischten Seidengewebe. Der Export nach Großbritannien stand auch hier weitaus voran und war von 184567 kg im Jahre 1914 auf 610116 kg im Jahre 1916 ange-

---

[92]) Mov. Comm. 1914 I S. 173f., 1918 S. 152.

wachsen; im Jahre 1918 betrug er noch 493 571 kg. Die Ausfuhr nach Frankreich zeigte nur eine vorübergehende starke Steigerung im Jahre 1915, um dann noch unter die frühere Höhe herabzusinken. Von großer Bedeutung wurde dagegen der Export nach Ägypten, der von 81 473 kg auf 291 592 kg im Jahre 1918 anwuchs. Auch die Ausfuhr nach Britisch-Indien nahm vorübergehend außerordentlich zu, um dann aber seit dem Jahre 1917 noch unter die Höhe der Vorkriegszeit zu sinken. Erhebliche Steigerungen zeigten die Exporte nach Griechenland und den südamerikanischen Staaten. Der Export nach den Vereinigten Staaten war im Jahre 1914 auf 42 527 kg angewachsen, ging dann aber auf 1815 kg im Jahre 1918 zurück; die Ausfuhr nach der europäischen und asiatischen Türkei, die im Jahre 1914 noch 48 462 kg betragen hatte, ging selbstverständlich ganz verloren[93]).

Somit hatte die italienische Seidenweberei unter den für sie vorteilhaften Verhältnissen des Krieges ihre Produktion ganz wesentlich steigern und ihren Absatz im Inlande und vor allem im Auslande ausdehnen können. Die entscheidende Frage war aber, ob diese Eroberungen auch in der Nachkriegszeit von Bestand sein würden. Noch stand die italienische Weberei nicht auf der Höhe der Technik ihrer ausländischen Konkurrenten. Es war zu erwarten, daß die französische und deutsche Weberei ihr ehemaliges Absatzgebiet nicht kampflos preisgeben würden, sondern daß nach Abschluß des Krieges mit der Rückkehr normaler Wirtschaftsverhältnisse und mit der Wiederherstellung alter Handelsbeziehungen ein heftiger Wettbewerb entbrennen würde, in dem schließlich die Qualität des Erzeugnisses den Ausschlag geben mußte. Die weltwirtschaftliche Lage im Jahre 1925 kann noch nicht als normal bezeichnet werden. Die italienische Industrie findet in der Entwertung der Valuta Italiens noch eine starke Stütze, um billiger produzieren und ihre Erzeugnisse zu verhältnismäßig niedrigeren Preisen als Deutschland und selbst Frankreich verkaufen zu können. Allerdings hatten die ersten Jahre der Nachkriegszeit bis zur Stabilisierung der deutschen Währung Ende des Jahres 1923 auch den deutschen Seidenwebern den Vorteil der entwerteten Valuta gebracht und die deutsche Industrie mit ihrer gesteigerten Arbeitsintensität zu einem „neuen sehr zu fürchtenden Konkurrenten auf den meisten Märkten“ ge-

---

[93]) Mov. Comm. 1914 I S. 403 f., 1915 I S. 378 f., 1916 I S. 355 ff., 1917 I S. 333 f., 1918 S. 316 ff.

macht[94]); dieser Vorteil besteht aber heute nicht mehr für die deutsche Seidenweberei, von anderen schweren Hemmnissen und Nachwirkungen des verlorenen Krieges ganz abgesehen. Eine endgültige Entscheidung in diesem Kampfe um die Absatzmarkte konnte daher bis jetzt noch nicht fallen. Die Entwicklung in den Jahren 1919—1925 bietet aber bereits wesentliche Anhaltspunkte zur Beurteilung der Lage.

Die Einfuhr reiner Seidengewebe nach Italien verdoppelte sich sofort im Jahre 1919, erreichte im folgenden Jahre mit 181 085 kg eine Höhe, die beträchtlich über der Einfuhrmenge der letzten Vorkriegsjahre lag, und senkte sich sodann wieder auf 122 069 kg im Jahre 1922 und auf 110 399 kg im Jahre 1925. Die Einfuhr stammte zu 39% aus Frankreich, zu 20,7% aus Japan und zu 18,7% aus der Schweiz; Deutschland führte nur eine verhältnismäßig geringe Menge ein. Diese Zahlen scheinen darauf hinzudeuten, daß der innere Markt Italiens auch nach dem Kriege noch der ausländischen Produktion offensteht. Es dürfte sich auch jetzt wieder wie vor dem Kriege bei dieser Einfuhr um bessere Qualitäten und Spezialerzeugnisse handeln, die dem italienischen Verbraucher von der einheimischen Industrie nicht geliefert werden können. Japan und die Schweiz haben ihre Einfuhrmenge vom Jahre 1914 wieder fast erreicht, Frankreich hat die seinige sogar wesentlich überschritten vor allem zum Nachteil Deutschlands, dessen Anteil erst 30% der früheren Menge betrug. Die Verminderung der Gesamteinfuhr an reinen Seidengeweben in den letzten Jahren gegenüber der Vorkriegszeit erklärt sich aus der Entwertung der italienischen Wahrung und aus der hiermit verbundenen geringeren Kaufkraft der italienischen Bevölkerung. Hinsichtlich der Einfuhr gemischter Seidengewebe liegen die Verhältnisse aber anscheinend weniger vorteilhaft für das Ausland. Diese Einfuhrgattung erreichte im Jahre 1920 erst die Höhe von 29 475 kg. Schon vor dem Kriege zeigte dieser Import eine ständig sinkende Tendenz und hatte im Jahre 1920 auch erst wieder die halbe Höhe der Vorkriegszeit erreicht. Man darf daraus entnehmen, daß sich die italienische Weberei in dieser Produktionsgattung mit Erfolg gegenüber der Auslandskonkurrenz auf dem einheimischen Markt behauptet[95]).

---

[94]) Rosasco in seinem Bericht in den Atti etc. S. 137 f.

[95]) Mov. Comm. 1919 I S. 158 f., 1920 I S. 168 f.; Ann. Stat. 1922—1925 S. 210.

Die Ausfuhr reiner Seidengewebe aus Italien erlitt in den ersten Nachkriegsjahren einen bedeutenden Rückgang bis auf 599 215 kg im Jahre 1922, um dann wieder mit 925 081 kg im Jahre 1925 auf die Höhe der Vorkriegszeit zu steigen. Einen dauernden Gewinn der Ausfuhrmenge nach hatte die italienische Seidenweberei demnach hier nicht erreicht. In der Reihe der italienischen Absatzmärkte zeigen sich aber nicht unbedeutende Verschiebungen. Die stärkere Beschickung des englischen Marktes während der Kriegszeit ist wieder gänzlich zurückgegangen und sogar unter das Niveau der Vorkriegszeit gesunken; das Jahr 1920 wies eine Ausfuhr nach Großbritannien von 462 378 kg, das Jahr 1925 eine solche von 449 879 kg reiner Seidengewebe auf; vor dem Kriege waren dagegen im Jahre 1912 561 663 kg dorthin gegangen. Die höhere Ausfuhr nach Frankreich ist dagegen den Italienern erhalten geblieben (1925: 98 410 kg). Der Export nach der Schweiz erholte sich zwar wieder, erreichte aber mit 67 123 kg bei weitem nicht die Ausfuhren der Vorkriegszeit. Auch die früheren nicht unbeträchtlichen Exporte nach Deutschland und den österreich-ungarischen Ländern kehrten in der ehemaligen Höhe nicht wieder. Somit war auf den europäischen Märkten der Gesamtabsatz zurückgegangen. Der Export nach den Vereinigten Staaten überstieg mit 28 698 kg die Ausfuhren der Vorkriegszeit; der Absatz in Südamerika und in der Levante, der während des Krieges gelitten hatte, lebte wieder auf. Eine bedeutende Steigerung zeigte die Ausfuhr nach Ägypten, die sich mit 55 693 kg im Jahre 1925 gegenüber den letzten Jahren vor dem Kriege mehr als verdoppelt hat.

In der Ausfuhr gemischter Seidengewebe bietet sich ein wesentlich anderes Bild. Auch hier brachten die ersten Nachkriegsjahre zwar einen gewaltigen Rückgang der Ausfuhr bis auf 569 298 kg im Jahre 1922; dann folgte ein Aufschwung, wie ihn selbst die Kriegsjahre nicht gesehen hatten; die exportierte Menge stieg auf 1,4 Mill. kg im Jahre 1924 und auf 2,1 Mill. kg im Jahre 1925. Die Ausfuhr nach Großbritannien war von der anormalen Höhe der Kriegsjahre wieder herabgesunken, hielt sich aber mit 293 917 kg im Jahre 1925 weit über der Höhe der letzten Vorkriegsjahre. Vor allem richtete sich jedoch der italienische Export nach der Levante und nach Ostindien. Ägypten bezog im Jahre 1925 380 654 kg und stand damit an der Spitze der Bestimmungsländer; verglichen mit der Zeit vor den Balkankriegen (1911: 144 622 kg), hatte sich seine Einfuhr um 163% gesteigert. Die europäische Türkei führte mit 95 134 kg im Jahre 1925 mehr ein als im Jahre 1911; die asiatische Türkei erhielt 168 385 kg, im Jahre 1911 dagegen nur 12 045 kg. Nach Britisch-Indien und Ceylon führte Italien 284 207 kg aus; vor dem Kriege war diese Ausfuhr erst auf 59 240 kg im Jahre 1914, im Kriege auf 175 841 kg im Jahre 1916 gestiegen. Eine gänzlich neue Ausdehnung des italienischen Absatzes betraf Holländisch-Ostindien, das im Jahre 1925 284 199 kg gemischte Seidengewebe einführte, während seine Einfuhr vor dem Kriege verschwindend war. Auch Argentinien, das schon während des Krieges seine Einfuhr von durchschnittlich 28 000 kg in den letzten Vorkriegsjahren auf 52 441 kg in den Kriegsjahren gesteigert hatte, stand mit 94 201 kg unter den Einfuhrländern für diese Seidengewebe Italiens an hervorragender Stelle. Der Rest des italienischen Exportes verteilte sich auf viele andere Länder[96]).

Diese Feststellungen zeigen, daß Italien in dem Absatz reiner Seidengewebe auf den Auslandsmärkten keinen dauernden Fortschritt zu erzielen vermochte; soweit die wirtschaftliche Schwächung der europäischen Länder ihren Verbrauch an Seidengeweben einschränkte, hat sich der italienische Handel aber einen Ersatz in der Levante zu verschaffen gewußt. In der Produktion und im Absatz gemischter Seidengewebe hat jedoch die italienische Industrie bedeutende Fortschritte gemacht und befindet sich noch in schnellem Aufstieg. Der Versuch einer Eroberung des englischen Marktes blieb zwar nur ein bescheidener Teilerfolg[97]); in der Levante und in Ostasien hat Italien sich dagegen große Absatzmärkte zu schaffen verstanden, die seiner Industrie eine gute weitere Entwicklung zu gewährleisten scheinen. Wie weit in diesem Falle Italien das Erbe anderer Industrieländer angetreten hat, läßt sich wohl kaum mit zahlenmäßiger Genauigkeit bestimmen; ebensowenig läßt es sich sagen, ob diese Erfolge vorwiegend auf augenblicklichen günstigen politischen und währungspolitischen Umständen beruhen und früher oder später gegenüber der gleichgestellten Konkurrenz der anderen europäischen Industrieländer schwer zu verteidigen sein werden. Die bedeutende Ausdehnung der Produktion und des Handels mit ge-

---

[96]) Mov. Comm. 1911 I S. 369 ff., 1912 I S. 369 ff., 1914 I S. 403 ff., 1916 I S. 354 ff., 1920 I S. 400 ff.; Ann. Stat. 1922—1925 S. 218.

[97]) Vgl. Mortara a. a. O. 1925 S. 138.

mischten Seidengeweben dürfte aber auch in besonderem Maße auf die schnelle Entwicklung der italienischen Kunstseidenproduktion zurückzuführen sein; aus Natur- und Kunstseide gemischt gewebte Stoffe zeigen ein schönes Aussehen, sind verhältnismäßig billig und erfreuen sich daher auch einer steigenden Beliebtheit; zugleich wäre diese Tatsache ein neuer Beweis dafür, daß die Kunstseide auf den Verbrauch von Naturseide auch stark fördernd einwirken kann. Zahlenmäßige Unterlagen sind allerdings nicht vorhanden, da die Handelsstatistik Italiens die gemischten Seidengewebe nicht nach ihrer substantiellen Zusammensetzung gruppiert. Der starke Absatz auf den östlichen Märkten darf vielleicht auch noch dahin gedeutet werden, daß die italienische Seidenweberei sich noch besonders der Herstellung von Geweben mittlerer und einfacher Qualität widmet[98]). Ein weiterer Fortschritt in der Qualität der italienischen Erzeugnisse ist aber mit dem Erstarken der italienischen Weberei zu erwarten und liegt auch in der Linie der gesamten Entwicklung der italienischen Seidenindustrie zur qualitativen Fertigfabrikation.

b) Der industrielle Stand der italienischen Seidenweberei.

Die bedeutende Zunahme der Produktion und des Exportes der italienischen Seidenweberei in der Kriegs- und Nachkriegszeit läßt schon auf eine größere Ausdehnung der Betriebe und der Zahl der vorhandenen Webstühle schließen. Wenn nach einer Schätzung der Zahl der Webereien vom 1. Juli 1919 nur 164 Betriebe angegeben werden[99]), während nach der Betriebszählung vom Jahre 1911 sich 205 Betriebe in Italien befanden, so dürften viele kleinere Webereien dabei außer Betracht geblieben sein; die Zahl der letzteren war sicher nicht gering, da im Jahre 1911 noch 94 Webereien nur bis zu 10 Personen beschäftigten und auch

---

[98]) Nach einer Berechnung Mortaras (a. a. O. 1925 S. 137) betrug im Finanzjahr 1923—1924 der durchschnittliche Wert der nach Italien importierten reinen Seidengewebe 366 L. pro kg, der gemischten Seidengewebe 237 L. pro kg; dagegen stellte sich der durchschnittliche Wert der exportierten italienischen Seidengewebe nur auf 330 bzw. 104 L. pro kg. Ähnliche und zum Teil noch größere Wertunterschiede zwischen der importierten und exportierten Ware waren bei den Spezialartikeln aus Seide wie Tüll, Spitzen, Bändern und Näharbeiten festzustellen.

[99]) Ann. Stat. 1919—1921 S. 249.

zumeist ohne motorische Kraft arbeiteten. Die Webereien befanden sich zu 82% in der Lombardei.

Über die Zahl der in Italien vorhandenen Webstühle gehen die Angaben weit auseinander. Kurz vor dem Weltkriege befanden sich nach Mortara[100]) 14 000 mechanische und 5000 Handwebstühle in Italien; im Jahre 1923 war die Zahl der in der Industrie vorhandenen mechanischen Webstühle auf 18 000 gestiegen, zu denen noch 2000 Handwebstühle kamen. Weitere 2—3000 Handwebstühle wurden in der Hausindustrie verwendet. Auf ungefähr gleicher Höhe bewegen sich auch die Schätzungen Rosascos[101]), der für das Jahr 1921 17 500 mechanische Webstühle und 5600 Handwebstühle angibt, während die erwähnte Zählung des Bestandes am 1. Juli 1919 nur 14 224 mechanische Webstühle und 2642 Handwebstühle ergab; doch dürfte diese letztere Zählung recht lückenhaft sein, da ihr Ergebnis noch unter der Bestandzahl des Jahres 1913 liegt.

Läßt man die Angaben Mortaras gelten[102]), so hatte demnach die mechanische Seidenweberei Italiens eine bedeutende Erweiterung erfahren, während die Handweberei ihren Besitzstand gewahrt hatte; allerdings ist mit der Zahl der vorhandenen Webstühle besonders in der Hausindustrie noch nichts über ihren Beschäftigungsgrad gesagt. Berücksichtigt man, daß die quantitative Produktionsleistung des mechanischen Webstuhles die dreifache eines Handwebstuhles ist, so hatte sich die gesamte Leistungsfähigkeit der italienischen Seidenweberei gegenüber der Vorkriegszeit um 25% gesteigert; der Anteil der mechanischen Webstühle an der Gesamtleistung war von 89,4% auf 91,5% gestiegen; die Mechanisierung dieses Industriezweiges hatte sich weiterhin fortgesetzt. In der Lombardei allein waren 16 800 mechanische Webstühle und 1500 Handwebstühle konzentriert; innerhalb dieses Gebietes zählte die Provinz Como als Mittelpunkt der italienischen Seidenweberei 12 300 mechanische und 1200 Handwebstühle.

Die in der Seidenweberei beschäftigte Arbeiterschaft umfaßte mehr als 31 000 Personen. Die Löhne derselben hatten nach dem Kriege eine bedeutende Erhöhung erfahren, die weit über das Maß der Entwertung der italienischen Währung hinausging

---

[100]) a. a. O. 1922 S. 103, 1925 S. 134.
[101]) Atti etc. S. 137.
[102]) Vgl. auch Handw. der Staatsw. 4. Aufl. Bd. VIII S. 174.

und somit auch eine Steigerung des Reallohnes bedeutete. Der durchschnittliche Stundenlohn der Weberinnen, die den Hauptteil der Arbeiterschaft ausmachten, war von 0,24 L. vor dem Kriege auf 1,62 L. im Jahre 1921 gestiegen[103]). Auch Rosasco betont für die Weberei, daß die Einführung der verkürzten Arbeitszeit nach dem Kriege zu keiner Steigerung der durchschnittlichen Arbeitsintensität, sondern zu einer Verminderung der Produktionsleistung geführt habe, die zur Verkürzung der Arbeitszeit sich fast proportional verhalte. Daß somit der prozentuale Anteil der Lohnunkosten an den Gesamtunkosten der Produktion steigen und diese schwerer belasten mußte, ist selbstverständlich. Ein Vergleich mit anderen Ländern läßt sich jedoch bei der Verschiedenheit der lokalen Verhältnisse und den Schwankungen der Wechselkurse kaum anstellen; mag auch vielleicht der Vorteil, den Rosasco für die konkurrierende deutsche Weberei gegenüber der italienischen Weberei im Jahre 1921 glaubte feststellen zu müssen, bestanden haben, so dürfte doch heute die italienische Industrie vor ihrer ausländischen Konkurrenz durch den Tiefstand der italienischen Valuta und die erfahrungsgemäß billigere Handarbeit in Italien einen bedeutenden Vorsprung haben.

Rosasco führt aber in seinem Bericht über die italienische Seidenweberei[104]) noch andere Umstände an, die diesen Industriezweig belasten. In erster Linie nennt er die gewaltige Steigerung der Preise des benötigten Rohmaterials und die dadurch hervorgerufene Knappheit des zur Verfügung stehenden Kapitals, die durch eine rigorose Steuerpolitik des Staates noch verschlimmert werde. Die Unsicherheit der Wechselkurse, die geschwundene Kaufkraft auf vielen Absatzmärkten der Vorkriegszeit, die protektionistische Politik anderer Länder können ebenfalls nur dazu dienen, Produktion und Absatz für die italienische Seidenweberei zu erschweren. Endlich erwähnt er auch noch als ein besonderes Hemmnis für eine gesunde Entwicklung die zügellose Spekulation auf dem Rohseidenmarkt und die durch sie hervorgerufenen gewaltigen Preisschwankungen, die den industriellen Erfolg von glücklichen spekulativen Operationen abhängig machen. Im September des Jahres 1919 kostete 1 kg Organsin 180 L.; im April des folgenden Jahres war dieser Preis auf 700 L. gestiegen, um bis zum August wieder auf 300 L. zu fallen, im Oktober sich

[103]) Atti etc. S. 140.
[104]) Atti etc. S. 137 ff.

wieder auf 430 L. zu heben und im Februar 1921 mit 130 L. seinen tiefsten Stand einzunehmen. Aus diesen großen Preisschwankungen ergeben sich naturgemäß auch besondere Schwierigkeiten im Absatz der industriellen Erzeugnisse, indem bei sinkenden Preisen die an die Fabrik schon vergebenen Aufträge von der Kundschaft unter geringfügigsten Vorwänden möglichst annulliert werden, während beim Anziehen der Preise die Lieferung der Ware nach dem tiefsten Preisstande des Rohmaterials gefordert wird. Zieht man außerdem noch die Schwankungen der Wechselkurse in Betracht, so wird für den exportierenden Industriellen die Lage von einer verwirrenden Kompliziertheit, aus der sich für ihn leicht schwere Verluste ergeben.

Einen bedeutenden Vorteil besitzt die italienische Seidenweberei in der Tatsache, daß ihre Betriebe, da sie erst in den letzten Jahrzehnten entstanden sind, ohne Ausnahme eine moderne Einrichtung aufweisen und sich auch möglichst alle weiteren Verbesserungen anzueignen suchen, um der Konkurrenz der ausländischen Webereien gewachsen zu sein. Andrerseits liegt aber ein schwerer Nachteil in der geringeren Leistung des italienischen Arbeiters, die ihre Ursachen in einer ungenügenden beruflichen Ausbildung und Schulung des Arbeiters, in dem Mangel an Spezialisierung der Arbeit und auch an Disziplin hat. Waren diese Mängel der Arbeitsleistung früher durch besonders niedrige Arbeitslöhne ausgeglichen, so dürften heute die Verhältnisse wesentlich ungünstiger liegen; doch handelt es sich hier um Schwächen der italienischen Weberei, die bei zielbewußter systematischer Arbeit allmählich beseitigt werden können. Wenn auch der industrielle Bestand der Seidenweberei Italiens noch nicht den Umfang und seine Produktion noch nicht die Qualität der Webereien Frankreichs, Deutschlands und der Schweiz aufzuweisen haben, so ist doch mit einer aufsteigenden Entwicklung dieses Industriezweiges und mit seiner wachsenden Bedeutung für die Volkswirtschaft Italiens und für die Weltwirtschaft sicher zu rechnen.

5. Das Seidengewerbe und die Volkswirtschaft Italiens.

Das Wirtschaftsleben Italiens wurde durch die Einwirkungen des Krieges schwer betroffen; die besten Arbeitskräfte waren ihm durch den Heeresdienst entzogen oder wurden vor allem in der Kriegsindustrie verwendet; die Produktion des

Landes mußte sich in erster Linie auf die Befriedigung der dringendsten Lebensbedürfnisse des Volkes richten, und während die Verschuldung Italiens an das Ausland von Jahr zu Jahr wuchs, konnte durch einen Export aus der einheimischen Produktion dafür kein genügender Ausgleich geschaffen werden. In dieser Zeit mußte die Seide, die auch noch mit den in der Heimat zurückgebliebenen schwächeren Arbeitskräften gewonnen werden konnte und ein hochwertiges Exportgut darstellte, von besonderer Bedeutung für die Volkswirtschaft sein. Gewiß fand der Absatz der Seide als Luxusgegenstand in der Kriegszeit manche Schwierigkeiten auf den Märkten, und ihr Preis blieb im Verhältnis zur allgemeinen Verteuerung der Waren in seiner Steigerung zurück, so daß dem Seidenbauer vom privatwirtschaftlichen Standpunkte aus die Seidenzucht als minder ertragreich erscheinen mußte gegenüber anderen Agrarkulturen. Für die Volkswirtschaft Italiens lag aber die Bedeutung der Seide vor allem in ihrer Eigenschaft als hochwertiges Exportgut, dessen Ausfuhr dem Lande bedeutende Einnahmen sicherte. Man könnte das Wort Ferrarios, das dieser in anderem Zusammenhange einmal gebrauchte, hier anwenden: „Una riserva serica è una riserva aurea“.

Da die Unkosten in der Seidenzucht nach lokalen Umständen sehr verschieden zu berechnen sind und eine allgemein gültige Abschätzung kaum zulassen, so müssen wir uns wieder mit einer Feststellung des Rohgewinnes auf Grund der Höhe der jährlichen Kokonernte und des jährlichen Durchschnittspreises der Kokons begnügen[105]). Mit dem Sinken der italienischen Kokonproduktion und der Kokonpreise hatte sich auch seit dem Jahre 1909 der Gewinn aus dem Seidenbau beständig verringert und betrug im Jahre 1913 nur noch 121 Mill. L. Das folgende Jahr brachte mit einer Steigerung der Kokonernte auch eine Erhöhung des Rohgewinnes auf 148 Mill. L., das Jahr 1915 bei gleichzeitiger Verminderung der Ernte und des Preises den tiefsten Stand von 96 Mill. L. Die nunmehr einsetzende bedeutende Preissteigerung am Kokonmarkte führte trotz geringer Ernten dazu, daß der Wert der Kokonproduktion in den nächsten drei Jahren sich auf 210, 240 und 323 Mill. L. hob; die geringe Kokonernte des Jahres 1919 repräsen-

[105]) Vgl. die Preistabellen auf S. 252 u. 264. Die im folgenden angegebenen Werte der italienischen Kokonproduktion sind in Papierlire berechnet, da die Kokons selbst als Exportgut nicht in Frage kommen.

tierte bei einer neuen Preissenkung nur einen Wert von 199 Mill. L. Somit waren der Volkswirtschaft Italiens in den Kriegsjahren aus dem einheimischen Seidenbau nicht unbeträchtliche Einnahmen zugeflossen, und die schwere Wirtschaftslage nach Beendigung des Krieges in Verbindung mit der großen Arbeitslosigkeit mußte auch die Regierung veranlassen, diesen Erwerbszweig trotz seiner geringen Rentabilität dem Lande möglichst zu erhalten. Daraus erklären sich auch die erneuten Bemühungen, dem Seidenbau wieder eine größere Ausdehnung zu geben, obwohl man sich nach der gesamten bisherigen Entwicklung der Seidenzucht darüber klar sein mußte, daß diese im allgemeinen für Italien nur noch als ein vorübergehender Notbehelf in Frage kommen konnte. Da die Seidenpreise in den folgenden Jahren aus den schon früher erörterten Gründen verhältnismaßig hoch standen, so führten diese Bemühungen auch zu schnellem Erfolge; seit dem Jahre 1920 nahmen Umfang und Wert der italienischen Kokonproduktion bedeutend zu, doch darf in der Beurteilung der Wertangaben (in Papierlire) der Einfluß der starken Entwertung der italienischen Valuta nicht übersehen werden[106].

Das Jahr 1920 brachte bei hohem Preisstande der Kokons dem italienischen Seidenbau eine Roheinnahme von 1239 Mill. L.; im folgenden Jahre sank diese Einnahme auf 756 Mill. L., da auf dem amerikanischen Markte Absatzstockungen mit großen Preisstürzen eintraten. In den Jahren 1922—1924 hob sich der Rohgewinn aus der Seidenzucht wieder auf 1144 Mill., 1729 Mill. und 1472 Mill. L.; die Verminderung im Jahre 1924 trotz der gesteigerten Ernte wurde durch den Preisrückgang infolge der großen Produktion verursacht. Alle diese Wertberechnungen gehen aber sicher über die tatsächliche Höhe des Rohgewinns nicht unbeträchtlich hinaus; der früher besprochene starke Einfluß der

[106]) Die Preistabelle (S. 264), die den folgenden Berechnungen zugrunde gelegt ist, gibt die Preise für 1 kg Kokons im Trockengewicht an; daher ist auch für die Feststellung des Gesamtwertes der italienischen Kokonproduktion in den Jahren 1920—1924 das Trockengewicht, das zum Gewicht der frischen Kokons im Verhältnis von 1:3 steht, benutzt worden. Die Ergebnisse für den Wert der Kokonernte im Jahre 1920 nach der früher verwendeten Tabelle (S. 252; vgl. Atti etc. S. 48) und nach der neuen Tabelle (S. 264; nach den Angaben Mortaras a. a. O. 1925 S. 133) weichen aber so stark voneinander ab — 884 bzw. 1239 Mill. L. —, daß der Unterschied mit einer Wertsteigerung der Kokons durch die Trocknung nicht genügend erklärt werden kann; beide Preistabellen beruhen offenbar auf ganz verschiedenen Grundlagen, so daß die nach ihnen berechneten Werte nicht einfach zur Darlegung einer lortlaufenden Entwicklung zusammengestellt werden können.

Spekulation auf dem Kokonmarkte führte oft zu vorübergehenden bedeutenden Preissteigerungen, ohne daß in diesen Perioden umfangreichere Verkäufe stattfanden; der durchschnittliche Jahrespreis der Kokons erhielt aber dadurch eine Steigerung, so daß auch die Berechnung des gesamten Rohgewinnes der Seidenzucht über die tatsächlichen Einnahmen aus dem Absatz der Kokons, der vorwiegend in der Zeit der Ernte bei sinkenden Preisen stattfand, hinausgehen muß. Eine genaue Feststellung der tatsächlichen Roheinnahmen ist aber kaum möglich.

Die italienische Ausfuhr an Seidenwaren jeder Art hatte im letzten Vorkriegsjahre 1913 einen Gesamtwert von 530 Mill. L. gehabt und einen Exportüberschuß von 307,4 Mill. L. erbracht. Während der Seidenimport nach Italien in den Kriegsjahren sich wesentlich verminderte, hatte der Export, abgesehen vom Jahre 1914, eine ständige Steigerung zu verzeichnen, die ihre Ursache in den steigenden Seidenpreisen hatte. Im Jahre 1918 war die Seidenausfuhr auf 859,1 Mill. L. angewachsen, der Ausfuhrüberschuß auf 669 Mill. L. In den Nachkriegsjahren nahm nicht nur der Export, sondern auch der Import von Seidenwaren beträchtlich zu; die gewaltigen Steigerungen der Wertziffern für den Außenhandel in Seide sind aber weniger auf das Anwachsen des Handels und die hohen Seidenpreise als auf die zunehmende Entwertung der italienischen Valuta zurückzuführen. Der Seidenexport betrug im Jahre 1920 schon 2635,5 Mill. L., der Exportüberschuß 1694,9 Mill. L.; im Jahre 1925 waren diese beiden Werte bis auf 3773,8 bzw. 3148,9 Mill. L. gestiegen[107]). Es ist auch zu beachten, daß in der Kategorie Seide in der italienischen Außenhandelsstatistik auch der Handel mit Kunstseide enthalten ist. Der Import von Kunstseide war gering und hatte im Jahre 1925 nur einen Wert von 44 Mill. L.; der Export von Kunstseide war dagegen in den letzten Jahren von schnell zunehmender Bedeutung. Im Jahre 1912 betrug er mit 3,8 Mill. L. erst 0,7% des gesamten Seidenexportes Italiens; im Jahre 1920 war dieser Anteil mit 36 Mill. L. auf 1,4% gestiegen; im Jahre 1925 exportierte Italien für 473,4 Mill. L. Kunstseide = 12,5% seiner gesamten Seidenausfuhr[108]).

---

107) Mov. Comm. 1914 I S. 5, 1920 I S. 5; Ann. Stat. 1922—1925 S. 207.

108) Mov. Comm. 1912 I S. 369, 1920 I S. 400; Ann. Stat. 1922—1925 S. 218.

Aufschlußreicher als die absoluten Zahlen des italienischen Seidenexportes, die durch ihre inflationistische Steigerung keine Möglichkeit einer genauen Darlegung der tatsächlichen Entwicklung geben, ist das Anteilsverhältnis des Seidenhandels am Gesamtaußenhandel Italiens [109]). Der Seidenimport war schon vor dem Kriege von 10,6% des Gesamtimportes im Jahre 1902 auf 6,1% im Jahre 1913 allmählich gesunken. Die bessere Versorgung des Inlandsmarktes durch die einheimische Seidenindustrie, die in diesen Zahlen zum Ausdruck kam, setzte sich in der Folgezeit noch fort; zugleich führten die Kriegsjahre auch zur Einschränkung des Verbrauches wertvoller ausländischer Seidengewebe. Im Jahre 1918 betrug der Seidenimport nur noch 1,2% des Gesamtimportes. Einem neuen Ansteigen bis auf 3,7% im Jahre 1922 folgte eine neue Senkung auf 2,4% im Jahre 1925; die Entwertung der Valuta hatte die Kaufkraft des Inlandsmarktes geschwächt.

Der Anteil der Seidenausfuhr an der Gesamtausfuhr Italiens hatte zu Beginn des Jahrhunderts 36,9% im Jahre 1902 betragen und sich ungefähr auf dieser beträchtlichen Höhe bis zum Jahre 1907 gehalten; dann begann aber ein stetiges Sinken, so daß im Jahre 1913 der tiefste Stand mit 21,1% erreicht wurde. In den Kriegsjahren hob sich die Bedeutung des Seidenexportes für den Außenhandel wieder wesentlich und stieg bis auf 25,7% im Jahre 1918. Auch die Nachkriegszeit hatte noch Anteilssätze von 26,2% im Jahre 1919 infolge der Verkäufe der Lagerbestande des Ufficio Centrale di acquisto delle sete und 26,1% im Jahre 1922 infolge großer Ankäufe Amerikas zu verzeichnen; in den folgenden Jahren sank aber der Anteil des Seidenexportes bis auf 20,6% im Jahre 1925; berücksichtigt man allein den Export an Naturseide mit Ausnahme der Kunstseide, so stellte sich der Anteil in letzterem Jahr sogar nur auf 18,1% des Gesamtexportes [100]). Der Seidenexport hatte demnach von seiner fruheren Bedeutung im italienischen Außenhandel viel eingebüßt, stand aber auch jetzt noch an erster Stelle unter den zahlreichen Exportkategorien der italienischen Handelsstatistik.

Über die Zahl der im Seidenbau und in der Seidenindustrie beschäftigten Arbeiterschaft liegen neue statistische Angaben aus der Nachkriegszeit noch nicht vor. Mit dem Rückgang des Seiden-

---

[109]) ausschließlich Gold und Gold- und Silbermünzen.

[110]) Mov. Comm. 1919 I S. 5; Ann. Stat. 1922—1925 S. 204 u. S. 207.

baues und einzelner Zweige der Seidenindustrie mußte auch die Beschäftigung von Arbeitskräften in diesen Erwerbszweigen abnehmen. In der Zeit der Arbeitslosigkeit nach Beendigung des Krieges hat der Seidenbau von neuem seine Bedeutung für den italienischen Arbeitsmarkt bewiesen, doch ist dieser Vorgang nur als eine vorübergehende Erscheinung zu betrachten. Noch heute bietet das gesamte Seidengewerbe dem an Arbeitskräften überreichen Lande weitgehende Möglichkeit, dieses Volksvermögen innerhalb der eigenen Grenzen nutzbringend zu verwerten und dadurch der Heimat zu erhalten; die volkswirtschaftliche Bedeutung dieser Tatsache darf gewiß nicht unterschätzt werden, ist aber doch ohne Zweifel in rückläufiger Bewegung begriffen.

Der Verlauf der Entwicklung des italienischen Seidenbaues und der italienischen Seidenindustrie seit der Gründung des Königreiches bis zum Beginn des Weltkrieges ließ eine bestimmte Tendenz hervortreten, deren Richtung und tiefere Ursachen an gegebener Stelle schon eingehend dargelegt worden sind. Auch die Ereignisse der Kriegs- und Nachkriegszeit haben diese Entwicklungstendenz nur vorübergehend beeinflussen, ihre eigentlichen Ursachen aber nicht für immer unwirksam machen oder in ihrem Wesen verändern können; schon am Ende des von uns behandelten Zeitabschnittes wird die frühere Entwicklungsrichtung von neuem eingeschlagen sein, um nach Beseitigung der letzten Überreste einer anormalen Wirtschaftsperiode sicher wieder ganz zur Geltung zu kommen.

Die Durchführung des vertikalen Aufbaues eines Wirtschaftszweiges von der Gewinnung des Rohstoffes und seiner ersten Verarbeitung bis zur Herstellung des Fertigfabrikates in seiner letzten Vollendung, der Übergang vom beschränkten, technisch unvollkommenen Hausgewerbe zur umfassenden industriellen Tätigkeit, der Fortschritt von einer Produktion der Menge, deren Qualität nur auf den natürlichen günstigen Bedingungen und auf einer althergebrachten Tradition beruhte, zu einer Produktionsweise, in der die hohe Qualität des Erzeugnisses das erste Ziel ist und durch Anwendung rationeller Methoden und moderner Technik erstrebt wird, ist im italienischen Seidengewerbe in allen seinen Produktionsstadien schon in weitgehendem

Maße zur Verwirklichung gelangt, so daß dieser Wirtschaftszweig Italiens bereits einen hohen Grad fortgeschrittener wirtschaftlicher Entwicklung erreicht hat. In dieser Richtung werden sich der Seidenbau und die Seidenindustrie Italiens auch weiterhin entwickeln und in einer qualitativ hochstehenden Form, aber auch nur durch diese, dem italienischen Volke immer erhalten bleiben.

Anhang.

Tabelle I.

Die italienische Kokonproduktion von 1860 bis 1925.

Jahr	Kokonernte in 1000 kg		Differenz
vor 1863	51 295 [1]) (44 520) [2])		
1863	35 620		
1864	25 965		
1865	26 430		
1866	27 000		
1867	30 000		
1868	28 500		
1869	32 250		
1870	47 700		
1871	52 095		
1872	46 875		
1873	44 400		
1874	51 450		
1875	46 095		
1876	15 150		
1877	28 101		
1878	37 202		
1879	18 931		
1880	41 573		
1881	39 564		
1882	31 869		
1883	41 625		
1884	36 465		
1885	32 266		
1886	41 397		
1887	43 026		
1888	43 899		
1889	34 332	46 000	11 668
1890	40 774	54 000	13 226
1891	38 337	51 000	12 663
1892	34 033	45 000	10 967
1893	47 394	61 000	13 606
1894	43 653	58 000	14 347
1895	42 074	56 000	13 926
1896	41 182	55 000	13 818
1897	36 726	49 000	12 274
1898	39 612	53 000	13 388
1899	41 587	56 000	14 413

[1]) nach dem Statist. Jahrb. vom Jahre 1864.

[2]) nach einer amtlichen Schätzung aus dem Jahre 1879.

Tabelle I (Fortsetzung).

Jahr	Kokonernte in 1000 kg		Differenz
1900	42 716	56 702	13 986
1901	40 330	53 527	13 197
1902	41 935	55 531	13 596
1903	34 167	44 598	10 431
1904		56 607	
1905		51 940	
1906		53 838	
1907		57 058	
1908		53 193	
1909		50 760	
1910		47 964	
1911		41 951	
1912		47 470	
1913		38 490	
1914		46 668	
1915		33 897	
1916		39 411	
1917		30 830	
1918		29 830	
1919		20 562	
1920		38 331	
1921		37 050	
1922		41 735	
1923		55 624	
1924		56 985	
1925		48 242	

Quellen:

für die Zeit vor 1863: Statistica industriale Fasc. 37 S. 11.
für die Jahre 1863—1888: a. a. O. S. 13.
„ „ „ 1889—1903 (1. Zahlenreihe): Annuario Statistico 1904 S. 253.
„ „ „ 1889—1899 (2. Zahlenreihe): a. a. O. S. 253 Anm.
„ „ „ 1900—1906: Ann. Stat. 1905—1907 S. 404.
„ „ „ 1907—1921: Atti della commissione di indagine sulle industrie Vol. I S. 57 f.
„ „ „ 1922—1924: Ann. Stat. 1922—1925 S. 154 Anm.
für das Jahr 1925: Leipziger Wochenschrift für Textilindustrie 42. Jahrg. 1927 Nr. 24 S. 528.

Tabelle II.

Die italienische Kokonproduktion von 1860 bis 1925.

Jahre	Durchschnittliche Kokonernte in 1000 kg
1861—1865	38 121
1866—1870	33 090
1871—1875	48 183
1876—1880	28 191
1881—1885	36 357

Tabelle II (Fortsetzung).

Jahre	Durchschnittliche Kokonernte in 1000 kg		
			Differenz
1886—1890	40 685		
1891—1895	41 098	54 200	13 102
1896—1900	40 364	53 940	13 567
1901—1905		52 440	
1906—1910		52 562	
1911—1915		41 695	
1916—1920		31 793	
1921—1925		47 927	

Tabelle III.

Die italienische Rohseidenproduktion von 1860 bis 1925.
Rohseidenerzeugung in 1000 kg.

Jahre	aus inländ. Kokons		aus import. Kokons[2])		Gesamterzeugung[2])	
vor 1863	3420[1])		151		3508	
1863	2308		137		2392	
1864	1731		94		1793	
1865	1362		80		1400	
1866	1800		87		1833	
1867	2000		47		1939	
1868	1900		54		1806	
1869	2150		58		2030	
1870	3180		78		3101	
1871	3473		77		3344	
1872	3125		134		3124	
1873	2960		178		2948	
1874	3430		207		3429	
1875	3073		229		3012	
1876	1010		225		1032	
1877	1853		165		1870	
1878	2666		182		2624	
1879	1330		227		1333	
1880	2800		356		2753	
1881	2965		269		2878	
1882	2370		287		2457	
1883	3200		244		3135	
1884	2810		307		2863	
1885	2457		206		2495	
1886	3188		302		3144	
1887	3476		340		3653	
1888	3566		254		3497	
1889	2880	3034[2])	580	1141[3])	3233	4175[3])
1890	3443	4560	333	165	3609	4725
1891	3170	4218	272	162	3336	4380
1892	2918	3859	426	211	3204	4070
1893	3986	5131	346	299	4150	5430

[1]) aus der gesamten italienischen Kokonernte erzeugbare Rohseide.

[2]) in den Haspeleien Italiens erzeugte Rohseide.

[3]) Vgl. im Text S. 20f.

Tabelle III (Fortsetzung).

Jahre	aus inländ. Kokons		aus import. Kokons		Gesamterzeugung	
1894	3509	4662	334	408	3847	5070
1895	3208	4270	541	835	3896	5105
1896	3083	4117	499	843	3734	4960
1897	2916	3891	459	510		4400
1898		4003		732		4735
1899		4529		572		5100
1900		4536		597		5132
1901		4290		759		5049
1902		4477		953		5430
1903		3526		1100		4626
1904		4900		751		5651
1905		4440		1112		5552
1906		4745		1302		6047
1907		4820		1353		6173
1908		4486		1012		5498
1909		4251		1410		5661
1910		3947		944		4891
1911		3490		1224		4714
1912		4105		1102		5207
1913		3540		1162		4702
1914		4060		1055 [4]		5115 [4]
1915		2878		188		3066
1916		3612		237		3849
1917		2818		46		2864
1918		2696		16		2712
1919		1833		301		2134
1920		3326		456		3782
1921		3206		271		3477
1922		3734		255		3989
1923		4900		323		5223
1924		5254		309		5563
1925		4460				

Quellen:

a) für die Produktion aus inländischen Kokons.

für die Zeit vor 1863: berechnet aus der inländischen Kokonproduktion (vgl. Tabelle I) nach dem Ergiebigkeitsverhältnis 15:1 kg.
für die Jahre 1863—1888: Statistica industriale Fasc. 37 S. 19.
„ „ „ 1889—1897 (1. Zahlenreihe): Ann. Stat. 1898 S. 151.
„ „ „ 1889—1903 (2. Zahlenreihe): Ann. Stat. 1904 S. 300.
„ „ „ 1904—1906: Ann. Stat. 1905—1907 S. 449.
„ „ „ 1907—1912: Ann. Stat. 1912 S. 127.
„ „ „ 1913—1920: Bericht über Handel und Industrie der Schweiz im Jahre 1921 S. 39 f.
„ „ „ 1921—1924: Ann. Stat. 1922—1925 S. 185.
für das Jahr 1925: Stat. Jahrb. f. d. D. R. 1926 S. 40*.

---

[4]) Vgl. im Text S. 270 Anm. 47.

b) für die Produktion aus importierten Kokons:

für die Zeit vor 1863: berechnet aus der Kokoneinfuhr des Jahres 1862 (Ann. Stat. 1887/88 S. 329) nach dem Ergiebigkeitsverhältnis 15:1 kg.
für die Jahre 1863—1897 (1. Zahlenreihe): berechnet aus dem Kokonimport (vgl. im Text S. 18 f.).
„ „ „ 1889—1899 (2. Zahlenreihe): Ann. Stat. 1904 S. 300.
„ „ „ 1900—1906: Ann. Stat. 1905—1907 S. 449.
„ „ „ 1907—1912: Ann. Stat. 1912 S. 127.
„ „ „ 1913—1920: siehe oben unter a).
„ „ „ 1921—1924: Ann. Stat. 1922—1925 S. 185.

c) Für die Gesamtproduktion:

für die Zeit vor 1863: berechnet aus der Kokonproduktion und dem Kokonimport und -export im Jahre 1862 nach dem Ergiebigkeitsverhältnis 15:1 kg.
für die Jahre 1863—1888: berechnet aus der Gesamtkokonmenge, die den italienischen Haspeleien zur Verfügung stand (vgl. im Text S. 18 f.).
„ „ „ 1889—1896 (1. Zahlenreihe): Ann. Stat. 1898 S. 151.
„ „ „ 1889—1899 (2. Zahlenreihe): Ann. Stat. 1904 S. 300.
„ „ „ 1900—1906: Ann. Stat. 1905—1907 S. 449.
„ „ „ 1907—1912: Ann. Stat. 1912 S. 127.
„ „ „ 1913—1920: siehe oben unter a).
„ „ „ 1921—1924: Ann. Stat. 1922—1925 S. 185.

Tabelle IV.

Die italienische Rohseidenproduktion von 1860 bis 1925.
Durchschnittliche Rohseidenerzeugung in 1000 kg.

Jahre	aus inländ. Kokons		aus import. Kokons [2])		Gesamterzeugung [2])	
1861—1865	2448 [1])		123		2520	
1866—1870	2206		65		2142	
1871—1875	3212		165		3171	
1876—1880	1932		231		1922	
1881—1885	2760		263		2766	
1886—1890	3310		362		3427	
1891—1895	3358	4428 [2])	384	383 [3])	3686	4811 [3])
1896—1900		4215		650		4865
1901—1905		4327		935		5262
1906—1910		4450		1204		5654
1911—1915		3615		946 [4])		4561 [4])
1916—1920		2857		211		3068
1921—1925		4311		290 [5])		4563 [5])

[1]) aus der gesamten italienischen Kokonernte erzeugbare Rohseide.

[2]) in den Haspeleien Italiens erzeugte Rohseide.

[3]) Vgl. im Text S. 20 f.

[4]) Vgl. im Text S. 270 Anm. 47.

[5]) Durchschnitt 1921—1924.

GPSR Compliance

The European Union's (EU) General Product Safety Regulation (GPSR) is a set of rules that requires consumer products to be safe and our obligations to ensure this.

If you have any concerns about our products, you can contact us on ProductSafety@springernature.com

In case Publisher is established outside the EU, the EU authorized representative is:

Springer Nature Customer Service Center GmbH
Europaplatz 3
69115 Heidelberg, Germany

Batch number: 10854043

Printed by Printforce, the Netherlands